Chemie

Prüfungstraining

Chemie

Prüfungstraining

2., aktualisierte Auflage

Brown • LeMay • Bursten • Murphy
Woodward • Stoltzfus • Wilson

Pearson

Bibliografische Information der Deutschen Nationalbibliothek
Die Deutsche Nationalbibliothek verzeichnet diese Publikation in der Deutschen Nationalbibliografie; detaillierte bibliografische Daten sind im Internet über http://dnb.d-nb.de abrufbar.

10 9 8 7 6 5 4 3 2 1

21 20 19

ISBN 978-3-86894-313-9 (Buch)
ISBN 978-3-86326-801-5 (E-Book)

Lilienthalstraße 2, 85399 Hallbergmoos/Germany

www.pearson.de
A part of Pearson plc worldwide

Programmleitung:	Kathrin Mönch, kmoench@pearson.de
Übersetzung:	FRANK Publishing GmbH, Bonn
Lektorat:	Elisabeth Prümm, epruemm@pearson.de
Fachlektorat:	Prof. Dr. Wolfgang Weigand, Friedrich-Schiller-Universität Jena
Herstellung:	Claudia Bäurle, cbaeurle@pearson.de
Satz:	Integra Software Services Pvt. Ltd.
Titelbild:	Tobias Möller (Software: VMD (Humphrey, W., Dalke, A. and Schulten, K., „VMD - Visual Molecular Dynamics", J. Molec. Graphics, 1996, vol. 14, pp. 33–38.), Struktur: PDB 3U7Q (Spatzal, T., Aksoyoglu, M., Zhang, L., Andrade, S.L., Schleicher, E., Weber, S., Rees, D.C., Einsle, O., „Evidence for interstitial carbon in nitrogenase FeMo cofactor", Science, 2011, vol. 334, pp. 940–940)
Druck und Verarbeitung:	Drukkerij Wilco, Amersfoort

Printed in the Netherlands

Inhaltsverzeichnis

TEIL II Lösungen

Vorwort

Das Anliegen dieses Übungsbuches ist es, zu helfen das Studienziel zu erreichen. Das Ziel eines Studiums ist bekanntlich nicht das Bestehen einer Prüfung, sondern sich in eine Wissenschaft einzuarbeiten, um Probleme eigenständig lösen zu können.

Selbstverständlich müssen im Verlauf des Studiums auch Prüfungen bestanden werden, einfach um gewisse Lernfortschritte nachzuweisen. Im modularisierten Studium gibt es keine großen Prüfungsereignisse mehr wie die klassische Vordiplom- oder Hauptdiplomprüfung. Trotzdem sind zusammenhängende Kenntnisse unerlässlich. Schließlich wird man in der späteren Berufspraxis oft Herausforderungen gegenüberstehen, die weit mehr Fachkenntnisse erfordern als eine einfache Prüfung.

Die Fragen in diesem Buch können als Diagnoseinstrumente betrachtet werden, mit deren Hilfe sich noch bestehende Lücken erkennen lassen. Solche Lücken sollten dann unter Zuhilfenahme von Lehrbüchern und mit erneutem Durcharbeiten von Lehrveranstaltungen geschlossen werden. Bloßes Auswendiglernen von Antworten auf bestimmte Fragen wird nicht zum Ziel führen.

Es sind auch Umrechnungen von SI-Einheiten in Nicht-SI-Einheiten enthalten. Schließlich gibt es im realen Leben viele Gelegenheiten, mit Nicht-SI-Einheiten in Berührung zu kommen. Zum Beispiel bei einer Reise über den „großen Teich“, im Cockpit eines Flugzeuges, beim Lesen geringfügig älterer Literatur oder beim Kauf eines Wasserhahns oder Autoreifens.

Wolfgang Weigand
Jena

Teil I

Übungsaufgaben

Kapitel 1

Einführung: Stoffe und Maßeinheiten

Einteilung und Eigenschaften von Materie

Nummern in Klammern bezeichnen anspruchsvollere Aufgaben

1.1

Sind die folgenden Stoffe Reinstoffe oder Gemische? Sollte es sich um ein Gemisch handeln, geben Sie an, ob es sich um ein homogenes oder ein heterogenes Gemisch handelt: **(a)** Reispudding, **(b)** Meerwasser, **(c)** Magnesium, **(d)** Benzin.

1.2

Sind die folgenden Stoffe Reinstoffe oder Gemische? Sollte es sich um ein Gemisch handeln, geben Sie an, ob es sich um ein homogenes oder ein heterogenes Gemisch handelt: **(a)** Luft, **(b)** Tomatensaft, **(c)** Iodkristalle, **(d)** Sand.

1.3

Geben Sie die chemischen Symbole der folgenden Elemente an: **(a)** Schwefel, **(b)** Kalium, **(c)** Chlor, **(d)** Kupfer, **(e)** Silicium, **(f)** Stickstoff, **(g)** Calcium, **(h)** Helium.

1.4

Geben Sie die chemischen Symbole der folgenden Elemente an: **(a)** Kohlenstoff, **(b)** Natrium, **(c)** Fluor, **(d)** Eisen, **(e)** Phosphor, **(f)** Argon, **(g)** Nickel, **(h)** Silber.

1.5

Geben Sie die chemischen Elemente an, die den folgenden Symbolen entsprechen: **(a)** Li, **(b)** Al, **(c)** Pb, **(d)** S, **(e)** Br, **(f)** Sn, **(g)** Cr, **(h)** Zn.

1.6

Geben Sie die Namen der folgenden Elemente an: **(a)** Co, **(b)** I, **(c)** Kr, **(d)** Hg, **(e)** As, **(f)** Ti, **(g)** K, **(h)** Ge.

1.7

Eine feste weiße Substanz A wird unter Ausschluss von Luft stark erhitzt. Die Substanz zerfällt und es entsteht eine andere weiße Substanz B und ein Gas C. Das Gas hat die gleichen Eigenschaften wie das Produkt, das man erhält, wenn Kohlenstoff mit einem Überschuss an Sauerstoff verbrannt wird. Können wir aus diesen Beobachtungen schließen, ob es sich bei den Festkörpern A und B und beim Gas C um Elemente oder Verbindungen handelt? Geben Sie bei jeder Substanz eine Begründung an.

1.8

Der englische Wissenschaftler Humphry Davy hat 1807 einen elektrischen Strom durch geschmolzenes Kaliumhydroxid geleitet und konnte in diesem Experiment eine helle, glänzende und reaktive Substanz isolieren. Er behauptete, ein neues Element entdeckt zu haben, das er Kalium nannte. Auf welcher Basis konnte man zu dieser Zeit vor der Entwicklung moderner Instrumente entscheiden, ob eine Substanz ein Element war?

1.9

Bei einem Versuch, eine Substanz zu charakterisieren, macht ein Chemiker die folgenden Beobachtungen: Die Substanz ist ein silbrigweißes, glänzendes Metall. Es schmilzt bei 649 °C und siedet bei 1105 °C. Seine Dichte bei 20 °C beträgt 1,738 g/cm^3. Die Substanz brennt in der Luft und erzeugt dabei eine intensive weiße Flamme. Sie reagiert mit Chlor unter Bildung eines spröden, weißen Festkörpers. Die Substanz kann in dünne Scheibchen gehämmert oder in Drähte gezogen werden. Es handelt sich um einen guten elektrischen Leiter. Welche dieser Eigenschaften sind physikalische und welche Eigenschaften sind chemische Eigenschaften?

1.10
Geben Sie an, ob die nachfolgenden Vorgänge physikalischer oder chemischer Natur sind: **(a)** Korrosion von Aluminium, **(b)** Schmelzen von Eis, **(c)** Zerbröseln von Aspirin, **(d)** Verdauung eines Schokoriegels, **(e)** Explosion von Nitroglycerin.

1.11
Ein Streichholz wird entzündet und unter ein kaltes Stück Metall gehalten. Dabei werden die folgenden Beobachtungen gemacht: **(a)** Das Streichholz brennt. **(b)** Das Metall wird wärmer. **(c)** Auf dem Metall kondensiert Wasser. **(d)** Ruß (Kohlenstoff) lagert sich auf dem Metall ab. Welche dieser Vorgänge sind Folgen physikalischer und welche Vorgänge sind Folgen chemischer Veränderungen?

1.12
Schlagen Sie Methoden vor, mit deren Hilfe sich die folgenden Gemische in ihre beiden Bestandteile trennen lassen: **(a)** Zucker und Sand, **(b)** Eisen und Schwefel.

1.13
In welchen zwei Formen kann die Energie eines Gegenstands vorliegen? Wie unterscheiden sich diese beiden Formen voneinander?

1.14
Nehmen Sie an, Sie werfen einen Tennisball in die Luft. **(a)** Nimmt die kinetische Energie des Balls während des Aufsteigens zu oder ab? **(b)** Was geschieht während des Aufsteigens mit der potenziellen Energie? **(c)** Wenn man einen Ball der gleichen Größe, aber der doppelten Masse mit der gleichen Energie nach oben werfen würde, wie hoch würde dieser Ball im Vergleich zum Tennisball steigen? Erläutern Sie Ihre Antworten.

1.15
(a) Berechnen Sie die kinetische Energie eines 45 g schweren Golfballs, der sich mit einer Geschwindigkeit von 61 m/s bewegt, in Joule. **(b)** Rechnen Sie diese Energie in Kalorien um. **(c)** Was passiert mit dieser Energie, wenn der Ball in einer Sandmulde landet?

Einheiten und Messungen

1.16
Für welche Zehnerpotenzen stehen die folgenden Abkürzungen: **(a)** d, **(b)** c, **(c)** f, **(d)** μ, **(e)** M, **(f)** k, **(g)** n, **(h)** m, **(i)** p?

1.17
Rechnen Sie die folgenden Werte um: **(a)** 25,5 mg in g, **(b)** $4{,}0 \times 10^{-10}$ m in nm, **(c)** 0,575 mm in μm.

1.18
(a) Eine Probe Kohlenstofftetrachlorid, eine Flüssigkeit, die früher zur Trockenreinigung eingesetzt wurde, hat bei 25 °C eine Masse von 39,73 g und ein Volumen von 25,0 mL. Wie groß ist bei dieser Temperatur die Dichte des Stoffs? Schwimmt Kohlenstofftetrachlorid auf Wasser? (Stoffe, die weniger dicht sind als Wasser, schwimmen auf Wasser.) **(b)** Die Dichte von Platin beträgt bei 20 °C 21,45 g/cm^3. Berechnen Sie die Masse von 75,00 cm^3 Platin bei dieser Temperatur. **(c)** Die Dichte von Magnesium beträgt bei 20 °C 1,738 g/cm^3. Welches Volumen haben 87,50 g des Metalls bei dieser Temperatur?

1.19
(a) Zur Charakterisierung einer flüssigen Substanz bestimmt ein Student ihre Dichte. Mit Hilfe eines Messzylinders misst er eine Probe von 45 mL der Substanz ab. Anschließend bestimmt er die Masse der Probe. Er stellt fest, dass diese 38,5 g schwer ist. Ihm ist bekannt, dass es sich bei der Substanz entweder um Isopropylalkohol (Dichte 0,785 g/mL) oder Toluol (Dichte 0,866 g/mL) handeln muss. Wie groß ist die berechnete Dichte? Um welche Substanz handelt es sich wahrscheinlich? **(b)** Für ein Experiment werden 45,0 g Ethylenglykol benötigt, dessen Dichte 1,114 g/mL beträgt. Statt eine Probe abzuwiegen, entscheidet sich ein Chemiker, die Flüssigkeit mit Hilfe eines Messzylinders abzumessen. Wie groß ist das benötigte Volumen der Flüssigkeit? **(c)** Ein würfelförmiges Stück Metall hat eine Seitenlänge von 5,00 cm. Nehmen Sie an, es würde sich bei dem Metall um Nickel handeln, dessen Dichte 8,90 g/cm^3 ist. Wie groß ist die Masse des Würfels?

(1.20)
Gold lässt sich in extrem dünne Plättchen hämmern, die Blattgold genannt werden. Ein 200 mg schweres Stück Gold (Dichte = 19,32 g/cm^3) wird in ein Plättchen mit einer Fläche von 2,4 × 1,0 ft gehämmert. Wie groß ist die durchschnittliche Dicke des Plättchens in Metern? Geben Sie mit Hilfe eines geeigneten metrischen Präfixes die Dicke an, ohne die exponentielle Schreibweise zu verwenden.

1.21
Rechnen Sie die folgenden Werte um: **(a)** 62 °F in °C; **(b)** 216,7 °C in °F; **(c)** 233 °C in K; **(d)** 315 K in °F; **(e)** 2500 °F in K.

Messunsicherheiten

1.22
Geben Sie an, bei welchen Zahlen es sich um exakte Zahlen handelt: **(a)** die Masse einer Büroklammer, **(b)** die Oberfläche eines 10-Cent-Stücks, **(c)** die Anzahl Zoll in einer Meile, **(d)** die Anzahl Unzen in einem Pfund, **(e)** die Anzahl Mikrosekunden in einer Woche, **(f)** die Anzahl Seiten dieses Buches.

1.23
Wie viele signifikante Stellen haben die folgenden Messwerte? **(a)** 358 kg; **(b)** 0,054 s; **(c)** 6,3050 cm; **(d)** 0,0105 L; **(e)** 7,0500 × 10^{-3} m^3.

1.24
Runden Sie die folgenden Zahlen auf vier signifikante Stellen und schreiben Sie das Ergebnis in exponentieller Schreibweise: **(a)** 102,53070; **(b)** 656.980; **(c)** 0,008543210; **(d)** 0,000257870; **(e)** – 0,0357202.

1.25
Führen Sie die folgenden Rechnungen aus und schreiben Sie die Ergebnisse mit der korrekten Anzahl signifikanter Stellen auf:
(a) 12,0550 + 9,05;
(b) 257,2 – 19,789;
(c) (6,21 × 10^3) (0,1050);
(d) 0,0577/0,753.

Dimensionsanalyse

1.26
Schreiben Sie für die englischen Einheiten die folgenden Umrechnungsfaktoren auf: **(a)** cm in Fuß, **(b)** Zoll^3 in cm^3.

1.27
Rechnen Sie die folgenden Werte um: **(a)** 0,076 L in mL; **(b)** 5,0 × 10^{-8} m in nm; **(c)** 6,88 × 10^5 ns in s; **(d)** 0,50 lb in g; **(e)** 1,55 kg/m^3 in g/L; **(f)** 5,850 gal/h in L/s.

1.28
Rechnen Sie die folgenden Werte um: **(a)** 5,00 Tage in s; **(b)** 0,0550 Meilen in m; **(c)** 1,89 $/gal in Dollar pro Liter; **(d)** 0,510 Zoll/ms in km/h; **(e)** 22,50 gal/min in L/s; **(f)** 0,02500 ft^3 in cm^3.

1.29
(a) Wie viele Lieter Wein passen in ein Weinfass mit einer Kapazität von 31 Gallonen? **(b)** Die empfohlene Dosis Elixophyllin, einem Medikament zur Astmabehandlung, beträgt für einen Erwachsenen 6 mg/kg Körpermasse. Beechnen Sie die Dosis in Milligramm für eine 150 Pfund (lb) schwere Person. **(c)** Wenn ein Auto mit 11,2 Gallonen 254 Meilen weit fahren kann, wie hoch ist dann die Reichweite in km/L? **(d)** Ein Pfund Kaffeebohnen ergibt 50 Tassen Kaffee (4 Tassen = 1 Qt). Wie viele Milliliter Kaffee lassen sich mit 1 g Kaffeebohnen brühen?

1.30
Die Dichte von Luft bei normalem atmosphärischen Druck und 25 °C beträgt 1,19 g/L. Welche Masse in Kilogramm hat die Kuft in einem Raum einer Größe von 12,5 × 15,5 × 8,0 ft?

1.31
Ordnen Sie die folgenden Gegenstände durch Abschätzungen nach ihrer Länge und beginnen Sie dabei mit dem kürzesten Gegenstand: eine 57 cm lange Schnurr, ein 14 Zoll langer Schuh, ein 1,1 m langes Rohr.

(1.32)
Der Morgan-Silberdollar hat eine Masse von 26,73 g. Der Silberanteil musste laut Gesetz 90 % betragen

und der Rest der Münze aus Kupfer bestehen. **(a)** Als die Münze am Ende des 19. Jahrhunderts geprägt wurde, hatte Silber einen Wert von 1,18 $ pro Gewichtsunze (31,1 g). Welchen Wert hat bei diesem Silberpreis das Silber im Silberdollar? **(b)** Heute hat Silber einen ungefähren Wert von 5,30 $ pro Gewichts- unze. Wie viele Morgan-Silberdollar haben zusammen einen Silberanteil mit einem Wert von 25 $?

Zusatzaufgaben

[1.33]

Welche Bedeutung haben im Zusammenhang mit Materie die Ausdrücke Zusammensetzung und Struktur?

1.34

(a) Was ist der Unterschied zwischen einer Hypothese und einer Theorie? **(b)** Erklären Sie den Unterschied zwischen einer Theorie und einem wissenschaftlichen Gesetz. Welcher der beiden Begriffe beschreibt, wie sich Materie verhält, und welcher, warum es sich auf diese Weise verhält?

1.35

Im Labor wird eine Probe Ascorbinsäure (Vitamin C) hergestellt. Die Probe enthält 1,50 g Kohlenstoff und 2,00 g Sauerstoff. Eine weitere, aus Zitrusfrüchten isolierte Probe Ascorbinsäure enthält 6,35 g Kohlenstoff. Wie viel Gramm Sauerstoff enthält diese Probe? Welches Gesetz haben Sie sich bei der Antwort dieser Frage zu Nutze gemacht?

1.36

Auf welche Größe (z. B. Länge, Volumen, Dichte) beziehen sich die folgenden Einheiten: **(a)** mL, **(b)** cm^2, **(c)** mm^3, **(d)** mg/L, **(e)** ps, **(f)** nm, **(g)** K?

1.37

Ein 40 lb schwerer Behälter mit Torfmoos hat die Ausmaße 14 × 20 × 30 Zoll. Ein 40 lb schwerer Behälter mit Mutterboden hat ein Volumen von 1,9 Gallonen. **(a)** Berechnen Sie die durchschnittliche Dichte von Torfmoos und Mutterboden in der Einheit g/cm^3. Wäre es richtig zu behaupten, dass Torfmoos „leichter" ist als Mutterboden? Begründen Sie Ihre Antwort. **(b)** Wie viele Säcke Torfmoos wären notwendig, um eine Fläche von 10 Fuß mal 20 Fuß mit einer 2,0 Zoll dicken Schicht zu bedecken?

1.38

(a) Ihnen wird eine Flasche gegeben, die 4,59 cm^3 eines metallischen Festkörpers enthält. Flasche und Festkörper haben zusammen eine Masse von 35,66 g. Die leere Flasche wiegt 14,23 g. Welche Dichte hat der Festkörper? **(b)** Quecksilber wird in „Flaschen" gehandelt, einer Einheit, die eine Masse von 34,5 kg hat. Welches Volumen hat eine Flasche Quecksilber, wenn die Dichte von Quecksilber 13,5 g/mL beträgt. **(c)** Ein Dieb plant, aus einem Museum eine Goldkugel mit einem Radius von 28,9 cm zu stehlen. Gold hat eine Dichte von 19,3 g/cm^3. Welche Masse hat die Kugel? Das Volumen einer Kugel ist gegeben durch $V = (4/3)\pi r^3$. Wird der Dieb die Kugel ohne Hilfsmittel wegtragen können?

1.39

Ein Autor dieses Buches hat vor kurzem einen 10-Meilen-Lauf in einer Zeit von 1 h 25 Min. und 14 s absolviert. **(a)** Wie groß war die Durchschnittsgeschwindigkeit des Läufers in Meilen pro Stunde? **(b)** Wie viele Minuten und Sekunden hat der Läufer für eine Meile benötigt?

1.40

In den USA wird Wasser, welches zur Berieselung eingesetzt wird, in „Acrefeet" gemessen. Ein „Acrefoot" Wasser bedeckt eine Fläche von einem Acre mit einer Höhe von 1 Fuß. Ein Acre ist gleich 4840 yd^2. Ein Acrefoot Wasser reicht aus, um zwei typische Haushalte 1,00 Jahre lang mit Wasser zu versorgen. **(a)** Entsalztes Wasser hat einen Preis von 2480 S pro Acrefoot. Welchen Preis hat ein Liter entsalztes Wasser? **(b)** Welchen Preis müsste ein Haushalt pro Tag bezahlen, wenn der Wasserbedarf des Haushalts nur aus dieser Quelle gedeckt werden würde?

[1.41]

Gold wird zur Herstellung von Schmuck mit anderen Metallen legiert (gemischt), um die Härte zu erhöhen. **(a)** Nehmen Sie an, ein aus Gold und Silber hergestelltes Schmuckstück wiegt 9,85 g und hat ein Volumen von 0,675 cm^3. Gold und Silber haben jeweils eine Dichte von 19,3 g/cm^3 und 10,5 g/cm^3. Berechnen Sie den Goldanteil des Schmuckstücks in Massenprozent und nehmen Sie dabei an, dass das Gesamtvolumen des Schmuckstücks gleich der Summe der enthaltenen Gold- und Silbervolumina ist. **(b)** Der relative Goldanteil in einer Legierung wird üblicherweise in der Einheit Karat angegeben. Reines Gold hat 24 Karat und der Goldanteil einer Legierung wird als Prozentsatz dieses Werts angegeben. Eine Legierung, die zu 50 % aus Gold besteht, hat z. B. 12 Karat. Geben Sie den Goldanteil des betrachteten Schmuckstücks in Karat an.

1.42

Nehmen Sie an, Ihnen wird eine Probe einer homogenen Flüssigkeit gegeben. Wie können Sie herausfinden, ob es sich um eine Lösung oder einen Reinstoff handelt?

1.43

Die Chromatographie ist eine einfache, aber verlässliche Methode, um eine Mischung in ihre Bestandteile aufzutrennen. Nehmen Sie an, Sie wollten mit Hilfe der Chromatographie eine Mischung aus zwei Substanzen trennen. Wie könnten Sie feststellen, ob die Trennung erfolgreich war? Fällt Ihnen eine Möglichkeit ein, mit der Sie die Güte der Trennung quantifizieren könnten?

Kapitel 2

Atome, Moleküle und Ionen

Atomtheorie und die Entdeckung der Atomstruktur

2.1

Wie erklärt die Atomtheorie Daltons die Tatsache, dass bei der Zerlegung von 1,000 g Wasser in seine Elemente unabhängig von der Herkunft des Wassers 0,111 g Wasserstoff und 0,889 g Sauerstoff entstehen?

2.2

Ein Chemiker findet heraus, dass 30,82 g Stickstoff mit 17,60 g, 35,20 g, 70,40 g oder 88,00 g Sauerstoff reagieren können und dabei vier verschiedene Verbindungen entstehen. **(a)** Berechnen Sie für jede Verbindung die Masse des Sauerstoffs pro Gramm Stickstoff. **(b)** Inwiefern bestätigen die Zahlen aus Teil (a) die Atomtheorie Daltons?

2.3

Fassen Sie die Hinweise zusammen, die J. J. Thomson zu der Annahme geführt haben, dass Kathodenstrahlen aus negativ geladenen Teilchen bestehen.

2.4

(a) Denken Sie an die Apparatur des Millikan-Öltröpfchenexperiments. Die positiv geladene Platte befindet sich oberhalb der negativ geladenen Platte. Welchen Einfluss hätte es auf die Geschwindigkeit der absinkenden Öltröpfchen, wenn die Ladungen der Platten umgekehrt wären (negativ geladene Platte oberhalb der positiv geladenen Platte)? **(b)** In seinen ersten Experimenten hat Millikan die Ladung von 58 verschiedenen Öltröpfchen gemessen. Warum hat er Ihrer Meinung nach so viele Tröpfchen vermessen, bevor er zu seinen endgültigen Schlussfolgerungen gekommen ist?

Die moderne Sichtweise der Atomstruktur; Atommassen

2.5

Der Radius eines Kryptonatoms (Kr) beträgt ca. 1,9 Å. **(a)** Drücken Sie diese Länge in Nanometern (nm) und Pikometern (pm) aus. **(b)** Wie viele Kryptonatome passen auf eine Länge von 1,0 mm? **(c)** Welches Volumen in cm^3 hat ein einzelnes Kr-Atom, wenn man davon ausgeht, dass das Atom kugelförmig ist?

2.6

Beantworten Sie die folgenden Fragen: **(a)** Welches sind die wichtigsten subatomaren Teilchen, aus denen das Atom besteht? **(b)** Welche Ladung hat jedes dieser Teilchen in Einheiten der Elektronenladung? **(c)** Welches dieser Teilchen hat die größte Masse? Welches hat die kleinste Masse?

2.7

Geben Sie an, ob die folgenden Behauptungen richtig oder falsch sind. Korrigieren Sie falsche Behauptungen: **(a)** Der Kern hat die größte Masse und nimmt den größten Teil des Atomvolumens ein. **(b)** Jedes Atom eines bestimmten Elements hat die gleiche Anzahl Protonen. **(c)** Die Anzahl der Elektronen in einem Atom ist gleich der Anzahl der Neutronen. **(d)** Die Protonen im Kern des Heliumatoms werden von einer Kraft zusammengehalten, die starke Kernkraft genannt wird.

2.8

(a) Definieren Sie die Begriffe Ordnungszahl und Nukleonenzahl. **(b)** Welche dieser Zahlen kann verändert werden, ohne die Identität des Elements zu verändern?

2.9
Wie viele Protonen, Neutronen und Elektronen haben die folgenden Atome: **(a)** ^{40}Ar, **(b)** ^{65}Zn, **(c)** ^{70}Ga, **(d)** ^{80}Br, **(e)** ^{184}W, **(f)** ^{243}Am.

2.10
Alle folgenden Isotope sind in der Medizin von Bedeutung. Geben Sie die Anzahl der Protonen und Neutronen jedes Isotops an: **(a)** Phosphor-32, **(b)** Chrom-51, **(c)** Kobalt-60, **(d)** Technetium-99, **(e)** Iod-131, **(f)** Thallium-201.

2.11
Ergänzen Sie die Lücken der folgenden Tabelle. Gehen Sie dabei davon aus, dass jede Spalte für ein neutrales Atom steht:

Symbol	^{52}Cr				
Protonen		25			82
Neutronen		30	64		
Elektronen			48	86	
Nukleonenzahl				222	207

2.12
Geben Sie für jedes der folgenden Atome das korrekte Symbol einschließlich oberem und unterem Index an. Verwenden Sie bei Bedarf die im vorderen Einband abgedruckte Liste der Elemente: **(a)** das Platinisotop mit 118 Neutronen **(b)** das Kryptonisotop mit der Nukleonenzahl 84 **(c)** das Arsenisotop mit der Nukleonenzahl 75 **(d)** das Magnesiumisotop mit einer gleichen Anzahl Protonen und Neutronen.

2.13
(a) Welches Isotop dient für die Atommassenskala als Standard? **(b)** Die Atommasse von Bor wird mit 10,81 angegeben, es gibt jedoch kein Boratom, das eine Masse von 10,81 u hat. Erklären Sie diese Tatsache.

2.14
In der Natur kommen nur zwei Isotope des Elements Kupfer vor: ^{63}Cu (Atommasse = 62,9296 u, atomare Häufigkeit 69,17 %) und ^{65}Cu (mit 64,9278 u, atomare Häufigkeit 30,83 %). Berechnen Sie das Atomgewicht (die durchschnittliche Atommasse) von Kupfer.

2.15
(a) Welcher grundlegende Zusammenhang besteht zwischen der Massenspektrometrie und den Kathodenstrahlexperimenten Thomsons? **(b)** Welche Bezeichnungen haben die Achsen eines Massenspektrums? **(c)** Um ein Massenspektrum eines Atoms aufnehmen zu können, muss dieses zunächst ein oder mehr Elektronen abgeben oder aufnehmen. Warum ist dies so?

2.16
Natürlich vorkommendes Magnesium hat die folgenden Isotopenhäufigkeiten:

Isotop	Häufigkeit	Atommasse (u)
^{24}Mg	78,99 %	23,98504
^{25}Mg	10,00 %	24,98584
^{26}Mg	11,01 %	25,98259

(a) Welche durchschnittliche Atommasse hat Mg? **(b)** Skizzieren Sie das Massenspektrum von Mg.

Das Periodensystem; Moleküle und Ionen

2.17
Schreiben Sie von jedem der folgenden Elemente das chemische Symbol auf, suchen Sie die Elemente im Periodensystem und geben Sie an, ob es sich um Metalle, Metalloide oder Nichtmetalle handelt: **(a)** Chrom, **(b)** Helium, **(c)** Phosphor, **(d)** Zink, **(e)** Magnesium, **(f)** Brom, **(g)** Arsen.

2.18
Schreiben Sie von jedem der folgenden Elemente das chemische Symbol auf, bestimmen Sie die Gruppe, zu der es gehört, und geben Sie an, ob es sich um ein Metall, Metalloid oder ein Nichtmetall handelt: **(a)** Kalium, **(b)** Iod, **(c)** Magnesium, **(d)** Argon, **(e)** Schwefel.

2.19
Welche Aussage können wir aufgrund der empirischen Formel über eine Verbindung treffen? Welche zusätzlichen Informationen ergeben sich aus der Molekülformel? Und aus der Strukturformel? Begründen Sie jeweils Ihre Antworten.

2.20
Zwei Verbindungen haben die gleiche empirische Formel. Eine Substanz ist ein Gas und die andere eine viskose Flüssigkeit. Wie ist es möglich, dass zwei Substanzen mit derselben empirischen Formel so unterschiedliche Eigenschaften haben?

2.21
Geben Sie die empirischen Formeln an, die den folgenden Molekülformeln entsprechen:
(a) Al_2Br_6, **(b)** C_8H_{10}, **(c)** $C_4H_8O_2$, **(d)** P_4O_{10}, **(e)** $C_6H_4Cl_2$, **(f)** $B_3N_3H_6$.

2.22
Wie viele Wasserstoffatome haben die folgenden Verbindungen:
(a) C_2H_5OH, **(b)** $Ca(CH_3COO)_2$, **(c)** $(NH_4)_3PO_4$?

2.23
Geben Sie die Molekül- und Strukturformeln der Verbindungen an, die von den folgenden Molekülmodellen dargestellt werden:

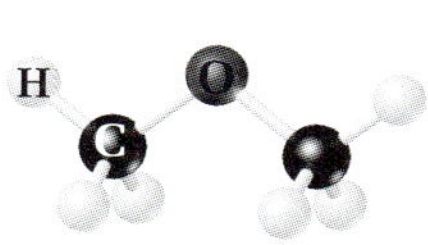

(a)

(b)

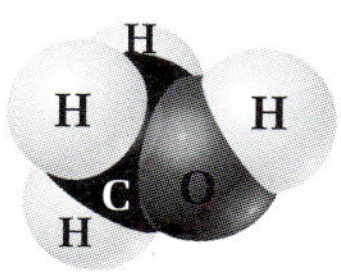

(c)

(d)

2.24
Ergänzen Sie die Lücken der folgenden Tabelle:

Symbol	$^{59}Co^{3+}$			
Protonen		34	76	80
Neutronen		46	116	120
Elektronen		36		78
Nettoladung			2+	

2.25
Jedes der folgenden Elemente kann in chemischen Reaktionen Ionen bilden. Sagen Sie anhand der Lage im Periodensystem die Ladung des jeweils stabilsten Ions voraus: **(a)** Mg, **(b)** Al, **(c)** K, **(d)** S, **(e)** F.

2.26
Sagen Sie mit Hilfe des Periodensystems die chemischen Formeln und Namen der aus den folgenden Elementen gebildeten Verbindungen voraus: **(a)** Ga und F, **(b)** Li und H, **(c)** Al und I, **(d)** K und S.

2.27
Sagen Sie die chemischen Formeln der ionischen Verbindungen voraus, die aus **(a)** Ca^{2+} und Br^-, **(b)** K^+ und CO_3^{2-}, **(c)** Al^{3+} und $C_2H_3O_2^-$, **(d)** NH_4^+ und SO_4^{2-}, **(e)** Mg^{2+} und PO_4^{3-} gebildet werden.

2.28
Werden die folgenden Verbindungen molekular oder ionisch aufgebaut sein: **(a)** B_2H_6, **(b)** CH_3OH, **(c)** $LiNO_3$, **(d)** Sc_2O_3, **(e)** CsBr, **(f)** NOCl, **(g)** NF_3, **(h)** Ag_2SO_4.

Benennung anorganischer Verbindungen; Organische Moleküle

2.29
Geben Sie die chemischen Formeln für die Ionen **(a)** Chlorit, **(b)** Chlorid, **(c)** Chlorat, **(d)** Perchlorat und **(e)** Hypochlorit an.

2.30
Selen, ein Element, das in Spuren in der Nahrung benötigt wird, geht Verbindungen ein, die denen von Schwefel analog sind. Bestimmen Sie die Namen der folgenden Ionen: **(a)** SeO_4^{2-}, **(b)** Se^{2-}, **(c)** HSe^-, **(d)** $HSeO_3^-$.

2.31
Bestimmen Sie die Namen der folgenden ionischen Verbindungen:
(a) MgO, **(b)** $AlCl_3$, **(c)** Li_3PO_4, **(d)** $Ba(ClO_4)_2$, **(e)** $Cu(NO_3)_2$, **(f)** $Fe(OH)_2$, **(g)** $Ca(C_2H_3O_2)_2$, **(h)** $Cr_2(CO_3)_3$, **(i)** K_2CrO_4, **(j)** $(NH_4)_2SO_4$.

2.32
Bestimmen Sie die chemischen Formeln der folgenden Verbindungen: **(a)** Aluminiumhydroxid, **(b)** Kaliumsulfat, **(c)** Kupfer(I)oxid, **(d)** Zinknitrat, **(e)** Quecksilber(II)bromid, **(f)** Eisen(III)carbonat, **(g)** Natrium-hypobromit.

2.33

Geben Sie die chemischen Symbole der folgenden ionischen Verbindungen an: **(a)** Natriumphosphat, **(b)** Kobalt(II)nitrat, **(c)** Bariumbromat, **(d)** Kupfer(II)perchlorat, **(e)** Magnesiumhydrogencarbonat, **(f)** Chrom(III)acetat, **(g)** Kaliumdichromat.

2.34

Geben Sie die Namen bzw. die chemischen Formeln der folgenden Säuren an: **(a)** $HBrO_3$, **(b)** HBr, **(c)** H_3PO_4, **(d)** hypochlorige Säure, **(e)** Iodsäure, **(f)** schweflige Säure.

2.35

Geben Sie die Namen bzw. die chemischen Formeln der folgenden Säuren an: **(a)** Bromwasserstoffsäure, **(b)** Hydrogensulfat, **(c)** salpetrige Säure, **(d)** H_2CO_3, **(e)** $HClO_3$, **(f)** H_3CCOOH.

2.36

Geben Sie die Namen bzw. die chemischen Formeln der folgenden binären molekularen Substanzen an: **(a)** SF_6, **(b)** IF_5, **(c)** XeO_3, **(d)** Distickstofftetroxid, **(e)** Wasserstoffcyanid, **(f)** Tetraphosphorhexasulfid.

2.37

Geben Sie die chemischen Formeln der Substanzen an, die in den folgenden Beschreibungen genannt werden (verwenden Sie den vorderen Einband, um die Symbole der Ihnen unbekannten Elemente zu finden). **(a)** Zinkcarbonat zerfällt beim Erhitzen in Zinkoxid und Kohlenstoffdioxid. **(b)** Siliciumdioxid bildet bei Behandlung mit Fluorwasserstoffsäure Siliciumtetrafluorid und Wasser. **(c)** Schwefeldioxid reagiert mit Wasser zu schwefliger Säure. **(d)** Die Substanz Phosphortrihydrid, die häufig Phosphin genannt wird, ist ein giftiges Gas. **(e)** Perchlorsäure reagiert mit Cadmium zu Cadmium(II)perchlorat. **(f)** Vanadium(III)-bromid ist ein farbiger Festkörper.

2.38

(a) Was ist ein Kohlenwasserstoff? **(b)** Butan ist das Alkan mit einer Kette von vier Kohlenstoffatomen. Schreiben Sie die Strukturformel dieser Verbindung auf und bestimmen Sie die Molekülformel und die empirische Formel.

2.39

(a) Was ist eine funktionelle Gruppe? **(b)** Welche funktionelle Gruppe charakterisiert einen Alkohol? **(c)** Schreiben Sie mit Hilfe der Ergebnisse von Aufgabe 2.69 die Strukturformel von 1-Butanol auf. Dieser Alkohol wird von Butan abgeleitet, indem ein Wasserstoffatom an einem endständigen Kohlenstoffatom ersetzt wird.

Zusatzaufgaben

2.40

Beschreiben Sie je einen Hauptbeitrag folgender Wissenschaftler zur Wissenschaft: **(a)** Dalton, **(b)** Thomson, **(c)** Millikan, **(d)** Rutherford.

2.41

Was ist Radioaktivität? Geben Sie an, ob Sie mit der folgenden Behauptung einverstanden sind, und begründen Sie Ihre Antwort: Henri Becquerels Entdeckung der Radioaktivität zeigt, dass das Atom nicht unteilbar ist, wie lange zuvor geglaubt wurde.

2.42

Die natürliche Häufigkeit von ^3He beträgt 0,000137 %. **(a)** Aus wie vielen Protonen, Neutronen und Elektronen besteht ein Atom ^3He? **(b)** Welches Atom ist basierend auf der Summe der Massen ihrer subatomaren Teilchen schwerer, ein Atom ^3He oder ein Atom ^3H (das auch Tritium genannt wird)? **(c)** Wie präzise müsste basierend auf Ihrer Antwort zu Teil (b) ein Massenspektrometer sein, um zwischen den beiden Peaks von $^3He^+$ und $^3H^+$ unterscheiden zu können?

[2.43]

Ein Goldwürfel mit einer Seitenlänge von 1,00 cm hat eine Masse von 19,3 g. Ein einzelnes Goldatom hat eine Masse von 197,0 u. **(a)** Aus wie vielen Goldatomen besteht der Würfel? **(b)** Schätzen Sie aus den angegebenen Informationen den Durchmesser eines einzelnen Goldatoms in Å ab. **(c)** Welche Annahmen haben Sie bei der Beantwortung von Teil (b) gemacht?

2.44

Das Element Sauerstoff hat drei natürlich vorkommende Isotope, in deren Kernen sich jeweils 8, 9 und 10 Neutronen befinden. **(a)** Geben Sie die vollständigen chemischen Symbole dieser drei Isotope an. **(b)** Beschreiben Sie die Ähnlichkeiten und Unterschiede dieser drei Atomarten des Sauerstoffs.

[2.45]

Es gibt zwei verschiedene Isotope von Brom. Elementares Brom liegt unter Standardbedingungen als Br_2-Molekül vor. Die Masse des Br_2-Moleküls ist gleich der Summe der Massen der beiden Atome im Molekül. Das Massenspektrum von Br_2 besteht aus drei Peaks:

Masse (u)	Relative Intensität
157,836	0,2569
159,834	0,4999
161,832	0,2431

(a) Welchen Ursprung haben die einzelnen Peaks (aus welchen Isotopen bestehen die Peaks jeweils)? **(b)** Welche Masse haben die einzelnen Isotope? **(c)** Bestimmen Sie die durchschnittliche Molekülmasse eines Br_2-Moleküls. **(c)** Bestimmen Sie die durchschnittliche Atommasse eines Br-Atoms. **(e)** Berechnen Sie die Häufigkeiten der beiden Isotope.

2.46

Wählen Sie aus der folgenden Liste der Elemente – Ar, H, Ga, Al, Ca, Br, Ge, K, O – dasjenige aus, auf das die jeweilige Beschreibung am besten passt. Geben Sie jedes Element nur ein Mal an: **(a)** ein Alkalimetall **(b)** ein Erdalkalimetall **(c)** ein Edelgas **(d)** ein Halogen **(e)** ein Metalloid **(f)** ein Nichtmetall aus Gruppe 1A **(g)** ein Metall, das ein 3+-Ion bildet **(h)** ein Nichtmetall, das ein 2– -Ion bildet **(i)** ein Element, das Aluminium ähnelt.

2.47

Geben Sie die Namen der folgenden Oxide an: Welche Ladung haben die Metallelemente, wenn Sie annehmen, dass die Verbindungen ionisch aufgebaut sind: **(a)** NiO, **(b)** MnO_2, **(c)** Cr_2O_3, **(d)** MoO_3?

2.48

Geben Sie die chemischen Namen der folgenden allgemein bekannten Verbindungen an: **(a)** NaCl (Kochsalz), **(b)** $NaHCO_3$ (Backpulver), **(c)** NaOCl (Bestandteil vieler Bleichmittel), **(d)** NaOH (Ätznatron), **(e)** $(NH_4)_2CO_3$ (Riechsalze), **(f)** $CaSO_4$ (Gips).

2.49

Viele Ionen und Verbindungen haben sehr ähnliche Namen und können deshalb sehr leicht verwechselt werden. Schreiben Sie die korrekten chemischen Formeln auf, um zwischen **(a)** Calciumsulfid und Calciumhydrogensulfid, **(b)** Bromwasserstoffsäure und Bromsäure, **(c)** Aluminiumnitrid und Aluminiumnitrit, **(d)** Eisen(II)oxid und Eisen(III)oxid, **(e)** Ammoniak und dem Ammoniumion, **(f)** Kaliumsulfit und Kaliumhydrogensulfit, **(g)** Quecksilber(II)-chlorid und Quecksilber(I)chlorid, **(h)** Chlorsäure und Perchlorsäure zu unterscheiden.

Kapitel 3

Stöchiometrie: Das Rechnen mit chemischen Formeln und Gleichungen

Ausgleichen chemischer Gleichungen

3.1

(a) Welches wissenschaftliche Prinzip oder Gesetz wird beim Ausgleichen chemischer Gleichungen angewendet? **(b)** Warum dürfen beim Ausgleichen von Gleichungen die Indizes der chemischen Formeln nicht verändert werden? **(c)** Wie lauten die Symbole, mit denen Gase, Flüssigkeiten, Festkörper und wässrige Lösungen in chemischen Gleichungen repräsentiert werden?

3.2

Gleichen Sie die folgenden Gleichungen aus:

(a) $CO(g) + O_2(g) \longrightarrow CO_2(g)$

(b) $N_2O_5(g) + H_2O(l) \longrightarrow HNO_3(aq)$

(c) $CH_4(g) + Cl_2(g) \longrightarrow CCl_4(l) + HCl(g)$

(d) $Al_4C_3(s) + H_2O(l) \longrightarrow Al(OH)_3(s) + CH_4(g)$

(e) $C_5H_{10}O_2(l) + O_2(g) \longrightarrow CO_2(g) + H_2O(g)$

(f) $Fe(OH)_3(s) + H_2SO_4(aq) \longrightarrow Fe_2(SO_4)_3(aq) + H_2O(l)$

(g) $Mg_3N_2(s) + H_2SO_4(aq) \longrightarrow MgSO_4(aq) + (NH_4)_2SO_4(aq)$

3.3

Gleichen Sie die folgenden Gleichungen aus:

(a) $Li(s) + N_2(g) \longrightarrow Li_3N(s)$

(b) $La_2O_3(s) + H_2O(l) \longrightarrow La(OH)_3(aq)$

(c) $NH_4NO_3(s) \longrightarrow N_2(g) + O_2(g) + H_2O(g)$

(d) $Ca_3P_2(s) + H_2O(l) \longrightarrow Ca(OH)_2(aq) + PH_3(g)$

(e) $Ca(OH)_2(aq) + H_3PO_4(aq) \longrightarrow Ca_3(PO_4)_2(s) + H_2O(l)$

(f) $AgNO_3(aq) + Na_2SO_4(aq) \longrightarrow Ag_2SO_4(s) + NaNO_3(aq)$

(g) $CH_3NH_2(g) + O_2(g) \longrightarrow CO_2(g) + H_2O(g) + N_2(g)$

3.4

Geben Sie für jede der folgenden Beschreibungen eine ausgeglichene chemische Gleichung an: **(a)** Festes Calciumcarbid CaC_2 reagiert mit Wasser zu einer wässrigen Lösung von Calciumhydroxid und gasförmigem Acetylen C_2H_2. **(b)** Festes Kaliumchlorat zerfällt beim Erhitzen zu festem Kaliumchlorid und gasförmigem Sauerstoff. **(c)** Festes Zink reagiert mit Schwefelsäure zu gasförmigem Wasserstoff und einer wässrigen Lösung von Zinksulfat. **(d)** Wenn flüssiges Phosphortrichlorid in Wasser gegeben wird, reagiert es zu einer wässrigen Lösung von Phosphonsäure, $H_3PO_3(aq)$, und Salzsäure (Chlorwasserstoffsäure). **(e)** Wenn gasförmiges Wasserstoffsulfid (Schwefelwasserstoff) über erhitztes festes Eisen(III)hydroxid geleitet wird, entstehen festes Eisen(III) sulfid und gasförmiges Wasser.

Muster chemischer Reaktivität

3.5

(a) Wie können Sie die chemische Formel des Produkts der Reaktion von metallischem Natrium mit nichtmetallischem Brom, $Br_2(l)$, ableiten? Woher wissen Sie, ob das Produkt bei Zimmertemperatur ein Festkörper, eine Flüssigkeit oder ein Gas ist? Geben Sie die ausgeglichene chemische Gleichung der Reaktion an. **(b)** Welcher Reaktant ist bei der Verbrennung eines Kohlenwasserstoffs an Luft abgesehen vom Kohlenwasserstoff selbst noch an der Reaktion beteiligt? Welche Produkte entstehen? Geben Sie die ausgeglichene chemische Reaktionsgleichung für die Verbrennung von Benzol, C_6H_6 (l), an Luft an.

3.6

Geben Sie die ausgeglichene chemische Reaktionsgleichung für **(a)** die Reaktion von $Mg(s)$ mit $Cl_2(g)$,

(b) die unter Wärmeeinfluss ablaufende Zerfallsreaktion von Bariumcarbonat zu Bariumoxid und gasförmigem Kohlendioxid, **(c)** die Verbrennung des Kohlenwasserstoffs Styrol, $C_8H_8(l)$, an Luft und **(d)** die Verbrennung von Dimethylether, $CH_3OCH_3(g)$, an Luft an.

3.7

Gleichen Sie die folgenden Gleichungen aus und geben Sie an, ob es sich um Bildungs-, Zerfalls- oder Verbrennungsreaktionen handelt:

(a) $Al(s) + Cl_2(g) \longrightarrow AlCl_3(s)$

(b) $C_2H_4(g) + O_2(g) \longrightarrow CO_2(g) + H_2O(g)$

(c) $Li(s) + N_2(g) \longrightarrow Li_3N(s)$

(d) $PbCO_3(s) \longrightarrow PbO(s) + CO_2(g)$

(e) $C_7H_8O_2(l) + O_2(g) \longrightarrow CO_2(g) + H_2O(g)$

3.8

Gleichen Sie die folgenden Gleichungen aus und geben Sie an, ob es sich um Bildungs-, Zerfalls- oder Verbrennungsreaktionen handelt:

(a) $C_3H_6(g) + O_2(g) \longrightarrow CO_2(g) + H_2O(g)$

(b) $NH_4NO_3(s) \longrightarrow N_2O(g) + H_2O(g)$

(c) $C_5H_6O(l) + O_2(g) \longrightarrow CO_2(g) + H_2O(g)$

(d) $N_2(g) + H_2(g) \longrightarrow NH_3(g)$

(e) $K_2O(s) + H_2O(l) \longrightarrow KOH(aq)$

Formelmasse

3.9

Bestimmen Sie die Formelmasse der folgenden Verbindungen: **(a)** N_2O_5, **(b)** $CuSO_4$, **(c)** $(NH_4)_3PO_4$, **(d)** $Ca(HCO_3)_2$, **(e)** Aluminiumsulfid, **(f)** Eisen(III)-sulfat, **(g)** Disiliciumhexabromid.

3.10

Berechnen Sie die prozentualen Massenanteile von Sauerstoff in den folgenden Verbindungen: **(a)** SO_3, **(b)** CH_3COOCH_3, **(c)** $Cr(NO_3)_3$, **(d)** Natriumsulfat, **(e)** Ammoniumnitrat.

3.11

Berechnen Sie auf Grundlage der angegebenen Strukturformeln den prozentualen Massenanteil von Kohlenstoff in den folgenden Verbindungen:

(a)
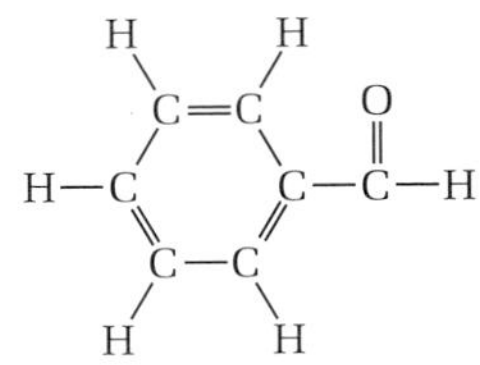
Benzaldehyd (Mandelessenz)

(b)
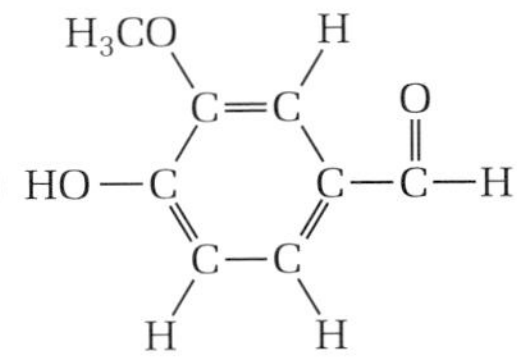
Vanillin (Vanillegeschmack)

(c)
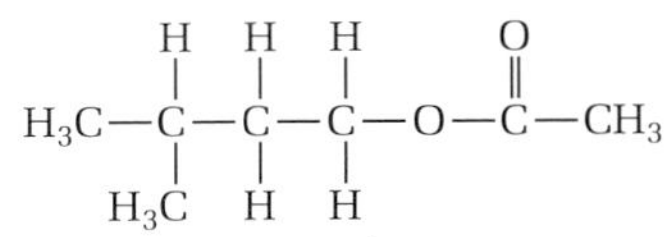
Isopentylacetat (Bananenaroma)

Die Avogadrokonstante und das Mol

3.12

(a) Was ist die Avogadrokonstante und in welchem Verhältnis steht sie zu der Einheit Mol? **(b)** Welche Beziehung gilt zwischen der Formelmasse einer Substanz und ihrer molaren Masse?

3.13

(a) Welche Masse hat ein Mol ^{12}C in Gramm? **(b)** Wie viele Kohlenstoffatome befinden sich in einem Mol ^{12}C?

3.14

Ordnen Sie ohne ausführliche Berechnungen (jedoch mit Hilfe eines Periodensystems, um die Atommassen zu ermitteln) die folgenden Proben nach der Anzahl der in ihnen enthaltenen Atome: 0,50 mol H_2O; 23 g Na; $6{,}0 \times 10^{23}$ N_2-Moleküle.

3.15

Welche Masse in Kilogramm hätte eine der Avogadrokonstante entsprechende Menge olympischer Kugelstoßkugeln, die jeweils eine Masse von 16 lb haben? Wie groß ist diese Masse im Vergleich zur Masse der Erde, $5{,}98 \times 10^{24}$ kg?

3.16

Berechnen Sie die folgenden Größen:

(a) Masse in Gramm in 0,773 mol CaH_2;

(b) Stoffmenge von $Mg(NO_3)_2$ in 5,35 g dieser Substanz;

(c) Anzahl der Moleküle in 0,0305 mol CH_3OH;

(d) Anzahl der C-Atome in 0,585 mol C_4H_{10}.

3.17

Berechnen Sie die folgenden Größen:

(a) Masse in Gramm in $1,906 \times 10^{-2}$ mol BaI_2;

(b) Stoffmenge von NH_4Cl in Mol in 48,3 g dieser Substanz;

(c) Anzahl der Moleküle in 0,05752 mol HCOOH;

(d) Anzahl der O-Atome in $4,88 \times 10^{-3}$ mol $Al(NO_3)_3$.

3.18

(a) Welche Masse (in Gramm) hat $2,50 \times 10^{-3}$ mol Ammoniumphosphat?

(b) Wie viel Mol Chloridionen befinden sich in 0,2550 g Aluminiumchlorid?

(c) Welche Masse (in Gramm) haben $7,70 \times 10^{20}$ Moleküle Koffein, $C_8H_{10}N_4O_2$?

(d) Welche molare Masse hat Cholesterin, wenn 0,00105 mol dieser Substanz 0,406 g wiegen?

3.19

Die Molekülformel von Allicin, einer Verbindung, die für den Geruch von Knoblauch verantwortlich ist, lautet $C_6H_{10}OS_2$: **(a)** Welche molare Masse hat Allicin? **(b)** Wie viel Mol Allicin befinden sich in 5,00 mg der Substanz? **(c)** Wie viele Moleküle Allicin befinden sich in 5,00 mg der Substanz? **(d)** Wie viele S-Atome befinden sich in 5,00 mg Allicin?

3.20

Eine Glukoseprobe, $C_6H_{12}O_6$, enthält $1,250 \times 10^{21}$ Kohlenstoffatome. **(a)** Wie viele Wasserstoffatome enthält sie? **(b)** Wie viele Glukosemoleküle enthält sie? **(c)** Wie viel Mol Glukose enthält sie? **(d)** Welche Masse (in Gramm) hat die Probe?

3.21

Die erlaubte Konzentration von Vinylchlorid, C_2H_3Cl, in der Luft einer Chemiefabrik beträgt $2,0 \times 10^{-6}$ g/L. Wie viel Mol Vinylchlorid pro Liter entspricht das? Und wie vielen Molekülen pro Liter?

Empirische Formeln

3.22

Geben Sie die empirischen Formeln der folgenden Verbindungen an, wenn eine Probe dieser Verbindungen **(a)** 0,0130 mol C; 0,0390 mol H und 0,0065 mol O; **(b)** 11,66 g Eisen und 5,01 g Sauerstoff; **(c)** 40,0 Massen-% C; 6,7 Massen-% H und 53,3 Massen-% O enthält.

3.23

Bestimmen Sie die empirischen Formeln der Verbindungen mit den folgenden prozentualen Massenanteilen:

(a) 10,4 % C; 27,8 % S und 61,7 % Cl

(b) 21,7 % C; 9,6 % O und 68,7 % F

(c) 32,79 % Na; 13,02 % Al und 54,19 % F

3.24

Welche Molekülformeln haben die folgenden Verbindungen?

(a) Empirische Formel CH_2, Molare Masse = 84 g/mol

(b) Empirische Formel NH_2Cl, Molare Masse = 51,5 g/mol

3.25

Bestimmen Sie die Molekülformeln und die empirischen Formeln der folgenden Substanzen:

(a) Styrol, eine Verbindung, die zur Herstellung von Styrofoam-Bechern und für Isolierungen verwendet wird und prozentuale Massenanteile von 92,3 % C und 7,7 % H sowie eine molare Masse von 104 g/ mol hat.

(b) Koffein, ein Stimulans im Kaffee, das prozentuale Massenanteile von 49,5 % C; 5,15 % H; 28,9 % N und 16,5 % O sowie eine molare Masse von ungefähr 195 g/mol hat.

(c) Natrium-Glutamat, ein Geschmacksverstärker, der Massenanteile von 35,51 % C; 4,77 % H; 37,85 % O; 8,29 % N und 13,60 % Na sowie eine molare Masse von 169 g/mol hat.

3.26

(a) Bei der Verbrennungsanalyse von Toluol, einem gebräuchlichen organischen Lösungsmittel, werden 5,86 mg CO_2 und 1,37 mg H_2O erhalten. Welche empirische Formel hat die Verbindung, wenn Sie davon ausgehen, dass sie nur Kohlenstoff und Wasserstoff enthält? **(b)** Menthol, die Substanz, die für den Geschmack von Mentholhustenbonbons verantwortlich ist, besteht aus C, H und O. Wenn eine Probe von 0,1005 g Menthol verbrannt wird, erhält man 0,2829 g CO_2 und 0,1159 g H_2O. Welche empirische Formel hat Menthol? Die Verbindung hat eine molare Masse von 156 g/mol. Welche Molekülformel hat sie?

3.27

Waschsoda, eine Verbindung, die zur Aufbereitung von hartem Wasser für die Reinigung von Kleidungsstücken verwendet wird, ist ein Hydrat, d. h. in der Festkörperstruktur der Substanz ist eine bestimmte Anzahl Wassermoleküle eingeschlossen. Die Formel der Substanz kann als $Na_2CO_3 \cdot xH_2O$ geschrieben werden, wobei x für die Mol H_2O pro Mol Na_2CO_3 steht. Bei Erwärmung einer Probe von 2,558 g Waschsoda auf 25 °C geht das gesamte Hydratwasser verloren und es bleiben 0,948 g Na_2CO_3 zurück. Welchen Wert hat x?

Berechnungen auf der Grundlage chemischer Gleichungen

3.28

Warum ist es wichtig, bei der Bestimmung der Menge des Produkts, das aus einer bestimmten Menge eines Reaktanten gebildet wird, ausgeglichene chemische Reaktionsgleichungen zu verwenden?

3.29

Fluorwasserstoffsäure HF (*aq*) kann nicht in Glasbehältern aufbewahrt werden, weil Silikate von HF (*aq*) angegriffen werden. Natriumsilikat (Na_2SiO_3) reagiert z. B. wie folgt:

$$Na_2SiO_3(s) + 8\,HF(aq) \longrightarrow H_2SiF_6(aq) + 2\,NaF(aq) + 3\,H_2O(l)$$

(a) Wie viel Mol HF werden benötigt, um mit 0,300 mol Na_2SiO_3 zu reagieren?

(b) Wie viel Gramm NaF werden gebildet, wenn 0,500 mol HF mit einem Überschuss an Na_2SiO_3 reagieren?

(c) Wie viel Gramm Na_2SiO_3 reagieren mit 0,800 g HF?

3.30

Viele Tabletten gegen Magensäure enthalten $Al(OH)_3$, das mit Magensäure reagiert, die hauptsächlich aus HCl besteht:

$$Al(OH)_3(s) + HCl(aq) \longrightarrow AlCl_3(aq) + H_2O(l)$$

(a) Gleichen Sie die Reaktionsgleichung aus.

(b) Bestimmen Sie die Masse an HCl (in Gramm), die mit 0,500 g $Al(OH)_3$ reagiert.

(c) Bestimmen Sie die Masse an $AlCl_3$ und die Masse an H_2O, die gebildet werden, wenn 0,500 g $Al(OH)_3$ reagieren.

(d) Zeigen Sie, dass Ihre Berechnungen zu Teil (b) und (c) mit dem Gesetz der Erhaltung der Masse übereinstimmen.

3.31

Eine Probe Eisenerz enthält u. a. die Substanz Fe_2O_3. Bei der Reaktion des Erzes mit CO entsteht Eisen:

$$Fe_2O_3(s) + CO(g) \longrightarrow Fe(s) + CO_2(g)$$

(a) Gleichen Sie die Reaktionsgleichung aus.

(b) Bestimmen Sie die Masse an CO (in Gramm), die mit 0,150 kg Fe_2O_3 reagiert.

(c) Bestimmen Sie die Masse an Fe und die Masse an CO_2, die gebildet werden, wenn 0,150 kg Fe_2O_3 reagieren.

(d) Zeigen Sie, dass Ihre Berechnungen zu Teil (b) und (c) mit dem Gesetz der Erhaltung der Masse übereinstimmen.

3.32

Aluminiumsulfid reagiert mit Wasser zu Aluminiumhydroxid und Wasserstoffsulfid (Schwefelwasserstoff). **(a)** Geben Sie die ausgeglichene chemische Gleichung der Reaktion an. **(b)** Wie viel Gramm Aluminiumhydroxid erhält man aus 6,75 g Aluminiumsulfid?

3.33

Calciumhydrid reagiert mit Wasser zu Calciumhydroxid und gasförmigem Wasserstoff. **(a)** Geben Sie die ausgeglichene chemische Gleichung der Reaktion an. **(b)** Wie viel Gramm Calciumhydrid werden benötigt, um 8,500 g Wasserstoff zu erhalten?

3.34

Airbags in Kraftfahrzeugen werden durch die Zerfallsreaktion von Natriumazid NaN_3 in seine elementaren Bestandteile gezündet:

$$2\,NaN_3(s) \longrightarrow 2\,Na(s) + 3\,N_2(g)$$

(a) Wie viel Mol N_2 werden beim Zerfall von 1,50 mol NaN_3 gebildet?

(b) Wie viel Gramm NaN_3 werden benötigt, um 10,0 g Stickstoff zu erzeugen?

(c) Wie viel Gramm NaN_3 werden benötigt, um gasförmigen Stickstoff (10,0 ft^3) zu erzeugen, wenn das Gas eine Dichte von 1,25 g/L hat?

3.35

Ein quadratisches Stück Aluminiumfolie mit einer Seitenlänge von 1,00 cm und einer Dicke von 0,550 mm reagiert mit Brom zu Aluminiumbromid (siehe Foto).

© Carey B. van Loon

(a) Wie viel Mol Aluminium wurden verwendet? Die Dichte von Aluminium beträgt 2,699 g/cm^3.

(b) Wie viel Gramm Aluminiumbromid werden gebildet, wenn Sie annehmen, dass das Aluminium vollständig reagiert?

Limitierende Reaktanten; Theoretische Ausbeute

3.36

a) Definieren Sie die Ausdrücke *limitierender Reaktant* und *Überschussreaktant*. **(b)** Warum wird die Menge der gebildeten Produkte einer Reaktion nur von der Menge des limitierenden Reaktanten bestimmt?

3.37

Ein Fahrradhersteller hat 4815 Räder, 2305 Rahmen und 2255 Lenker. **(a)** Wie viele Fahrräder können mit diesen Teilen hergestellt werden? **(b)** Welche Teile bleiben über? **(c)** Von welchem Teil wird die Anzahl der Fahrräder begrenzt?

3.38

Natriumhydroxid reagiert wie folgt mit Kohlendioxid:

$$2\,NaOH(s) + CO_2(g) \longrightarrow Na_2CO_3(s) + H_2O(l)$$

Welcher Reaktant begrenzt bei einer Reaktion von 1,85 mol NaOH und 1,00 mol CO_2 die Reaktion? Wie viel Mol Na_2CO_3 können gebildet werden? Wie viel Mol des Überschussreaktanten liegen am Ende der Reaktion noch vor?

3.39

Die Bläschen, die bei der Auflösung einer Alka-Seltzer-Tablette in Wasser entstehen (siehe Foto), werden durch die Reaktion von Natriumhydrogencarbonat ($NaHCO_3$) mit Zitronensäure ($H_3C_6H_5O_7$) erzeugt:

$$3\,NaHCO_3(aq) + H_3C_6H_5O_7(aq) \longrightarrow 3\,CO_2(g) + 3\,H_2O(l) + Na_3C_6H_5O_7(aq)$$

In einem Experiment reagieren 1,00 g Natriumhydrogencarbonat und 1,00 g Zitronensäure. **(a)** Welcher Reaktant begrenzt die Reaktion? **(b)** Wie viel Gramm Kohlendioxid werden gebildet? **(c)** Wie viel Gramm des Überschussreaktanten bleiben übrig, wenn der limitierende Reaktant vollständig verbraucht worden ist?

© Paul Silverman/Fundamental Photographs, NYC

3.40

Lösungen von Natriumcarbonat und Silbernitrat reagieren zu festem Silbercarbonat und einer Lösung von Natriumnitrat. Eine Lösung, die 3,50 g Natriumcarbonat enthält, wird mit einer Lösung gemischt, die 5,00 g Silbernitrat enthält. Wie viel

Gramm Natriumcarbonat, Silbernitrat, Silbercarbonat und Natriumnitrat liegen nach der Reaktion vor?

3.41
Bei der Reaktion von Benzol C_6H_6 mit Brom Br_2 wird Brombenzol C_6H_5Br erzeugt:

$$C_6H_6 + Br_2 \longrightarrow C_6H_5Br + HBr$$

(a) Welche theoretische Ausbeute an Brombenzol erhält man aus der Reaktion von 30,0 g Benzol mit 65,0 g Brom? **(b)** Wie groß wäre die prozentuale Ausbeute, wenn die tatsächliche Ausbeute an Brombenzol 56,7 g betrüge?

3.42
Lithium und Stickstoff reagieren zu Lithiumnitrid:

$$6\ Li(s) + N_2(g) \longrightarrow 2\ Li_3N(s)$$

Wenn je 5,00 g der beiden Substanzen mit einer Ausbeute von 88,5 % miteinander reagieren, wie viel Gramm Li_3N entstehen dann bei der Reaktion?

Zusatzaufgaben

3.43
Geben Sie die ausgeglichenen chemischen Gleichungen für **(a)** die vollständige Verbrennung von Buttersäure, C_3H_7COOH (*l*), einer Verbindung, die beim Ranzigwerden von Butter entsteht, **(b)** die Zerfallsreaktion von festem Nickel (II) hydroxid in festes Nickel(II)oxid und Wasser **(c)** die Bildungsreaktion von Zink mit gasförmigem Chlor an.

3.44
(a) Diamant ist eine natürliche Form reinen Kohlenstoffs. Wie viel Mol Kohlenstoff befinden sich in einem Diamanten (1 Karat = 0,200 g) von 1,25 Karat? Wie viele Atome befinden sich in diesem Diamanten? **(b)** Die Molekülformel von Acetylsalizylsäure (Aspirin), einem der gebräuchlichsten Schmerzmittel, lautet $C_9H_8O_4$. Wie viel Mol dieser Substanz ($C_9H_8O_4$) befinden sich in einer 0,500 g-Tablette Aspirin? Wie viele Moleküle $C_9H_8O_4$ befinden sich in dieser Tablette?

3.45
Sehr kleine Kristalle, die aus 1000 bis 100.000 Atomen bestehen und Quantenpunkte genannt werden, werden für den Einsatz in elektronischen Geräten getestet.

(a) Welche Masse hat ein Quantenpunkt, das aus 10.000 Siliciumatomen besteht?

(b) Berechnen Sie sein Volumen, wenn Sie von einer Dichte von 2,3 g/cm^3 ausgehen.

(c) Nehmen Sie an, der Quantenpunkt wäre würfelförmig, und berechnen Sie die Seitenlänge des Würfels.

3.46
Serotonin ist eine Verbindung, die für die Übertragung von Nervenimpulsen im Gehirn verantwortlich ist. Sie besteht aus 68,2 Massen-% C, 6,86 Massen-% H, 15,9 Massen-% N und 9,08 Massen-% O und hat eine molare Masse von 176 g/mol. Bestimmen Sie die Molekülformel der Substanz.

(3.47)
Eine organische Verbindung enthält nur C, H und Cl. Bei der Verbrennung von 1,50 g dieser Verbindung werden 3,52 g CO_2 gebildet. In einem weiteren Experiment wurde das Chlor aus 1,00 g der Verbindung in 1,27 g AgCl umgewandelt. Bestimmen Sie die empirische Formel der Verbindung.

3.48
Welche der folgenden Substanzen ergibt bei der vollständigen Verbrennung von 1,5 mol die größte Stoffmenge an H_2O? Welche Substanz ergibt die geringste Menge? Erklären Sie Ihre Antwort. C_2H_5OH, C_3H_8, $CH_3CH_2COCH_3$

3.49
Das Fett, das im Höcker eines Kamels gespeichert ist, dient sowohl als Energie- als auch als Wasserquelle. Berechnen Sie die Masse des durch Metabolismus aus 1,0 kg Fett gebildeten H_2O. Nehmen Sie dabei an, dass das Fett nur aus Tristearin ($C_{57}H_{110}O_6$) (ein typisches tierisches Fett) besteht und Tristearin mit O_2 zu CO_2 und H_2O reagiert.

[3.50]
Bei der Erwärmung eines Gemisches aus $KClO_3$, K_2CO_3, $KHCO_3$ und KCl entstehen CO_2, O_2 und H_2O, gemäß den folgenden Gleichungen:

$$2\ KClO_3(s) \longrightarrow 2\ KCl(s) + 3\ O_2(g)$$

$$2\ KHCO_3(s) \longrightarrow K_2O(s) + H_2O(g) + 2\ CO_2(g)$$

$$K_2CO_3(s) \longrightarrow K_2O(s) + CO_2(g)$$

KCl reagiert unter den Reaktionsbedingungen nicht. Wie groß ist die Ausgangszusammensetzung des Gemisches, wenn bei vollständiger Zersetzung von 100,0 g des Gemisches 1,80 g H_2O, 13,20 g CO_2 und 4,00 g O_2 entstehen?

Übergreifende Aufgaben

3.51
Stellen Sie sich eine Probe Calciumcarbonat vor, die in der Form eines Würfels mit einer Seitenlänge von 2,005 Zoll vorliegt. Wie viele Sauerstoffatome sind in der Probe enthalten, wenn sie eine Dichte von 2,71 g/cm^3 hat?

3.52
Wie viel Kilogramm CO_2 werden ausgestoßen, wenn ein Auto mit einer Reichweite von 20,5 Meilen/Gallone 225 Meilen fährt? Nehmen Sie an, dass der Treibstoff vollständig aus Oktan, $C_8H_{18}(l)$, besteht, dessen Dichte 0,69 g/mL ist.

3.53
Eine bestimmte Kohlesorte hat einen Massenanteil von 2,5 % Schwefel. Wenn die Kohle verbrannt wird, wird der Schwefel in gasförmiges Schwefeldioxid umgewandelt. Das Schwefeldioxid reagiert mit Calciumoxid zu festem Calciumsulfit. **(a)** Geben Sie die ausgeglichene chemische Gleichung der Reaktion an. **(b)** Wenn die Kohle in einem Kraftwerk verbrannt wird, das einen täglichen Durchsatz von 2000 Tonnen Kohle hat, wie viel Calciumsulfit wird dann täglich produziert?

Kapitel 4

Reaktionen in Wasser und Stöchiometrie in Lösungen

Elektrolyte

4.1
Auf die Frage, warum Elektrolytlösungen elektrisch leitend sind, antwortet ein Student, dies sei eine Folge der Bewegung von Elektronen in der Lösung. Hat der Student Recht? Falls nein, wie lautet die korrekte Antwort?

4.2
Wir haben gelernt, dass viele ionische Festkörper in Wasser als starke Elektrolyte, d. h. in Lösung als getrennte Ionen vorliegen. Welche Eigenschaften von Wasser erleichtern diese Tatsache?

4.3
Was bedeutet es, wenn davon gesprochen wird, dass Ionen hydratisiert werden, wenn eine ionische Substanz in Wasser gelöst wird?

4.4
Geben Sie an, welche Ionen nach Auflösen der folgenden Substanzen in Wasser vorliegen: **(a)** $ZnCl_2$, **(b)** HNO_3, **(c)** $(NH_4)_2SO_4$, **(d)** $Ca(OH)_2$.

4.5
Ameisensäure ist ein schwacher Elektrolyt. Welche gelösten Teilchen liegen in einer wässrigen Lösung dieser Verbindung vor? Geben Sie die chemische Gleichung der Dissoziation von HCOOH an.

4.6
Aceton (CH_3COCH_3) ist ein Nichtelektrolyt, hypochlorige Säure (HClO) ein schwacher Elektrolyt und Ammoniumchlorid (NH_4Cl) ein starker Elektrolyt. **(a)** Welche gelösten Teilchen liegen in einer wässrigen Lösung der jeweiligen Verbindungen vor? **(b)** Wenn 0,1 mol jeder Verbindung gelöst werden, welche Lösung enthält dann 0,2 mol gelöste Teilchen, welche 0,1 mol gelöste Teilchen und welche zwischen 0,1 und 0,2 mol gelöste Teilchen?

Fällungsreaktionen und Nettoionengleichungen

4.7
Sagen Sie mit Hilfe der Löslichkeitsregeln voraus, ob die folgenden Verbindungen in Wasser löslich oder unlöslich sind: **(a)** $NiCl_2$, **(b)** Ag_2S, **(c)** Cs_3PO_4, **(d)** $SrCO_3$, **(e)** $PbSO_4$.

4.8
Findet beim Mischen der folgenden Lösungen eine Fällungsreaktion statt? Geben Sie, wenn dies der Fall sein sollte, eine ausgeglichene chemische Gleichung der Reaktion an. **(a)** Na_2CO_3 und $AgNO_3$, **(b)** $NaNO_3$ und $NiSO_4$, **(c)** $FeSO_4$ und $Pb(NO_3)_2$.

4.9
Geben Sie die Zuschauerionen an, die beim Mischen der folgenden Lösungen auftreten.

(a) $Na_2CO_3(aq)$ und $MgSO_4(aq)$;
(b) $Pb(NO_3)_2(aq)$ und $Na_2S(aq)$;
(c) $(NH_4)_3PO_4(aq)$ und $CaCl_2(aq)$.

4.10
Getrennte Proben einer Lösung eines unbekannten Salzes werden mit verdünnten Lösungen von HBr, H_2SO_4 und NaOH behandelt. In allen drei Fällen bildet sich ein Niederschlag. Welche der folgenden Kationen könnte die Lösung enthalten: K^+, Pb^{2+}, Ba^{2+}?

4.11
Getrennte Proben einer Lösung einer unbekannten ionischen Verbindung werden mit verdünnten Lösungen von $AgNO_3$, $Pb(NO_3)_2$ und $BaCl_2$ behandelt. In allen drei Fällen bildet sich ein Niederschlag. Wel-

ches der folgenden Anionen könnte das unbekannte Salz enthalten: Br^-, CO_3^{2-}, NO_3^-?

4.12
Sie wissen, dass eine unbeschriftete Flasche eine Lösung einer der folgenden Stoffe enthält: $AgNO_3$, $CaCl_2$ oder $Al_2(SO_4)_3$. Ein Freund schlägt Ihnen vor, eine Probe der Lösung mit $Ba(NO_3)_2$ und anschließend mit NaCl-Lösung zu testen. Erklären Sie, wie Sie anhand dieser beiden Tests bestimmen können, welches Salz sich in der Lösung befindet.

Säure-Base-Reaktionen

4.13
Welche der folgenden Lösungen enthält die größte Konzentration gelöster Protonen: **(a)** 0,1 *M* LiOH; **(b)** 0,1 *M* HI; **(c)** 0,5 *M* Methylalkohol (CH_3OH)? Erklären Sie.

4.14
Welcher Unterschied besteht zwischen **(a)** einer einbasigen und einer zweibasigen Säure, **(b)** zwischen einer schwachen und einer starken Säure und **(c)** zwischen einer Säure und einer Base?

4.15
$HClO_4$ ist eine starke, $HClO_2$ dagegen eine schwache Säure. In welchem Ausmaß liegen die beiden Substanzen in Lösung dissoziiert vor?

4.16
Geben Sie an, ob es sich bei den folgenden Substanzen um eine Säure, eine Base, ein Salz oder keinen von den zuvor genannten Stoffen handelt. Geben Sie an, ob die Substanz in wässriger Lösung vollständig als Moleküle, als Ionen oder als eine Mischung aus Molekülen und Ionen vorliegt. **(a)** HF, **(b)** Acetonitril CH_3CN, **(c)** $NaClO_4$, **(d)** $Ba(OH)_2$.

4.17
Handelt es sich bei den folgenden Substanzen in Wasser um starke Elektrolyte, schwache Elektrolyte oder Nichtelektrolyte: **(a)** H_2SO_3, **(b)** C_2H_5OH (Ethanol), **(c)** NH_3, **(d)** $KClO_3$, **(e)** $Cu(NO_3)_2$?

4.18
Handelt es sich bei den folgenden wässrigen Lösungen um starke Elektrolyte, schwache Elektrolyte oder Nichtelektrolyte: **(a)** $HClO_4$, **(b)** HNO_3, **(c)** NH_4Cl, **(d)** CH_3COCH_3 (Aceton), **(e)** $CoSO_4$, **(f)** $C_{12}H_{22}O_{11}$ (Saccharose)?

4.19
Vervollständigen Sie die folgenden Reaktionsgleichungen, gleichen Sie sie aus und geben Sie anschließend die jeweilige Nettoionengleichung an.
(a) $HBr(aq) + Ca(OH)_2(aq) \longrightarrow$
(b) $Cu(OH)_2(s) + HClO_4(aq) \longrightarrow$
(c) $Al(OH)_3(s) + HNO_3(aq) \longrightarrow$

4.20
Welches Gas entsteht bei der folgenden Reaktion? Festes Magnesiumcarbonat reagiert mit einer wässrigen Perchlorsäurelösung.

4.21
Geben Sie eine ausgeglichene Reaktionsgleichung und eine Nettoionengleichung für die Reaktion an, die stattfindet, wenn **(a)** festes $CaCO_3$ mit einer wässrigen Salpetersäurelösung und **(b)** festes Eisen(II)sulfid mit einer wässrigen Lösung von Bromwasserstoffsäure reagiert.

Redoxreaktionen

4.22
Definieren Sie Oxidation und Reduktion in Hinblick auf **(a)** Elektronenübergänge und **(b)** Oxidationszahlen.

4.23
Welcher markierte Bereich des hier gezeigten Periodensystems enthält die am leichtesten oxidierbaren Elemente? Welcher Bereich enthält die am schwierigsten oxidierbaren Elemente?

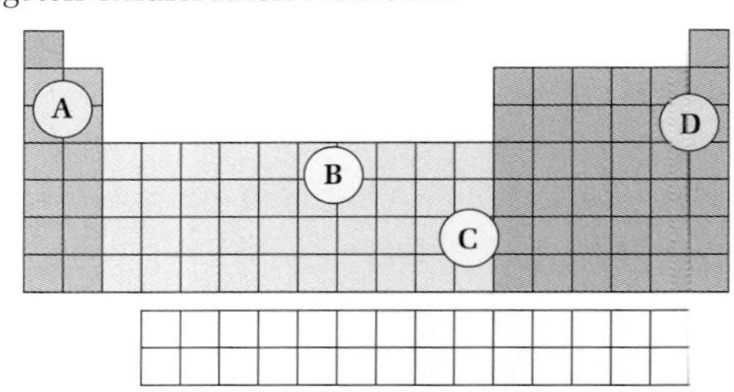

4.24

Bestimmen Sie die Oxidationszahl des jeweils angegebenen Elements in den folgenden Verbindungen: **(a)** S in SO_2, **(b)** C in $COCl_2$, **(c)** Mn in MnO_4^-, **(d)** Br in HBrO, **(e)** As in As_4, **(f)** O in Na_2O_2.

4.25

Bestimmen Sie die Oxidationszahl des jeweils angegebenen Elements in den folgenden Verbindungen: **(a)** Ti in TiO_2, **(b)** Sn in $SnCl_3^-$, **(c)** C in $C_2O_4^{2-}$, **(d)** N in N_2H_4, **(e)** N in HNO_2, **(f)** Cr in $Cr_2O_7^{2-}$.

4.26

Welches Element wird in den folgenden Reaktionen oxidiert und welches reduziert?

(a) $Ni(s) + Cl_2(g) \longrightarrow NiCl_2(s)$;

(b) $3\ Fe(NO_3)_2(aq) + 2\ Al(s) \longrightarrow 3\ Fe(s) + 2\ Al(NO_3)_3(aq)$;

(c) $Cl_2(aq) + 2\ NaI(aq) \longrightarrow I_2(aq) + 2\ NaCl(aq)$;

(d) $PbS(s) + 4\ H_2O_2(aq) \longrightarrow PbSO_4(s) + 4\ H_2O(l)$.

4.27

Geben Sie die ausgeglichenen Molekül- und Nettoionengleichungen der Reaktionen von **(a)** Mangan mit verdünnter Schwefelsäure, **(b)** Chrom mit Bromwasserstoffsäure, **(c)** Zinn mit Chlorwasserstoffsäure und **(d)** Aluminium mit Ameisensäure (HCOOH) an.

4.28

Geben Sie mit Hilfe der Spannungsreihe die ausgeglichenen chemischen Gleichungen der folgenden Reaktionen an. Falls keine Reaktion auftreten sollte, schreiben Sie einfach KR. **(a)** Metallisches Eisen wird zu einer Kupfer(II)nitratlösung gegeben. **(b)** Metallisches Zink wird zu einer Magnesiumsulfatlösung gegeben. **(c)** Bromwasserstoffsäure wird zu metallischem Zinn gegeben. **(d)** Metallisches Aluminium wird zu einer wässrigen Kobalt(II)sulfatlösung gegeben.

4.29

Cadmium neigt dazu, Cd^{2+}-Ionen zu bilden. Es werden die folgenden Beobachtungen gemacht: (i) Wenn ein Streifen Zinkmetall in $CdCl_2(aq)$ gehalten wird, lagert sich Cadmiummetall auf dem Streifen ab. (ii) Wenn ein Streifen Cadmiummetall in $Ni(NO_3)_2(aq)$ gehalten wird, lagert sich Nickelmetall auf dem Streifen ab. **(a)** Geben Sie die Nettoionengleichungen an, um die beiden oben genannten Beobachtungen zu erklären. **(b)** Welche Rückschlüsse können Sie aus den Beobachtungen für die Position von Cadmium in der Spannungsreihe ziehen? **(c)** Welche weiteren Experimente müssten Sie durchführen, um die Position von Cadmium in der Spannungsreihe genauer angeben zu können?

Lösungszusammensetzung; Molarität

4.30

(a) Handelt es sich bei der Konzentration einer Lösung um eine intensive oder eine extensive Eigenschaft? **(b)** Welcher Unterschied besteht zwischen 0,50 mol HCl und 0,50 *M* HCl?

4.31

(a) Berechnen Sie die Molarität einer Lösung, die 0,0345 mol NH_4Cl in genau 400 mL Lösung enthält. **(b)** Wie viel Mol HNO_3 befinden sich in 35,0 mL einer 2,20 *M* Salpetersäurelösung? **(c)** Wie viel Milliliter einer 1,50 *M* KOH-Lösung werden benötigt, um 0,125 mol KOH abzumessen?

4.32

Ein Mann hat ein Blutvolumen von 5,0 L. Nehmen Sie an, die durchschnittliche Natriumionenkonzentration betrage 0,135 *M*. Welche Masse Natrium befindet sich im gesamten Blut dieses Mannes?

4.33

Berechnen Sie **(a)** die Masse der gelösten Stoffe in 0,250 L einer 0,150 *M* KBr-Lösung; **(b)** die molare Konzentration einer Lösung, die in 0,200 L 4,75 g $Ca(NO_3)_2$ enthält; **(c)** das Volumen einer 1,50 *M* Na_3PO_4-Lösung, die 5,00 g gelösten Stoff enthält, in Millilitern.

4.34

(a) Welche Lösung enthält die höchste Kaliumionenkonzentration: 0,20 *M* KCl; 0,15 *M* K_2CrO_4 oder 0,080 *M* K_3PO_4? **(b)** Welche Lösung enthält die größere Stoffmenge Kaliumionen: 30,0 mL einer 0,15 *M* K_2CrO_4-Lösung oder 25,0 mL einer 0,080 *M* K_3PO_4-Lösung?

4.35
Geben Sie an, welche Lösung jeweils die höhere Konzentration an Cl^--Ionen hat: **(a)** 0,10 *M* $CaCl_2$ oder 0,15 *M* KCl-Lösung; **(b)** 100 mL einer 0,10 *M* KCl-Lösung oder 400 mL einer 0,080 *M* LiCl-Lösung; **(c)** 0,050 *M* HCl-Lösung oder 0,020 *M* $CdCl_2$-Lösung.

4.36
Geben Sie die Konzentration der in den folgenden Lösungen enthaltenen Ionen oder Moleküle an: **(a)** 0,22 *M* NaOH; **(b)** 0,16 *M* $CaBr_2$; **(c)** 0,15 *M* CH_3OH; **(d)** eine Mischung aus 40,0 mL einer 0,15 *M* $KClO_3$-Lösung und 35,0 mL einer 0,22 *M* Na_2SO_4-Lösung. (Gehen Sie davon aus, dass sich die Volumina additiv verhalten.)

4.37
(a) Sie haben eine 14,8 *M* Stammlösung von NH_3. Wie viel Milliliter dieser Lösung müssen Sie verdünnen, um 100 mL einer 0,250 *M* NH_3-Lösung herzustellen? **(b)** Wie hoch ist die Konzentration der sich ergebenden Lösung, wenn Sie 10,0 mL der Stammlösung auf ein Gesamtvolumen von 0,250 L verdünnen?

4.38
(a) Beschreiben Sie, wie Sie aus fester Saccharose ($C_{12}H_{22}O_{11}$) 125 mL einer 0,150 *M* Saccharoselösung herstellen können. **(b)** Beschreiben Sie, wie Sie aus 2,00 L einer 1,50 *M* $C_{12}H_{22}O_{11}$-Lösung 400,0 mL einer 0,100 *M* $C_{12}H_{22}O_{11}$-Lösung herstellen können.

[4.39]
Reine Essigsäure, die auch als Eisessig bekannt ist, ist eine Flüssigkeit mit einer Dichte von 1,049 g/mL bei 25 °C. Berechnen Sie die Molarität der Essigsäurelösung, die man durch Lösen von 20,00 mL Eisessig bei 25 °C in so viel Wasser erhält, dass sich 250,0 mL Lösung ergeben.

Stöchiometrie von Lösungen; Titration

4.40
Welche Masse NaCl wird benötigt, um die Silberionen aus 20,0 mL einer 0,100 *M* $AgNO_3$-Lösung auszufällen?

4.41
(a) Welches Volumen einer 0,115 *M* $HClO_4$-Lösung wird benötigt, um 50,00 mL einer 0,0875 *M* NaOH-Lösung zu neutralisieren? **(b)** Welches Volumen einer 0,128 *M* HCl-Lösung wird benötigt, um 2,87 g $Mg(OH)_2$ zu neutralisieren? **(c)** Wenn 25,8 mL einer $AgNO_3$-Lösung benötigt werden, um die Cl^--Ionen aus einer Probe von 785 mg KCl auszufällen (unter Bildung von AgCl), welche Molarität hat dann die $AgNO_3$-Lösung? **(d)** Es werden 45,3 mL einer 0,108 *M* HCl-Lösung benötigt, um eine KOH-Lösung zu neutralisieren. Wie viel Gramm KOH waren in der Lösung?

4.42
Auf einem Labortisch wird Schwefelsäure verschüttet. Die Schwefelsäure kann mit Natriumhydrogencarbonat neutralisiert und die entstehende Lösung anschließend aufgewischt werden. Natriumhydrogencarbonat reagiert wie folgt mit Schwefelsäure:

$$2\,NaHCO_3(s) + H_2SO_4(aq) \longrightarrow Na_2SO_4(aq) + 2\,H_2O(l) + 2\,CO_2(g)$$

Es wird so lange Natriumhydrogencarbonat auf die Säure gegeben, bis keine Bläschen aus $CO_2(g)$ mehr entstehen. Wenn 27 mL einer 6,0 *M* H_2SO_4-Lösung verschüttet wurden, welche Masse $NaHCO_3$ wird dann mindestens benötigt, um die Säure zu neutralisieren?

4.43
Eine Probe aus festem $Ca(OH)_2$ wird bei 30 °C in Wasser gerührt, bis die Lösung mit $Ca(OH)_2$ gesättigt ist. 100 mL dieser Probe werden entnommen und mit $5{,}00 \times 10^{-2}$ *M* HBr-Lösung titriert. Zur Neutralisation der Probe werden 48,8 mL der Säurelösung benötigt. Welche Molarität hat die $Ca(OH)_2$-Lösung? Wie groß ist bei 30 °C die Löslichkeit von $Ca(OH)_2$ in Wasser (in Gramm $Ca(OH)_2$ pro 100 mL Lösung)?

4.44
100,0 mL einer 0,200 *M* KOH-Lösung werden mit 200,0 mL einer 0,150 *M* $NiSO_4$-Lösung vermischt. **(a)** Geben Sie die ausgeglichene chemische Gleichung der Reaktion an. **(b)** Welcher Niederschlag bildet sich? **(c)** Welcher Reaktant begrenzt die Reaktion? **(d)** Wie viel Gramm des Niederschlags wer-

den gebildet? **(e)** Wie hoch sind die Konzentrationen der in Lösung verbleibenden Ionen?

[4.45]

Eine Probe aus 0,5895 g unreinem Magnesiumhydroxid wird in 100,0 mL einer 0,2050 *M* HCl-Lösung gelöst. Es werden 19,85 mL einer 0,1020 *M* NaOH-Lösung benötigt, um die überschüssige Säure zu neutralisieren. Berechnen Sie den prozentualen Massenanteil von Magnesiumhydroxid in der Probe. Gehen Sie dabei davon aus, dass Magnesiumhydroxid die einzige Substanz in der Probe ist, die mit der HCl-Lösung reagiert.

Zusatzaufgaben

4.46

Das zu dieser Aufgabe zugehörige Foto zeigt die Reaktion zwischen einer $Cd(NO_3)_2$- und einer Na_2S-Lösung. Woraus besteht der Niederschlag? Welche Ionen verbleiben in Lösung? Wie lautet die Nettoionengleichung der Reaktion?

4.47

Sie möchten von zwei Ionen die Löslichkeiten untersuchen. Es handelt sich um das Chromation (CrO_4^{2-}) und das Oxalation ($C_2O_4^{2-}$). Ihnen stehen 0,01 *M* Lösungen (A, B, C, D) von vier wasserlöslichen Salzen zur Verfügung:

Lösung	Gelöster Stoff	Farbe der Lösung
A	Na_2CrO_4	gelb
B	$(NH_4)_2C_2O_4$	farblos
C	$AgNO_3$	farblos
D	$CaCl_2$	farblos

Beim Mischen dieser Lösungen machen Sie die folgenden Beobachtungen:

Exp.-Nr.	Gemischte Lösungen	Ergebnis
1	A + B	kein Niederschlag, gelbe Lösung
2	A + C	roter Niederschlag
3	A + D	kein Niederschlag, gelbe Lösung
4	B + C	weißer Niederschlag
5	B + D	weißer Niederschlag
6	C + D	weißer Niederschlag

(a) Geben Sie die Nettoionengleichungen der in den Experimenten stattfindenden Reaktionen an. **(b)** Woraus bestehen die Niederschläge in den Experimenten? **(c)** Welches Ion neigt aufgrund der gemachten Beobachtungen eher dazu, lösliche Salze zu bilden, Chromat oder Oxalat?

4.48

Bei der kommerziellen Produktion von Salpetersäure werden die folgenden chemischen Reaktionen verwendet:

$$4\,NH_3(g) + 5\,O_2(g) \longrightarrow 4\,NO(g) + 6\,H_2O(g)$$
$$2\,NO(g) + O_2(g) \longrightarrow 2\,NO_2(g)$$
$$3\,NO_2(g) + H_2O(l) \longrightarrow 2\,HNO_3(aq) + NO(g)$$

(a) Bei welchen dieser Reaktionen handelt es sich um Redoxreaktionen? **(b)** Geben Sie für jede Redoxreaktion das oxidierte und das reduzierte Element an.

4.49

Eine Probe von 35,0 mL einer 1,00 *M* KBr-Lösung und eine Probe von 60,0 mL einer 0,600 *M* KBr-Lösung werden vermischt. Die Lösung wird anschließend erhitzt, um so viel Wasser zu verdampfen, dass das Volumen 50,0 mL beträgt. Welche Molarität bezüglich KBr hat die entstandene Lösung?

4.50

Mit Hilfe von modernen Analysemethoden ist es möglich, Natriumionen in Konzentrationen bis zu 50 pg /mL nachzuweisen. Geben Sie diese Nachweisgrenze in **(a)** Molarität von Na^+ und **(b)** Na^+-Ionen pro Kubikzentimeter an.

4.51

Die Konzentration von Wasserstoffperoxid in einer Lösung wird durch Titration von 10,0 mL der Lösung mit Permanganat bestimmt.

$$2\,MnO_4^-(aq) + 5\,H_2O_2(aq) + 6\,H^+(aq) \longrightarrow 2\,Mn^{2+}(aq) + 5\,O_2(g) + 8\,H_2O(l)$$

Es werden 16,8 mL einer 0,124 *M* MnO_4^--Lösung benötigt, um den Äquivalenzpunkt zu erreichen. Welche Molarität hat die Wasserstoffperoxidlösung?

Übergreifende Aufgaben

4.52

Eine Natriumchloratlösung wird hergestellt, indem 1,28 g des Salzes in Wasser gelöst werden, so dass sich 1,00 L Lösung ergibt. Welche Masse Natriumchlorit wäre nötig, um eine Natriumchloritlösung mit gleicher Molarität und gleichem Volumen herzustellen?

4.53

Eine Probe von 3,455 g eines Gemisches wird auf Barium untersucht, indem die wässrige Lösung der Probe mit einem geringen Überschuss an Schwefelsäure versetzt wird. Es bildet sich ein Niederschlag aus Bariumsulfat, der abfiltriert, gewaschen, getrocknet und gewogen wird. Die Masse des erhaltenen Bariumsulfats beträgt 0,2815 g. Wie hoch ist der prozentuale Massenanteil von Barium in der Probe?

4.54

Eine Probe von 1,50 g Blei(II)nitrat wird mit 125 mL einer 0,100 *M* Natriumsulfatlösung vermischt. **(a)** Geben Sie die chemische Gleichung der stattfindenden Reaktion an. **(b)** Welcher Reaktant ist in der Reaktion limitierend? **(c)** Wie hoch sind die Konzentrationen der nach dem Ablauf der Reaktion in der Lösung zurückbleibenden Ionen?

[4.55]

Der prozentuale Massenanteil von Chloridionen in einer Probe von 25,00 mL Meerwasser wird bestimmt, indem die Probe mit Silbernitrat titriert wird, wobei Silberchlorid ausfällt. Es werden 42,58 mL einer 0,2997 *M* Silbernitratlösung benötigt, um den Äquivalenzpunkt der Titration zu erreichen. Wie groß ist der prozentuale Massenanteil der Chloridionen in Meerwasser, wenn die Dichte von Meerwasser 1,025 g/mL beträgt?

[4.56]

Gemäß dem neuen Standard für Arsenat in Trinkwasser, der durch den Safe-Drinking-Water-Act in Kraft getreten ist, darf die Arsenkonzentration im Wasser der öffentlichen Wasserversorgung ab Januar 2006 nicht höher als 10 ppb (*parts per billion*, 1 billion = 10^9) sein. Gehen Sie davon aus, dass Arsen als Arsenat (AsO_4^{3-}) vorliegt. Welche Masse Natriumarsenat enthält eine Probe von 1,00 L Trinkwasser, die gerade noch diesem Standard entspricht?

Kapitel 5
Thermochemie

Die Art der Energie

5.1
In der Ingenieurswissenschaft wird häufig die britische Wärmeeinheit Btu verwendet. Eine Btu ist die Wärmemenge, die zur Erhöhung der Temperatur von 1 lb Wasser um 1 °F benötigt wird. Wie viel Joule enthält eine Btu?

5.2
Beschreiben Sie die Energiequelle und die Natur der Energieübergänge, die auftreten, wenn eine 100-Watt-Glühbirne Energie an die Umgebung abstrahlt. Vergleichen Sie Ihre Beschreibung mit der Energiequelle und den Energieübergängen, die auftreten, wenn eine erwachsene Person Energie an ihre Umgebung abstrahlt.

5.3
(a) Was bedeutet der Ausdruck *System* in der Thermodynamik? **(b)** Was ist ein *geschlossenes System*?

5.4
(a) Was ist Arbeit? **(b)** Wie können wir die Menge der verrichteten Arbeit berechnen, wenn uns die mit der Arbeit verbundene Kraft bekannt ist?

5.5
(a) Was ist Wärme? **(b)** Unter welchen Bedingungen wird Wärme von einem Objekt auf ein anderes übertragen?

5.6
Geben Sie an, welche Kräfte in den folgenden Fällen wirken und ob eine Arbeit verrichtet wird: **(a)** Anheben eines Bleistifts vom Schreibtisch. **(b)** Zusammendrücken einer Feder auf die Hälfte ihrer vorherigen Länge.

5.7
Geben Sie an, welche Kräfte wirken und ob Arbeit verrichtet wird, wenn **(a)** ein positiv geladenes Teilchen sich auf einer Kreisbahn um ein negativ geladenes Teilchen bewegt oder **(b)** ein Eisennagel von einem Magneten entfernt wird.

Der Erste Hauptsatz der Thermodynamik

5.8
(a) Wie lautet der Erste Hauptsatz der Thermodynamik? **(b)** Was ist die *innere Energie* eines Systems? **(c)** Auf welche Weise kann die innere Energie eines Systems zunehmen?

5.9
Berechnen Sie ΔU und bestimmen Sie, ob die folgenden Prozesse endotherm oder exotherm sind: **(a)** Ein System nimmt 85 kJ Wärme aus der Umgebung auf und verrichtet dabei 29 kJ Arbeit an der Umgebung, **(b)** $Q = 1{,}50$ kJ und $W = -657$ J und **(c)** ein System gibt 57,5 kJ Wärme ab und verrichtet dabei 13,5 kJ Arbeit an der Umgebung.

5.10
Ein Gas wird mit einem Kolben in einen Zylinder eingeschlossen. In dem Zylinder befindet sich, wie in der Abbildung gezeigt, eine elektrische Heizspirale. Nehmen Sie an, durch die Heizspirale wird ein Strom geleitet, so dass dem System (dem Gas im Zylinder) 100 J Energie hinzugefügt wird. Betrachten Sie zwei verschiedene Situationen: In Fall (1) kann sich der Kolben bei Energiezugabe frei bewegen. In Fall (2) ist der Kolben arretiert, kann sich also nicht bewegen. **(a)** In welchem Fall hat das Gas nach der Zugabe der elektrischen Energie eine höhere Temperatur? Erklären Sie Ihre Antwort. **(b)** Welche Aussage

können Sie in beiden Fällen über die Werte von Q und W machen? **(c)** Welche Aussage können Sie über die relativen Werte von ΔU machen?

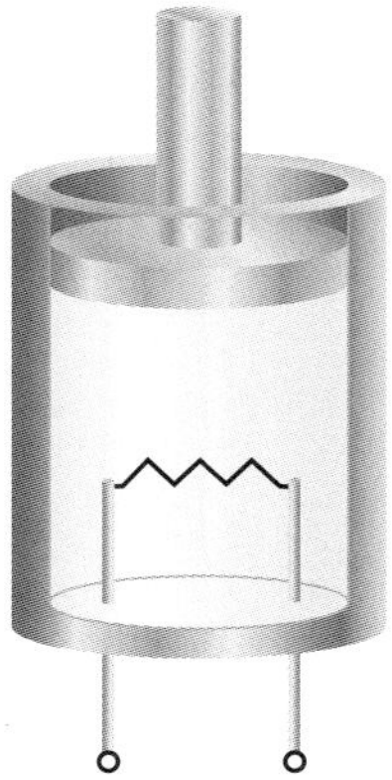

5.11
(a) Was bedeutet der Begriff *Zustandsgröße*? **(b)** Benennen Sie je ein Beispiel einer Größe, die eine Zustandsgröße ist, und einer Größe, die keine Zustandsgröße ist. **(c)** Ist Arbeit eine Zustandsgröße? Warum oder warum nicht?

Enthalpie

5.12
(a) Warum ist die Änderung der Enthalpie im Allgemeinen einfacher zu messen als die Änderung der inneren Energie? **(b)** Bei einem bestimmten Prozess, der bei konstantem Druck stattfindet, ist ΔU negativ. Ist der Prozess endotherm oder exotherm?

5.13
(a) Unter welcher Bedingung ist die Enthalpieänderung eines Prozesses gleich der in das oder aus dem System übertragenen Wärmemenge? **(b)** Während eines Prozesses bei konstantem Druck nimmt ein System Wärme aus der Umgebung auf. Nimmt die Enthalpie des Systems während des Prozesses zu oder ab?

5.14
Bei der vollständigen Verbrennung von Essigsäure ($CH_3COOH\ (l)$) zu $H_2O\ (l)$ und $CO_2(g)$ bei konstantem Druck entstehen 871,7 kJ Wärme pro Mol CH_3COOH. **(a)** Geben Sie die ausgeglichene thermochemische Gleichung der Reaktion an. **(b)** Zeichnen Sie ein Enthalpiediagramm der Reaktion.

5.15
Betrachten Sie die folgende Reaktion, die bei Zimmertemperatur und unter Standarddruck abläuft:

$$2\ Cl(g) \longrightarrow Cl_2(g) \qquad \Delta H = -243{,}4\ kJ$$

Hat unter diesen Bedingungen $2\ Cl(g)$ oder $Cl_2(g)$ die höhere Enthalpie?

5.16
Treffen Sie ohne die Verwendung von Tabellen eine Aussage darüber, welcher Stoff jeweils die höhere Enthalpie besitzt: **(a)** 1 mol $CO_2(s)$ oder 1 mol $CO_2(g)$ bei der gleichen Temperatur, **(b)** 2 mol Wasserstoffatome oder 1 mol H_2, **(c)** 1 mol $H_2\ (g)$ und 0,5 mol $O_2\ (g)$ bei 25 °C oder 1 mol $H_2O\ (g)$ bei 25 °C und **(d)** 1 mol $N_2\ (g)$ bei 100 °C oder 1 mol $N_2(g)$ bei 300 °C.

5.17
Betrachten Sie die folgende Reaktion:

$$2\ Mg(s) + O_2(g) \longrightarrow 2\ MgO(s) \qquad \Delta H = -1204\ kJ$$

(a) Ist diese Reaktion exotherm oder endotherm? **(b)** Berechnen Sie die Wärmemenge, die entsteht, wenn 2,4 g Mg (s) bei konstantem Druck reagieren. **(c)** Wie viel Gramm MgO entstehen bei einer Enthalpieänderung von –96,0 kJ? **(d)** Wie viel Kilojoule Wärme werden aufgenommen, wenn bei konstantem Druck 7,50 g MgO (s) in Mg (s) und $O_2(g)$ zersetzt werden?

5.18
Wenn Lösungen mit Silberionen und Chloridionen vermischt werden, fällt Silberchlorid aus:

$$Ag^+(aq) + Cl^-(aq) \longrightarrow AgCl(s) \qquad \Delta H = -65{,}5\ kJ$$

(a) Berechnen Sie ΔH für die Bildung von 0,200 mol AgCl. **(b)** Berechnen Sie ΔH für die Bildung von 2,50 g AgCl. **(c)** Berechnen Sie ΔH für die Auflösung von 0,150 mmol AgCl in Wasser.

5.19
Ihnen ist für einen Prozess, der bei konstantem Druck abläuft, der Wert von ΔH bekannt. Welche weiteren Informationen benötigen Sie, um den Wert von ΔU für diesen Prozess zu bestimmen?

5.20

Ein Gas wird bei konstantem Atmosphärendruck in einen Zylinder eingeschlossen. Wenn das Gas einer bestimmten chemischen Reaktion unterliegt, gibt es 79 kJ Wärme an die Umgebung ab und verrichtet 18 kJ pV-Arbeit an der Umgebung. Welche Werte haben bei diesem Prozess ΔH und ΔU?

5.21

Ein Gas wird bei konstantem Atmosphärendruck in einen Zylinder eingeschlossen. Wenn dem Gas 418 J Wärme hinzugefügt werden, dehnt es sich aus und verrichet dabei 107 J Arbeit an der Umgebung. Welche Werte haben ΔH und ΔU bei diesem Prozess?

5.22

Betrachten Sie die Verbrennung von flüssigem Methanol CH_3OH (l):

$$CH_3OH(l) + \frac{3}{2} O_2(g) \longrightarrow CO_2(g) + 2\,H_2O(l)$$
$$\Delta H = -726{,}5\ \text{kJ}$$

(a) Wie groß ist die Enthalpieänderung der Umkehrreaktion? **(b)** Geben Sie die Hinreaktion mit ganzzahligen Koeffizienten an. Welchen Wert hat ΔH für diese Gleichung? **(c)** Welche Reaktion ist wahrscheinlich thermodynamisch begünstigt, die Reaktion in Vorwärtsrichtung oder die Umkehrreaktion? **(d)** Wenn in der Reaktion H_2O (g) anstelle von H_2O (l) entstehen würde, würde der Betrag von ΔH dann zunehmen, abnehmen oder gleich bleiben? Erklären Sie Ihre Antwort.

5.23

Betrachten Sie die Zersetzung von flüssigem Benzol (C_6H_6 (l)) zu gasförmigem Acetylen ($C_2H_2(g)$):

$$C_6H_6\,(l) \longrightarrow 3\,C_2H_2(g) \qquad \Delta H = +630\,\text{kJ}$$

(a) Wie groß ist die Enthalpieänderung der Umkehrreaktion? **(b)** Welchen Wert hat ΔH für die Bildung von 1 mol Acetylen? **(c)** Welche Reaktion ist wahrscheinlich thermodynamisch begünstigt, die Reaktion in Vorwärtsrichtung oder die Umkehrreaktion? **(d)** Wenn in der Reaktion $C_6H_6(g)$ anstelle von $C_6H_6(l)$ verbraucht würde, würde der Betrag von ΔH dann zunehmen, abnehmen oder gleich bleiben? Erklären Sie Ihre Antwort.

Kalorimetrie

5.24

(a) Welche Einheit hat die Wärmekapazität? **(b)** Welche Einheit hat die spezifische Wärme? **(c)** Welche weiteren Informationen benötigen Sie neben der spezifischen Wärme von Kupfer, wenn Sie die Wärmekapazität eines bestimmten Stücks Kupferrohr berechnen wollen?

5.25

(a) Welchen Wert hat die spezifische Wärme von flüssigem Wasser? **(b)** Welchen Wert hat die molare Wärmekapazität von flüssigem Wasser? **(c)** Welche Wärmekapazität haben 185 g flüssiges Wasser? **(d)** Wie viel kJ Wärme wird benötigt, um die Temperatur von 10,00 kg flüssigen Wassers von 24,6 °C auf 46,2 °C zu erhöhen?

5.26

Die spezifische Wärme von metallischem Eisen beträgt 0,450 J/g · K. Wie viel Wärme (in J) ist nötig, um die Temperatur eines 1,05 kg schweren Eisenstücks von 25,0 °C auf 88,5 °C zu erhöhen?

5.27

Wenn eine 9,55 g schwere Probe aus festem Natriumhydroxid in einem Kaffeebecher-Kalorimeter in 100,0 g Wasser aufgelöst wird, steigt die Temperatur von 23,6 °C auf 47,4 °C an. Berechnen Sie den Wert von ΔH (in kJ/mol NaOH) für den Lösungsvorgang

$$NaOH(s) \longrightarrow Na^+(aq) + OH^-(aq)$$

Nehmen Sie dabei an, dass die Lösung die gleiche spezifische Wärme hat wie reines Wasser.

5.28

Eine 2,200 g schwere Probe Chinon ($C_6H_4O_2$) wird in einem Bombenkalorimeter verbrannt, dessen Wärmekapazität 7,854 kJ/°C beträgt. Die Temperatur des Kalorimeters steigt von 23 44 °C auf 30,57 °C an. Wie groß ist die Verbrennungswärme pro Gramm Chinon? Pro Mol Chinon?

5.29

Die Verbrennungswärme von Glukose beträgt bei konstantem Volumen 15,57 kJ/g. Eine 2,500 g schwere Probe Glukose ($C_6H_{12}O_6$) wird in einem Bombenkalorimeter verbrannt. Dabei steigt die Temperatur des Kalorimeters von 20,55 °C auf 23,25 °C an. **(a)** Welche Gesamtwärmekapazität hat das Kalorimeter? **(b)** Welche Temperatur hätte das Kalorimeter, wenn die Glukoseprobe doppelt so schwer wäre?

Hess'scher Satz

5.30
Welcher Zusammenhang besteht zwischen dem Hess'schen Satz und der Tatsache, dass H eine Zustandsgröße ist?

5.31
Berechnen Sie die Standardenthalpieänderung der Reaktion
$P_4O_6(s) + 2\,O_2(g) \longrightarrow P_4O_{10}(s)$
mit Hilfe der folgenden Reaktionsenthalpien:
$P_4(s) + 3\,O_2(g) \longrightarrow P_4O_6(s) \quad \Delta H = -1640{,}1\text{ kJ}$
$P_4(s) + 5\,O_2(g) \longrightarrow P_4O_{10}(s) \quad \Delta H = -2940{,}1\text{ kJ}$

5.32
Berechnen Sie mit den Reaktionsenthalpien
$H_2(g) + F_2(g) \longrightarrow 2\,HF(g) \quad \Delta H = -537\text{ kJ}$
$C(s) + 2\,F_2(g) \longrightarrow CF_4(g) \quad \Delta H = -680\text{ kJ}$
$2\,C(s) + 2\,H_2(g) \longrightarrow C_2H_4(g) \quad \Delta H = +52{,}3\text{ kJ}$
den Wert von ΔH für die Reaktion von Ethylen mit F_2:
$C_2H_4(g) + 6\,F_2(g) \longrightarrow 2\,CF_4(g) + 4\,HF(g)$

Bildungsenthalpien

5.33
(a) Was bedeutet der Ausdruck *Standardbedingungen* in Bezug auf Enthalpieänderungen? **(b)** Was ist mit dem Ausdruck *Bildungsenthalpie* gemeint? **(c)** Was ist mit dem Ausdruck *Standardbildungsenthalpie* gemeint?

5.34
Geben Sie für jede der folgenden Verbindungen eine ausgeglichene thermochemische Gleichung an, in der ein Mol der Verbindung aus ihren elementaren Bestandteilen im Standardzustand gebildet wird. Berechnen Sie die jeweiligen Werte von ΔH_f°.

(a) $NH_3(g)$, **(b)** $SO_2(g)$, **(c)** $RbClO_3(s)$, **(d)** $NH_4NO_3(s)$

5.35
Die folgende Reaktion wird Thermitreaktion genannt:

$2\,Al(s) + Fe_2O_3(s) \longrightarrow Al_2O_3(s) + 2\,Fe(s)$

Diese hochgradig exotherme Reaktion wird zum Schweißen von sehr großen Teilen wie z. B. Propellern von großen Schiffen verwendet. Berechnen Sie mit Hilfe der Bildungsenthalpien aus den Wert von ΔH° für diese Reaktion.

5.36
Berechnen Sie die Standardenthalpieänderungen der folgenden Reaktionen:

(a) $2\,SO_2(g) + O_2(g) \longrightarrow 2\,SO_3(g)$
(b) $Mg(OH)_2(s) \longrightarrow MgO(s) + H_2O(l)$
(c) $CH_4(g) + 4\,Cl_2(g) \longrightarrow CCl_4(l) + 4\,HCl(g)$
(d) $SiCl_4(l) + 2\,H_2O(l) \longrightarrow SiO_2(s) + 4\,HCl(g)$

5.37
Bei der vollständigen Verbrennung von 1 mol Aceton (C_3H_6O) werden 1790 kJ frei:

$C_3H_6O(l) + 4\,O_2(g) \longrightarrow 3\,CO_2(g) + 3\,H_2O(l)$

$\Delta H^\circ = -1790\text{ kJ}$

Berechnen Sie die Bildungsenthalpie von Aceton.

5.38
Berechnen Sie die Standardbildungsenthalpie von festem Mg $(OH)_2$ aus den folgenden Daten:

$2\,Mg\,(s) + O_2(g) \longrightarrow 2\,MgO(s) \quad \Delta H^\circ = -1203{,}6\text{ kJ}$
$Mg(OH)_2(s) \longrightarrow MgO(s) + H_2O(l) \quad \Delta H^\circ = +37{,}1\text{ kJ}$
$2\,H_2(g) + O_2\,(g) \longrightarrow 2\,H_2O(l) \quad H^\circ = -571{,}7\text{ kJ}$

5.39
Benzin entsteht hauptsächlich aus Kohlenwasserstoffen, von denen viele genau acht Kohlenstoffatome haben. Derartige Kohlenwasserstoffe werden *Oktane* genannt. Eins der am saubersten verbrennenden Oktane ist eine Verbindung mit dem Namen 2,3,4-Trimethylpentan, die die folgende Strukturformel hat:

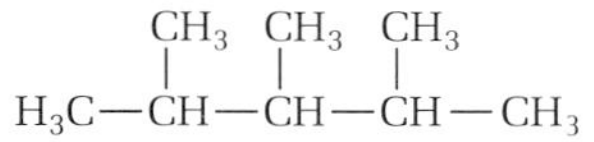

Für die vollständige Verbrennung von einem Mol dieser Verbindung zu $CO_2\,(g)$ und $H_2O(g)$ ist $\Delta H° = -5069$ kJ. **(a)** Stellen Sie die ausgeglichene Gleichung der Verbrennung von 1 mol $C_8H_{18}(l)$ auf. **(b)** Geben Sie die ausgeglichene Gleichung der Bildung von $C_8H_{18}(l)$ aus den Elementen an. **(c)** Verwenden Sie die Informationen aus dieser Aufgabe und aus Tabellen, um den Wert von $\Delta H°$ für 2,3,4-Trimethylpentan zu berechnen.

5.40

(a) Die Stickstoffatome in einem N_2-Molekül werden durch eine Dreifachbindung zusammengehalten; verwenden Sie Bildungsenthalpien, die in Anhang C gefunden werden können, um die Enthalpie dieser Bindung, $D(N{\equiv}N)$, abzuschätzen. **(b)** Betrachten Sie die Reaktion von Hydrazin und Wasserstoff, bei der Ammoniak entsteht, $N_2H_4(g) + H_2(g) \longrightarrow 2\ NH_3(g)$. Verwenden Sie Bildungsenthalpien und Bindungsenthalpien, um die Enthalpie der Stickstoff-Stickstoff-Bindung in N_2H_4 abzuschätzen. **(c)** Würden Sie, basierend auf Ihren Antworten der Teilaufgaben (a) und (b) vorhersagen, dass die Stickstoff-Stickstoff-Bindung in Hydrazin schwächer, ähnlich oder stärker als die Bindung in N_2 ist?

Nahrungsmittel und Treibstoffe

5.41

(a) Was bedeutet der Ausdruck *Brennwert* ? **(b)** Welche Substanz stellt eine größere Energiequelle in Nahrungsmitteln dar, 5 g Fett oder 9 g Kohlenhydrate?

5.42

Eine Portion einer cremigen Pilzsuppe enthält 7 g Fett, 9 g Kohlenhydrate und 1 g Proteine. Schätzen Sie den Kaloriengehalt der Portion ab.

5.43

Die Verbrennungswärme von Fruktose ($C_6H_{12}O_6$) beträgt –2812 kJ/mol. Wenn ein frischer Golden-Delicious-Apfel mit einem Gewicht von 120 g 16,0 g Fruktose enthält, wie hoch ist dann der Kalorienanteil der Fruktose im Apfel?

5.44

Die Standardbildungsenthalpien der gasförmigen Substanzen Propin (C_3H_4), Propylen (C_3H_6) und Propan (C_3H_8) betragen + 185,4; + 20,4 und –103,8 kJ/mol. **(a)** Berechnen Sie die bei der Verbrennung von einem Mol der Substanzen zu $CO_2(g)$ und $H_2O(g)$ entstehende Wärme. **(b)** Berechnen Sie die bei der Verbrennung von 1 kg der Substanzen entstehende Wärme. **(c)** Bei welcher Substanz handelt es sich in Bezug auf die pro Masseneinheit gebildete Wärme um den effizientesten Brennstoff?

Zusatzaufgaben

5.45

Bei 20 °C (ungefähre Zimmertemperatur) beträgt die Durchschnittsgeschwindigkeit von N_2-Molekülen in Luft 1050 Meilen/h. **(a)** Wie hoch ist die durchschnittliche Geschwindigkeit in m/s? **(b)** Welche kinetische Energie (in J) hat ein N_2-Molekül, das sich mit dieser Geschwindigkeit bewegt? **(c)** Wie hoch ist die kinetische Energie von 1 mol N_2-Molekülen, die sich mit dieser Geschwindigkeit bewegen?

5.46

Die in Autos zum Schutz bei Unfällen eingesetzten Airbags werden mit Hilfe einer schnell ablaufenden chemischen Reaktion aufgeblasen. Welche Vorzeichen erwarten Sie bei diesem Prozess für Q und W, wenn Sie die chemischen Reaktanten als System betrachten?

[5.47]

Kalksteinstalaktiten und -stalagmiten bilden sich in Höhlen durch die folgende Reaktion:

$$Ca^{2+}(aq) + 2\ HCO_3^-(aq) \longrightarrow CaCO_3(s) + CO_2(g) + H_2O(l)$$

Bei der Bildung von 1 mol $CaCO_3$ bei 298 K und einem Druck von 1 atm liefert die Reaktion 2,47 kJ pV-Arbeit, weil die Atmosphäre vom gebildeten CO_2 verdrängt wird. Gleichzeitig werden 38,95 kJ Wärme aus der Umgebung aufgenommen. Welche Werte haben ΔH und ΔU bei dieser Reaktion?

5.48

Ein Haus wird mit passiven Solarenergie-Funktionen ausgestattet. Im Innern des Hauses werden Backsteine als Wärmespeicher eingesetzt. Jeder Backstein wiegt etwa 1,8 kg. Die spezifische Wärme der Backsteine beträgt 0,85 J/g · K. Wie viele Backsteine werden im Innern des Hauses benötigt, um die gleiche Wärmekapazität zu liefern wie $1{,}7 \times 10^3$ Gallonen Wasser?

5.49

Wie viel Gramm Methan [$CH_4(g)$] müssen verbrannt werden, um 1,00 kg Wasser von 25,0 °C auf 90,0 °C zu erwärmen, wenn Sie von H_2O (*l*) als Produkt und einer Effizienz von 100 % bei der Wärmeübertragung ausgehen?

5.50

Die Kohlenwasserstoffe Acetylen (C_2H_2) und Benzol (C_6H_6) haben die gleiche empirische Formel. Bei Benzol handelt es sich um einen „aromatischen" Kohlenwasserstoff, der aufgrund seiner Struktur besonders stabil ist. **(a)** Bestimmen Sie die Standardenthalpieänderung der Reaktion $3\ C_2H_2(g) \longrightarrow C_6H_6(l)$. **(b)** Haben 3 mol gasförmiges Acetylen oder 1 mol flüssiges Benzol die höhere Enthalpie? **(c)** Bestimmen Sie den Brennwert von Acetylen und Benzol in kJ/g.

5.51

Ein 90 kg schwerer Mann entscheidet sich dazu, seine körperliche Betätigung zu erhöhen, indem er 20-mal am Tag 3 Treppen (13,7 m) hochläuft. Er glaubt, dass ihm diese zusätzlich verrichtete Arbeit zur Erhöhung seiner potenziellen Energie erlaubt, eine Extraportion Pommes Frites mit einem Kaloriengehalt von 245 kcal zu essen, ohne dabei sein Gewicht zu erhöhen. Ist diese Annahme richtig?

Übergreifende Aufgaben

5.52

Stellen Sie sich die Verbrennung eines einzelnen Moleküls CH_4 (*g*) zu H_2O (*l*) vor. **(a)** Wie viel Energie in J wird bei dieser Reaktion erzeugt? **(b)** Ein typisches Röntgenphoton hat eine Energie von 8 keV. Wie groß ist die Verbrennungsenergie im Vergleich zur Energie des Röntgenphotons?

[5.53]

Betrachten Sie die folgenden Säure-Neutralisationsreaktionen mit der starken Base NaOH (*aq*):

$$HNO_3(aq) + NaOH(aq) \longrightarrow NaNO_3(aq) + H_2O(l)$$
$$HCl(aq) + NaOH(aq) \longrightarrow NaCl(aq) + H_2O(l)$$
$$NH_4^+(aq) + NaOH(aq) \longrightarrow NH_3(aq) + Na^+(aq) + H_2O(l)$$

(a) Berechnen Sie für alle aufgeführten Reaktionen die Werte von $\Delta H°$. **(b)** Wie wir wissen, sind Salpetersäure und Chlorwasserstoffsäure starke Säuren. Geben Sie die Nettoionengleichungen für die Neutralisation dieser Säuren an. **(c)** Vergleichen Sie die Werte von $\Delta H°$ für die ersten beiden Reaktionen. Was können Sie daraus schließen? **(d)** In der dritten Gleichung reagiert $NH_4^+(aq)$ als Säure. Handelt es sich, ausgehend vom Wert von $\Delta H°$ dieser Reaktion, um eine starke oder eine schwache Säure? Erklären Sie Ihre Antwort.

Kapitel 6
Die elektronische Struktur der Atome

Strahlungsenergie

6.1
Wie lauten die SI-Basiseinheiten für **(a)** die Wellenlänge von Licht, **(b)** die Frequenz von Licht und **(c)** die Geschwindigkeit von Licht?

6.2
(a) Welche Beziehung gilt zwischen der Wellenlänge und der Frequenz von Strahlungsenergie? **(b)** In der oberen Atmosphäre befindliches Ozon absorbiert Energie im Bereich von 210–230 nm. Zu welchem Bereich des elektromagnetischen Spektrums gehört diese Strahlung?

6.3
Sind die folgenden Behauptungen richtig oder falsch? Korrigieren Sie falsche Behauptungen. **(a)** Sichtbares Licht ist eine Form elektromagnetischer Strahlung. **(b)** Die Frequenz einer Strahlung nimmt mit steigender Wellenlänge zu. **(c)** Ultraviolettes Licht hat eine höhere Wellenlänge als sichtbares Licht. **(d)** Elektromagnetische Strahlung und Schallwellen haben die gleiche Geschwindigkeit.

6.4
Geben Sie an, welche der folgenden Behauptungen falsch sind, und korrigieren Sie falsche Behauptungen. **(a)** Elektromagnetische Strahlung dringt nicht durch Wasser. **(b)** Elektromagnetische Strahlung bewegt sich im Vakuum unabhängig von der Wellenlänge mit konstanter Geschwindigkeit. **(c)** Infrarotes Licht hat eine höhere Frequenz als sichtbares Licht. **(d)** Beim Glühen einer Feuerstelle, bei der Energie in einem Mikrowellengerät und dem Ertönen eines Nebelhorns handelt es sich um Formen elektromagnetischer Strahlung.

6.5
Ordnen Sie die folgenden Formen elektromagnetischer Strahlung nach steigender Wellenlänge: infrarotes Licht, grünes Licht, rotes Licht, Radiowellen, Röntgenstrahlung, ultraviolettes Licht.

6.6
(a) Welche Frequenz hat Strahlung mit einer Wellenlänge von 995 μm? **(b)** Welche Wellenlänge hat Strahlung mit einer Frequenz von $5{,}50 \times 10^{14}\ s^{-1}$? **(c)** Wäre die Strahlung aus Teil (a) oder (b) für das menschliche Auge sichtbar? **(d)** Welche Entfernung legt elektromagnetische Strahlung in 50,0 μs zurück?

6.7
Angeregte Quecksilberatome emittieren Licht mit einer Wellenlänge von 436 nm. Welche Frequenz hat diese Strahlung? Welche Farbe hat Licht dieser Wellenlänge?

6.8
Ein Argonionenlaser emittiert Licht bei 489 nm. Welche Frequenz hat diese Strahlung? Liegt die Emission im sichtbaren Bereich des Spektrums? Sollte dies der Fall sein, welche Farbe hat dann die emittierte Strahlung?

Gequantelte Energie und Photonen

6.9
(a) Was bedeutet die Aussage, dass Energie gequantelt ist? **(b)** Warum fällt uns die Quantelung der Energie im täglichen Leben nicht auf?

6.10
(a) Berechnen Sie die kleinste Energiemenge (ein Quant), die bei einer Wellenlänge von 438 nm emittiert oder absorbiert werden kann. **(b)** Berechnen Sie

die Energie eines Photons mit der Frequenz $6{,}75 \times 10^{12}\ s^{-1}$. **(c)** Welche Wellenlänge haben Photonen mit einer Energie von $2{,}87 \times 10^{-18}$ J ? Zu welchem Teil des elektromagnetischen Spektrums gehört diese Strahlung?

6.11
(a) Berechnen und vergleichen Sie die Energie eines Photons der Wellenlänge 3,3 μm mit der eines Photons der Wellenlänge 0,154 nm. **(b)** Geben Sie den Bereich des elektromagnetischen Spektrums an, zu dem die beiden Photonen gehören.

6.12
Eine Form von Sonnenbrand entsteht, wenn Haut UV-Licht mit einer Wellenlänge im Bereich um 325 nm ausgesetzt wird. **(a)** Welche Energie hat ein Photon dieser Wellenlänge? **(b)** Welche Energie hat ein Mol dieser Photonen? **(c)** Wie viele Photonen befinden sich in einem 1,00 mJ-Puls dieser Strahlung?

6.13
Strahlungsenergie kann verwendet werden, um chemische Bindungen zu brechen. Zum Brechen der Stickstoff–Stickstoff-Bindung in N_2 werden mindestens 941 kJ/mol Energie benötigt. Welche Wellenlänge hat die Strahlung, die gerade eben genügend Energie besitzt, um diese Bindung zu brechen? Um welche Form elektromagnetischer Strahlung handelt es sich?

6.14
Eine Laserdiode emittiert bei einer Wellenlänge von 987 nm. **(a)** Zu welchem Teil des elektromagnetischen Spektrums gehört diese Strahlung? **(b)** Die gesamte abgestrahlte Energie wird von einem Detektor absorbiert, der in 32 s eine Gesamtenergiemenge von 0,52 J misst. Wie viele Photonen werden pro Sekunde vom Laser emittiert?

6.15
Bei metallischem Molybdän werden erst bei einer Strahlung mit einer Frequenz von mindestens $1{,}09 \times 10^{15}\ s^{-1}$ aus der Oberfläche über den photoelektrischen Effekt Elektronen emittiert. **(a)** Wie hoch ist die Mindestenergie, die zur Emission der Elektronen benötigt wird? **(b)** Welche Wellenlänge hat Strahlung, die Photonen mit dieser Energie erzeugt? **(c)** Wie hoch ist die maximal mögliche kinetische Energie der emittierten Elektronen, wenn Molybdän mit Licht einer Wellenlänge von 120 nm bestrahlt wird?

Bohr'sches Atommodell; Materiewellen

6.16
Erklären Sie, wie die Existenz von Linienspektren mit der Theorie Bohrs der gequantelten Energie des Elektrons im Wasserstoffatom erklärt werden kann.

6.17
Wird bei den folgenden elektronischen Übergängen im Wasserstoffatom Energie emittiert oder absorbiert? **(a)** von $n = 4$ nach $n = 2$; **(b)** von einer Umlaufbahn mit dem Radius 2,12 Å auf eine Umlaufbahn mit dem Radius 8,46 Å und **(c)** bei Hinzufügen eines Elektrons zu einem H^+-Ion, das sich anschließend in der $n = 3$-Schale befindet.

6.18
Berechnen Sie mit Hilfe von Gleichung 6.5 die Energie eines Elektrons im Wasserstoffatom für $n = 2$ und $n = 6$. Berechnen Sie die Wellenlänge der emittierten Strahlung, wenn ein Elektron vom $n = 6$-Zustand in den $n = 2$-Zustand übergeht. Befindet sich diese Linie im sichtbaren Bereich des elektromagnetischen Spektrums? Sollte dies der Fall sein, welche Farbe hat dann die emittierte Strahlung?

6.19
Bei allen von Balmer beobachteten sichtbaren Emissionslinien ist $n_f = 2$. **(a)** Erklären Sie, warum sich nur die Linien mit $n_f = 2$ im sichtbaren Bereich des elektromagnetischen Spektrums befinden. **(b)** Berechnen Sie die Wellenlängen der ersten drei Linien der Balmerserie (mit $n_i = 3, 4$ und 5) und identifizieren Sie diese Linien im Emissionsspektrum.

[6.20]
Eine der Emissionslinien des Wasserstoffatoms hat eine Wellenlänge von 93,8 nm. **(a)** Zu welchem Teil des elektromagnetischen Spektrums gehört diese Strahlung? **(b)** Bestimmen Sie die mit dieser Emission verbundenen Anfangs- und Endwerte von n.

6.21

Bestimmen Sie mit Hilfe der de Broglie-Beziehung die Wellenlängen der folgenden Objekte: **(a)** eine 85 kg schwere Person, die mit einer Geschwindigkeit von 50 km/h Ski fährt; **(b)** eine 10,0 g schwere Kugel, die mit einer Geschwindigkeit von 250 m/s abgefeuert wird und **(c)** ein Lithiumatom, das sich mit einer Geschwindigkeit von $2,5 \times 10^5$ m/s bewegt.

6.22

Bei der Neutronenbeugung handelt es sich um eine wichtige Technik zur Bestimmung der Struktur von Molekülen. Berechnen Sie die Geschwindigkeit eines Neutrons, das eine charakteristische Wellenlänge von 0,955 Å hat. Sie finden die Masse des Neutrons im Einband des Buches.

6.23

Elektronenmikroskope werden vielfach verwendet, um stark vergrößerte Bilder biologischer und anderer Materialien zu erhalten. Ein Elektron wird von einem bestimmten Potenzialfeld beschleunigt und erreicht eine Geschwindigkeit von $9,38 \times 10^6$ m/s. Welche charakteristische Wellenlänge hat dieses Elektron? Ist die Wellenlänge in der Größenordnung eines Atoms?

6.24

Berechnen Sie mit Hilfe der Heisenberg'schen Unschärferelation die Unschärfe des Aufenthaltsorts **(a)** einer 1,50 mg schweren Mücke, die sich mit einer Geschwindigkeit von 1,40 m/s bewegt, wobei die Unschärfe der Geschwindigkeit $\pm$ 0,01 m/s beträgt, und **(b)** eines Protons, das sich mit einer Geschwindigkeit von $(5,00 \pm 0,01) \times 10^4$ m/s bewegt. Die Masse eines Protons ist in der Tabelle der Naturkonstanten im Einband des Buches angegeben.

Quantenmechanik und Atomorbitale

6.25

(a) Warum verletzt das Bohr'sche Atommodell des Wasserstoffatoms die Unschärferelation? **(b)** Inwiefern ist die Beschreibung des Elektrons als Wellenfunktion mit der Hypothese de Broglies vereinbar? **(c)** Was bedeutet der Ausdruck *Wahrscheinlichkeitsdichte*? Wie lässt sich aus der Wellenfunktion die Wahrscheinlichkeitsdichte an einem bestimmten Punkt im Raum berechnen?

6.26

(a) Welche Werte kann l annehmen, wenn $n = 4$ ist? **(b)** Welche Werte kann m_l annehmen, wenn $l = 2$ ist?

6.27

Geben Sie die numerischen Werte von n und l an, die den folgenden Bezeichnungen entsprechen: **(a)** 3*p*, **(b)** 2*s*, **(c)** 4*f*, **(d)** 5*d*.

6.28

Welche der folgenden Kombinationen von n und l sind möglich? **(a)** 1*p*, **(b)** 4*s*, **(c)** 5*f*, **(d)** 2*d*.

6.29

Welche der folgenden Kombinationen verschiedener Quantenzahlen sind für ein Elektron in einem Wasserstoffatom möglich? **(a)** $n = 2$, $l = 1$, $m_l = 1$; **(b)** $n = 1$, $l = 0$, $m_l = -1$; **(c)** $n = 4$, $l = 2$, $m_l = -2$; **(d)** $n = 3$, $l = 3$, $m_l = 0$. Geben Sie bei den erlaubten Kombinationen die entsprechende Bezeichnung der Unterschale an, zu der das Orbital gehört (z. B. 1*s* usw.).

6.30

Skizzieren Sie Form und räumliche Ausrichtung der folgenden Orbitale: **(a)** *s*, **(b)** p_z, **(c)** d_{xy}.

6.31

(a) Welche Gemeinsamkeiten und Unterschiede bestehen zwischen den 1*s*- und 2*s*-Orbitalen des Wasserstoffatoms? **(b)** Inwiefern hat das 2*p*-Orbital eine Richtung? Vergleichen Sie die Richtungen der p_x- und $d_{x^2-y^2}$-Orbitale (d. h., in welcher Richtung oder in welchem Bereich im Raum ist die Elektronendichte konzentriert?). **(c)** Welche Aussage können Sie über die durchschnittliche Entfernung eines Elektrons vom Kern im 2*s*-Orbital im Vergleich zum 3*s*-Orbital machen? **(d)** Ordnen Sie für das Wasserstoffatom die folgenden Orbitale nach zunehmender Energie. Geben Sie also das stabilste Orbital zuerst an: 4*f*, 6*s*, 3*d*, 1*s*, 2*p*.

Mehr-Elektronen-Atome und Elektronen-Konfigurationen

6.32
Inwiefern unterscheiden sich bei gegebener Hauptquantenzahl n die Energien der s-, p-, d- und f-Unterschalen bei **(a)** Wasserstoff und **(b)** einem Mehr-Elektronen-Atom?

6.33
(a) Wie lauten die möglichen Werte der Spinorientierungsquantenzahl eines Elektrons? **(b)** Mit welchem experimentellen Gerät können Sie zwischen Elektronen unterscheiden, die unterschiedliche Werte der Spinorientierungsquantenzahl haben? **(c)** In einem Atom besetzen zwei Elektronen das 1s-Orbital. Welche Größe muss sich bei den beiden Elektronen unterscheiden? Welches Prinzip haben Sie bei Ihrer Antwort berücksichtigt?

6.34
Welche maximale Anzahl an Elektronen kann sich in den folgenden Unterschalen befinden? **(a)** 3p, **(b)** 5d, **(c)** 2s, **(d)** 4f.

6.35
(a) Wofür stehen die Kästchen in einem Orbitaldiagramm? **(b)** Welche Größe wird durch die Richtung (entweder nach oben oder nach unten) der Halbpfeile in einem Orbitaldiagramm angegeben? **(c)** Wird zur Angabe der Elektronenkonfiguration von Beryllium die Hund'sche Regel benötigt? Erklären Sie Ihre Antwort.

6.36
Geben Sie unter Berücksichtigung der entsprechenden Edelgasschalen die verkürzten Elektronenkonfigurationen der folgenden Atome an: **(a)** Cs, **(b)** Ni, **(c)** Se, **(d)** Cd, **(e)** Ac, **(f)** Pb.

6.37
Meitnerium (Mt, Element 109), ein nach Lise Meitner benanntes Übergangsmetall, sollte die gleiche äußere Elektronenkonfiguration haben wie Iridium. Geben Sie, basierend auf dieser Beobachtung, die Elektronenkonfiguration von Meitnerium an. Verwenden Sie das Symbol [Rn] für die ersten 86 Elektronen der Elektronenkonfiguration.

6.38
Geben Sie die Elemente an, die den folgenden Elektronenkonfigurationen entsprechen:
(a) $1s^22s^22p^63s^2$; **(b)** $[Ne]3s^23p^1$; **(c)** $[Ar]4s^13d^5$; **(d)** $[Kr]5s^24d^{10}5p^4$.

6.39
Welche Fehler haben die folgenden Elektronenkonfigurationen von Atomen in ihren Grundzuständen?
(a) $1s^22s^23s^1$; **(b)** $[Ne]2s^22p^3$; **(c)** $[Ne]3s^23d^5$.

6.40
Die folgenden Elektronenkonfigurationen stehen für angeregte Zustände. Um welche Elemente handelt es sich? Wie lauten die verkürzten Elektronenkonfigurationen der entsprechenden Grundzustände?
(a) $1s^22s^23p^24p^1$
(b) $[Ar]3d^{10}4s^14p^45s^1$
(c) $[Kr]4d^65s^25p^1$.

Zusatzaufgaben

6.41
Betrachten Sie die beiden abgebildeten Wellen, die für zwei elektromagnetische Strahlungen stehen:

(a) Welche Wellenlänge hat die Welle A? Welche die Welle B?
(b) Welche Frequenz hat die Welle A? Welche die Welle B?
(c) Zu welchen Bereichen des elektromagnetischen Spektrums gehören die beiden Wellen?

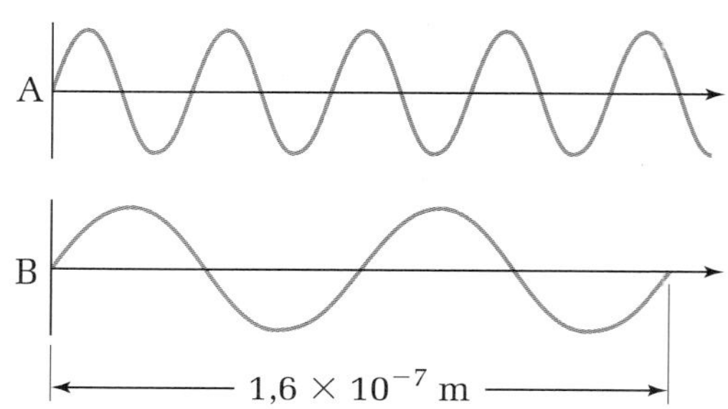

6.42
Die Raumsonde Cassini-Huygens begann im Juni 2004 den Saturn zu umkreisen und Bilder zur Erde zu übermitteln. Die kürzeste Entfernung zwischen Saturn und Erde beträgt 746 Mio. Meilen. Wie lange braucht ein von der Raumsonde übermitteltes Signal mindestens, um zur Erde zu gelangen?

6.43
In allen Organismen, die Photosynthese betreiben, wird der Bereich des vom Organismus absorbierten Lichts durch Carotinoide erweitert. Die maximale Fähigkeit zur Lichtabsorption dieser Stoffe liegt im Bereich von 440–470 nm. Berechnen Sie die Energie in Kilojoule, die durch die Absorption von einer der Avogadrozahl entsprechenden Anzahl Photonen bei einer Wellenlänge von 455 nm aufgenommen wird.

6.44
Die Emissionsserie des Wasserstoffatoms mit einem Wert von $n_f = 3$ wird *Paschenserie* genannt. **(a)** Bestimmen Sie den Bereich des elektromagnetischen Spektrums, in dem die Linien der Paschenserie beobachtet werden. **(b)** Berechnen Sie die Wellenlängen der ersten drei Linien der Paschenserie (mit $n_i = 4$, 5 und 6).

6.45
Unter geeigneten Bedingungen kann Molybdän Röntgenstrahlung mit einer charakteristischen Wellenlänge von 0,711 Å emittieren. Diese Röntgenstrahlung wird in einem Beugungsexperiment verwendet, um die Struktur von Molekülen zu bestimmen. Wie schnell müsste sich ein Elektron bewegen, um die gleiche Wellenlänge wie diese Röntgenstrahlung zu haben?

6.46
Durch welche Quantenzahl wird **(a)** die Form eines Orbitals, **(b)** die Energie eines Orbitals, **(c)** die Spinorientierung des Elektrons und **(d)** die räumliche Orientierung eines Orbitals festgelegt?

[6.47]
Stellen Sie sich vor, die Spinorientierungsquantenzahl m_s könnte nicht zwei, sondern *drei* erlaubte Werte annehmen. Welche Folgen würden sich daraus für die Anzahl der Elemente in den ersten vier Zeilen des Periodensystems ergeben?

Übergreifende Aufgaben

[6.48]
In Mikrowellengeräten werden Nahrungsmittel mit Hilfe von Mikrowellen erhitzt. Die Mikrowellen werden vom Wasser im Nahrungsmittel absorbiert und die absorbierte Energie wird anschließend auf andere Bestandteile des Nahrungsmittels übertragen. Auf diese Weise wird zusammen mit dem Wasser das gesamte Nahrungsmittel heiß. Nehmen Sie an, die verwendeten Mikrowellen hätten eine Wellenlänge von 11,2 cm. Wie viele Photonen wären in diesem Fall nötig, um 200 mL Kaffee von 23 °C auf 60 °C zu erwärmen.

6.49
Die ersten 25 Jahre des 20. Jahrhunderts waren von einer rasant fortschreitenden Entwicklung des wissenschaftlichen Verständnisses der Natur der Materie geprägt. **(a)** Inwiefern kann das Rutherford'sche Experiment der Streuung von α-Teilchen an einer Goldfolie als Grundlage für die Bohrsche Theorie des Wasserstoffatoms betrachtet werden? **(b)** Inwiefern ist die auf Elektronen angewandte Hypothese de Broglies mit der Schlussfolgerung J. J. Thomsons vereinbar, dass das Elektron eine Masse hat? In welchem Sinne ist sie mit den der Arbeit Thomsons vorausgehenden Vorschlägen vereinbar, dass es sich bei der Kathodenstrahlung um ein wellenartiges Phänomen handelt.

Kapitel 7

Periodische Eigenschaften der Elemente

Periodensystem; Effektive Kernladung

7.1
Warum hat Mendeleev in seiner frühen Version des Periodensystems Leerstellen gelassen? Wie sagte er die Eigenschaften der Elemente voraus, die in diese Leerstellen gehören?

7.2
(a) Was ist mit dem Ausdruck *effektive Kernladung* gemeint? **(b)** Wie ändert sich die effektive Kernladung, die die Valenzelektronen eines Atoms erfahren, wenn man von links nach rechts in einer Periode des Periodensystems geht?

7.3
(a) Wenn jedes kernnahe Elektron in der Abschirmung der Valenzelektronen von der vollen Ladung des Kerns völlig effektiv wäre und der Kern und die Valenzelektronen sich nicht gegenseitig abschirmen würden, was wären die Werte für die Abschirmungskonstante, S, und die effektive Kernladung, Z_{eff}, für das $4s$-Elektron im Kaliumatom? **(b)** Detaillierte Berechnungen zeigen, dass der Wert von Z_{eff} für ein K-Atom 3,49 + ist. Erklären Sie den Unterschied zwischen diesem Wert und dem, den Sie in Teil (a) erhalten haben.

7.4
Wer erfährt die größere effektive Kernladung, die Elektronen in der $n = 3$ Schale in Ar oder der $n = 3$ Schale in Kr? Welche werden sich näher am Kern befinden? Erklären Sie.

7.5
Da eine genaue äußere Begrenzung für ein Atom nicht gemessen oder auch nur berechnet werden kann, wie bestimmt man Atomradien? Was ist der Unterschied zwischen einem Bindungs- und Nichtbindungsradius?

7.6
(a) Warum macht die quantenmechanische Beschreibung eines Mehr-Elektronen Atoms es schwierig, einen präzisen Atomradius zu definieren? **(b)** Wenn nichtgebundene Atome aufeinander treffen, was bestimmt, wie nahe sich die Kerne annähern können?

7.7
Der Abstand zwischen W-Atomen in Wolframmetall ist 2,74 Å. Wie groß ist der Atomradius eines Wolframatoms in dieser Umgebung? Dieser Radius wird *metallischer Radius* genannt

7.8
Schätzen Sie die As — I-Bindungslänge ab, und vergleichen Sie Ihren Wert mit der experimentell bestimmten As — I-Bindungslänge 2,55 Å in Arsentriiodid, AsI_3.

7.9
Wie ändern sich die Atomgrößen, wenn wir uns **(a)** von links nach rechts in einer Reihe des Periodensystems, **(b)** von oben nach unten in einer Gruppe des Periodensystems bewegen? **(c)** Ordnen Sie die folgenden Atome nach zunehmendem Atomradius an: F, P, S, As.

7.10
Ordnen Sie, nur unter Zuhilfenahme des Periodensystems, jeden Satz von Atomen nach zunehmendem Atomradius: **(a)** Ca, Mg, Be; **(b)** Ga, Br, Ge; **(c)** Al, Tl, Si.

7.11
Ordnen Sie, nur unter Zuhilfenahme des Periodensystems, jeden Satz von Atomen nach zunehmendem Atomradius: **(a)** Cs, K, Rb; **(b)** In, Te, Sn; **(c)** P, Cl, Sr.

7.12

(a) Warum sind einatomige Kationen kleiner als ihre zugehörigen neutralen Atome? **(b)** Warum sind einatomige Anionen größer als ihre zugehörigen neutralen Atome? **(c)** Warum nimmt die Größe eines Ions zu, wenn man sich eine Spalte im Periodensystem abwärts bewegt?

7.13

Betrachten Sie eine Reaktion, die durch die folgenden Kugeln repräsentiert wird:

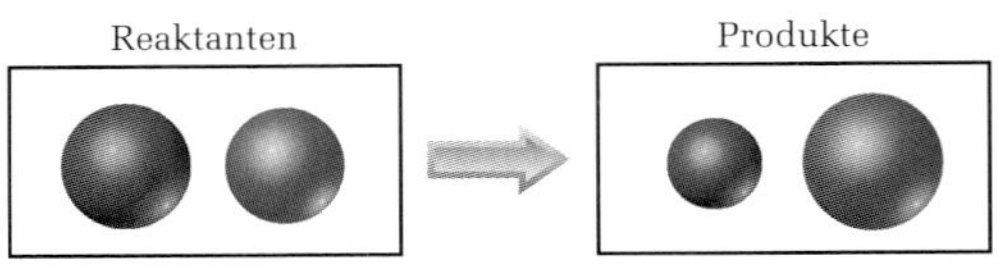

Welche Kugel repräsentiert ein Metall und welche ein Nichtmetall? Erklären Sie dies.

7.14

(a) Was ist eine isoelektronische Reihe? **(b)** Welches neutrale Atom ist isoelektronisch mit jedem der folgenden Ionen: (*i*) N^{3-}; (*ii*) Ba^{2+}; (*iii*) Se^{2-}; (*iv*) Bi^{3+}?

7.15

Wählen Sie die Ionen oder Atome aus den folgenden Sätzen aus, die isoelektronisch miteinander sind: **(a)** Na^+, Sr^{2+}, Br^-; **(b)** Y^{3+}, Br^-, Kr; **(c)** N^{3-}, P^{3-}, Ti^{4+}; **(d)** Fe^{3+}, Co^{3+}, Mn^{2+}.

7.16

(a) Warum nehmen die Radien von isoelektronischen Ionen mit zunehmender Kernladung ab? **(b)** Welches erfährt die größte effektive Kernladung, ein 2*p*-Elektron in F^-, ein 2*p*-Elektron in Ne oder ein 2*p*-Elektron in Na^+?

7.17

Ordnen Sie die Mitglieder für jeden der folgenden Sätze von Atomen und Ionen nach zunehmender Größe an. **(a)** Se^{2-}, Te^{2-}, Se; **(b)** Co^{3+}, Fe^{2+}, Fe^{3+}; **(c)** Ca, Ti^{4+}, Sc^{3+}; **(d)** Be^{2+}, Na^+, Ne.

Ionisierungsenergien; Elektronenaffinitäten

7.18

Schreiben Sie Gleichungen auf, die die Vorgänge für die erste, zweite und dritte Ionisierungsenergie eines Bor-Atoms beschreiben.

7.19

(a) Warum sind Ionisierungsenergien immer positive Größen? **(b)** Warum besitzt F eine größere erste Ionisierungsenergie als O? **(c)** Warum ist die zweite Ionisierungsenergie eines Atoms immer größer als die erste Ionisierungsenergie?

7.20

(a) Warum besitzt Li eine größere erste Ionisierungsenergie als Na? **(b)** Der Unterschied zwischen der dritten und vierten Ionisierungsenergie von Scandium ist viel größer als der Unterschied zwischen der dritten und vierten Ionisierungsenergie von Titan. Warum? **(c)** Warum besitzt Li eine viel größere zweite Ionisierungsenergie als Be?

7.21

(a) Wie ist die generelle Beziehung zwischen der Größe eines Atoms und seiner ersten Ionisierungsenergie? **(b)** Welches Element im Periodensystem hat die größte Ionisierungsenergie? Welches hat die kleinste?

7.22

Sagen Sie ausgehend von Ihren Positionen im Periodensystem voraus, welches Atom der folgenden Paare die größere erste Ionisierungsenergie haben wird. **(a)** Cl, Ar; **(b)** Be, Ca; **(c)** K, Co; **(d)** S, Ge; **(e)** Sn, Te.

7.23

Schreiben Sie die Elektronenkonfigurationen der folgenden Ionen auf: **(a)** Si^{2+}; **(b)** Bi^{3+}; **(c)** Te^{2-}; **(d)** V^{3+}; **(e)** Hg^{2+}; **(f)** Ni^{2+}.

7.24

Schreiben Sie die Elektronenkonfigurationen der folgenden Ionen auf und bestimmen Sie, welche davon Edelgaskonfigurationen haben: **(a)** Mn^{3+}; **(b)** Se^{2-}; **(c)** Sc^{3+}; **(d)** Ru^{2+}; **(e)** Tl^+; **(f)** Au^+.

7.25
Schreiben Sie die Elektronenkonfiguration für **(a)** das Mn^{2+}-Ion und **(b)** das Si^{2-}-Ion auf. Wie viele ungepaarte Elektronen enthält jedes Ion?

7.26
Schreiben Sie Gleichungen auf, einschließlich der Elektronenkonfigurationen unterhalb der beteiligten Spezies, die den Unterschied in der ersten Ionisierungsenergie von Se (*g*) und der Elektronenaffinität von Se (*g*) erklären.

7.27
Die Elektronenaffinität von Lithium ist ein negativer Wert, während die Elektronenaffinität von Beryllium ein positiver Wert ist. Benutzen Sie Elektronenkonfigurationen, um diese Beobachtung zu erklären.

7.28
Während die Elektronenaffinität für Brom eine negative Größe ist, ist sie für Kr positiv. Benutzen Sie die Elektronenkonfigurationen der beiden Elemente, um den Unterschied zu erklären.

7.29
Wie ist die Beziehung zwischen der Ionisierungsenergie eines Anions mit einer 1– -Ladung wie z. B. F^- und der Elektronenaffinität des neutralen Atoms, F?

Eigenschaften von Metallen und Nichtmetallen

7.30
In welcher Beziehung stehen metallischer Charakter und die erste Ionisierungsenergie?

7.31
Geben Sie für jedes der folgenden Paare an, welches Element den größeren metallischen Charakter hat. **(a)** Li oder Be, **(b)** Li oder Na, **(c)** Sn oder P, **(d)** Al oder B?

7.32
Werden die folgenden Oxide molekular oder ionisch aufgebaut sein: SO_2, MgO, Li_2O, P_2O_5, Y_2O_3, N_2O und XeO_3. Erklären Sie die Gründe für Ihre Wahl.

7.33
(a) Was ist mit den Ausdrücken saures Oxid und basisches Oxid gemeint? **(b)** Wie können wir, ausgehend von seiner Zusammensetzung, voraussagen, ob ein Oxid sauer oder basisch sein wird?

7.34
Chlor reagiert mit Sauerstoff zu Cl_2O_7. **(a)** Wie heißt dieses Produkt? **(b)** Schreiben Sie eine ausgeglichene Gleichung für die Bildung von $Cl_2O_7(l)$ aus den Elementen auf. **(c)** Unter gewöhnlichen Bedingungen ist Cl_2O_7 eine farblose Flüssigkeit mit einem Siedepunkt von 81 °C. Ist dieser Siedepunkt zu erwarten gewesen oder ist er überraschend? **(d)** Würden Sie erwarten, dass Cl_2O_7 reaktiver gegen H^- (*aq*) oder OH^- (*aq*) ist? Erklären Sie.

[7.35]
Schreiben Sie exakte Gleichungen der folgenden Reaktionen auf: **(a)** Bariumoxid mit Wasser, **(b)** Eisen(II)-Oxid mit Perchlorsäure, **(c)** Schwefeltrioxid mit Wasser, **(d)** Kohlendioxid mit wässrigem Natriumhydroxid.

Gruppentendenzen bei Metallen und Nichtmetallen

7.36
Vergleichen Sie die Elemente Natrium und Magnesium in Hinblick auf die folgenden Eigenschaften: **(a)** Elektronenkonfiguration, **(b)** häufigste Ionenladung, **(c)** erste Ionisierungsenergie **(d)** Reaktivität gegen Wasser, **(e)** Atomradius. Erklären Sie die Unterschiede zwischen diesen zwei Elementen.

7.37
(a) Warum ist Calcium im Allgemeinen reaktiver als Magnesium? **(b)** Warum ist Calcium im Allgemeinen weniger reaktiv als Kalium?

7.38
(a) Warum ist Cäsium reaktiver gegen Wasser als Lithium? **(b)** Eines der Alkalimetalle reagiert mit Sauerstoff unter Bildung einer weißen festen Substanz. Wenn diese Substanz in Wasser gelöst wird, gibt die Lösung einen positiven Nachweis auf Wasserstoffperoxid, H_2O_2. Hält man die Lösung in eine Brennerflamme, entsteht eine violette Flamme. Was ist die

wahrscheinliche Identität des Metalls? **(c)** Schreiben Sie eine ausgeglichene chemische Gleichung für die Reaktion der weißen Substanz mit Wasser auf.

7.39

Schreiben Sie eine ausgeglichene Gleichung der auftretenden Reaktion für jeden der folgenden Fälle auf: **(a)** Kaliummetall brennt in einer Chlorgas-Atmosphäre. **(b)** Strontiumoxid wird in Wasser gegeben. **(c)** Eine frische Oberfläche Lithiummetall wird Sauerstoffgas ausgesetzt. **(d)** Natriummetall wird mit geschmolzenem Schwefel zur Reaktion gebracht.

7.40

Verwenden Sie Elektronenkonfigurationen, um zu erklären, warum Wasserstoff Eigenschaften zeigt, die sowohl zu Li als auch F ähnlich sind.

7.41

Vergleichen Sie die Elemente Fluor und Chlor in Hinblick auf die folgenden Eigenschaften: **(a)** Elektronenkonfiguration, **(b)** häufigste Ionenladung, **(c)** erste Ionisierungsenergie, **(d)** Reaktivität gegen Wasser, **(e)** Elektronenaffinität und **(f)** Atomradius. Erklären Sie die Unterschiede zwischen diesen zwei Elementen.

7.42

Aufgrund seiner Seltenheit und hohen Radioaktivität ist nur wenig über die Eigenschaften von Astat, At, bekannt. Trotzdem können wir viele Vorhersagen zu seinen Eigenschaften machen. **(a)** Würden Sie erwarten, dass das Element bei Zimmertemperatur ein Festkörper, eine Flüssigkeit oder ein Gas ist? Erklären Sie. **(b)** Wie lautet die chemische Formel der Verbindung, die es mit Natrium bildet?

7.43

Bis in die frühen 60er Jahre wurden die Elemente der Gruppe 8A Inertgase genannt. Warum hat man ihnen diesen Namen gegeben? Warum ist dies unpassend?

7.44

Schreiben Sie eine ausgeglichene Gleichung der auftretenden Reaktion für jeden der folgenden Fälle auf: **(a)** Ozon zersetzt sich zu Disauerstoff. **(b)** Xenon reagiert mit Fluor. Schreiben Sie drei verschiedene Gleichungen auf. **(c)** Schwefel reagiert mit Wasserstoffgas. **(d)** Fluor reagiert mit Wasser.

Zusatzaufgaben

7.45

Betrachten Sie die stabilen Elemente bis Blei ($Z = 82$). In wie vielen Fällen sind die Atommassen der Elemente in umgekehrter Reihenfolge relativ zur Ordnungszahl der Elemente? Was ist die Erklärung für diese Fälle?

7.46

(a) Was wird eine niedrigere Energie haben, ein 4*s*- oder ein 4*p*-Elektron in einem As-Atom? **(b)** Wie können wir das Konzept der effektiven Kernladung benutzen, um Ihre Antwort zu Teil (a) zu erklären?

7.47

Beachten Sie in der folgenden Tabelle, dass die Zunahme des Atomradius beim Übergang von Zr zu Hf kleiner ist als beim Übergang von Y zu La. Schlagen Sie eine Erklärung für diesen Effekt vor.

Atomradien (Å)			
Sc	1,44	Ti	1,36
Y	1,62	Zr	1,48
La	1,69	Hf	1,50

7.48

Erklären Sie die Änderung der Ionisierungsenergien von Kohlenstoff in der folgenden Grafik:

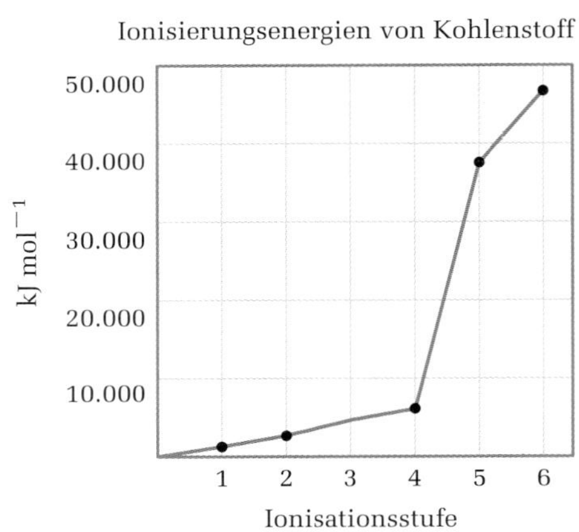

7.49
Benutzen Sie Orbitaldiagramme, um zu illustrieren was passiert, wenn ein Sauerstoffatom zwei Elektronen aufnimmt. Warum ist es extrem schwierig, ein drittes Elektron zu einem Atom hinzuzufügen?

7.50
Die folgende Tabelle zeigt die Elektronenaffinitäten in kJ/mol für die Gruppe 1B- und die Gruppe 2B-Metalle:

Cu −119	Zn > 0
Ag −126	Cd > 0
Au −223	Hg > 0

(a) Warum sind die Elektronenaffinitäten der Gruppe 2B Elemente größer als Null? **(b)** Warum werden die Elektronenaffinitäten der Gruppe 1B Elemente negativer, wenn wir die Gruppe abwärts gehen? *Hinweis*: Untersuchen Sie die Tendenzen der Elektronenaffinitäten von anderen Gruppen, wenn wir uns im Periodensystem abwärts bewegen.

7.51
Ordnen Sie die folgenden Elemente nach ihrem Schmelzpunkt: K, Br_2, Mg und O_2. Erklären Sie die Faktoren, die die Reihenfolge bestimmen.

[7.52]
In den letzten Jahren hat man herausgefunden, dass viele organische Verbindungen, die Chlor enthalten, einschließlich Dioxine, von denen man dachte, dass sie ausschließlich künstlich hergestellt seien, in natürlichen Prozessen gebildet werden. Man kennt mehr als 3000 natürliche Organohalogenverbindungen, die meisten enthalten Chlor oder Brom. Diese Verbindungen, in denen das Halogen an Kohlenstoff gebunden ist, sind alle nichtionische Materialien. Warum sind diese Materialien üblicherweise nichtionisch, im Gegensatz zu den viel häufigeren anorganischen Halogenverbindungen, die man in der Natur findet?

Übergreifende Aufgaben

[7.53]
(a) Schreiben Sie die Elektronenkonfiguration von Li auf und schätzen Sie die effektive Kernladung ab, die das Valenzelektron erfährt. **(b)** Die Energie eines Elektrons in einem Ein-Elektronen-Atom oder -Ion ist gleich

$$(-2{,}18 \times 10^{-18}\ \mathrm{J})\left(\frac{Z^2}{n^2}\right),$$

wobei Z die Kernladung und n die Hauptquantenzahl des Elektrons ist. Schätzen Sie die erste Ionisierungsenergie für Li. **(c)** Vergleichen Sie das Ergebnis Ihrer Berechnung mit dem Tabellenwert und erklären Sie den Unterschied. **(d)** Welcher Wert für die effektive Kernladung ergibt den richtigen Wert für die Ionisierungsenergie? Stimmt dies mit Ihrer Erklärung in (c) überein?

[7.54]
Wenn Magnesiummetall in Luft verbrannt wird, werden zwei Produkte gebildet. Eines davon ist Magnesiumoxid, MgO. Das andere ist das Produkt der Reaktion von Mg mit molekularem Stickstoff, Magnesiumnitrid. Wenn Wasser zu Magnesiumnitrid gegeben wird, reagiert es zu Magnesiumoxid und Ammoniumgas. **(a)** Sagen Sie, ausgehend von der Ladung des Nitridions, die Formel für Magnesiumnitrid voraus. **(b)** Schreiben Sie eine ausgeglichene Gleichung für die Reaktion von Magnesiumnitrid mit Wasser auf. Was ist die treibende Kraft dieser Reaktion? **(c)** Bei einem Experiment wird ein Stück Magnesiumband in einem Tiegel verbrannt. Die Masse der Mischung von MgO und Magnesiumnitrid nach der Verbrennung ist 0,470 g. Es wird Wasser in den Tiegel gegeben, eine weitere Reaktion findet statt und der Tiegel wird bis zur Trockene erhitzt, bis man als Endprodukt 0,486 g MgO hat. Wie groß war nach der anfänglichen Verbrennung der prozentuale Anteil an Magnesiumnitrid in der Mischung? **(d)** Magnesiumnitrid kann auch durch die Reaktion des Metalls mit Ammoniak bei hohen Temperaturen entstehen. Schreiben Sie eine ausgeglichene Gleichung dieser Reaktion auf. Wenn ein 6,3 g schweres Mg-Band mit 2,57 g $NH_3(g)$ reagiert und die Reaktion vollständig abläuft, welche Kom-

ponente ist der limitierende Reaktant ? Wie groß ist die Masse des in der Reaktion gebildeten $H_2(g)$? **(e)** Die Standardbildungsenthalpie für festes Magnesiumnitrid ist – 461,08 kJ · mol^{-1}. Berechnen Sie die Standardenthalpieänderung für die Reaktion von Magnesiummetall mit Ammoniakgas.

Kapitel 8
Grundlegende Konzepte der chemischen Bindung

Lewis-Symbole

8.1
(a) Was sind Valenzelektronen? **(b)** Wie viele Valenzelektronen besitzt ein Stickstoffatom? **(c)** Ein Atom hat die Elektronenkonfiguration $1s^2 2s^2 2p^6 3s^2 3p^2$. Wie viele Valenzelektronen besitzt das Atom?

8.2
Schreiben Sie die Elektronenkonfiguration für Phosphor auf. Identifizieren Sie ein Valenzelektron in dieser Konfiguration und ein Nichtvalenzelektron. Vom Standpunkt der chemischen Reaktivität aus, was ist der wichtige Unterschied zwischen ihnen?

8.3
Schreiben Sie die Elektronenkonfiguration für das Element Scandium, Sc, auf. Wie viele Valenzelektronen besitzt dieses Atom? Was unterscheidet diese Valenzelektronen von den anderen Elektronen in dem Atom?

8.4
Schreiben Sie das Lewis-Symbol für Atome jedes der folgenden Elemente auf: **(a)** Al, **(b)** Br, **(c)** Ar, **(d)** Sr.

Ionenbindung

8.5
Skizzieren Sie unter Verwendung von Lewis-Symbolen die Reaktion zwischen Magnesium- und Sauerstoffatomen zu der ionischen Substanz MgO.

8.6
Sagen Sie die chemische Formel für die Ionenverbindung voraus, die zwischen den folgenden Elementpaaren gebildet wird: **(a)** Al und F, **(b)** K und S, **(c)** Y und O, **(d)** Mg und N.

8.7
Welche Ionenverbindung wird sich aus der Kombination der folgenden Elementpaare bilden: **(a)** Barium und Sauerstoff, **(b)** Rubidium und Iod, **(c)** Lithium und Schwefel, **(d)** Brom und Magnesium?

8.8
Schreiben Sie die Elektronenkonfigurationen für jedes der folgenden Ionen auf und bestimmen Sie, welche davon Edelgaskonfigurationen besitzen: **(a)** Sr^{2+}, **(b)** Ti^{2+}, **(c)** Se^{2-}, **(d)** Ni^{2+}, **(e)** Br^{-}, **(f)** Mn^{3+}.

8.9
(a) Definieren Sie den Begriff *Gitterenergie*. **(b)** Welche Faktoren bestimmen die Größe der Gitterenergie einer Ionenverbindung?

8.10
Die ionischen Verbindungen KF, CaO und ScN sind isoelektronisch (sie besitzen die gleiche Anzahl an Elektronen). Ermitteln Sie die Gitterenergien für diese Substanzen und erklären Sie die beobachteten Tendenzen.

8.11
Die Gitterenergien von KBr und CsCl sind fast gleich. Was können Sie aus dieser Beobachtung schließen?

8.12
Energie wird benötigt, um zwei Elektronen aus Ca zu entfernen, so dass Ca^{2+} gebildet wird, und es ist ebenfalls erforderlich zwei Elektronen zu O hinzuzufügen, um O^{2-} zu bilden. Warum ist dann CaO relativ zu den freien Elementen stabil?

[8.13]
Berechnen Sie die Gitterenergie von RbCl. Ist dieser Wert größer oder kleiner als die Gitterenergie von NaCl? Erklären Sie.

Übungsaufgaben

Kovalente Bindung, Elektronegativität und Bindungspolarität

8.14

(a) Was ist mit dem Ausdruck *kovalente Bindung* gemeint? **(b)** Geben Sie drei Beispiele für kovalente Bindungen an. **(c)** Eine Substanz XY, aus zwei Elementen gebildet, siedet bei –33 °C. Ist es wahrscheinlicher, dass XY eine kovalente oder eine ionische Substanz ist? Erklären Sie.

8.15

Welches dieser Elemente bildet wahrscheinlich keine kovalenten Bindungen: S, H, K, Ar, Si? Erklären Sie Ihre Antwort.

8.16

Stellen Sie mit Hilfe von Lewis-Symbolen und Lewis-Strukturformeln die Bildung von $SiCl_4$ aus Si- und Cl-Atomen dar.

8.17

(a) Konstruieren Sie eine Lewis-Strukturformel für O_2, in der jedes Atom ein Elektronenoktett erreicht. **(b)** Erklären Sie, warum es nötig ist, eine Doppelbindung in der Lewis-Strukturformel zu bilden. **(c)** Die Bindung in O_2 ist kürzer als die O — O-Bindung in Verbindungen, die eine O — O-Einfachbindung enthalten. Erklären Sie diese Beobachtung.

8.18

(a) Was ist mit dem Ausdruck Elektronegativität gemeint? **(b)** Welches ist der Bereich der Elektronegativitätswerte für die Elemente auf der Pauling-Skala? **(c)** Welches Element hat die größte Elektronegativität? **(d)** Welches Element hat die kleinste Elektronegativität?

8.19

(a) Wie ist die Tendenz in der Elektronegativität, wenn man in einer Reihe des Periodensystems von links nach rechts geht? **(b)** Wie ändern sich die Elektronegativitätswerte im Allgemeinen, wenn man eine Gruppe im Periodensystem abwärts geht? **(c)** Wie hängen die periodischen Tendenzen der Elektronegativität mit denen der Ionisierungsenergie und der Elektronenaffinität zusammen?

8.20

Wählen Sie, nur mit dem Periodensystem als Anhaltspunkt, das elektronegativste Atom in jedem der folgenden Sätze aus: **(a)** As, Se, Br, I; **(b)** Al, B, C, Si; **(c)** Ge, As, P, Sn; **(d)** Li, Rb, Be, Sr.

8.21

Welche der folgenden Bindungen sind polar: **(a)** B — F, **(b)** Cl — Cl, **(c)** Se — O, **(d)** H — I. Welches ist das elektronegativere Atom in jeder polaren Bindung?

8.22

Ordnen Sie die Bindungen in jedem der folgenden Sätze nach zunehmender Polarität an: **(a)** C — F, O — F, Be — F; **(b)** O — Cl, S — Br, C — P; **(c)** C — S, B — F, N — O.

8.23

Berechnen Sie die effektiven Ladungen an den H- und F-Atomen des HF-Moleküls in Einheiten der Elektronenladung *e*.

8.24

Geben Sie den Namen oder die chemische Formel, soweit erforderlich, für jede der folgenden Substanzen an, und sagen Sie in jedem Fall vorher, ob die Bindung besser durch das Ionenbindungs- oder das Kovalenzbindungs-Modell beschrieben wird.
(a) Mangan (IV)-oxid, **(b)** Phosphor(III)-sulfid, **(c)** Kobalt(II)-oxid, **(d)** Cu_2S, **(e)** ClF_3, **(f)** VF_5.

8.25

Geben Sie den Namen oder die chemische Formel, soweit erforderlich, für jede der folgenden Substanzen an, und sagen Sie in jedem Fall vorher, ob die Bindung besser durch das Ionenbindungs- oder das Kovalenzbindungs-Modell beschrieben wird.
(a) Mangan(III)-Fluorid, **(b)** Chrom(VI)-Oxid, **(c)** Arsen(V)-Bromid, **(d)** SF_4, **(e)** $MoCl_4$, **(f)** $ScCl_3$.

Lewis-Strukturformeln; Resonanzstrukturformeln

8.26

Zeichnen Sie Lewis-Strukturformeln für die folgenden Verbindungen: **(a)** SiH_4, **(b)** CO, **(c)** SF_2, **(d)** H_2SO_4 (H ist an O gebunden), **(e)** ClO_2^-, **(f)** NH_2OH.

8.27

(a) Wenn man über Atome in einer Lewis-Strukturformel spricht, was ist mit dem Ausdruck *Formalladung* gemeint? **(b)** Spiegelt die Formalladung an einem Atom die wirkliche Ladung an diesem Atom wider? Erklären Sie. **(c)** Wie unterscheidet sich die Formalladung an einem Atom in einer Lewis-Strukturformel von der Oxidationszahl des Atoms?

8.28

Schreiben Sie Lewis-Strukturformeln, die die Oktettregel erfüllen, für jedes der folgenden Beispiele und ordnen Sie jedem Atom Oxidationszahlen und Formalladungen zu: **(a)** NO^+, **(b)** $POCl_3$ (P ist mit den drei Cl-Atomen und dem O verbunden), **(c)** ClO_4^-, **(d)** $HClO_3$ (H ist an O gebunden).

8.29

(a) Schreiben Sie eine oder mehrere passende Lewis-Strukturformeln für das Nitrit-Ion, NO_2^- auf. **(b)** Mit welcher Sauerstoffverbindung ist es isoelektronisch? **(c)** Was sagen Sie für die Bindungslängen in dieser Spezies, relativ zu N — O-Einfachbindungen, voraus?

8.30

Sagen Sie die Reihenfolge der C — O-Bindungslängen in CO, CO_2 und CO_3^{2-} voraus.

8.31

(a) Verwenden Sie das Konzept der Resonanz um zu erklären, warum alle sechs C — C-Bindungen in Benzol gleich lang sind. **(b)** Die C — C-Bindungslängen in Benzol sind kürzer als C — C-Einfachbindungen, aber länger als C = C-Doppelbindungen. Benutzen Sie das Resonanzmodell zur Erklärung dieser Beobachtung.

Ausnahmen von der Oktettregel

8.32

(a) Erklären Sie die Oktettregel. **(b)** Kann man die Oktettregel sowohl auf Ionen- als auch kovalente Verbindungen anwenden? Erklären Sie warum und zeigen Sie es an passenden Beispielen.

8.33

Was ist die üblichste Ausnahme von der Oktettregel? Geben Sie zwei Beispiele.

8.34

Zeichnen Sie die Lewis-Strukturformeln für die folgenden Ionen oder Moleküle: **(a)** SO_3^{2-}, **(b)** AlH_3, **(c)** N_3^-, **(d)** CH_2Cl_2, **(e)** SbF_5.

8.35

In der Gasphase existiert $BeCl_2$ als ein Einzelmolekül. **(a)** Zeichnen Sie die Lewis-Strukturformel für dieses Molekül, indem Sie nur Einfachbindungen verwenden. Erfüllt diese Lewis-Strukturformel die Oktettregel? **(b)** Welche anderen Resonanzformen sind möglich, die die Oktettregel erfüllen? **(c)** Benutzen Sie Formalladungen und wählen Sie aus allen Lewis-Strukturformeln die Resonanzform, die für die Beschreibung von $BeCl_2$ am wichtigsten ist.

Bindungsenthalpien

8.36

Schätzen Sie ΔH für die folgenden Gasphasenreaktionen ab:

(a)

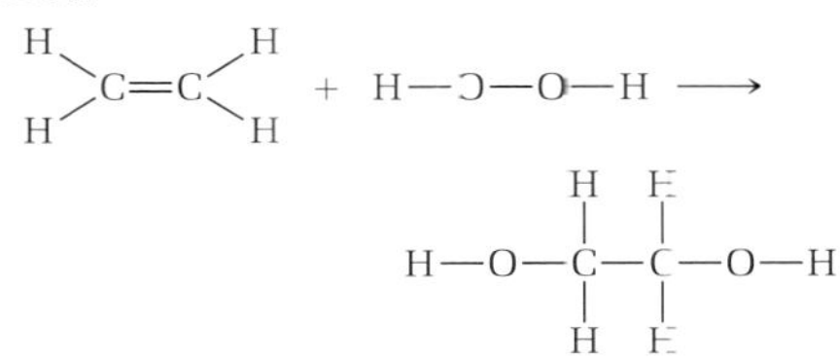

(b)

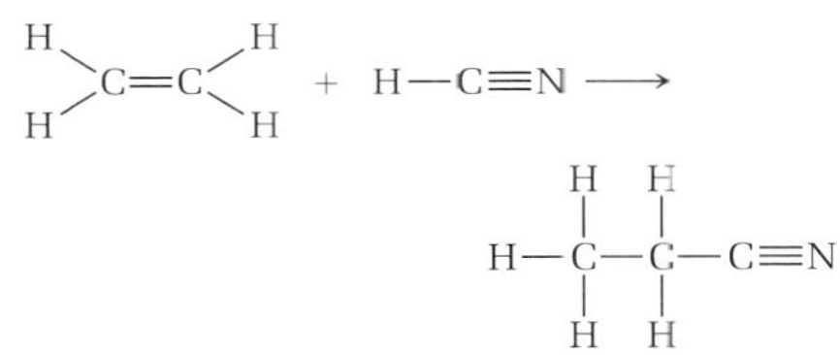

(c)

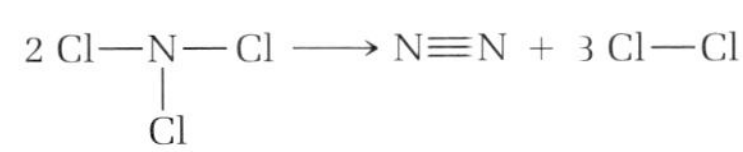

8.37

Schätzen Sie ΔH für jede der folgenden Reaktionen ab:

(a) $2\ CH_4\ (g) + O_2\ (g) \longrightarrow 2\ CH_3OH\ (g)$

(b) $H_2\ (g) + Br_2\ (g) \longrightarrow 2\ HBr\ (g)$

(c) $2\ H_2O_2\ (g) \longrightarrow 2\ H_2O\ (g) + O_2\ (g)$

8.38
Ammoniak wird mit dem Haber-Bosch-Verfahren direkt aus Stickstoff und Wasserstoff hergestellt. Die chemische Reaktion lautet

$$N_2\,(g) + 3\,H_2\,(g) \longrightarrow 2\,NH_3\,(g)$$

(a) Benutzen Sie Bindungsenthalpien, um die Enthalpieänderung der Reaktion abzuschätzen, und sagen Sie, ob diese Reaktion exotherm oder endotherm ist. **(b)** Vergleichen Sie die Enthalpieänderung, die Sie in (a) berechnet haben, mit der wahren Enthalpieänderung, die man mit ΔH_f° -Werten erhält.

8.39
Berechnen Sie mit den folgenden gegebenen Bindungsdissoziationsenergien die durchschnittliche Bindungsenthalpie für die Ti — Cl-Bindung.

	ΔH (kJ/mol)
$TiCl_4(g) \longrightarrow TiCl_3\,(g) + Cl\,(g)$	335
$TiCl_3\,(g) \longrightarrow TiCl_2(g) + Cl\,(g)$	423
$TiCl_2(g) \longrightarrow TiCl\,(g) + Cl\,(g)$	444
$TiCl\,(g) \longrightarrow Ti\,(g) + Cl\,(g)$	519

Zusatzaufgaben

8.40
Wie viele Elemente im Periodensystem werden durch ein Lewis-Symbol mit einem Punkt dargestellt? Stehen diese Elemente alle in der gleichen Gruppe? Erklären Sie.

8.41
Schätzen Sie (innerhalb 30 kJ/mol) die Gitterenergie für **(a)** LiBr, **(b)** CsBr, **(c)** $CaCl_2$ ab.

8.42
(a) Wie unterscheidet sich ein polares Molekül von einem unpolaren? **(b)** Die Atome X und Y haben unterschiedliche Elektronegativitäten. Wird das zweiatomige Molekül X—Y notwendigerweise polar sein? Erklären Sie dies. **(c)** Welche Faktoren beeinflussen die Größe des Dipolmoments eines zweiatomigen Moleküls?

8.43
Welches der folgenden Moleküle oder Ionen enthält polare Bindungen: **(a)** P_4, **(b)** H_2S, **(c)** NO_2^-, **(d)** S_2^{2-}.

[8.44]
(a) Triazin, $C_3H_3N_3$, ist wie Benzol, nur dass in Triazin jede zweite C — H-Gruppe durch ein Stickstoffatom ersetzt ist. Zeichnen Sie die Lewis-Strukturformel (n) für das Triazinmolekül. **(b)** Schätzen Sie die Kohlenstoff–Stickstoff-Bindungslängen im Ring ab.

8.45
Berechnen Sie die Formalladung am angegebenen Atom in jedem der folgenden Moleküle oder Ionen: **(a)** das zentrale Sauerstoffatom in O_3, **(b)** Phosphor in PF_6^-, **(c)** Stickstoff in NO_2, **(d)** Iod in ICl_3, **(e)** Chlor in $HClO_4$ (Wasserstoff ist an O gebunden).

8.46
Eine wichtige Reaktion bei der Umwandlung von Erdgas zu anderen nützlichen Kohlenwasserstoffen ist die Umwandlung von Methan zu Ethan.

$$2\,CH_4\,(g) \longrightarrow C_2H_6\,(g) + H_2\,(g)$$

In der Praxis wird diese Reaktion in Gegenwart von Sauerstoff durchgeführt, um den entstehenden Wasserstoff in Wasser umzuwandeln.

$$2\,CH_4(g) + \tfrac{1}{2}\,O_2(g) \longrightarrow C_2H_6(g) + H_2O(g)$$

Schätzen Sie ΔH für die beiden Reaktionen mit Hilfe der Bindungsenthalpien ab. Warum ist die Umwandlung von Methan zu Ethan in Gegenwart von Sauerstoff günstiger?

[8.47]
Der „Plastiksprengstoff" C-4, der oft in Actionfilmen benutzt wird, enthält das Molekül *Cyclotrimethylentrinitramin*, das man häufig RDX (*Royal Demolition eXplosive*) nennt:

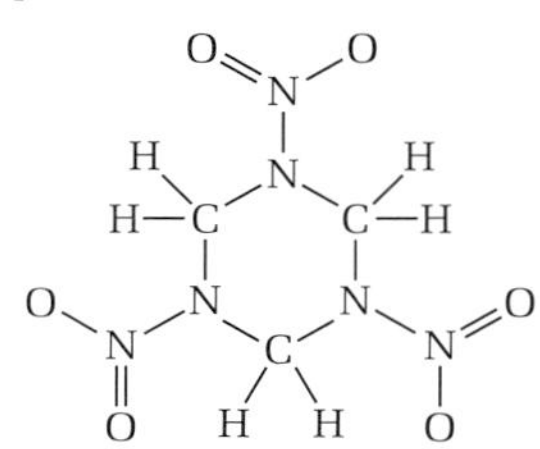

Cyclotrimethylentrinitramin (RDX)

(a) Vervollständigen Sie die Lewis-Strukturformel für das Molekül durch Hinzufügen von ungeteilten Elektronenpaaren dort, wo sie benötigt werden. **(b)** Hat die von Ihnen in Teil (a) gezeichnete Lewis-Strukturformel Resonanzstrukturformeln? Wenn ja, wie viele? **(c)** Das Molekül verursacht eine Explosion durch Zersetzung in CO (*g*), N_2 (*g*) und H_2O (*g*). Schreiben Sie eine ausgeglichene Gleichung für die Zersetzungsreaktion auf. **(d)** Was ist die schwächste Bindung in diesem Molekül? **(e)** Verwenden Sie durchschnittliche Bindungsenthalpien zur Abschätzung der Enthalpieänderung bei der Zersetzung von 5,0 g RDX.

[8.48]

Verwenden Sie die folgenden Daten: S — S-Abstand in S_8 = 2,05 Å; S — O-Abstand in SO_2 = 1,43 Å, um die folgenden Fragen zu beantworten: **(a)** Sagen Sie die Bindungslänge in einer S — N-Einfachbindung voraus. **(b)** Sagen Sie die Bindungslänge in einer S — O-Einfachbindung voraus. **(c)** Warum ist die S — O-Bindungslänge in SO_2 wesentlich kürzer als Ihr vorhergesagter Wert für die S — O-Einfachbindung? **(d)** Wenn elementarer Schwefel, S_8, vorsichtig oxidiert wird, wird eine Verbindung S_8O gebildet, in der eines der Schwefelatome im S_8-Ring an ein Sauerstoffatom gebunden ist. Die S — O-Bindungslänge in dieser Verbindung ist 1,48 Å. Schreiben Sie angesichts dieser Information Lewis-Strukturformeln, die der beobachteten S — O-Bindungslänge Rechnung tragen. Befolgt der Schwefel, der den Sauerstoff trägt, die Oktettregel?

Übergreifende Aufgaben

8.49

Das Ti^{2+}-Ion ist isoelektronisch mit dem Ca-Atom. **(a)** Gibt es irgendwelche Unterschiede in den Elektronenkonfigurationen von Ti^{2+} und Ca? **(b)** Nehmen Sie Stellung zu den Änderungen in der Reihenfolge der 4*s*- und 3*d*-Unterschalen in Ca und Ti^{2+}. **(c)** Werden Ca und Ti^{2+} die gleiche Anzahl freier Elektronen haben? Erklären Sie dies.

8.50

Die Reaktion von Indium, In, mit Schwefel führt zu drei binären Verbindungen, von denen wir annehmen wollen, dass sie rein ionisch sind. Die drei Verbindungen haben die folgenden Eigenschaften:

Verbindung	Massen % In	Schmelzpunkt (°C)
A	87,7	653
B	78,2	692
C	70,5	1050

(a) Bestimmen Sie die empirischen Formeln der Verbindungen A, B und C. **(b)** Geben Sie den Oxidationszustand von In in jeder der drei Verbindungen an. **(c)** Schreiben Sie die Elektronenkonfiguration für das In-Ion in jeder Verbindung auf. Entspricht irgendeine dieser Konfigurationen einer Edelgaskonfiguration? **(d)** In welcher Verbindung sollte der kleinste In-Ionenradius vorliegen? Erklären Sie dies. **(e)** Der Schmelzpunkt von Ionenverbindungen korreliert häufig mit der Gitterenergie. Erklären Sie die Tendenzen der Schmelzpunkte für die Verbindungen A, B und C in dieser Hinsicht.

8.51

Bariumazid besteht aus 62,04 % Ba und 37,96 % N. Jedes Azid-Ion hat eine Nettoladung von 1–. **(a)** Bestimmen Sie die chemische Formel des Azid-Ions. **(b)** Schreiben Sie drei Resonanzstrukturformeln für das Azid-Ion. **(c)** Welche Struktur ist die wichtigste? **(d)** Sagen Sie die Bindungslängen in dem Ion voraus.

8.52

Unter Verwendung der Bindungsenthalpien, Elektronenaffinitäten und der Ionisierungsenergie von Wasserstoff (1312 kJ/ mol), bestimmen Sie ΔH für die folgenden Gasphasen Ionisierungsreaktionen:

(a) HF (*g*) $\longrightarrow$ H^+ (*g*) + F^- (*g*)
(b) HCl (*g*) $\longrightarrow$ H^+ (*g*) + Cl^- (*g*)
(c) HBr (*g*) $\longrightarrow$ H^+ (*g*) + Br^- (*g*)

Kapitel 9

Molekülstruktur und Bindungstheorien

Molekülformen; das VSEPR-Modell

9.1

(a) Ein AB_2-Molekül wird als linear beschrieben und die A— B-Bindungslänge ist angegeben. Beschreibt diese Information die Struktur des Moleküls vollständig? **(b)** Die Moleküle BF_3 und SO_3 werden beide als trigonal eben beschrieben. Definiert diese Information die Bindungswinkel dieser Moleküle vollständig?

9.2

(a) Was ist mit dem Ausdruck *Elektronenpaar* gemeint? **(b)** Erklären Sie, wie sich Elektronenpaare verhalten. Warum verhalten sie sich so?

9.3

Beschreiben Sie den charakteristischen Strukturtyp jeder der folgenden Zahl von Elektronenpaaren um ein Zentralatom: **(a)** 3, **(b)** 4, **(c)** 5, **(d)** 6.

9.4

Geben Sie die Anzahl von Elektronenpaaren um ein Zentralatom an, wenn die folgenden Winkel zwischen ihnen gegeben sind: **(a)** 120°; **(b)** 180°; **(c)** 109,5°; **(d)** 90°.

9.5

Was ist der Unterschied zwischen dem Strukturtyp und der Molekülstruktur eines Moleküls? Verwenden Sie in Ihrer Diskussion das Wassermolekül als Beispiel.

9.6

Geben Sie den Strukturtyp und die Molekülstrukturen eines Moleküls an, das die folgenden Elektronenpaare an seinem Zentralatom hat: **(a)** vier bindende Paare und keine nichtbindenden Paare, **(b)** drei bindende Paare und zwei nichtbindende Paare, **(c)** fünf bindende Paare und ein nichtbindendes Paar.

9.7

Was sind der Strukturtyp und die Molekülstrukturen eines Moleküls, das die folgenden Elektronenpaare an seinem Zentralatom hat: **(a)** drei bindende Paare und kein nichtbindendes Paar, **(b)** drei bindende Paare und ein nichtbindendes Paar, **(c)** zwei bindende Paare und drei nichtbindende Paare.

9.8

Zeichnen Sie die Lewis-Strukturformel für jedes der folgenden Moleküle oder Ionen, und sagen Sie ihren Strukturtyp und die Molekülstruktur voraus: **(a)** PF_3 , **(b)** CH_3^+, **(c)** BrF_3 , **(d)** ClO_4^-, **(e)** XeF_2 , **(f)** BrO_2^-.

9.9

Die folgende Abbildung zeigt Kugel-Stab-Zeichnungen von drei möglichen Formen eines AF_3-Moleküls. **(a)** Geben Sie für jede Form den Strukturtyp an, auf dem die Molekülstruktur basiert. **(b)** Wie viele nichtbindende Elektronenpaare gibt es bei jeder Form am Atom A? **(c)** Welches der folgenden Elemente führt zu einem AF_3-Molekül mit der Form in (ii): Li, B, N, Al, P, Cl? **(d)** Nennen Sie ein Element A, das zu der AF_3-Struktur in (iii) führen sollte. Begründen Sie Ihre Antwort.

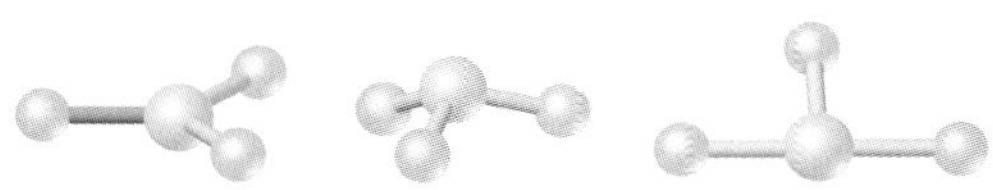

(i) (ii) (iii)

9.10

Geben Sie die ungefähren Werte für die gekennzeichneten Bindungswinkel in den folgenden Molekülen an:

(a) 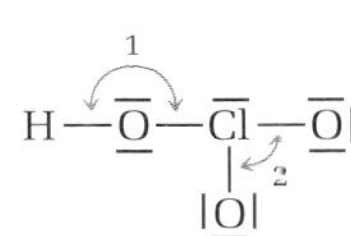

(b) 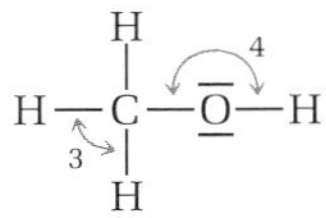

(c) 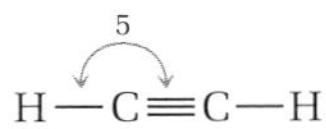

(d) 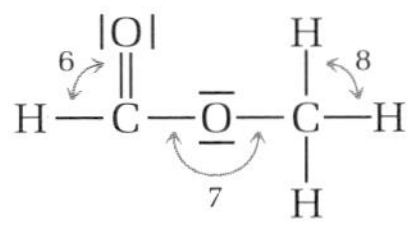

9.11

Drei Spezies NH_2^-, NH_3 und NH_4^+ haben H — N — H-Bindungswinkel von 105°, 107° und 109°. Erklären Sie diese Unterschiede der Bindungswinkel.

9.12

(a) Erklären Sie, warum BrF_4^- quadratisch eben ist, während BF_4^- tetraedrisch ist. **(b)** In welchem dieser Moleküle, CF_4 oder SF_4, ist Ihrer Meinung nach der tatsächliche Bindungswinkel am nächsten zu dem vom VSEPR-Modell vorausgesagten idealen Winkel? Erklären Sie dies kurz.

9.13

(a) Erklären Sie, warum die folgenden Ionen verschiedene Bindungswinkel haben: ClO_2^- und NO_2^-. Sagen Sie für jeden Fall den Bindungswinkel voraus. **(b)** Mit der Angabe, dass der Raumbedarf eines nichtbindenden Elektronenpaars größer ist als der eines bindenden Paars, erklären Sie, warum das XeF_2-Molekül linear und nicht gewinkelt ist.

Polarität von mehratomigen Molekülen

9.14

Hat SO_2 ein Dipolmoment? Wenn ja, in welche Richtung zeigt der Nettodipol?

9.15

Das PH_3-Molekül ist polar. Warum ist dies ein experimenteller Beweis dafür, dass das Molekül nicht eben sein kann?

9.16

Betrachten Sie die AF_3-Moleküle in Aufgabe 9.9. Welches von diesen wird ein Dipolmoment ungleich null haben? Erklären Sie.

9.17

Werden die folgenden Moleküle polar oder unpolar sein: **(a)** CCl_4, **(b)** NH_3, **(c)** SF_4, **(d)** XeF_4, **(e)** CH_3Br, **(f)** GaH_3.

9.18

Werden die folgenden Moleküle polar oder unpolar sein: **(a)** IF, **(b)** CS_2, **(c)** SO_3, **(d)** PCl_3, **(e)** SF_6, **(f)** IF_5.

9.19

Dichlorethylen ($C_2H_2Cl_2$) hat drei Formen (Isomere), wobei jede eine unterschiedliche Substanz ist. Eine reine Probe einer dieser Substanzen hat ein experimentell bestimmtes Dipolmoment von null. Können wir bestimmen, welche dieser drei Substanzen gemessen wurde?

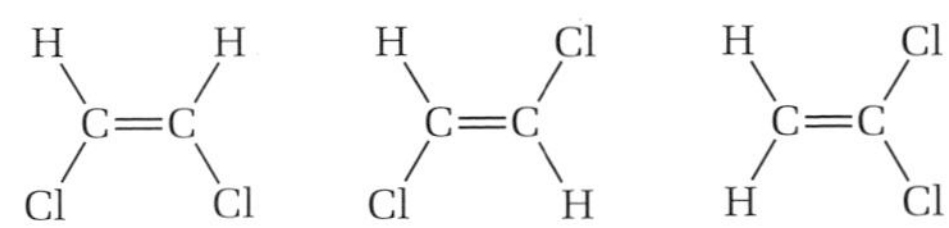

Orbitalüberlappung; Hybridorbitale

9.20

(a) Was ist mit dem Ausdruck *Orbitalüberlappung* gemeint? **(b)** Was ist die Bedeutung von überlappenden Orbitalen in der Valenzbindungstheorie? **(c)** Welche zwei fundamentalen Konzepte sind in der Valenzbindungstheorie vereint?

9.21

Betrachten Sie die Bindung in einem MgH_2-Molekül. **(a)** Zeichnen Sie eine Lewis-Strukturformel für dieses Molekül und sagen Sie seine Molekülstruktur voraus. **(b)** Warum muss man ein Elektron anheben, bevor man Hybridorbitale für das Mg-Atom bilden kann? **(c)** Welches Hybridisierungsschema wird in MgH_2 verwendet? **(d)** Skizzieren Sie eine der Zweielektronenbindungen zwischen einem Mg-Hybridorbital und einem H-1*s*-Atomorbital.

9.22

Geben Sie die Hybridisierung und die Bindungswinkel an, die mit jeder der folgenden Elektronendomänenstrukturen verbunden sind: **(a)** linear, **(b)** tetraedrisch, **(c)** trigonal eben, **(d)** oktaedrisch, **(e)** trigonal bipyramidal.

9.23

(a) Beschreiben Sie die benötigten Schritte, um passende Hybridorbitale zur Beschreibung der Bindung in BF_3 zu konstruieren, ausgehend vom Orbitaldiagramm eines Bor-Atoms. **(b)** Welche Namen haben die Hybridorbitale, die Sie in (a) konstruiert haben? **(c)** Skizzieren Sie auf einem Ursprung die großen Lappen der Hybridorbitale, die Sie in (a) konstruiert haben. **(d)** Gibt es Valenzorbitale an B, die nicht hybridisiert sind? Falls ja, wie sind sie, relativ zu den Hybridorbitalen, orientiert?

9.24

Geben Sie die Hybridisierung des Zentralatoms in **(a)** BCl_3, **(b)** $AlCl_4^-$, **(c)** CS_2 an.

Mehrfachbindungen

9.25

(a) Skizzieren Sie eine σ-Bindung, die aus *p*-Orbitalen konstruiert ist. **(b)** Skizzieren Sie eine π-Bindung, die aus *p*-Orbitalen konstruiert ist. **(c)** Welche ist im Allgemeinen stärker, eine σ-Bindung oder eine π-Bindung? Erklären Sie.

9.26

(a) Zeichnen Sie Lewis-Strukturformeln für Methan (CH_4) und Formaldehyd (H_2CO). **(b)** Wie ist die Hybridisierung am Kohlenstoffatom in CH_4 und H_2CO? **(c)** Das Kohlenstoffatom in CH_4 kann nicht an Mehrfachbindungen teilnehmen, während dasjenige in H_2CO es kann. Erklären Sie diese Beobachtung mit der Hybridisierung am Kohlenstoffatom.

9.27

Propylen, C_3H_6, ist ein Gas, das zur Herstellung des wichtigen Polymers Polypropylen verwendet wird. Seine Lewis-Strukturformel ist

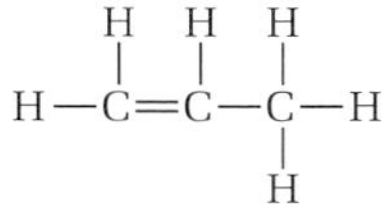

(a) Wie groß ist die Gesamtzahl an Valenzelektronen im Propylenmolekül? **(b)** Wie viele Valenzelektronen werden zur Bildung von σ-Bindungen im Molekül benutzt? **(c)** Wie viele Valenzelektronen werden zur Bildung von π-Bindungen im Molekül benutzt? **(d)** Wie viele Valenzelektronen bleiben in nichtbindenden Paaren im Molekül? **(e)** Wie ist die Hybridisierung an jedem Kohlenstoffatom in dem Molekül?

9.28

Betrachten Sie die Lewis-Strukturformel für Glycin, die einfachste Aminosäure:

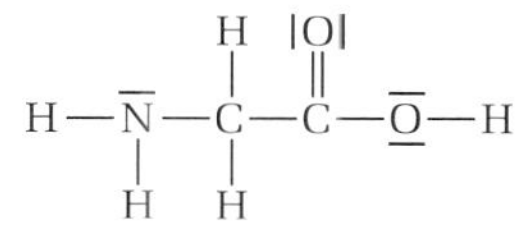

(a) Wie sind die ungefähren Bindungswinkel an jedem der zwei Kohlenstoffatome und wie sind die Hybridisierungen der Orbitale an jedem von ihnen? **(b)** Wie sind die Hybridisierungen der Orbitale an den zwei Sauerstoffen und am Stickstoffatom und wie sind die ungefähren Bindungswinkel am Stickstoff? **(c)** Wie ist die Gesamtzahl an σ-Bindungen im gesamten Molekül und wie ist die Gesamtzahl an π-Bindungen?

9.29

(a) Was ist der Unterschied zwischen einer lokalisierten π-Bindung und einer delokalisierten? **(b)** Wie können Sie bestimmen, ob ein Molekül oder Ion delokalisierte π- Bindungen zeigen wird? **(c)** Ist die π-Bindung in NO_2^- lokalisiert oder delokalisiert?

Molekülorbitale

9.30

(a) Welches sind die Ähnlichkeiten und Unterschiede zwischen Atomorbitalen und Molekülorbitalen? **(b)** Warum ist das bindende Molekülorbital von H_2 niedriger in Energie als das Elektron in einem Wasserstoffatom? **(c)** Wie viele Elektronen können in jedem MO eines Moleküls platziert werden?

9.31

Betrachten Sie das H_2^+-Ion. **(a)** Skizzieren Sie die Molekülorbitale des Ions und zeichnen Sie sein Energieniveaudiagramm. **(b)** Wie viele Elektronen gibt es im H_2^+-Ion? **(c)** Schreiben Sie die Elektronenkonfiguration für das Ion bezüglich seiner MOs auf. **(d)** Wie ist die Bindungsordnung in H_2^+ ? **(e)** Nehmen Sie an, dass das Ion durch Licht angeregt wird, so dass ein Elektron von einem MO niedriger zu einem MO höherer Energie angehoben wird. Würden Sie erwarten, dass das H_2^+-Ion im angeregten Zustand stabil ist oder dass es zerfällt? Erklären Sie.

9.32

(a) Skizzieren Sie die σ- und σ^*-Molekülorbitale, die aus der Kombination von zwei $2p_z$-Atomorbitalen entstehen können. **(b)** Skizzieren Sie die π- und π^*-MOs, die aus der Kombination von zwei $2p_x$-Atomorbitalen entstehen. **(c)** Ordnen Sie die MOs aus Teil (a) und (b) nach steigender Energie an, unter der Annahme, dass keine Mischung von 2*s*- und 2*p*-Orbitalen auftritt.

9.33

(a) Wie ist die Wahrscheinlichkeit, ein Elektron auf der Kernverbindungsachse zu finden, wenn das Elektron ein π-Molekülorbital besetzt? **(b)** Welche Ähnlichkeiten und Unterschiede gibt es bei einem homonuklearen zweiatomigen Molekül zwischen dem π_{2p}-MO aus den $2p_x$-Atomorbitalen und dem π_{2p}-MO aus $2p_y$-Atomorbitalen? **(c)** Warum sind die π_{2p}-MOs energetisch niedriger als die π^*_{2p}-MOs?

9.34

(a) Wie sind die Beziehungen zwischen Bindungsordnung, Bindungslänge und Bindungsenthalpie? **(b)** Entsprechend der Molekülorbitaltheorie, würde man erwarten, dass entweder Be_2 oder Be_2^+ existiert? Erklären Sie dies.

9.35

(a) Was ist mit dem Ausdruck *Diamagnetismus* gemeint? **(b)** Wie reagiert eine diamagnetische Substanz auf ein Magnetfeld? **(c)** Welches der folgenden Ionen sollte diamagnetisch sein: N_2^{2-}, O_2^{2-}, Be_2^{2+}, C_2^-?

9.36

(a) Was ist mit dem Ausdruck *Paramagnetismus* gemeint? **(b)** Wie kann man experimentell bestimmen, ob eine Substanz paramagnetisch ist? **(c)** Welches der folgenden Ionen sollte paramagnetisch sein: O_2^+, N_2^{2-}, Li_2^+, O_2^{2-}? Wenn das Ion paramagnetisch ist, wie viele freie Elektronen besitzt es dann?

9.37

Geben Sie die Molekülorbital Elektronenkonfiguration für **(a)** B_2^+, **(b)** Li_2^+, **(c)** N_2^+ und **(d)** Ne_2^{2+} an. Geben Sie in jedem Fall an, ob das Hinzufügen eines Elektrons zum Ion die Bindungsordnung erhöht oder erniedrigt.

9.38

Bestimmen Sie die Elektronenkonfigurationen für CN^+, CN und CN^-. Berechnen Sie die Bindungsordnung für jede Spezies und geben Sie an, welche paramagnetisch sind.

9.39

(a) Das Stickstoffmonoxidmolekül, NO, gibt leicht ein Elektron ab um das NO^+-Ion zu bilden. Warum steht dies im Einklang mit der Elektronenstruktur von NO? **(b)** Sagen Sie die Reihenfolge der N—O-Bindungsstärken in NO, NO^+, und NO^- voraus und beschreiben Sie die magnetischen Eigenschaften jedes Teilchens. **(c)** Mit welchen neutralen homonuklearen zweiatomigen Molekülen sind die NO^+- und NO^--Ionen isoelektronisch (gleiche Anzahl von Elektronen)?

[9.40]

Betrachten Sie die Molekülorbitale des P_2-Moleküls. Nehmen Sie an, dass die MOs von zweiatomigen Molekülen aus der dritten Reihe des Periodensystems analog zu denen aus der zweiten Reihe sind. **(a)** Welche Valenzatomorbitale von P werden zur Konstruktion der MOs von P_2 benutzt? **(b)** Die Abbildung unten zeigt eine Skizze für eines der MOs von P_2. Wie ist die Bezeichnung für dieses MO? **(c)** Wie viele Elektronen besetzen das MO in der Abbildung beim P_2-Molekül? **(d)** Sollte P_2 diamagnetisch oder paramagnetisch sein? Erklären Sie.

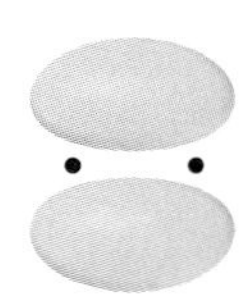

Zusatzaufgaben

9.41

Die Moleküle SiF_4, SF_4 und XeF_4 haben alle Molekülformeln der Art AF_4, aber die Moleküle haben verschiedene Molekülstrukturen. Sagen Sie die Form jedes Moleküls voraus und erklären Sie, warum sich die Formen unterscheiden.

9.42

Bestimmen Sie die Zahl der σ- und π-Bindungen in jedem der folgenden Moleküle oder Ionen aus ihren Lewis-Strukturformeln: **(a)** CO_2; **(b)** Thiocyanation, NCS^-; **(c)** Formaldehyd, H_2CO; **(d)** Ameisensäure, HCO(OH), die ein H- und zwei O-Atome an C gebunden hat.

9.43

Es gibt zwei Verbindungen mit der Formel $Pt(NH_3)_2Cl_2$.

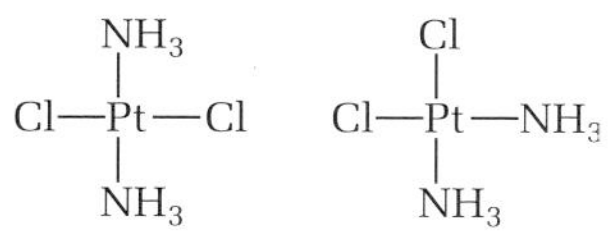

Die Verbindung rechts, *Cisplatin*, wird in der Krebstherapie eingesetzt. Beide Verbindungen besitzen eine quadratisch ebene Struktur. Welche Verbindung hat ein Dipolmoment ungleich null?

[9.44]

Die Lewis-Strukturformel für Allen ist

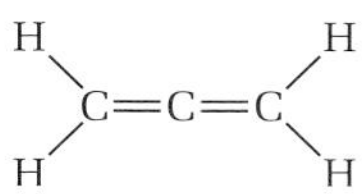

Zeichnen Sie eine Skizze der Struktur dieses Moleküls. Zusätzlich beantworten Sie die folgenden drei Fragen: **(a)** Ist das Molekül eben? **(b)** Hat es ein Dipolmoment ungleich null? **(c)** Könnte man die Bindung in Allen als delokalisiert beschreiben? Erklären Sie.

9.45

Schreiben Sie die Elektronenkonfiguration für den ersten angeregten Zustand für N_2 auf (d. h. der Zustand, in dem das Elektron mit der höchsten Energie zu dem nächsten erreichbaren Energieniveau angehoben ist). Welche Unterschiede erwarten Sie für die Eigenschaften von N_2 in seinem Grundzustand und seinem ersten angeregten Zustand?

[9.46]

Kohlenmonoxid, CO, ist isoelektronisch mit N_2. **(a)** Zeichnen Sie eine Lewis-Strukturformel für CO, die die Oktettregel erfüllt. **(b)** Wie ist die vorhergesagte Bindungsordnung für CO? Steht diese Antwort mit der von Ihnen in Teil (a) gezeichneten Lewis-Strukturformel im Einklang? **(c)** Es wurde experimentell gefunden, dass die Elektronen höchster Energie in CO sich in einem σ-MO aufhalten. Stimmt diese Beobachtung mit dem MO-Diagramm überein? Wenn nicht, welche Änderungen müssten am Diagramm gemacht werden? **(d)** Würden Sie erwarten, dass die π_{2p}-MOs von CO gleiche Atomorbitalbeiträge von den C- und O-Atomen haben? Wenn nicht, welches Atom würde den größeren Beitrag leisten?

Übergreifende Aufgaben

9.47

Eine Verbindung, die aus 2,1 % H, 29,8 % N und 68,1 % O besteht, hat eine Molmasse von ungefähr 50 g/mol. **(a)** Wie ist die Molekülformel der Verbindung? **(b)** Wie ist die Lewis-Strukturformel, wenn H an O gebunden ist? **(c)** Wie ist die Struktur des Moleküls? **(d)** Wie ist die Hybridisierung der Orbitale um das N-Atom? **(e)** Wie viele σ- und wie viele π-Bindungen gibt es in dem Molekül?

[9.48]

Das Molekül 2-Buten, C_4H_8, kann einen geometrischen Wandel durchmachen, der *cis-trans Isomerisierung* genannt wird:

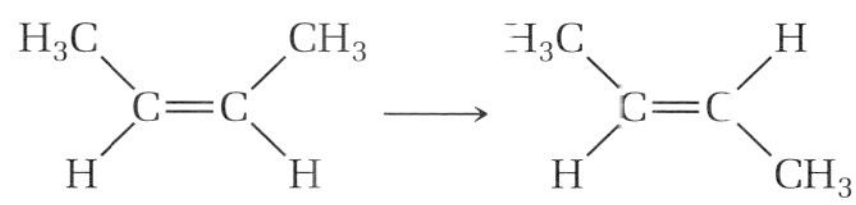

cis-2-Buten *trans*-2-Buten

Solche Transformationen können durch Licht induziert werden und sind der Schlüssel zum menschlichen Sehen. **(a)** Wie ist die Hybridisierung an den zwei zentralen Kohlenstoffatomen von 2-Buten?

(b) Die Isomerisierung tritt durch Rotation um die zentrale C — C-Bindung auf. Erklären Sie, warum die π-Bindung zwischen den zwei zentralen Kohlenstoffatomen halbwegs durch die Rotation von *cis*- zu *trans*-2-Buten zerstört wird. **(c)** Ausgehend von durchschnittlichen Bindungsenthalpien: wie viel Energie pro Molekül muss aufgewendet werden, um die C — C π-Bindung aufzubrechen? **(d)** Wie ist die längste Wellenlänge von Licht, das Photonen mit ausreichender Energie zum Aufbrechen der C — C π-Bindung und Auslösen der Isomerisierung liefert? **(e)** Liegt die Wellenlänge Ihrer Antwort zu Teil (d) im sichtbaren Bereich des elektromagnetischen Spektrums? Nehmen Sie Stellung zur Wichtigkeit dieses Ergebnisses für das menschliche Sehen.

9.49

Benutzen Sie durchschnittliche Bindungsenthalpien, um ΔH für die Atomisierung von Benzol, C_6H_6, abzuschätzen:

$$C_6H_6(g) \longrightarrow 6\ C(g) + 6\ H(g)$$

Vergleichen Sie den Wert mit dem, den man mit ΔH_f°-Daten und dem Hess'schen Satz erhält. Auf was führen Sie die große Diskrepanz in den Werten zurück?

[9.50]

Viele Verbindungen der Übergangsmetallelemente enthalten direkte Bindungen zwischen Metallatomen. Wir wollen annehmen, dass die *z*-Achse als die Metall–Metall-Bindungsachse definiert ist. **(a)** Welches der 3*d*-Orbitale kann zur Bildung einer σ-Bindung zwischen Metallatomen verwendet werden? **(b)** Skizzieren Sie die bindenden σ_{3d}- und antibindenden σ^*_{3d}-MOs. **(c)** Erklären Sie, warum ein Knoten im σ^*_{3d}-MO entsteht. **(d)** Skizzieren Sie das Energieniveaudiagramm für das Sc_2-Molekül, unter der Annahme, dass nur das 3*d*-Orbital aus Teil (a) wichtig ist. **(e)** Wie ist die Bindungsordnung in Sc_2?

Kapitel 10

Gase

Gaseigenschaften; Druck

10.1
Wie unterscheidet sich ein Gas von einer Flüssigkeit hinsichtlich der folgenden Eigenschaften: **(a)** Dichte, **(b)** Komprimierbarkeit, **(c)** Fähigkeit, sich mit anderen Substanzen der gleichen Phase zu homogenen Mischungen zu mischen?

10.2
Nehmen Sie an, eine Frau wiegt 59 kg und trägt Schuhe mit hohen Absätzen. Sie hat momentan ihr gesamtes Gewicht auf den Absatz eines Fußes verlagert. Berechnen Sie den Druck (in Kilopascal), der auf die darunter liegende Oberfläche ausgeübt wird, wenn die Fläche des Absatzes 1,27 cm^2 ist.

10.3
(a) Wie hoch (in Metern) muss eine Wassersäule sein, die den gleichen Druck wie eine 760 mm Quecksilbersäule ausübt? Die Dichte von Wasser ist 1,0 g/mL während die von Quecksilber 13,6 g/mL ist. **(b)** Wie ist der Druck (in atm) auf den Körper eines Tauchers in 1,097 m unter der Wasseroberfläche, wenn der Atmosphärendruck über der Oberfläche 0,95 atm ist?

10.4
Die Verbindung 1-Ioddodecan ist eine schwerflüchtige Flüssigkeit mit einer Dichte von 1,20 g/mL. Die Dichte von Quecksilber ist 13,6 g/mL. Was sagen Sie für die Höhe einer Barometersäule aus 1-Ioddodecan voraus, wenn der Atmosphärendruck 752 Torr ist?

10.5
Jede der folgenden Aussagen betrifft ein Quecksilberbarometer. Identifizieren Sie jede falsche Aussage und korrigieren Sie diese. **(a)** Die Röhre muss eine Querschnittsfläche von 1 cm^2 haben. **(b)** Im Gleichgewicht ist die Erdanziehungskraft pro Flächeneinheit, die auf die Quecksilbersäule auf dem Niveau des äußeren Quecksilbers wirkt, gleich der Erdanziehungskraft pro Flächeneinheit, die auf die Atmosphäre wirkt. **(c)** Die Quecksilbersäule wird durch das Vakuum oberhalb der Säule aufrecht erhalten.

10.6
Der typische Luftdruck auf dem Gipfel des Mt. Everest (8848 m) ist etwa 265 Torr. Wandeln Sie diesen Druck in **(a)** atm, **(b)** mm Hg, **(c)** Pascal, **(d)** bar um.

10.7
Rechnen Sie die folgenden Werte um: **(a)** 0,850 atm in Torr, **(b)** 785 Torr in Kilopascal, **(c)** 655 mm Hg in atm, **(d)** $1{,}323 \times 10^5$ Pa in atm, **(e)** 2,50 atm in bar.

10.8
In den USA werden Barometerdrücke in Inches Quecksilber (in. Hg) angegeben. An einem schönen Sommertag in Chicago ist der Barometerdruck 30,45 in. Hg. **(a)** Wandeln Sie diesen Druck in Torr um. **(b)** Ein Meteorologe erklärt das schöne Wetter mit dem Hinweis auf ein „Hochdruckgebiet". Erklären Sie, im Licht Ihrer Antwort zu Teil (a), warum dieser Ausdruck sinnvoll ist.

10.9
Wenn der Atmosphärendruck 0,985 atm beträgt, wie ist der Druck des eingeschlossenen Gases in jedem der drei in der Zeichnung dargestellten Fälle?

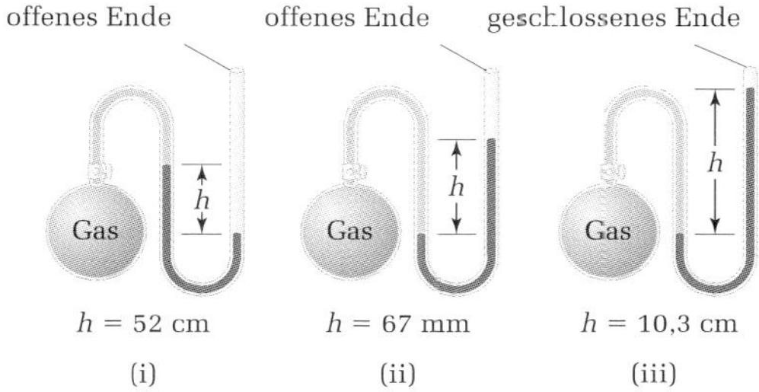

Übungsaufgaben

Die Gasgesetze

10.10
Nehmen Sie an, Sie haben einen Zylinder mit einem beweglichen Kolben. Wie wäre der Gasdruck im Zylinder in den folgenden Fällen? **(a)** Sie verringern das Volumen auf ein Viertel des Ausgangsvolumens, während Sie die Temperatur konstant halten. **(b)** Sie verringern die absolute Temperatur auf die Hälfte des Ausgangswertes, während Sie das Volumen konstant halten. **(c)** Sie reduzieren die Gasmenge auf die Hälfte, während Sie Volumen und Temperatur konstant halten.

10.11
Eine bestimmte Gasmenge zeigt bei 23 °C einen Druck von 735 Torr und nimmt ein Volumen von 5,22 L ein. **(a)** Berechnen Sie mit dem Boyle'schen Gesetz das Volumen, das das Gas einnehmen wird, wenn der Druck bei konstanter Temperatur auf 1,88 atm erhöht wird. **(b)** Berechnen Sie mit dem Charles'schen Gesetz, welches Volumen das Gas einnehmen wird, wenn die Temperatur bei konstantem Druck auf 165 °C erhöht wird.

10.12
(a) Wie wird das Gesetz der Konstanten Volumenverhältnisse durch die Avogadro'sche Molekülhypothese erklärt? **(b)** Betrachten Sie einen 1,0-L-Kolben der Neon enthält und einen 1,5-L-Kolben der Xenon enthält. Beide Gase haben den gleichen Druck und die gleiche Temperatur. Was kann man, gemäß dem Avogadro'schen Gesetz, über das Verhältnis der Atomzahlen in den beiden Kolben sagen?

Die ideale Gasgleichung

10.13
(a) Schreiben Sie die ideale Gasgleichung und geben Sie die verwendeten Einheiten für jede Größe in der Gleichung an, wenn $R = 0{,}0821\ \text{L} \cdot \text{atm/mol} \cdot \text{K}$. **(b)** Was ist ein ideales Gas?

10.14
Nehmen Sie an, Sie hätten zwei 1-L-Kolben und man sagt Ihnen, der eine enthält ein Gas mit der Molmasse 30 und der andere ein Gas mit der Molmasse 60, beide bei gleicher Temperatur. Der Druck in Kolben A ist X atm, und die Masse des Gases in dem Kolben ist 1,2 g. Der Druck in Kolben B ist 0,5X atm und die Masse des Gases in dem Kolben ist 1,2 g. Welcher Kolben enthält das Gas mit der Molmasse 30 und welcher enthält das Gas mit der Molmasse 60?

10.15
Vervollständigen Sie die folgende Tabelle für ein ideales Gas:

p	V	n	T
2,00 atm	1,00 L	0,500 mol	? K
0,300 atm	0,250 L	? mol	27 °C
650 torr	? L	0,333 mol	350 K
? atm	585 mL	0,250 mol	295 K

10.16
Die *Hindenburg* war ein mit Wasserstoff gefülltes Luftschiff, das 1937 explodierte. Wenn die *Hindenburg* $2{,}0 \times 10^5\ \text{m}^3$ Wasserstoffgas bei 23 °C und 1,0 atm enthielt, welche Wasserstoffmasse war dann vorhanden?

10.17
Berechnen Sie die Anzahl Moleküle in einem tiefen Atemzug Luft, dessen Volumen 2,50 L bei Körpertemperatur, 37 °C, und einem Druck von 735 Torr beträgt.

10.18
Wenn der von Ozon, O_3, in der Stratosphäre ausgeübte Druck $3{,}0 \times 10^{-3}$ atm ist und die Temperatur 250 K beträgt, wie viele Ozonmoleküle befinden sich dann in einem Liter?

10.19
Die Gasflasche eines Tauchers enthält 0,29 kg O_2, komprimiert auf ein Volumen von 2,3 L. **(a)** Berechnen Sie den Gasdruck in der Gasflasche bei 9 °C. **(b)** Welches Volumen würde dieser Sauerstoff bei 26 °C und 0,95 atm einnehmen?

10.20
Chlor wird häufig zum Reinigen von Trinkwasser und zur Behandlung von Swimmingpoolwasser verwendet. Nehmen Sie an, dass das Volumen einer bestimmten Probe Cl_2 8,70 L bei 895 Torr und 24 °C ist. **(a)** Wie

viele Gramm Cl_2 enthält die Probe? **(b)** Welches Volumen würde das Cl_2 bei STP einnehmen? **(c)** Bei welcher Temperatur würde das Volumen 15,00 L betragen, wenn der Druck $8{,}76 \times 10^2$ Torr ist? **(d)** Bei welchem Druck ist das Volumen gleich 6,00 L, wenn die Temperatur 58 °C ist?

10.21
In einem in der wissenschaftlichen Literatur veröffentlichten Experiment brachte man männliche Kakerlaken dazu, bei verschiedenen Geschwindigkeiten auf einem Miniaturlaufband zu laufen, während ihr Sauerstoffverbrauch gemessen wurde. In einer Stunde verbrauchte die durchschnittliche Kakerlake bei einer Laufgeschwindigkeit von 0,08 km/h 0,8 mL O_2 bei 1 atm Druck und 24 °C pro Gramm Insektengewicht. **(a)** Wie viele Mol O_2 würden in einer Stunde von einer 5,2 g Kakerlake verbraucht, die sich mit dieser Geschwindigkeit bewegt? **(b)** Die gleiche Kakerlake wird von einem Kind gefangen und in ein 250 ml Obstglas mit einem dichten Deckel eingesperrt. Wird die Kakerlake, unter der Annahme des gleichen ständigen Aktivitätsgrads wie in dem Experiment, mehr als 20 % des vorhandenen O_2 in einem Zeitraum von 48 h verbrauchen? Luft hat 21 Molprozent O_2.

Weitere Anwendungen der idealen Gasgleichung

10.22
Welches Gas ist das dichteste bei 1,00 atm und 298 K? **(a)** CO_2, **(b)** N_2O, **(c)** Cl_2. Erklären Sie.

10.23
Welche der folgenden Aussagen erklärt am besten, warum ein mit Helium gefüllter, geschlossener Ballon in Luft aufsteigt?

(a) Helium ist ein einatomiges Gas, während fast alle Moleküle, die die Luft bilden, wie z. B. Stickstoff und Sauerstoff, zweiatomige Moleküle sind.

(b) Die Durchschnittsgeschwindigkeit von Heliumatomen ist größer als die Durchschnittsgeschwindigkeit von Luftmolekülen und die größere Geschwindigkeit bei Kollisionen mit den Ballonwänden treibt den Ballon aufwärts.

(c) Da die Heliumatome eine geringere Masse als die durchschnittlichen Luftmoleküle haben, ist Helium weniger dicht als Luft. Der Ballon wiegt daher weniger als die von ihm verdrängte Luft.

(d) Da Helium eine geringere Molmasse als die durchschnittlichen Luftmoleküle hat, bewegen sich die Heliumatome schneller. Das bedeutet, dass die Heliumtemperatur höher als die Lufttemperatur ist. Heiße Gase neigen zum Aufsteigen.

10.24
(a) Berechnen Sie die Dichte von NO_2-Gas bei 35 °C und 0,970 atm. **(b)** Berechnen Sie die Molmasse eines Gases, wenn 2,50 g 0,875 L bei 685 Torr und 35 °C einnehmen.

10.25
Verdampfen Sie bei der Bestimmung der relativen Molekülmasse nach Dumas die Probe einer Flüssigkeit, die bei 100 °C siedet, in einem Wasserbad und bestimmen die Dampfmasse, die zum Füllen des Kolbens nötig ist (siehe Zeichnung). Berechnen Sie aus den folgenden Daten die Molmasse der unbekannten Flüssigkeit: Masse der unbekannten Dampfs 1,012 g; Volumen des Kolbens 354 cm^3; Druck 742 Torr; Temperatur 99 °C.

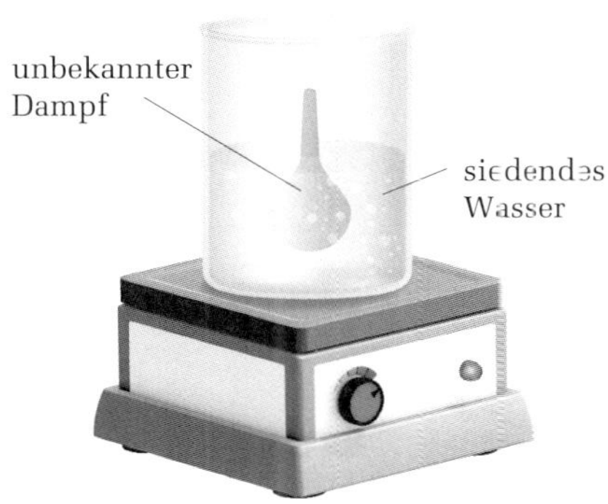

10.26
Magnesium kann als „Getter" in evakuierten Behältern verwendet werden, um mit den letzten Spuren Sauerstoff zu reagieren. Das Magnesium wird gewöhnlich dadurch erhitzt, dass man elektrischen Strom durch einen Draht oder ein Band des Metalls schickt. Wenn ein Behälter von 0,382 L einen O_2-Partialdruck von $3{,}5 \times 10^{-6}$ Torr bei 27 °C hat, welche

Magnesiummasse wird entsprechend der folgenden Gleichung reagieren?

$$2\,Mg(s) + O_2(g) \longrightarrow 2\,MgO(s)$$

10.27

Die metabolische Oxidation von Glukose, $C_6H_{12}O_6$, in unseren Körpern erzeugt CO_2, das als Gas aus unseren Lungen ausgestoßen wird.

$$C_6H_{12}O_6(aq) + 6\,O_2(g) \longrightarrow 6\,CO_2(g) + 6\,H_2O(l)$$

Berechnen Sie das Volumen von trockenem CO_2, das bei Körpertemperatur (37 °C) und 0,970 atm erzeugt wird, wenn 24,5 g Glukose in dieser Reaktion verbraucht werden.

10.28

Wasserstoffgas entsteht, wenn Zink mit Schwefelsäure reagiert:

$$Zn(s) + H_2SO_4(aq) \longrightarrow ZnSO_4(aq) + H_2(g)$$

Wenn 159 mL feuchtes H_2 bei 24 °C und einem Barometerdruck von 738 Torr über Wasser aufgefangen werden, wie viel Gramm Zn wurden verbraucht?

Partialdrücke

10.29

Betrachten Sie den in der Zeichnung gezeigten Apparat. **(a)** Wenn der Hahn zwischen den beiden Behältern geöffnet wird und die Gase sich mischen können, wie ändert sich dann das von N_2 eingenommene Volumen? Wie ist der Partialdruck von N_2 nach der Mischung? **(b)** Wie ändert sich das O_2-Volumen, wenn sich die Gase mischen? Wie ist der Partialdruck von O_2 in der Mischung? **(c)** Wie ist der Gesamtdruck im Behälter, nachdem die Gase sich gemischt haben?

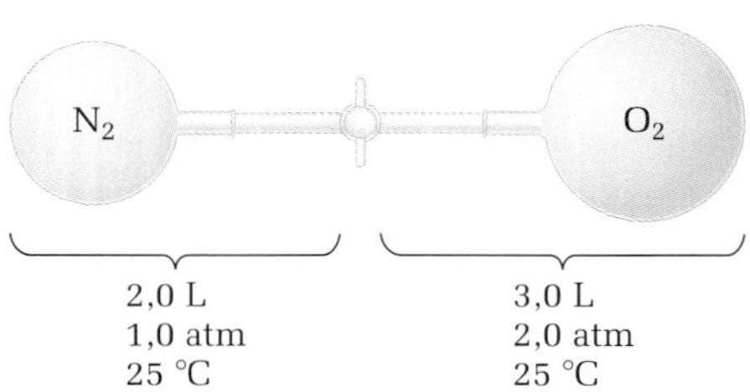

10.30

Eine Mischung, die 0,538 mol He(g), 0,315 mol Ne(g), und 0,103 mol Ar (g) enthält, wird in einem 7,00-L-Behälter bei 25 °C eingesperrt. **(a)** Berechnen Sie den Partialdruck für jedes Gas der Mischung. **(b)** Berechnen Sie den Gesamtdruck der Mischung.

10.31

Ein Stück festes Kohlendioxid mit einer Masse von 5,50 g wird in einen 10,0-L-Behälter gegeben, der bereits Luft bei 705 Torr und 24 °C enthält. Wie ist der Partialdruck von Kohlendioxid in dem Behälter bei 24 °C, nachdem das Kohlendioxid vollständig verdampft ist?

10.32

Eine Gasmischung enthält 0,75 mol N_2, 0,30 mol O_2 und 0,15 mol CO_2. Wenn der Gesamtdruck der Mischung 1,56 atm ist, wie ist dann der Partialdruck jeder Komponente?

10.33

Bei einer Unterwassertiefe von 76,2 m ist der Druck 8,38 atm. Wie viel Molprozent Sauerstoff sollte das Tauchgas enthalten, damit der Partialdruck von Sauerstoff der gleiche wie in Luft bei 1 atm, 0,21 atm, ist?

10.34

Eine N_2-Gasmenge, die ursprünglich bei einem Druck von 4,75 atm in einem 1,00-L-Behälter bei 26 °C gehalten wurde, wird in einen 10,0-L-Behälter bei 20 °C transferiert. Eine O_2-Gasmenge, die sich ursprünglich bei 5,25 atm und 26 °C in einem 5,00-L-Behälter befand, wird in diesen gleichen Behälter transferiert. Wie ist der Gesamtdruck in dem neuen Behälter?

Kinetische Gastheorie, Graham'sches Gesetz

10.35

Welche Änderung oder Änderungen im Zustand eines Gases bewirken die folgenden Effekte? **(a)** Die Zahl der Aufpralle pro Zeiteinheit auf eine gegebene Behälterwand nimmt zu. **(b)** Die durchschnittliche Aufprallenergie der Moleküle mit der Behälterwand nimmt ab. **(c)** Der durchschnittliche Abstand zwischen den Gasmolekülen nimmt zu. **(d)** Die durchschnittliche Geschwindigkeit der Moleküle in der Gasmischung wird erhöht.

10.36
Welche Eigenschaft oder Eigenschaften von Gasen können Sie aufführen, die die Annahme unterstützen, dass das meiste Volumen eines Gases leerer Raum ist?

10.37
Behälter A enthält CO (g) bei 0 °C und 1 atm. Behälter B enthält SO_2 (g) bei 20 °C und 0,5 atm. Beide Behälter haben das gleiche Volumen. **(a)** Welcher Behälter enthält mehr Moleküle? **(b)** Welcher enthält mehr Masse? **(c)** In welchem Behälter ist die durchschnittliche kinetische Energie der Moleküle höher? **(d)** In welchem Behälter ist die rms-Geschwindigkeit der Moleküle höher?

10.38
(a) Ordnen Sie die folgenden Gase nach ansteigender durchschnittlicher Molekülgeschwindigkeit bei 25 °C: Ne, HBr, SO_2, NF_3, CO. **(b)** Berechnen Sie die rms-Geschwindigkeit der NF_3-Moleküle bei 25 °C.

10.39
Wasserstoff hat zwei natürlich auftretende Isotope, ^1H und ^2H. Chlor hat ebenfalls zwei natürlich auftretende Isotope, ^{35}Cl und ^{37}Cl. Folglich besteht Chlorwasserstoff aus vier verschiedenen Molekülarten: $^1H\,^{35}Cl$, $^1H\,^{37}Cl$, $^2H\,^{35}Cl$ und $^2H\,^{37}Cl$. Ordnen Sie diese vier Moleküle nach steigender Effusionsgeschwindigkeit an.

10.40
Arsen(III)sulfid sublimiert leicht, sogar unterhalb seines Schmelzpunktes von 320 °C. Die Moleküle der Dampfphase können mit der 0,28 fachen Geschwindigkeit, mit der Ar-Atome unter den gleichen Temperatur- und Druckbedingungen effundieren, durch ein kleines Loch effundieren. Wie ist die Molekülformel von Arsen(III)sulfid in der Gasphase?

Nichtideales Gasverhalten

10.41
(a) Führen Sie zwei Bedingungen auf, unter denen Gase vom idealen Verhalten abweichen. **(b)** Führen Sie zwei Gründe auf, warum Gase vom idealen Verhalten abweichen. **(c)** Erklären Sie, wie man die Funktion pV/RT benutzen kann, um zu zeigen, wie Gase sich nichtideal verhalten.

10.42
Der Planet Jupiter besitzt die 318-fache Masse der Erde und seine Oberflächentemperatur ist 140 K. Merkur besitzt die 0,05 fache Masse der Erde und seine Oberflächentemperatur ist zwischen 600 K und 700 K. Auf welchem Planet gehorcht die Atmosphäre am ehesten dem idealen Gasgesetz? Erklären Sie.

10.43
Ausgehend von ihren van-der-Waals-Konstanten sollte man eher von Ar oder CO_2 erwarten, dass es sich bei hohen Drücken annähernd wie ein ideales Gas verhält? Erklären Sie.

10.44
Erklären Sie kurz die Bedeutung der Konstanten a und b in der van-der-Waals-Gleichung

10.45
Berechnen Sie den Druck, den CCl_4 bei 40 °C ausüben wird, wenn 1,00 mol 28,0 L einnimmt, unter der Annahme dass **(a)** CCl_4 der idealen Gasgleichung gehorcht; **(b)** CCl_4 der van-der-Waals-Gleichung gehorcht.

Zusatzaufgaben

10.46
Nehmen Sie an, das Quecksilber, das zur Herstellung eines Barometers verwendet wird, enthält ein paar Tröpfchen Wasser, die zur Spitze des Quecksilbers in der Röhre steigen. Zeigt das Barometer den korrekten Luftdruck an? Erklären Sie.

10.47
Eine 15,0-L-Flasche ist mit Helium bei einem Druck von $1{,}00 \times 10^2$ atm gefüllt. Wie viele Ballons (jeder mit 2,00 L) können mit 1,00 atm Druck aufgeblasen werden, unter der Annahme, dass die Temperatur konstant bleibt und dass die Flasche nicht unter 1,00 atm geleert werden kann?

10.48
Wie ist die Gesamtmasse (in Gramm) von O_2 in einem Raum mit den Massen 10,0 ft × 8,0 ft × 8,0 ft, wenn die Luft im Raum bei Standardbedingungen ist und 20,95 % O_2 enthält?

10.49
Nehmen Sie an, dass ein einzelner Zylinder eines Automotors ein Volumen von 524 cm^3 hat. **(a)** Wenn der Zylinder mit Luft bei 74 °C und 0,980 atm gefüllt ist, wie viele mol O_2 sind vorhanden? Der Molenbruch von O_2 in trockener Luft ist 0,2095. **(b)** Wie viele Gramm C_8H_{18} könnte mit dieser Menge O_2 verbrannt werden, unter der Annahme von vollständiger Verbrennung zu CO_2 und H_2O?

[10.50]
Eine Gasmischung von O_2 und Kr hat eine Dichte von 1,104 g/L bei 435 Torr und 300 K. Wie viele Molprozent O_2 sind in der Mischung?

10.51
Wird der Effekt der intermolekularen Anziehung auf die Eigenschaften eines Gases deutlicher oder weniger deutlich, wenn **(a)** das Gas auf ein kleineres Volumen bei konstanter Temperatur komprimiert wird; **(b)** die Temperatur des Gases bei konstantem Volumen erhöht wird?

Übergreifende Aufgaben

10.52
Cyclopropan, ein Gas, das zusammen mit Sauerstoff als ein allgemeines Anästhetikum verwendet wird, besteht aus 85,7 Massen-% C und 14,3 Massen-% H. **(a)** Wenn 1,56 g Cyclopropan ein Volumen von 1,00 L bei 0,984 atm und 50,0 °C hat, wie ist dann die Molekülformel von Cyclopropan? **(b)** Würden Sie erwarten, dass, ausgehend von seiner Molekülformel, Cyclopropan mehr oder weniger als Ar vom idealen Gasverhalten bei moderat hohen Drücken und Zimmertemperatur abweicht? Erklären Sie.

10.53
Die Gesamtlieferbarkeit von Erdgas (Methan, CH_4) in die verschiedenen Regionen der USA liegt in der Größenordnung von $2{,}7 \times 10^{12}$ L pro Tag, gemessen bei STP. Berechnen Sie die Gesamtenthalpieänderung für die Verbrennung dieser Methanmenge. *Beachten Sie* : Tatsächlich wird täglich weniger als diese Methanmenge verbrannt. Einiges des gelieferten Gases wird in andere Gebiete durchgeleitet.

[10.54]
Gasförmiges Iodpentafluorid, IF_5, kann durch die Reaktion von festem Iod mit gasförmigem Fluor hergestellt werden:

$$I_2(s) + 5\,F_2(g) \longrightarrow 2\,IF_5(g)$$

Ein 5,00-L-Kolben mit 10,0 g I_2 wird mit 10,0 g F_2 gefüllt und die Reaktion schreitet solange voran, bis ein Reagens vollständig verbraucht ist. Nach beendeter Reaktion ist die Temperatur im Kolben 125 °C. **(a)** Wie ist der Partialdruck von IF_5 in dem Kolben? **(b)** Wie ist der Molenbruch von IF_5 in dem Kolben?

Kapitel 11

Flüssigkeiten und intermolekulare Kräfte

Kinetische Gastheorie

11.1

Ordnen Sie die drei Aggregatzustände nach **(a)** steigender molekularer Unordnung und **(b)** steigenden intermolekularen Anziehungskräften.

11.2

(a) Warum sind Gase komprimierbarer als Flüssigkeiten? **(b)** Warum werden die flüssigen und festen Formen eines Stoffes als *kondensierte Phasen* bezeichnet? **(c)** Warum haben Flüssigkeiten eine größere Fließfähigkeit als Festkörper?

Intermolekulare Kräfte

11.3

Welche Art von intermolekularer Anziehungskraft wirkt zwischen **(a)** allen Molekülen, **(b)** polaren Molekülen, **(c)** dem Wasserstoffatom einer polaren Bindung und einem benachbarten elektronegativen Atom?

11.4

Welche Art(en) von intermolekularer Kraft ist (sind) **(a)** Xe und Methanol (CH_3OH), **(b)** CH_3OH und Acetonitril (CH_3CN) und **(c)** NH_3 und HF gemeinsam?

11.5

Beschreiben Sie die intermolekularen Kräfte, die überwunden werden müssen, um die folgenden Substanzen von einer Flüssigkeit zu einem Gas werden zu lassen: **(a)** Br_2, **(b)** CH_3OH, **(c)** H_2S.

11.6

(a) Was bedeutet der Begriff Polarisierbarkeit? **(b)** Welches der folgenden Atome sollte am leichstesten polarisierbar sein: O, S, Se oder Te? Begründen Sie Ihre Antwort. **(c)** Ordnen Sie die folgenden Moleküle nach steigender Polarisierbarkeit: $GeCl_4$, CH_4, $SiCl_4$ und $GeBr_4$. **(d)** Sagen Sie die Reihenfolge der Siedepunkte der Substanzen in Teil (c) vorher.

11.7

Welches Glied der folgenden Paare hat die größeren Londonschen Dispersionskräfte: **(a)** H_2O oder H_2S, **(b)** CO_2 oder CO, **(c)** CH_4 oder SiH_4?

11.8

Butan und 2-Methylpropan, deren Kalottenmodelle abgebildet sind, sind beide unpolar und haben die gleiche Summenformel, Butan hat jedoch den höheren Siedepunkt (– 0,5 °C verglichen mit – 11,7 °C). Erklären Sie dies.

(a) Butan (b) 2-Methylpropan

11.9

(a) Welche molekularen Merkmale muss ein Molekül haben, um an Wasserstoffbrückenbindung mit anderen Molekülen der gleichen Art teilzunehmen? **(b)** Welche der folgenden Moleküle können Wasserstoffbrückenbindungen mit anderen Molekülen der gleichen Art eingehen: CH_3F, CH_3NH_2, CH_3OH, CH_3Br?

11.10

Begründen Sie den Unterschied in den Siedepunkten zwischen den Gliedern der folgenden Stoffpaare: **(a)** HF (20 °C) und HCl (– 85 °C) **(b)** $CHCl_3$ (61 °C) und $CHBr_3$ (150 °C), **(c)** Br_2 (59 °C) und ICl (97 °C).

Übungsaufgaben

11.11
Identifizieren Sie die Arten von intermolekularen Kräften, die in den folgenden Substanzen vorliegen, und wählen Sie den Stoff in jedem Paar, der den höheren Siedepunkt hat: **(a)** C_6H_{14} oder C_8H_{18} ; **(b)** C_3H_8 oder CH_3OCH_3; **(c)** HOOH oder HSSH; **(d)** NH_2NH_2 oder CH_3CH_3.

11.12
In welchem Zusammenhang stehen die folgenden Beobachtungen mit der Fähigkeit von Wasser, Wasserstoffbrückenbindungen zu bilden? **(a)** Eis ist weniger dicht als flüssiges Wasser. **(b)** Wasser hat eine hohe spezifische Wärmekapazität, was bedeutet, dass große Mengen Wärme benötigt werden, um einen Temperaturanstieg von 1 K hervorzurufen.

Viskosität und Oberflächenspannung

11.13
(a) Warum nehmen Oberflächenspannung und Viskosität mit steigender Temperatur ab? **(b)** Warum haben Substanzen mit hohen Oberflächenspannungen auch eher hohe Viskositäten?

11.14
Erklären Sie die folgenden Beobachtungen: **(a)** Die Oberflächenspannung von $CHBr_3$ ist größer als die von $CHCl_3$. **(b)** Mit steigender Temperatur fließt Öl schneller durch ein enges Rohr. **(c)** Regentropfen, die sich auf der Motorhaube eines gewachsten Autos sammeln, nehmen eine fast runde Form an.

Phasenübergänge

11.15
Nennen Sie den Phasenübergang in jeder der folgenden Situationen und geben Sie an, ob er exotherm oder endotherm ist: **(a)** Wenn Wasser gekühlt wird, wird es zu Eis. **(b)** Nasse Wäsche trocknet an einem warmen Sommertag. **(c)** Reif erscheint an einem kalten Wintertag an einem Fenster.

11.16
Nennen Sie den Phasenübergang in den folgenden Situationen und geben Sie an, ob er exotherm oder endotherm ist: **(a)** Bromdampf wird zu flüssigem Brom, wenn er gekühlt wird. **(b)** Iodkristalle verschwinden aus einer Abdampfschale, wenn sie in einem Abzugsschrank stehen. **(c)** Reinigungsalkohol in einem offenen Behälter verschwindet langsam. **(d)** Geschmolzene Lava von einem Vulkan verwandelt sich in festes Gestein.

11.17
Erklären Sie, warum die Schmelzwärme eines Stoffes generell niedriger als seine Verdampfungswärme ist.

11.18
Seit langem wird Trinkwasser in heißen Klimazonen durch seine Verdunstung von der Oberfläche von Segeltuchtaschen oder porösen Tontöpfen gekühlt. Wie viel Gramm Wasser können durch die Verdunstung von 50 g Wasser von 35 °C auf 22 °C abgekühlt werden? Die Verdampfungswärme des Wassers in diesem Temperaturbereich beträgt 2,4 kJ/g. Die spezifische Wärmekapazität von Wasser ist 4,18 J/g · K.

11.19
Ethanol (C_2H_5OH) schmilzt bei – 114 °C und siedet bei 78 °C. Die Schmelzenthalpie von Ethanol ist 5,02 kJ/mol und seine Verdampfungsenthalpie ist 38,56 kJ/mol. Die spezifischen Wärmekapazitäten von festem und flüssigem Ethanol sind 0,97 J/g · K und 2,3 J/g · K. Wie viel Wärme wird benötigt, um 75,0 g Ethanol bei – 120 °C in die Gasphase bei 78 °C umzuwandeln?

11.20
(a) Welche Bedeutung hat der kritische Druck eines Stoffs? **(b)** Was geschieht mit der kritischen Temperatur von Verbindungen, wenn die Anziehungskraft zwischen den Molekülen zunimmt?

Dampfdruck und Siedepunkt

11.21
Erklären Sie, wie die folgenden Eigenschaften den Dampfdruck einer Flüssigkeit beeinflussen: **(a)** Volumen der Flüssigkeit, **(b)** Oberfläche, **(c)** intermolekulare Anziehungskräfte, **(d)** Temperatur.

11.22

(a) Ordnen Sie die folgenden Substanzen nach steigender Flüchtigkeit: CH_4, CBr_4, CH_2Cl_2, CH_3Cl, $CHBr_3$ und CH_2Br_2. Begründen Sie Ihre Antwort. **(b)** Welche unterschiedlichen Siedepunkte haben diese Stoffe?

11.23

PCl_3 und $AsCl_3$ sind ähnliche Stoffe, mit ähnlichen Molekülformen und Bindungsarten. **(a)** Welche dieser zwei Substanzen sollte bei Zimmertemperatur flüchtiger sein? **(b)** Welcher Stoff sollte den höheren Siedepunkt haben? **(c)** In welchem Stoff sollten die kinetischen Energien der Moleküle bei 40 °C größer sein, eine Temperatur, die weit unter dem Siedepunkt beider Substanzen liegt? **(d)** In welchem Stoff sollten die intermolekularen Kräfte größer sein?

11.24

(a) Zwei Töpfe mit Wasser befinden sich auf verschiedenen Brennern eines Gasherdes. Ein Topf Wasser kocht sprudelnd, während der andere leicht siedet. Was kann über die Temperatur des Wassers in den zwei Töpfen gesagt werden? **(b)** Ein großer Wasserbehälter und ein kleiner haben die gleiche Temperatur. Was kann über die Dampfdrücke des Wassers in den zwei Behältern ausgesagt werden?

11.25

(a) Schätzen Sie anhand der Dampfdruckkurve den Siedepunkt von Diethyläther bei 400 Torr.

(b) Schätzen Sie anhand der Dampfdruckkurve den äußeren Druck, bei dem Ethylalkohol bei 70 °C kocht.

(c) Bestimmen Sie anhand der Dampfdrucktabelle den Siedepunkt von Wasser bei einem äußeren Druck von 25 Torr.

(d) Nehmen Sie an, dass der Druck in einem Schnellkochtopf 1,2 atm erreicht. Schätzen Sie anhand der Dampfdrucktabelle die Temperatur, bei der Wasser in diesem Kochtopf siedet.

Phasendiagramme

11.26

(a) Welche Bedeutung hat der kritische Druck in einem Phasendiagramm? **(b)** Warum endet die Linie, die die gasförmigen und flüssigen Phasen trennt, am kritischen Punkt?

11.27

(a) Welche Bedeutung hat der Tripelpunkt in einem Phasendiagramm? **(b)** Könnten Sie den Tripelpunkt von Wasser messen, indem Sie die Temperatur eines Gefäßes messen, in dem Wasserdampf, flüssiges Wasser und Eis im Gleichgewicht unter einer Atmosphäre von Luft sind? Begründen Sie Ihre Antwort.

11.28

Beschreiben Sie alle Phasenübergänge, die in den folgenden Fälle auftreten würden: **(a)** Wasserdampf, der ursprünglich bei $1{,}0 \times 10^{-3}$ atm und $-0{,}10$ °C vorliegt, wird langsam bei konstanter Temperatur komprimiert, bis der Enddruck 10 atm vorliegt. **(b)** Wasser, das ursprünglich bei 100,0 °C und 0,50 atm vorliegt, wird bei konstantem Druck abgekühlt, bis die Temperatur – 10 °C ist.

11.29

Der normale Schmelz- und Siedepunkt von Xenon ist – 112 °C und – 107 °C. Sein Tripelpunkt liegt bei – 121 °C und 282 Torr, und sein kritischer Punkt liegt bei 16,6 °C und 57,6 atm. **(a)** Zeichnen Sie das Phasendiagramm für Xe und zeigen Sie darin die gegebenen vier Punkte und geben Sie den Bereich an, in dem jede Phase stabil ist. **(b)** Was ist dichter, Xe (*s*) oder Xe (*l*)? Begründen Sie Ihre Antwort. **(c)** Wenn Xe-Gas unter einem äußeren Druck von 100 Torr abgekühlt wird, durchläuft es dann Kondensation oder Resublimation? Begründen Sie Ihre Antwort.

11.30

Inwieweit sind eine nematisch flüssigkristalline Phase und eine gewöhnliche Flüssigkeit identisch und worin unterscheiden sie sich?

11.31

Beschreiben Sie, was auf Molekularebene geschieht, wenn eine Substanz bei Erhitzung vom festen Aggregatzustand über die nematisch flüssigkristalline in die isotrope (normale) flüssige Phase übergeht.

11.32

Wie könnte das Vorhandensein von polaren Gruppen die Tendenz zur Flüssigkristallbildung verbessern?

11.33
Flüssigkristalline Phasen sind meistens viskoser als die isotrope, oder normale, flüssige Phase der gleichen Substanz. Warum?

11.34
Man kann sagen, dass die smektisch flüssigkristalline Phase stärker geordnet ist als die nematische. In welchem Sinne trifft dies zu?

11.35
Beschreiben Sie, wie sich eine cholesterische Flüssigkristallphase von einer nematischen Phase unterscheidet.

Zusatzaufgaben

11.36
Wenn die intermolekularen Anziehungskräfte zwischen Molekülen zunehmen, sollten dann die folgenden Eigenschaften in ihrer Größe zu- oder abnehmen? **(a)** Dampfdruck, **(b)** Verdampfungswärme, **(c)** Siedepunkt, **(d)** Gefrierpunkt, **(e)** Viskosität, **(f)** Oberflächenspannung, **(g)** kritische Temperatur.

11.37
In Dichlormethan [CH_2Cl_2 (μ = 1,60 D)] ist der Beitrag der Dispersionskraft zu den intermolekularen Anziehungskräften etwa 5 Mal größer als der Dipol-Dipol-Beitrag. Sollte sich das Verhältnis der zwei Arten von intermolekularen Anziehungskräften in **(a)** Dibrommethan (μ = 1,43 D), **(b)** Difluormethan (μ = 1,93 D) unterscheiden? Begründen Sie Ihre Antwort.

11.38
Ethylenglykol [$CH_2(OH)\ CH_2(OH)$] ist der Hauptbestandteil von Frostschutzmitteln. Es ist eine leicht viskose Flüssigkeit, bei Zimmertemperatur nicht sehr flüchtig, mit einem Siedepunkt von 198 °C. Pentan (C_5H_{12}), das in etwa die gleiche Molekülmasse hat, ist eine nicht viskose Flüssigkeit, die bei Zimmertemperatur sehr flüchtig ist und deren Siedepunkt 36,1 °C beträgt. Erklären sie die Unterschiede in den physikalischen Eigenschaften der zwei Substanzen.

11.39
(a) Wenn Sie sich stark körperlich betätigen, schwitzen Sie. Wie hilft dies Ihrem Körper bei der Kühlung? **(b)** Ein Kolben mit Wasser ist an eine Vakuumpumpe angeschlossen. Ein paar Augenblicke nach dem Einschalten der Pumpe beginnt das Wasser zu sieden. Nach ein paar Minuten beginnt das Wasser zu gefrieren. Erklären Sie, warum diese Prozesse auftreten.

11.40
Welche Eigenschaften eines typischen nematisch flüssigkristallinen Moleküls führen wahrscheinlich zu seiner Neuorientierung, wenn es in ein elektrisches Feld gegeben wird, das senkrecht zur Orientierungsrichtung der Moleküle ist?

11.41
Der Temperaturbereich, über den eine Flüssigkeit flüssigkristallines Verhalten besitzt, ist ziemlich schmal. Warum?

11.42
Die hier gezeigte Tabelle führt die molaren Verdampfungswärmen mehrerer organischen Verbindungen auf. Veranschaulichen Sie anhand geeigneter Beispiele aus dieser Liste, wie die Verdampfungswärme mit der **(a)** Molmasse, **(b)** Molekülgestalt, **(c)** molekularen Polarität, **(d)** Wasserstoffbrückenbindungen korreliert. Erklären Sie diese Vergleiche bezogen auf die Art von intermolekularen Kräften, die hier wirken. Es könnte hilfreich sein, die Strukturformel für jede Verbindung aufzuzeichnen.

Verbindung	Verdampfungswärme (kJ/mol)
$CH_3CH_2CH_3$	19,0
$CH_3CH_2CH_2CH_2CH_3$	27,6
$CH_3CHBrCH_3$	31,8
CH_3COCH_3	32,0
$CH_3CH_2CH_2Br$	33,6
$CH_3CH_2CH_2OH$	47,3

11.43

Der Dampfdruck einer flüchtigen Flüssigkeit lässt sich ermitteln, indem ein bekanntes Gasvolumen bei einer bekannten Temperatur und einem bekannten Druck langsam hindurchgeleitet wird. In einem Experiment wird 5,00 Liter N_2-Gas durch 7,2146 g flüssiges Benzol C_6H_6 bei 26,0 °C geleitet. Die nach dem Experiment verbleibende Flüssigkeit wiegt 5,1493 g. Unter der Annahme, dass das Gas mit Benzoldampf gesättigt wird und das gesamte Gasvolumen und die Gastemperatur konstant bleiben, was ist der Dampfdruck von Benzol in Torr?

Kapitel 12

Festkörper und moderne Werkstoffe

Strukturen von Festkörpern

12.1
Wie unterscheidet sich ein amorpher Festkörper von einem kristallinen? Geben Sie ein Beispiel für einen amorphen Festkörper.

12.2
Perowskit, ein Mineral, das aus Ca, O und Ti besteht, hat die kubische Elementarzelle, die in der Zeichnung gezeigt wird. Welche chemische Formel hat dieses Mineral?

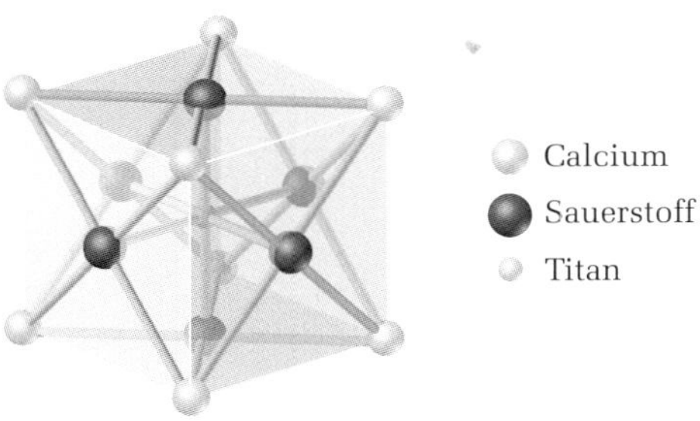

12.3
Iridium kristallisiert in einer kubisch-flächenzentrierten Elementarzelle, die eine Kantenlänge von 3,833 Å hat. Das Atom in der Mitte der Fläche ist in Kontakt mit den Eckatomen, wie die Zeichnung zeigt. **(a)** Berechnen Sie den Radius eines Iridiumatoms. **(b)** Berechnen Sie die Dichte von Iridiummetall.

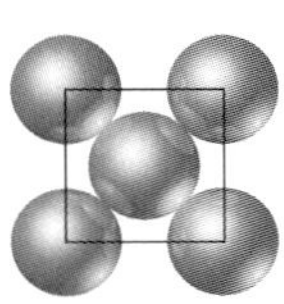

12.4
Ein Element kristallisiert in einem kubisch-innenzentrierten Gitter. Die Kante der Elementarzelle ist 2,86 Å und die Dichte des Kristalls ist 7,92 g/cm^3. Berechnen Sie die Atommasse des Elements.

12.5
Welche Koordinationszahl hat jede Kugel in **(a)** einer dreidimensionalen, dicht gepackten Anordnung von Kugeln gleicher Größe, **(b)** einer kubisch-primitiven Struktur, **(c)** einem kubisch-innenzentrierten Gitter?

12.6
Clausthalit ist ein Mineral, das aus Bleiselenid (PbSe) besteht. Das Mineral nimmt eine NaCl-artige Struktur ein. Die Dichte von PbSe bei 25 °C ist 8,27 g/cm^3. Berechnen Sie die Länge einer Kante der PbSe-Elementarzelle.

12.7
Das Mineral Uraninit (UO_2) nimmt eine Fluoritstruktur ein, in der die Länge einer Kante der Elementarzelle 5,468 Å ist. **(a)** Welche Plätze werden die Uranionen einnehmen? Begründen Sie Ihre Antwort. **(b)** Berechnen Sie die Dichte von Uraninit.

Bindung in Festkörpern

12.8
Welche Arten von Anziehungskräften liegen zwischen Teilchen in **(a)** molekularen Kristallen, **(b)** kovalenten Kristallen, **(c)** ionischen Kristallen, **(d)** metallischen Kristallen vor?

12.9
Kovalente Bindung tritt in molekularen und kovalenten Festkörpern auf. Warum unterscheiden sich diese zwei Arten von Festkörpern so stark in ihrer Härte und in ihren Schmelzpunkten?

12.10

Eine weiße Substanz schmilzt unter Zersetzung bei 730 °C. Als ein Festkörper ist sie nicht elektrisch leitfähig, aber löst sich in Wasser auf, um eine leitfähige Lösung zu bilden. Welche Art von Festkörper könnte die Substanz sein?

12.11

Sagen Sie für jedes der folgenden Paare von Substanzen vorher, welche den höheren Schmelzpunkt haben wird, und geben Sie an, warum: **(a)** Ar, Xe; **(b)** SiO_2, CO_2; **(c)** KBr, Br_2; **(d)** C_6Cl_6, C_6H_6.

Werkstoffklassen

12.12

Ordnen Sie die folgenden Stoffe als Metall, Halbleiter oder Isolator ein: **(a)** GaN, **(b)** B, **(c)** ZnO, **(d)** Pb.

12.13

Wenn Sie GaAs dotieren möchten, um einen n-dotierten Halbleiter mit einem Element zum Ersetzen von Ga herzustellen, welche(s) Element(e) würden Sie wählen?

12.14

Wenn Sie GaAs dotieren möchten, um einen p-dotierten Halbleiter mit einem Element zum Ersetzen von As herzustellen, welche(s) Element(e) würden Sie wählen?

12.15

Sagen Sie, ob die Aussage richtig oder falsch ist und warum.

(a) Halbleiter haben größere Bandlücken als Isolatoren.
(b) Dotieren eines Halbleiters macht ihn leitfähiger.
(c) Metalle haben delokalisierte Elektronen.
(d) Die meisten Metalloxide sind Isolatoren.

12.16

Sagen Sie, ob die Aussage richtig oder falsch ist und warum.

(a) Eine typische Bandlückenenergie für einen Isolator ist 400 kJ/mol.
(b) Das Leitungsband liegt energetisch höher als das Valenzband.
(c) Elektronen können gut leiten, wenn sie in einem gefüllten Valenzband sind.
(d) Löcher beziehen sich auf leere atomare Stellen in einem festen Kristall.

12.17

Worauf bezieht sich der Begriff *Supraleitung*? Warum könnten supraleitende Werkstoffe von Bedeutung sein?

12.18

Unterscheiden Sie zwischen einem ausgezeichneten metallischen Leiter (wie Silber) und einer supraleitenden Substanz (wie Nb_3Sn) unter ihrer Sprungtemperatur.

12.19

Die folgende Grafik zeigt den Widerstand von MgB_2 als Funktion der Temperatur im Bereich von etwa 4 K bis 100 K. Was bedeutet der scharfe Abfall des Widerstands unter 40 K?

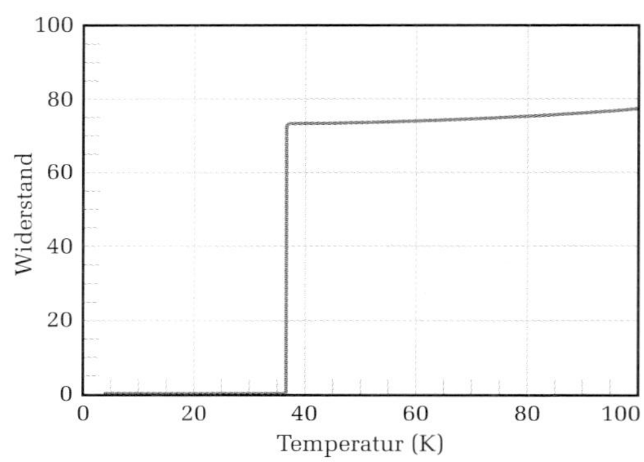

12.20

Warum wäre eine Substanz, die ein Isolator ist, kein guter Kandidat für Supraleitung?

Konstruktionswerkstoffe

12.21

Decan ist kein Polymer, Polyethylen schon. Was ist der Unterschied?

12.22

Ein Ester ist eine Verbindung, die durch eine Reaktion zwischen einer Carbonsäure und einem Alkohol gebildet wird. Wie könnte diese Art von Reaktion erweitert werden, um ein Polymer (ein Polyester) zu bilden?

12.23

Zeichnen Sie die Struktur des/der Monomers/Monomere, die verwendet werden, um die folgenden Polymere zu bilden: **(a)** Polyvinylchlorid; **(b)** Nylon 6,6; **(c)** Polyethylenterephthalat.

12.24

Das Nylon Nomex, ein Kondensationspolymer, hat die folgende Struktur:

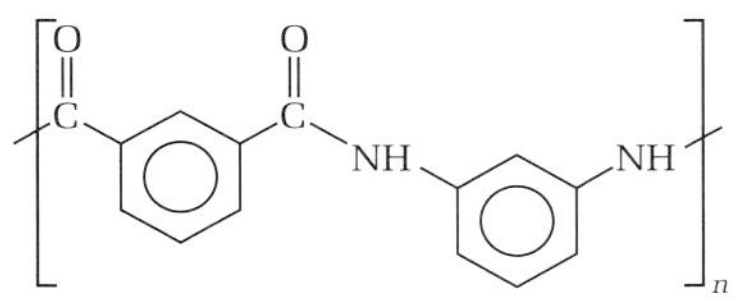

Zeichnen Sie die Strukturen der zwei Monomere, die Nomex ergeben.

12.25

Neben der Kondensation von Dicarbonsäuren mit Diaminen können Nylons ebenfalls durch die Kondensationsreaktionen von Aminocarbonsäuren mit sich selbst gebildet werden. Nylon 4 wird z. B. durch die Polykondensation von 4-Aminobuttersäure ($NH_2CH_2CH_2CH_2COOH$) gebildet. Schreiben Sie eine chemische Gleichung, um die Bildung von Nylon 4 aus diesem Monomer zu zeigen.

12.26

Sind hohe Molekülmassen und ein hohes Maß an Kristallinität immer wünschenswerte Eigenschaften eines Polymers? Begründen Sie Ihre Antwort.

12.27

Metalle wie Al oder Fe und viele Kunststoffe können wiederverwertet werden. Mit Ausnahme vieler Gläser, wie Flaschenglas, sind keramische Werkstoffe in der Regel nicht wiederverwertbar. Welche Merkmale von Keramiken machen sie weniger gut wiederverwertbar?

12.28

Warum ist die Bildung sehr kleiner Teilchen einheitlicher Größe und Form für viele Anwendungen von keramischen Werkstoffen wichtig?

12.29

Die Härte mehrerer Substanzen auf einer Skala mit der Bezeichnung Knoop-Wert sind wie folgt:

Substanz	Knoop-Wert
Ag	60
$CaCO_3$	135
MgO	370
Natron-Kalk-Glas	530
Cr	935
ZrB_2	1550
Al_2O_3	2100
TaC	2000

Welche Stoffe in dieser Liste würden Sie als Keramik einordnen? Was sind Ihre Kriterien für diese Einordnung? Lässt sich die Einordnung als Keramik der Knoop-Härte zuordnen? Falls Sie glauben, dass die Antwort ja ist, ist Härte allein ein ausreichendes Kriterium, um zu bestimmen, ob eine Substanz eine Keramik ist? Begründen Sie Ihre Antwort.

12.30

Keramiken haben hohe Schmelzpunkte (2000 °C oder mehr) und sind sehr hart. Schlagen Sie eine Erklärung basierend auf den strukturellen Merkmalen von Keramiken vor.

Medizinische Materialien

12.31

Neopren ist ein Polymer von Chlorbutadien.

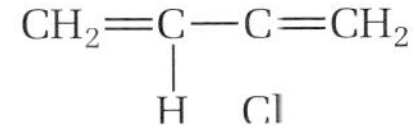

Das Polymer kann verwendet werden, um flexible Schläuche zu bilden, die beständig gegen eine Vielzahl von chemischen Reagenzien sind. Nehmen Sie an, dass Neopren-Schläuche als Beschichtung für die Drähte verwendet werden sollen, die von einem implantierten Herzschrittmacher zum Herzen gehen. Welche Fragen würden Sie stellen, um zu bestimmen, ob es für diese Anwendung geeignet ist?

12.32
Patienten, die Gefäßprothesen aus Polymermaterialien wie Dacron erhalten, müssen ständig gerinnungshemmende Medikamente einnehmen, um Blutgerinnsel zu verhüten. Warum? Welche Fortschritte sind bei diesen Gefäßprothesen notwendig, um diese Vorsichtsmaßnahme unnötig zu machen?

12.33
Hautzellen aus dem Körper differenzieren sich nicht, wenn sie einfach in ein Gewebekulturmedium gelegt werden, d.h. sie ordnen sich nicht entsprechend dem Aufbau der Haut, mit verschiedenen Schichten und verschiedenen Zelltypen. Was wird benötigt, damit solch eine Differenzierung auftritt? Geben Sie die wichtigsten Anforderungen an das verwendete Material an.

Elektronikwerkstoffe

12.34
Erklären Sie, warum Silicium der Halbleiter der Wahl für integrierte Schaltungen ist.

12.35
Warum ist es wichtig, dass Si-Kristalle für die Elektronik 99,999999999 % rein sein müssen?

12.36
Schlagen Sie den Durchmesser eines Siliciumatoms in Å nach. Die Kanallänge in einem Pentium-4-Prozessorchip ist 60 nm: wie vielen Siliciumatomen entspricht dies?

12.37
Silicium hat eine Bandlücke von 1,1 eV. Welcher Wellenlänge des Lichts würde ein Photon dieser Energie entsprechen? Zeichnen Sie eine senkrechte Linie bei dieser Wellenlänge in die gezeigte Abbildung, die die Leuchtkraft der Sonne als Funktion der Wellenlänge zeigt. Welcher Prozentsatz des Sonnenspektrums kann in etwa von Silicium absorbiert werden?

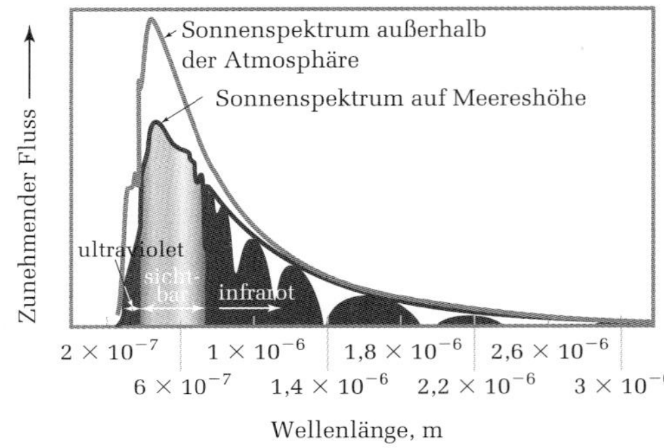

Optische Werkstoffe

12.38
Der Halbleiter GaP hat eine Bandlücke von 2,2 eV. Licht welcher Wellenlänge würde eine LED aus GaP aussenden?

Werkstoffe für die Nanotechnologie

12.39
Erklären Sie, warum „Bänder" nicht unbedingt die zutreffendste Beschreibung der Energieniveaus in einem Festkörper ist, wenn der Festkörper in Nanometergröße vorliegt.

12.40
Richtig oder falsch:

(a) Die Bandlücke eines Halbleiters nimmt im Bereich 1–10 nm ab, wenn die Partikelgröße abnimmt.

(b) Die Wellenlänge des Lichts, das bei äußerer Anregung von einem Halbleiter ausgesendet wird, nimmt zu, wenn die Teilchengröße des Halbleiters abnimmt.

12.41
Richtig oder falsch: Wenn ein Halbleiter blaues Licht aussenden soll, könnten Sie entweder einen Werkstoff nehmen, der eine Bandlücke hat, die der Energie eines blauen Photons entspricht oder Sie könnten einen Werkstoff verwenden, der eine kleinere Bandlücke hat, wenn Sie Nanopartikel der richtigen Größe daraus machen.

12.42
Gold hat eine kubisch-flächenzentrierte Struktur, die eine Elementarzellenkantenlänge von 4,08 Å hat. Es liegen vier Goldatome pro Elementarzelle vor. Wie viele Goldatome befinden sich in einer Kugel, die 20 nm Durchmesser hat? Erinnern Sie sich, dass das Volumen einer Kugel $\frac{4}{3}\pi r^3$ ist.

Zusatzaufgaben

12.43
Die Elemente Xenon und Gold haben beide Festkörper mit kubisch-flächenzentrierten Elementarzellen, Xe schmilzt jedoch bei – 112 °C und Gold schmilzt bei 1064 °C. Geben Sie die Ursache für diese sehr verschiedenen Schmelzpunkte an.

12.44
In einem typischen Experiment der Röntgenkristallografie werden Röntgenstrahlen der Wellenlänge $\lambda = 0{,}71$ Å durch Bombardieren von Molybdänmetall mit einem energiereichen Elektronenstrahl erzeugt. Warum werden diese Röntgenstrahlen von Kristallen gebeugt, aber nicht sichtbares Licht?

Übergreifende Aufgaben

12.45
Spinell ist ein Mineral, das 37,9 Massen-% Al, 17,1 Massen-% Mg und 45,0 Massen-% O enthält und eine Dichte von 3,57 g/cm^3 hat. Die Elementarzelle ist kubisch, mit einer Kantenlänge von 809 pm. Wie viele Atome jeder Art sind in der Elementarzelle?

12.46
Bei der Herstellung von Mikroelektronikschaltungen wird ein keramischer Leiter wie $TiSi_2$ eingesetzt, um verschiedene Bereiche eines Transistors mit der Außenwelt, vor allem Aluminiumdrähten, zu verbinden. Das $TiSi_2$ wird als eine dünne Schicht über chemische Gasphasenabscheidung abgeschieden, wobei $TiCl_4$ (*g*) und SiH_4 (*g*) auf der Si-Oberfläche reagieren. Geben Sie die ausgeglichene Gleichung für die Reaktion an und gehen Sie dabei davon aus, dass die anderen Produkte H_2 und HCl sind. Warum könnte sich $TiSi_2$ besser als leitende Anschlussverbindung für Si als für Cu eignen?

12.47
Verwenden Sie Bindungsenthalpiewerte und schätzen Sie die Enthalpieänderung, die auftritt bei: **(a)** Polymerisation von Ethylen; **(b)** Bildung von Nylon 6,6; **(c)** Bildung von Polyethylenterephthalat (PET).

12.48
Es wird festgestellt, dass eine Probe des supraleitenden Oxids $HgBa_2Ca_2Cu_3O_{8+x}$ 14,99 Massenprozent Sauerstoff enthält. **(a)** Wenn Sie davon ausgehen, dass alle anderen Elemente in den von der Formel angegebenen Verhältnissen vorliegen, was ist dann der Wert von x in der Formel? **(b)** Welche bzw. welches der metallischen Elemente in der Verbindung haben bzw. hat am wahrscheinlichsten nicht ganzzahlige durchschnittliche Ladungen? Begründen Sie Ihre Antwort. **(c)** Welches der metallischen Ionen in der Substanz hat wahrscheinlich den größten Ionenradius? Welches hat den kleinsten?

Kapitel 13

Eigenschaften von Lösungen

Der Lösungsvorgang

13.1
In der Regel müssen die intermolekularen Anziehungskräfte zwischen Lösungsmittel und gelösten Stoffteilchen vergleichbar oder größer als die Wechselwirkungen innerhalb des zu lösenden Stoffs sein, damit bedeutende Löslichkeit auftritt. Erklären Sie diese Aussage im Hinblick auf die Gesamtenergiebilanz der Lösungsbildung.

13.2
Geben Sie die Art von Wechselwirkung zwischen gelöstem Stoff und Lösungsmittel an, die in den folgenden Lösungen am bedeutendsten sein sollte: **(a)** CCl_4 in Benzol (C_6H_6), **(b)** Methanol (CH_3OH) in Wasser, **(c)** KBr in Wasser, **(d)** HCl in Acetonitril (CH_3CN).

13.3
Geben Sie die hauptsächliche Wechselwirkung zwischen gelöstem Stoff und Lösungsmittel in den folgenden Lösungen an und ordnen Sie die Lösungen in der Reihenfolge von schwächster zu stärkster Wechselwirkung zwischen gelöstem Stoff und Lösungsmittel: **(a)** KCl in Wasser; **(b)** CH_2Cl_2 in Benzol (C_6H_6); **(c)** Methanol (CH_3OH) in Wasser.

13.4
(a) Welches der Energieglieder für die Auflösung eines ionischen Festkörpers würde der Gitterenergie entsprechen? **(b)** Welche Energieglieder in dieser Gleichung sind immer exotherm?

13.5
Wenn zwei unpolare organische Flüssigkeiten wie Hexan (C_6H_{14}) und Heptan (C_7H_{16}) gemischt werden, ist die Enthalpieänderung, die auftritt, in der Regel ziemlich klein. **(a)** Erklären Sie den Grund dafür. **(b)** Erklären Sie, wenn $\Delta H_{Lösung} \approx 0$, warum Hexan und Heptan spontan eine Lösung bilden.

13.6
Die Lösungsenthalpie von KBr in Wasser ist etwa +198 kJ/mol. Dennoch ist die Löslichkeit von KBr in Wasser relativ hoch. Warum findet der Lösungsvorgang dennoch statt, obwohl er endotherm ist?

Gesättigte Lösungen; die Löslichkeit und beeinflussende Faktoren

13.7
Die Löslichkeit von $Cr(NO_3)_3 \cdot 9\,H_2O$ in Wasser ist 208 g pro 100 g Wasser bei 15 °C. Eine Lösung von $Cr(NO_3)_3 \cdot 9\,H_2O$ in Wasser bei 35 °C wird durch Lösung von 324 g in 100 g Wasser gebildet. Wenn diese Lösung langsam auf 15 °C abgekühlt wird, bildet sich kein Niederschlag. **(a)** Welcher Ausdruck beschreibt diese Lösung? **(b)** Welchen Schritt könnten Sie unternehmen, um die Kristallisation auszulösen? Erklären Sie die Funktionsweise Ihres vorgeschlagenen Verfahrens anhand von Vorgängen auf Molekülebene.

13.8
Bestimmen Sie, ob die Zugabe von 40,0 g der folgenden ionischen Festkörper in 100 g Wasser bei 40 °C zu einer gesättigten Lösung führen wird: **(a)** $NaNO_3$; **(b)** KCl; **(c)** $K_2Cr_2O_7$; **(d)** $Pb(NO_3)_2$.

13.9
Wasser und Glycerin, $CH_2(OH)CH(OH)CH_2OH$, sind in jedem Verhältnis mischbar. Was bedeutet dies? Wie tragen die OH-Gruppen des Alkoholmoleküls zu dieser Mischbarkeit bei?

13.10

(a) Sollte Stearinsäure, $CH_3(CH_2)_{16}COOH$, in Wasser oder in Kohlenstofftetrachlorid löslicher sein? Begründen Sie Ihre Antwort. **(b)** Was ist Ihrer Meinung nach in Wasser löslicher, Cyclohexan oder Dioxan? Begründen Sie Ihre Antwort.

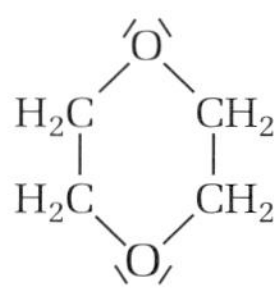
Dioxan

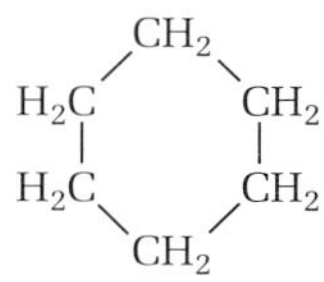
Cyclohexan

13.11

Betrachten Sie eine Reihe von Carbonsäuren, deren allgemeine Formel $CH_3(CH_2)_n$ COOH ist. Wie sollte sich die Löslichkeit dieser Verbindungen in Wasser und in Hexan ändern, wenn *n* zunimmt? Begründen Sie Ihre Antwort.

13.12

Welche der folgenden Substanzen in jedem Paar ist löslicher in Hexan, C_6H_{14}: **(a)** CCl_4 oder $CaCl_2$; **(b)** Benzol C_6H_6 oder Glycerin, $CH_2(OH)CH(OH)CH_2OH$; **(c)** Oktansäure $CH_3CH_2CH_2CH_2CH_2CH_2CH_2COOH$ oder Essigsäure CH_3COOH? Begründen Sie jeweils Ihre Antworten.

13.13

(a) Erklären Sie, warum kohlensäurehaltige Getränke in verschlossenen Behältern gelagert werden müssen. **(b)** Warum behält das Getränk nach dem Öffnen mehr Kohlensäure, wenn es gekühlt wird, als bei Zimmertemperatur?

13.14

Erklären Sie, warum Druck die Löslichkeit von O_2 in Wasser, aber nicht die Löslichkeit von NaCl in Wasser beeinflusst.

13.15

Die Henry-Konstante für Heliumgas in Wasser bei 30 °C ist $3{,}7 \times 10^{-4}$ *M*/atm; die Konstante für N_2 bei 30 °C ist $6{,}0 \times 10^{-4}$ *M*/atm. Berechnen Sie die Löslichkeit jedes Gases, wenn die beiden Gase jeweils bei 1,5 atm Druck vorliegen.

Konzentrationen von Lösungen

13.16

(a) Berechnen Sie den Gehalt von Na_2SO_4 in Massenprozent in einer Lösung, die 10,6 g Na_2SO_4 in 483 g Wasser enthält. **(b)** Ein Erz enthält 2,86 g Silber pro Tonne Erz. Was ist die Konzentration von Silber in ppm?

13.17

Es wird eine Lösung hergestellt, die 14,6 g CH_3OH in 184 g H_2O enthält. Berechnen Sie **(a)** den Molenbruch von CH_3OH, **(b)** den Gehalt von CH_3OH in Massenprozent, **(c)** die Molalität von CH_3OH.

13.18

Berechnen Sie die Molarität der folgenden wässrigen Lösungen: **(a)** 0,540 g $Mg(NO_3)_2$ in 250,0 mL Lösung, **(b)** 22,4 g $LiClO_4 \cdot 3\,H_2O$ in 125 mL Lösung, **(c)** 25,0 mL 3,50 *M* HNO_3 verdünnt auf 0,250 L.

13.19

Berechnen Sie die Molalität der folgenden Lösungen: **(a)** 8,66 g Benzol (C_6H_6) gelöst in 23,6 g Kohlenstofftetrachlorid (CCl_4), **(b)** 4,80 g NaCl gelöst in 0,350 l Wasser.

13.20

Eine Schwefelsäurelösung, die 571,6 g H_2SO_4 pro Liter Lösung enthält, hat eine Dichte von 1,329 g/cm^3. Berechnen Sie **(a)** den Gehalt in Massenprozent, **(b)** den Molenbruch, **(c)** die Molalität, **(d)** die Molarität von H_2SO_4 in dieser Lösung.

13.21

Die Dichte von Acetonitril (CH_3CN) ist 0,786 g/mL und die Dichte von Methanol (CH_3OH) ist 0,791 g/mL. Eine Lösung wird durch Auflösung von 22,5 mL CH_3OH in 98,7 mL CH_3CN hergestellt. (a) Was ist der Molenbruch von Methanol in der Lösung? **(b)** Was ist die Molalität der Lösung? **(c)** Wenn wir davon ausgehen, dass die Volumina additiv sind, was ist dann die Molarität von CH_3OH in der Lösung?

13.22

Berechnen Sie die Molzahl von gelösten Stoffen in den folgenden wässrigen Lösungen: **(a)** 600 mL 0,250 *M* $SrBr_2$; **(b)** 86,4 g 0,180 *m* KCl; **(c)** 124,0 g einer Lösung, die 6,45 Massen-% Glukose ($C_6H_{12}O_6$) enthält.

13.23
Beschreiben Sie, wie Sie die folgenden wässrigen Lösungen ausgehend von festem KBr herstellen würden: **(a)** 0,75 L $1{,}5 \times 10^{-2}$ *M* KBr; **(b)** 125 g 0,180 *m* KBr; **(c)** 1,85 L einer Lösung, die 12,0 Massen-% KBr enthält (die Dichte der Lösung ist 1,10 g/mL); **(d)** eine 0,150-*M*-Lösung von KBr, die gerade genug KBr enthält, um 16,0 g AgBr aus einer Lösung auszufällen, die 0,480 mol $AgNO_3$ enthält.

13.24
Handelsübliche wässrige Salpetersäure hat eine Dichte von 1,42 g/mL und ist 16 *M*. Berechnen Sie den Gehalt von HNO_3 in der Lösung in Massenprozent.

13.25
Messing ist eine Legierung, die aus einer Lösung von Kupfer und Zink besteht. Eine bestimmte Probe rotes Messing besteht aus 80,0 Massen-% Cu und 20,0 Massen-% Zn und hat eine Dichte von 8750 kg/m^3 **(a)** Was ist die Molalität von Zn in der festen Lösung? **(b)** Was ist die Molarität von Zn in der Lösung?

13.26
Während eines typischen Atmungsvorgangs steigt die CO_2-Konzentration in der ausgeatmeten Luft auf einen Spitzenwert von 4,6 Volumen-%. Berechnen Sie den Partialdruck des CO_2 an diesem Punkt, ausgehend von 1 atm Druck. Was ist an diesem Punkt die Molarität von CO_2 in Luft, ausgehend von einer Körpertemperatur von 37 °C?

Kolligative Eigenschaften

13.27
Nennen Sie vier Eigenschaften einer Lösung, die von der Gesamtkonzentration, aber nicht von der Teilchenart oder den Teilchenarten abhängen, die als gelöster Stoff vorliegen. Schreiben Sie den mathematischen Ausdruck, der beschreibt, wie jede dieser Eigenschaften von der Konzentration abhängt.

13.28
Wie beeinflusst die Erhöhung der Konzentration eines nichtflüchtigen gelösten Stoffs in Wasser die folgenden Eigenschaften: **(a)** Dampfdruck, **(b)** Gefrierpunkt, **(c)** Siedepunkt, **(d)** osmotischer Druck?

13.29
Nehmen Sie zwei Lösungen an. Eine wird durch Zugabe von 10 g Glukose ($C_6H_{12}O_6$) zu 1 Liter Wasser und die andere durch Zugabe von 10 g Saccharose ($C_{12}H_{22}O_{11}$) zu 1 Liter Wasser gebildet. Sind die Dampfdrücke über den beiden Lösungen gleich? Warum oder warum nicht?

13.30
(a) Was ist eine *ideale Lösung*? **(b)** Der Dampfdruck von reinem Wasser bei 60 °C ist 149 Torr. Der Dampfdruck von Wasser über einer Lösung bei 60 °C, die gleiche Stoffmengen Wasser und Ethylenglykol (ein nichtflüchtiger gelöster Stoff) enthält, ist 67 Torr. Ist die Lösung nach dem Raoult' schen Gesetz ideal? Begründen Sie Ihre Antwort.

13.31
(a) Berechnen Sie den Dampfdruck von Wasser über einer Lösung, die durch Zugabe von 22,5 g Lactose ($C_{12}H_{22}O_{11}$) zu 200,0 g Wasser bei 338 K hergestellt wird. **(b)** Berechnen Sie die Masse von Propylenglykol ($C_3H_8O_2$), die zu 0,340 kg Wasser zugegeben werden muss, um den Dampfdruck um 2,88 Torr bei 40 °C zu senken.

13.32
Bei 63,5 °C ist der Dampfdruck von H_2O 175 Torr, und der von Ethanol (C_2H_5OH) ist 400 Torr. Eine Lösung wird durch Mischen gleicher Massen H_2O und C_2H_5OH hergestellt. **(a)** Was ist der Molenbruch von Ethanol in der Lösung? **(b)** Was ist der Dampfdruck der Lösung bei 63,5 °C, wenn Sie von idealem Lösungsverhalten ausgehen? **(c)** Was ist der Molenbruch von Ethanol im Dampf über der Lösung?

13.33
(a) Warum hat eine 0,10 *m* wässrige Lösung von NaCl einen höheren Siedepunkt als eine 0,10 *m* wässrige Lösung von $C_6H_{12}O_6$? **(b)** Berechnen Sie den Siedepunkt jeder Lösung. **(c)** Der experimentelle Siedepunkt der NaCl-Lösung ist niedriger als erwartet, wenn man davon ausgeht, dass NaCl in Lösung vollständig dissoziiert ist. Warum ist dies der Fall?

13.34
Ordnen Sie die folgenden wässrigen Lösungen nach steigendem Siedepunkt: 0,120 *M* Glukose; 0,050 *M* LiBr; 0,050 *M* Zn $(NO_3)_2$.

13.35
Berechnen Sie den Gefrier- und Siedepunkt der folgenden Lösungen: **(a)** 0,22 *m* Glycerin ($C_3H_8O_3$) in Ethanol, **(b)** 0,240 mol Naphthalin ($C_{10}H_8$) in 2,45 mol Chloroform, **(c)** 2,04 g KBr und 4,82 g Glukose ($C_6H_{12}O_6$) in 188 g Wasser.

13.36
Was ist der osmotische Druck einer Lösung, die durch Auflösung von 44,2 mg Aspirin ($C_9H_8O_4$) in 0,358 L Wasser bei 25 °C gebildet wird?

13.37
Meerwasser enthält in jedem Liter Lösung 3,4 g Salze. Nehmen Sie an, dass der gelöste Stoff vollständig aus NaCl besteht (mehr als 90 % ist NaCl) und berechnen Sie den osmotischen Druck von Meerwasser bei 20 °C.

13.38
Adrenalin ist das Hormon, das die Freisetzung von zusätzlichen Glukosemolekülen in Zeiten des Stresses oder bei einem Notfall auslöst. Eine Lösung aus 0,64 g Adrenalin in 36,0 g CCl_4 erhöht den Siedepunkt um 0,49 °C. Stimmt die molare Masse von Adrenalin, die anhand der Siedepunktserhöhung errechnet wird, mit der folgenden Strukturformel überein?

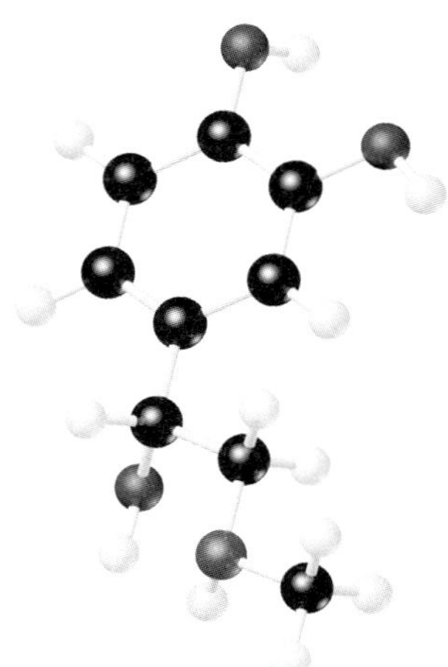

13.39
Lysozym ist ein Enzym, das bakterielle Zellwände auflöst. Eine Lösung, die 0,150 g dieses Enzyms in 210 mL Lösung enthält, hat einen osmotischen Druck von 0,953 Torr bei 25 °C. Was ist die molare Masse von Lysozym?

[13.40]
Der osmotische Druck von 0,010 *M* wässriger Lösung von $CaCl_2$ ist 0,674 atm bei 25 °C. **(a)** Berechnen Sie den van't Hoff-Faktor *i* für die Lösung. **(b)** Wie sollte sich der Wert von *i* ändern, wenn die Lösung konzentrierter wird? Begründen Sie Ihre Antwort.

Kolloide

13.41
(a) Warum gibt es kein Kolloid, bei dem sowohl die verteilte Substanz als auch die verteilende Substanz Gase sind? **(b)** Michael Faraday stellte als Erster rubinrote Goldkolloide in Wasser her, die über unbestimmte Zeit stabil waren. Für das ungeübte Auge sind diese kräftig gefärbten Kolloide von Lösungen nicht unterscheidbar. Wie könnten Sie bestimmen, ob ein gegebenes farbiges Präparat eine Lösung oder ein Kolloid ist?

13.42
Geben Sie an, ob die folgenden Verbindungen ein hydrophiles oder hydrophobes Kolloid sind: **(a)** Butterfett in homogenisierter Milch, **(b)** Hämoglobin im Blut, **(c)** Pflanzenöl in einer Salatsauce, **(d)** kolloidale Goldteilchen in Wasser.

13.43
Kolloidale Suspensionen von Proteinen, wie Gelatine, können häufig dazu gebracht werden, sich in zwei Schichten zu trennen, indem eine Lösung eines Elektrolyten hinzugegeben wird. Was geschieht Ihrer Meinung nach, wenn die Elektrolytlösung zugesetzt wird und Proteinmoleküle elektrische Ladungen an ihrer Außenfläche tragen?

Zusatzaufgaben

13.44
Butylhydroxytoluol (BHT) hat die folgende Molekülstruktur:

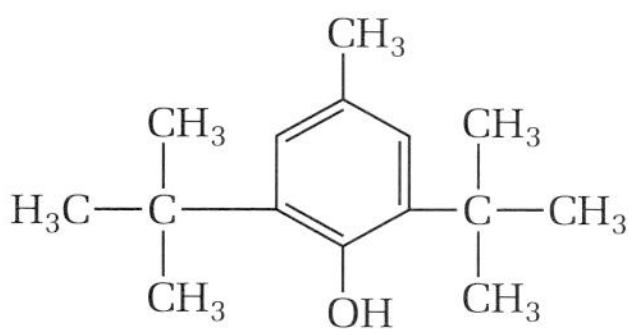

BHT

Es wird vielfach als Konservierungsmittel in verschiedenen Nahrungsmitteln verwendet, darunter auch trockene Getreideprodukte. Sollte BHT basierend auf seiner Struktur in Wasser oder in Hexan (C_6H_{14}) löslicher sein? Begründen Sie Ihre Antwort.

13.45
Fische benötigen mindestens 4 ppm gelöstes O_2 um zu überleben. **(a)** Was ist diese Konzentration in mol/L? **(b)** Welcher Partialdruck von O_2 über dem Wasser ist notwendig, um diese Konzentration bei 10 °C zu erhalten? Die Henry-Konstante für O_2 bei dieser Temperatur ist $1{,}71 \times 10^{-3}$ mol/L · atm.

13.46
Eine Lösung von KCl in Wasser hat eine Konzentration von 260 ppm KCl. Was ist die Konzentration von K^+ in ppm?

13.47
Natriummetall löst sich in flüssigem Quecksilber, um eine Lösung zu bilden, die Natriumamalgam genannt wird. Die Dichten von Na (*s*) und Hg (*l*) sind 0,97 g/cm^3 und 13,6 g/cm^3. Ein Natriumamalgam wird durch Auflösung von 1,0 cm^3 Na (*s*) in 20,0 cm^3 Hg (*l*) hergestellt. Nehmen Sie an, dass das Endvolumen der Lösung 21,0 cm^3 ist. **(a)** Berechnen Sie die Molalität von Na in der Lösung. **(b)** Berechnen Sie die Molarität von Na in der Lösung. **(c)** Für wässrige Lösungen sind die Molarität und Molalität in ihren Werten in der Regel fast gleich. Trifft dies auch für das hier beschriebene Natriumamalgam zu? Begründen Sie Ihre Antwort.

13.48
Wenn 10,0 g Quecksilbernitrat, $Hg(NO_3)_2$, in 1,00 kg Wasser aufgelöst wird, ist der Gefrierpunkt der Lösung – 0,162 °C. Wenn 10,0 g Quecksilberchlorid ($HgCl_2$) in 1,00 kg Wasser aufgelöst werden, gefriert die Lösung bei – 0,0685 °C. Bestimmen Sie anhand dieser Daten, welches der stärkere Elektrolyt ist, $Hg(NO_3)_2$ oder $HgCl_2$.

13.49
Ein Lithiumsalz, das in Schmierfett verwendet wird, hat die Formel $LiC_nH_{2n+1}O_2$. Das Salz ist in Wasser im Umfang von 0,036 g pro 100 g Wasser bei 25 °C löslich. Der osmotische Druck dieser Lösung wird als 57,1 Torr bestimmt. Nehmen Sie an, dass die Molalität und Molarität in solch einer verdünnten Lösung gleich sind und dass das Lithiumsalz vollständig in der Lösung dissoziiert, und bestimmen Sie einen passenden Wert für *n* in der Formel für das Salz.

Übergreifende Aufgaben

13.50
Fluorkohlenstoffe (Verbindungen, die Kohlenstoff und Fluor enthalten) wurden bis vor einigen Jahren als Kältemittel verwendet. Die in der Tabelle aufgeführten Verbindungen sind bei 25 °C alle Gase und ihre Löslichkeiten in Wasser bei 25 °C und 1 atm Fluorkohlenstoffdruck sind in Massenprozent angegeben: **(a)** Berechnen Sie für jeden Fluorkohlenstoff die Molalität einer gesättigten Lösung. **(b)** Erklären Sie, warum die Molarität jeder der Lösungen zahlenmäßig der Molalität sehr nahe sein sollte. **(c)** Erklären Sie, basierend auf ihren Molekülstrukturen, die Unterschiede in der Löslichkeit der vier Fluorkohlenstoffe. **(d)** Berechnen Sie die Henry-Konstante bei 25 °C für $CHClF_2$ und vergleichen Sie ihre Größe mit der für N_2 ($6{,}8 \times 10^{-4}$ mol/L · atm). Können Sie den Unterschied in der Größe erklären?

Fluorkohlenstoff	Löslichkeit (Massen-%)
CF_4	0,0015
$CClF_3$	0,009
CCl_2F_2	0,028
$CHClF_2$	0,30

13.51

In einem Lehrbuch über chemische Thermodynamik heißt es: „Die Lösungswärme stellt den Unterschied zwischen der Gitterenergie des kristallinen Festkörpers und der Solvatationsenergie der gasförmigen Ionen dar." **(a)** Zeichnen Sie ein einfaches Energiediagramm, um diese Aussage zu veranschaulichen. **(b)** Ein Salz wie NaBr ist in den meisten polaren nicht wässrigen Lösungsmitteln wie Acetonitril (CH_3CN) oder Nitromethan (CH_3NO_2) unlöslich, aber Salze großer Kationen, wie Tetramethylammoniumbromid $(CH_3)_4NBr$, sind in der Regel löslicher. Erklären Sie diese Tatsache anhand des thermodynamischen Kreislaufs, den Sie in Teil (a) gezeichnet haben und der Faktoren, welche die Gitterenergie erklären.

13.52

Betrachten Sie den Transport von Lösungsmittel von der verdünnteren zur konzentrierteren Lösung durch die semipermeable Membran. Gibt es eine Entropieänderung des Systems? *Hinweis*: Stellen Sie sich vor, dass die verdünntere Lösung reines Lösungsmittel ist.

Kapitel 14

Chemische Kinetik

Übungsaufgaben

Reaktionsgeschwindigkeiten

14.1

(a) Was bedeutet der Begriff *Reaktionsgeschwindigkeit*? **(b)** Nennen Sie drei Faktoren, welche die Geschwindigkeit einer chemischen Reaktion beeinflussen können. **(c)** Welche Informationen sind notwendig, um die Geschwindigkeit des Verbrauchs der Reaktanten mit der Geschwindigkeit der Bildung von Produkten in Beziehung zu setzen?

14.2

(a) Was sind die Einheiten, die gewöhnlich verwendet werden, um die Geschwindigkeiten von Reaktionen auszudrücken, die in Lösung stattfinden? **(b)** Geben Sie zwei Beispiele aus Ihrem Alltag zum Einfluss der Temperatur auf die Geschwindigkeiten von Reaktionen. **(c)** Was ist der Unterschied zwischen durchschnittlicher Geschwindigkeit und Momentangeschwindigkeit?

14.3

Betrachten Sie die folgende hypothetische wässrige Reaktion: $A\ (aq) \longrightarrow B\ (aq)$. Ein Kolben ist mit 0,065 mol A in einem Gesamtvolumen von 100,0 mL gefüllt. Dabei werden die folgenden Daten ermittelt:

Zeit (min)	0	10	20	30	40
Mol A	0,065	0,051	0,042	0,036	0,031

(a) Berechnen Sie die Molzahl von B zu jedem Zeitpunkt in der Tabelle und gehen Sie dabei davon aus, dass es keine B-Moleküle bei Zeit Null gibt. **(b)** Berechnen Sie die durchschnittliche Geschwindigkeit des Verbrauchs von A für jedes Zehnminutenintervall in Einheiten von M/s. **(c)** Was ist die durchschnittliche Geschwindigkeit der Bildung von B zwischen $t = 10$ min und $t = 30$ min in Einheiten von M/s? Nehmen Sie an, dass das Volumen der Lösung konstant ist.

14.4

Die Isomerisation von Methylisonitril (CH_3NC) zu Acetonitril (CH_3CN) wurde in der Gasphase bei 215 °C untersucht und es wurden die folgenden Daten ermittelt:

Zeit (s)	$[CH_3NC]$ (M)
0	0.0165
2.000	0.0110
5.000	0,00591
8.000	0,00314
12.000	0,00137
15.000	0,00074

(a) Berechnen Sie die durchschnittliche Reaktionsgeschwindigkeit, in M/s, für das Zeitintervall zwischen jeder Messung. **(b)** Zeichnen Sie $[CH_3NC]$ in Abhängigkeit von der Zeit und bestimmen Sie die Momentangeschwindigkeiten in M/s bei $t = 5000$ s und $t = 8000$ s.

14.5

Geben Sie für die folgenden Gasphasenreaktionen an, wie die Geschwindigkeit des Verbrauchs jedes Reaktanten mit der Geschwindigkeit der Bildung jedes Produkts in Zusammenhang steht:

(a) $H_2O_2\ (g) \longrightarrow H_2\ (g) + O_2\ (g)$
(b) $2\ N_2O\ (g) \longrightarrow 2\ N_2\ (g) + O_2\ (g)$
(c) $N_2\ (g) + 3\ H_2\ (g) \longrightarrow 2\ NH_3\ (g)$

Übungsaufgaben

14.6

(a) Betrachten Sie die Verbrennung von $H_2(g)$: $2\ H_2(g) + O_2(g) \longrightarrow 2\ H_2O(g)$. Wenn Wasserstoff mit der Geschwindigkeit von 0,85 mol/s brennt, was ist dann die Verbrauchsgeschwindigkeit von Sauerstoff? Was ist die Bildungsgeschwindigkeit von Wasser? **(b)** Die Reaktion $2\ NO(g) + Cl_2(g) \longrightarrow 2\ NOCl(g)$ wird in einem geschlossenen Gefäß ausgeführt. Wenn der Partialdruck von NO mit der Rate von 23 Torr / min abnimmt, wie lautet dann die Geschwindigkeit der Änderung des Gesamtdrucks des Gefäßes?

Geschwindigkeitsgesetze

14.7

Eine Reaktion $A + B \longrightarrow C$ gehorcht dem folgenden Geschwindigkeitsgesetz: Reaktionsgeschwindigkeit $= k\,[B]^2$. **(a)** Wie ändert sich die Geschwindigkeit, wenn [A] verdoppelt wird? Ändert sich die Geschwindigkeitskonstante? Begründen Sie Ihre Antwort. **(b)** Was sind die Reaktionsordnungen bezüglich A und B? Wie lautet die Gesamtreaktionsordnung? **(c)** Wie sind die Einheiten der Geschwindigkeitskonstante?

14.8

Betrachten Sie die folgende Reaktion:

$$2\ NO(g) + 2\ H_2(g) \longrightarrow N_2(g) + 2\ H_2O(g)$$

(a) Das Geschwindigkeitsgesetz für diese Reaktion ist erster Ordnung bezüglich H_2 und zweiter Ordnung bezüglich NO. Schreiben Sie das Geschwindigkeitsgesetz. **(b)** Wenn die Geschwindigkeitskonstante für diese Reaktion bei 1000 K $6{,}0 \times 10^4\ M^{-2}s^{-1}$ ist, was ist dann die Reaktionsgeschwindigkeit, wenn $[NO] = 0{,}025\ M$ und $[H_2] = 0{,}015\ M$? **(c)** Was ist die Reaktionsgeschwindigkeit bei 1000 K, wenn die Konzentration von NO auf $0{,}10\ M$ erhöht wird, während die Konzentration von H_2 $0{,}010\ M$ ist?

14.9

Betrachten Sie die folgende Reaktion:

$$CH_3Br(aq) + OH^-(aq) \longrightarrow CH_3OH(aq) + Br^-(aq)$$

Das Geschwindigkeitsgesetz für diese Reaktion ist erster Ordnung bezüglich CH_3Br und erster Ordnung bezüglich OH^-. Wenn $[CH_3Br]$ $5{,}0 \times 10^{-3}\ M$ ist und $[OH^-]$ $0{,}050\ M$ ist, ist die Reaktionsgeschwindigkeit bei 298 K $0{,}0432\ M/s$. **(a)** Was ist der Wert der Geschwindigkeitskonstante? **(b)** Wie ist die Einheit der Geschwindigkeitskonstante? **(c)** Wie ändert sich die Geschwindigkeit, wenn die Konzentration von OH^- verdreifacht wird?

14.10

Das Iodidion reagiert mit dem Hypochloritіon (der aktive Bestandteil in Chlorbleichmitteln) wie folgt: $OCl^- + I^- \longrightarrow OI^- + Cl^-$. Diese schnelle Reaktion ergibt die folgenden Geschwindigkeitsdaten:

$[OCl^-]$ (M)	I^- (M)	Geschwindigkeit (M/s)
$1{,}5 \times 10^{-3}$	$1{,}5 \times 10^{-3}$	$1{,}36 \times 10^{-4}$
$3{,}0 \times 10^{-3}$	$1{,}5 \times 10^{-3}$	$2{,}72 \times 10^{-4}$
$1{,}5 \times 10^{-3}$	$3{,}0 \times 10^{-3}$	$2{,}72 \times 10^{-4}$

(a) Schreiben Sie das Geschwindigkeitsgesetz für diese Reaktion. **(b)** Berechnen Sie die Geschwindigkeitskonstante. **(c)** Berechnen Sie die Geschwindigkeit, wenn $[OCl^-] = 2{,}0 \times 10^{-3}\ M$ und $[I^-] = 5{,}0 \times 10^{-4}\ M$.

14.11

Für die Reaktion $BF_3\ (g) + NH_3\ (g) \longrightarrow F_3BNH_3\ (g)$ wurden folgenden Daten gemessen:

Versuch	$[BF_3]$ (M)	$[NH_3]$ (M)	Anfangsreaktionsgeschwindigkeit (M/s)
1	0,250	0,250	0,2130
2	0,250	0,125	0,1065
3	0,200	0,100	0,0682
4	0,350	0,100	0,1193
5	0,175	0,100	0,0596

(a) Wie lautet das Geschwindigkeitsgesetz für die Reaktion? **(b)** Was ist die Gesamtordnung der Reaktion? **(c)** Was ist der Wert der Gleichgewichtskonstante für die Reaktion? **(d)** Was ist die Geschwindigkeit, wenn $[BF_3] = 0{,}100\ M$ und $[NH_3] = 0{,}500\ M$?

14.12

Betrachten Sie die Gasphasenreaktion zwischen Stickstoffmonoxid und Brom bei 273 °C: $2\ NO\ (g) + Br_2\ (g) \longrightarrow 2\ NOBr\ (g)$. Die folgenden Daten wurden für die Anfangsgeschwindigkeit des Erscheinens von NOBr ermittelt:

Versuch	[NO] (*M*)	$[Br_2]$ (*M*)	Anfangsreaktionsgeschwindigkeit (*M/s*)
1	0,10	0,20	24
2	0,25	0,20	150
3	0,10	0,50	60
4	0,35	0,50	735

(a) Bestimmen Sie das Geschwindigkeitsgesetz. **(b)** Berechnen Sie den durchschnittlichen Wert der Geschwindigkeitskonstante für die Bildung von NOBr aus den vier Datenmengen. **(c)** In welchem Zusammenhang steht die Geschwindigkeit der Bildung von NOBr mit der Geschwindigkeit des Verbrauchs von Br_2? **(d)** Was ist die Geschwindigkeit des Verbrauchs von Br_2, wenn $[NO] = 0{,}075\ M$ und $[Br_2] = 0{,}25\ M$?

Änderung der Konzentration mit der Zeit

14.13

(a) Definieren Sie die folgenden Symbole, die in Reaktionsgeschwindigkeitsgleichungen erscheinen: $[A]_0$, $t_{1/2}$, $[A]_t$, k. **(b)** Welche Größe ergibt, wenn sie in Abhängigkeit von der Zeit aufgetragen wird, eine Gerade für eine Reaktion der ersten Ordnung?

14.14

(a) Welche Größe ergibt, wenn sie in Abhängigkeit von der Zeit aufgetragen wird, eine Gerade für eine Reaktion zweiter Ordnung? **(b)** Wie unterscheiden sich die Halbwertszeiten der Reaktionen erster Ordnung und zweiter Ordnung voneinander?

14.15

(a) Die Reaktion der Gasphasenzersetzung von SO_2Cl_2, $SO_2Cl_2\ (g) \longrightarrow SO_2\ (g) + Cl_2\ (g)$, ist bezüglich SO_2Cl_2 erster Ordnung. Bei 600 K ist die Halbwertszeit für diesen Vorgang $2{,}3 \times 10^5$ s. Was ist die Geschwindigkeitskonstante bei dieser Temperatur? **(b)** Bei 320 °C ist die Geschwindigkeitskonstante $2{,}2 \times 10^{-5}\ s^{-1}$. Was ist die Halbwertszeit bei dieser Temperatur?

14.16

Wie in Aufgabe 14.15 beschrieben ist die Zersetzung von Sulfurylchlorid (SO_2Cl_2) ein Vorgang erster Ordnung. Die Geschwindigkeitskonstante für die Zersetzung bei 660 K ist $4{,}5 \times 10^{-2}\ s^{-1}$.
(a) Wenn wir mit einem Anfangsdruck von SO_2Cl_2 von 375 Torr beginnen, was ist dann der Druck dieser Substanz nach 65 s? **(b)** Nach welcher Zeit wird der Druck von SO_2Cl_2 auf ein Zehntel seines Anfangswerts abfallen?

14.17

Die Reaktion

$$SO_2Cl_2(g) \longrightarrow SO_2(g) + Cl_2(g)$$

ist erster Ordnung bezüglich SO_2Cl_2. Bestimmen Sie anhand der folgenden kinetischen Daten die Größe der Geschwindigkeitskonstante der ersten Ordnung:

Zeit (s)	Druck SO_2Cl_2 (atm)
0	1,000
2.500	0,947
5.000	0,895
7.500	0,848
10.000	0,803

14.18

Sehen Sie sich die Daten aus Aufgabe 14.3 an.
(a) Bestimmen Sie durch Verwendung passender Grafiken, ob die Reaktion erster Ordnung oder zweiter Ordnung ist. **(a)** Was ist der Wert der Geschwindigkeitskonstante für die Reaktion? **(c)** Was ist die Halbwertszeit für die Reaktion?

14.19

Die Gasphasenzersetzung von NO_2, $NO_2\ (g) \longrightarrow NO\ (g) + \frac{1}{2} O_2\ (g)$, wird bei 383 °C untersucht und ergibt die folgenden Daten:

Übungsaufgaben

Zeit (s)	$[NO_2]$ (*M*)
0,0	0,100
5,0	0,017
10,0	0,0090
15,0	0,0062
20,0	0,0047

(a) Ist die Reaktion erster Ordnung oder zweiter Ordnung im Hinblick auf die Konzentration von NO_2? **(b)** Was ist der Wert der Geschwindigkeitskonstante?

Temperatur und Reaktionsgeschwindigkeit

14.20
(a) Welche Faktoren bestimmen, ob ein Stoß unter zwei Molekülen zu einer chemischen Reaktion führen wird? **(b)** Warum beeinflusst die Temperatur gemäß dem Stoßmodell den Wert der Geschwindigkeitskonstanten?

14.21
Berechnen Sie den Anteil von Atomen in einer Probe Argongas bei 400 K, die eine Energie von 10,0 kJ oder höher haben.

14.22
Die Gasphasenreaktion $Cl\,(g) + HBr\,(g) \longrightarrow HCl\,(g) + Br\,(g)$ hat eine Gesamtenthalpieänderung von – 66 kJ. Die Aktivierungsenergie für die Reaktion ist 7 kJ. **(a)** Zeichnen Sie das Energieprofil für die Reaktion und kennzeichnen Sie E_a und ΔE. **(b)** Was ist die Aktivierungsenergie für die Rückreaktion?

14.23
Welche der folgenden Reaktionen wäre am schnellsten und welche am langsamsten basierend auf ihren Aktivierungsenergien und Energieänderungen und unter der Annahme, dass alle Stoßfaktoren gleich sind? Begründen Sie Ihre Antwort.
(a) $E_a = 45$ kJ/mol; $\Delta E = -25$ kJ/mol;
(b) $E_a = 35$ kJ/mol; $\Delta E = -10$ kJ/mol;
(c) $E_a = 55$ kJ/mol; $\Delta E = 10$ kJ/mol.

14.24
Eine bestimmte Reaktion erster Ordnung hat eine Geschwindigkeitskonstante von $2{,}75 \times 10^{-2}\ s^{-1}$ bei 20 °C. Was ist der Wert von k bei 60 °C, wenn **(a)** $E_a = 75{,}5$ kJ/mol; **(b)** $E_a = 105$ kJ/mol?

14.25
Die Geschwindigkeit der Reaktion

$$CH_3COOC_2H_5(aq) + OH^-(aq) \longrightarrow CH_3COO^-(aq) + C_2H_5OH(aq)$$

wurde bei mehreren Temperaturen gemessen und es wurden die folgenden Daten gesammelt:

Temperatur (°C)	k ($M^{-1}s^{-1}$)
15	0,0521
25	0,101
35	0,184
45	0,332

Zeichnen Sie anhand dieser Daten ln k in Abhängigkeit von $1/T$ auf. Bestimmen Sie anhand Ihrer Grafik den Wert von E_a.

14.26
Die Aktivierungsenergie einer bestimmten Reaktion ist 65,7 kJ/mol. Wie viel mal schneller findet die Reaktion bei 50 °C als bei 0 °C statt?

Reaktionsmechanismen

14.27
(a) Was bedeutet der Begriff *Elementarreaktion*?
(b) Was ist der Unterschied zwischen einer *unimolekularen* und einer *bimolekularen* Elementarreaktion? **(c)** Was ist ein Reaktionsmechanismus?

14.28
(a) Was bedeutet der Begriff *Molekularität*? **(b)** Warum sind trimolekulare Elementarreaktionen so selten? **(c)** Was ist ein *Zwischenprodukt* in einem Reaktionsmechanismus?

14.29
Was ist die Molekularität der folgenden Elementarreaktionen? Schreiben Sie das Geschwindigkeitsgesetz für jede Reaktion auf.

(a) $Cl_2(g) \longrightarrow 2\ Cl(g)$

(b) $OCl^-(g) + H_2O(g) \longrightarrow HOCl(g) + OH^-(g)$

(c) $NO(g) + Cl_2(g) \longrightarrow NOCl_2(g)$

14.30

Was ist die Molekularität der folgenden Elementarreaktionen? Schreiben Sie das Geschwindigkeitsgesetz für jede Reaktion auf.

(a) $2\ NO(g) \longrightarrow N_2O_2(g)$

(b) $H_2C{-}CH_2(g)$ (Ring mit CH_2) $\longrightarrow CH_2{=}CH{-}CH_3(g)$

(c) $SO_3(g) \longrightarrow SO_2(g) + O(g)$

14.31

(a) Wie viele Zwischenprodukte werden basierend auf dem folgenden Reaktionsprofil in der Reaktion $A \longrightarrow D$ gebildet? **(b)** Wie viele Übergangszustände gibt es? **(c)** Welcher Schritt ist der schnellste? **(d)** Ist die Reaktion $A \longrightarrow D$ exotherm oder endotherm?

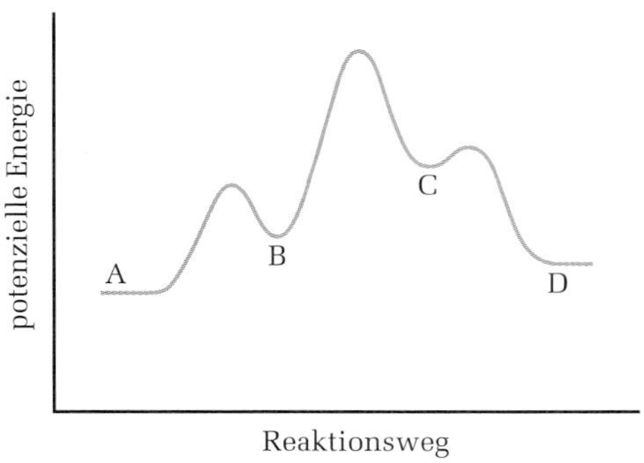

14.32

Der folgende Reaktionsmechanismus wurde für die Gasphasenreaktion von H_2 mit ICl vorgeschlagen:

$H_2(g) + ICl(g) \longrightarrow HI(g) + HCl(g)$
$HI(g) + ICl(g) \longrightarrow I_2(g) + HCl(g)$

(a) Schreiben Sie die ausgeglichene Reaktionsgleichung für die Gesamtreaktion. **(b)** Identifizieren Sie eventuelle Zwischenprodukte im Reaktionsmechanismus. **(c)** Schreiben Sie die Geschwindigkeitsgesetze für jede Elementarreaktion im Reaktionsmechanismus. **(d)** Wenn der erste Schritt langsam und der zweite schnell ist, welches Geschwindigkeitsgesetz sollte dann für die Gesamtreaktion beobachtet werden?

14.33

Die Zersetzung von Wasserstoffperoxid wird durch Iodidionen katalysiert. Man glaubt, dass die katalysierte Reaktion über einen zweistufigen Reaktionsmechanismus abläuft:

$H_2O_2(aq) + I^-(aq) \longrightarrow H_2O(l) + IO^-(aq)$ (langsam)

$IO^-(aq) + H_2O_2(aq) \longrightarrow H_2O(l) + O_2(g) + I^-(aq)$ (schnell)

(a) Schreiben Sie das Geschwindigkeitsgesetz für jede der Elementarreaktionen des Reaktionsmechanismus. **(b)** Schreiben Sie die chemische Gleichung für den Gesamtprozess. **(c)** Identifizieren Sie das Zwischenprodukt im Reaktionsmechanismus, falls vorhanden. **(d)** Nehmen Sie an, dass der erste Schritt des Reaktionsmechanismus geschwindigkeitsbestimmend ist und sagen Sie das Geschwindigkeitsgesetz für den gesamten Vorgang vorher.

14.34

Die Reaktion $2\ NO\ (g) + Cl_2\ (g) \longrightarrow 2\ NOCl\ (g)$ gehorcht dem folgenden Geschwindigkeitsgesetz, Reaktionsgeschwindigkeit $= \kappa\,[NO]^2\,[Cl_2]$. Der folgende Reaktionsmechanismus wurde für diese Reaktion vorgeschlagen:

$NO(g) + Cl_2(g) \longrightarrow NOCl_2(g)$

$NOCl_2(g) + NO(g) \longrightarrow 2\ NOCl(g)$

(a) Was wäre das Geschwindigkeitsgesetz, wenn der erste Schritt geschwindigkeitsbestimmend wäre? **(b)** Was können wir basierend auf dem beobachteten Geschwindigkeitsgesetz über die Geschwindigkeiten der zwei Schritte folgern?

Katalyse

14.35

(a) Welcher Teil des Energieprofils einer Reaktion wird von einem Katalysator beeinflusst? **(b)** Was ist der Unterschied zwischen einem homogenen und einem heterogenen Katalysator?

14.36

(a) Die meisten heterogenen Katalysatoren von Bedeutung sind äußerst feinteilige Feststoffe. Warum ist die Teilchengröße wichtig? **(b)** Welche Rolle spielt die Adsorption bei der Wirkung eines heterogenen Katalysators?

14.37

Die Oxidation von SO_2 zu SO_3 wird durch NO_2 katalysiert. Die Reaktion läuft wie folgt ab:

$$NO_2(g) + SO_2(g) \longrightarrow NO(g) + SO_3(g)$$
$$2\,NO(g) + O_2(g) \longrightarrow 2\,NO_2(g)$$

(a) Zeigen Sie, dass die zwei Reaktionen summiert werden können, um die Gesamtoxidation von SO_2 durch O_2 zu ergeben, um SO_3 zu erhalten. *Hinweis*: Die obere Reaktion muss mit einem Faktor so multipliziert werden, dass sich NO und NO_2 gegenseitig aufheben. **(b)** Warum betrachten wir NO_2 als Katalysator und nicht als Zwischenprodukt in dieser Reaktion? **(c)** Ist dies ein Beispiel einer homogenen Katalyse oder einer heterogenen Katalyse?

14.38

Viele metallische Katalysatoren, vor allem die Edelmetallkatalysatoren, werden häufig als sehr dünne Schichten auf einer Substanz mit hoher spezifischer Oberfläche, wie Aluminiumoxid (Al_2O_3) oder Siliciumdioxid (SiO_2), abgeschieden. Warum ist dies ein effektives Verfahren zur Nutzung von Katalysatorstoffen?

14.39

Wenn D_2 mit Ethylen (C_2H_4) in Gegenwart eines feinteiligen Katalysators reagiert, wird Ethan mit zwei Deuteriumatomen, CH_2D-CH_2D, gebildet. Deuterium (D) ist ein Isotop des Wasserstoffs der Nukleonenzahl 2. Es bildet sich sehr wenig Ethan, in dem zwei Deuteriumatome an ein Kohlenstoffatom gebunden sind (zum Beispiel CH_3-CHD_2). Erklären Sie anhand der Folge von Schritten in der Reaktion, warum dies so ist.

14.40

(a) Erklären Sie die Bedeutung von Enzymen in biologischen Systemen. **(b)** Welche chemischen Umsetzungen werden (*i*) durch das Enzym Katalase, (*ii*) durch Nitrogenase katalysiert?

14.41

Die Aktivierungsenergie einer unkatalysierten Reaktion ist 95 kJ/mol. Die Zugabe eines Katalysators senkt die Aktivierungsenergie auf 55 kJ/mol. Wenn wir annehmen, dass der Stoßfaktor gleich bleibt, um welchen Faktor steigert der Katalysator die Geschwindigkeit der Reaktion bei **(a)** 25 °C, **(b)** 125 °C?

Zusatzaufgaben

14.42

Schwefelwasserstoff (H_2S) ist ein häufiger und problematischer Schadstoff in industriellem Abwasser. Ein Weg zum Entfernen von H_2S ist die Behandlung des Wassers mit Chlor, wobei die folgende Reaktion auftritt:

$$H_2S(aq) + Cl_2(aq) \longrightarrow S(s) + 2\,H^+(aq) + 2\,Cl^-(aq)$$

Die Geschwindigkeit dieser Reaktion ist bezüglich jedes Reaktanten erster Ordnung. Die Geschwindigkeitskonstante für den Verbrauch von H_2S bei 28 °C ist $3{,}5 \times 10^{-2}\,M^{-1}\,s^{-1}$. Wenn die Konzentration von H_2S zu einer gegebenen Zeit $2{,}0 \times 10^{-4}\,M$ ist und die von Cl_2 0,050 M ist, wie ist die Bildungsgeschwindigkeit von Cl^-?

14.43

Betrachten Sie die folgende Reaktion zwischen Quecksilber(II)-Chlorid und Oxalationen:

$$2\,HgCl_2(aq) + C_2O_4^{2-}(aq) \longrightarrow 2\,Cl^-(aq) + 2\,CO_2(g) + Hg_2Cl_2(s)$$

Die Anfangsgeschwindigkeit dieser Reaktion wurde für mehrere Konzentrationen von $HgCl_2$ und $C_2O_4^{2-}$ bestimmt und die folgenden Geschwindigkeitsdaten wurden für die Geschwindigkeit des Verbrauchs von $C_2O_4^{2-}$ ermittelt.

Versuch	$[HgCl_2]$ (M)	$[C_2O_4^{2-}]$ (M)	Geschwindigkeit (M/s)
1	0,164	0,15	$3{,}2 \times 10^{-5}$
2	0,164	0,45	$2{,}9 \times 10^{-4}$
3	0,082	0,45	$1{,}4 \times 10^{-4}$
4	0,246	0,15	$4{,}8 \times 10^{-5}$

(a) Wie lautet das Geschwindigkeitsgesetz für diese Reaktion? **(b)** Was ist der Wert der Geschwindigkeitskonstante? **(c)** Was ist die Reaktionsgeschwindigkeit, wenn die Konzentration von $HgCl_2$ 0,050 *M* und die von $C_2O_4^{2-}$ 0,10 *M* ist und wenn die Temperatur gleich der ist, die zur Ermittlung der gezeigten Daten verwendet wurde?

14.44

Harnstoff (NH_2CONH_2) ist das Endprodukt des Eiweißstoffwechsels in Tieren. Die Zersetzung von Harnstoff in 0,1 *M* HCl findet gemäß der folgenden Reaktion statt:

$$NH_2CONH_2(aq) + H^+(aq) + 2\,H_2O(l) \longrightarrow 2\,NH_4^+(aq) + HCO_3^-(aq)$$

Die Reaktion ist erster Ordnung bezüglich Harnstoff und auch insgesamt erster Ordnung. Wenn $[NH_2CONH_2] = 0{,}200\,M$, ist die Geschwindigkeit bei 61,05 °C $8{,}56 \times 10^{-5}\,M/s$. **(a)** Was ist der Wert für die Geschwindigkeitskonstante *k*? **(b)** Was ist die Konzentration von Harnstoff in dieser Lösung nach $4{,}00 \times 10^3$ s, wenn die Ausgangskonzentration 0,500 *M* ist? **(c)** Was ist die Halbwertszeit für diese Reaktion bei 61,05 °C?

14.45

Die Geschwindigkeitskonstante für eine Reaktion erster Ordnung einer bestimmten organischen Verbindung mit Wasser ändert sich wie folgt mit der Temperatur:

Temperatur (K)	Geschwindigkeits-konstante (s^{-1})
300	$3{,}2 \times 10^{-11}$
320	$1{,}0 \times 10^{-9}$
340	$3{,}0 \times 10^{-8}$

Berechnen Sie aus diesen Daten die Aktivierungsenergie in Einheiten von kJ/mol.

14.46

Der folgende Reaktionsmechanismus wurde für die Gasphasenreaktion von Chloroform ($CHCl_3$) mit Chlor vorgeschlagen:

Schritt 1: $Cl_2(g) \underset{k_{-1}}{\overset{k_1}{\rightleftharpoons}} 2\,Cl(g)$ (schnell)

Schritt 2:
$Cl(g) + CHCl_3(g) \xrightarrow{k_2} HCl(g) + CCl_3(g)$ (langsam)

Schritt 3:
$Cl(g) + CCl_3(g) \xrightarrow{k_3} CCl_4(g)$ (schell)

(a) Wie lautet die Gesamtreaktion? **(b)** Was sind die Zwischenprodukte im Reaktionsmechanismus? **(c)** Was ist die Molekularität der Elementarreaktionen? **(d)** Was ist der geschwindigkeitsbestimmende Schritt? **(e)** Was ist das Geschwindigkeitsgesetz, das von diesem Reaktionsmechanismus vorhergesagt wird? *Hinweis*: Die Gesamtreaktionsordnung ist keine ganze Zahl.

14.47

Eines der vielen bemerkenswerten Enzyme im menschlichen Körper ist Carboanhydrase, das die Umwandlung von Kohlensäure zu Kohlendioxid und Wasser katalysiert. Gäbe es dieses Enzym nicht, könnte sich der Körper nicht schnell genug des CO_2 entledigen, das im Zellstoffwechsel angesammelt wird. Das Enzym katalysiert die Dehydratisierung (Freisetzung an die Luft) von bis zu 10^7 CO_2-Molekülen pro Sekunde. Welche Bestandteile dieser Beschreibung entsprechen den Begriffen *Enzym*, *Substrat* und *Wechselzahl*?

Übergreifende Aufgaben

14.48

Distickstoffpentoxid (N_2O_5) zersetzt sich in Chloroform als Lösungsmittel, um NO_2 und O_2 zu ergeben. Die Zersetzung ist eine Reaktion erster Ordnung mit einer Geschwindigkeitskonstanten bei 45 °C von $1{,}0 \times 10^{-5}\,s^{-1}$. Berechnen Sie den Partialdruck von O_2, das aus 1,00 L einer 0,600 *M* N_2O_5-Lösung bei 45 °C über einen Zeitraum von 20,0 h erzeugt wird, wenn das Gas in einem 10,0-L-Behälter aufgefangen wird. Nehmen Sie an, dass die Produkte sich in Chloroform nicht auflösen.

14.49

Zinkmetall löst sich in Salzsäure gemäß der Reaktion:

$Zn(s) + 2\,HCl(aq) \longrightarrow ZnCl_2(aq) + H_2(g)$

Nehmen Sie an, dass Sie die Kinetik dieser Reaktion untersuchen sollen, indem Sie die Bildungsgeschwindigkeit von H_2 (*g*) messen. **(a)** Bauen Sie unter Verwendung eines Reaktionskolbens, eines Manometers und anderer gebräuchlicher Laborausrüstung eine Versuchsapparatur, mit der Sie den Partialdruck von H_2 (*g*) als Funktion der Zeit messen können. **(b)** Erklären Sie, warum Sie die Apparatur verwenden würden, um das Geschwindigkeitsgesetz der Reaktion zu bestimmen. **(b)** Erklären Sie, warum Sie die Apparatur verwenden würden, um die Reaktionsordnung bezüglich $[H^+]$ für die Reaktion zu bestimmen. **(d)** Wie könnten Sie die Apparatur verwenden, um die Aktivierungsenergie der Reaktion zu bestimmen. **(e)** Erklären Sie, wie Sie die Apparatur verwenden würden, um die Auswirkungen zu bestimmen, wenn Zn (*s*) an Stelle von Metallstreifen in Form von Körnchen verwendet wird.

14.50

Enzyme, die Katalysatoren biologischer Systeme, sind Proteine mit hoher Molekülmasse. Das aktive Zentrum des Enzyms wird von der dreidimensionalen Anordnung des Proteins in Lösung gebildet. Wenn Proteine in Lösung erhitzt werden, durchlaufen sie Denaturierung, ein Vorgang, bei dem die dreidimensionale Struktur des Proteins sich ganz oder wenigstens teilweise auflöst. Die zugehörige Grafik zeigt die Temperaturabhängigkeit der Aktivität eines typischen Enzyms. Die Aktivität nimmt mit der Temperatur zu bis zu einem Punkt über dem üblichen Arbeitsbereich des Enzyms und fällt dann schnell bei weiterer Temperaturerhöhung ab. Welche Rolle spielt die Denaturierung bei dieser Beobachtung? Wie passt Ihre Erklärung zum Schlüssel-Schloss-Modell der Enzymwirkung?

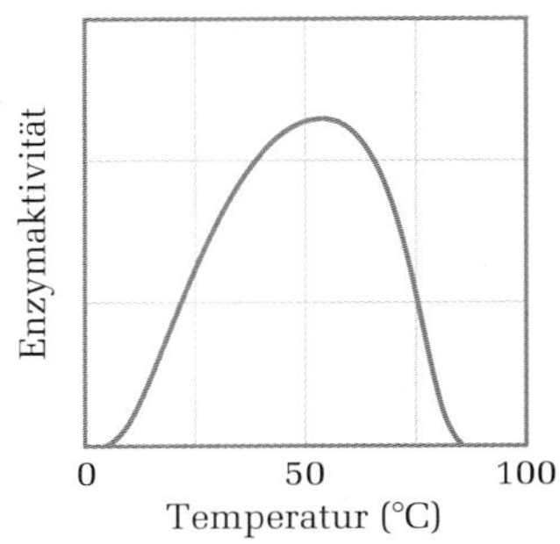

Kapitel 15

Chemisches Gleichgewicht

Übungsaufgaben

Gleichgewicht; Gleichgewichtskonstante

15.1

Nehmen Sie an, dass die Gas-Phasen-Reaktionen $A \longrightarrow B$ und $B \longrightarrow A$ beide Elementarprozesse mit Geschwindigkeitskonstanten von $3{,}8 \times 10^{-2}\ s^{-1}$ und $3{,}1 \times 10^{-1} s^{-1}$ sind. **(a)** Was ist der Wert für die Gleichgewichtskonstante für das Gleichgewicht $A(g) \rightleftharpoons B(g)$? **(b)** Was ist im Gleichgewicht größer, der Partialdruck von A oder der Partialdruck von B? Begründen Sie Ihre Antwort.

15.2

(a) Was ist das *Massenwirkungsgesetz*? Veranschaulichen Sie das Gesetz anhand der Reaktion $NO\ (g) + Br_2(g) \rightleftharpoons NOBr_2(g)$. **(b)** Was ist der Unterschied zwischen dem *Gleichgewichtsausdruck* und der *Gleichgewichtskonstante* für ein gegebenes Gleichgewicht? **(c)** Beschreiben Sie einen Versuch, anhand dessen der Wert der Gleichgewichtskonstante für die Reaktion in Teil (a) bestimmt werden könnte.

15.3

(a) Der Mechanismus für eine bestimmte Reaktion $A + B \rightleftharpoons C + D$ ist unbekannt. Ist es dann möglich, das Massenwirkungsgesetz auf die Reaktion anzuwenden? Begründen Sie Ihre Antwort. **(b)** Schreiben Sie die chemische Reaktion, die dem Haber-Bosch-Verfahren zu Grunde liegt. Warum ist diese Reaktion für die Menschheit wichtig? **(c)** Schreiben Sie den Gleichgewichtsausdruck für die Reaktion in Teil (b).

15.4

Schreiben Sie den Ausdruck für K_c für die folgenden Reaktionen: Geben Sie in jedem Fall an, ob die Reaktion homogen oder heterogen ist.

(a) $3\ NO(g) \rightleftharpoons N_2O(g) + NO_2(g)$

(b) $CH_4(g) + 2\ H_2S(g) \rightleftharpoons CS_2(g) + 4\ H_2(g)$

(c) $Ni(CO)_4(g) \rightleftharpoons Ni(s) + 4\ CO(g)$

(d) $HF(aq) \rightleftharpoons H^+(aq) + F^-(aq)$

(e) $2\ Ag(s) + Zn^{2+}(aq) \rightleftharpoons 2\ Ag^+(aq) + Zn(s)$

15.5

Enthält das Gleichgewichtsgemisch hauptsächlich Reaktanten oder hauptsächlich Produkte, wenn die folgenden Reaktionen ins Gleichgewicht kommen?

(a) $N_2(g) + O_2(g) \rightleftharpoons 2\ NO(g)$; $K_c = 1{,}5 \times 10^{-10}$

(b) $2\ SO_2(g) + O_2(g) \rightleftharpoons 2\ SO_3(g)$; $K_p = 2{,}5 \times 10^9$

15.6

Bei 500 K ist $K_c = 0{,}042$ für $PCl_3(g) + Cl_2(g) \rightleftharpoons PCl_5\ (g)$. Was ist der Wert von K_p für diese Reaktion bei dieser Temperatur?

15.7

Berechnen Sie K_c bei 303 K für $SO_2\ (g) + Cl_2\ (g) \rightleftharpoons SO_2Cl_2(g)$, wenn bei dieser Temperatur $K_p = 34{,}5$ ist.

15.8

Die Gleichgewichtskonstante für die Reaktion

$$2\ NO(g) + Br_2(g) \rightleftharpoons 2\ NOBr(g)$$

ist $K_c = 1{,}3 \times 10^{-2}$ bei 1000 K. **(a)** Berechnen Sie K_c für $2\ NOBr(g) \rightleftharpoons 2\ NO(g) + Br_2(g)$. **(b)** Begünstigt das Gleichgewicht bei dieser Temperatur NO und Br_2 oder begünstigt es NOBr?

15.9

Bei 1000 K ist $K_p = 1{,}85$ für die Reaktion

$$SO_2(g) + \tfrac{1}{2}\ O_2(g) \rightleftharpoons SO_3(g)$$

(a) Was ist der Wert von K_p für die Reaktion $SO_3\ (g) \rightleftharpoons SO_2(g) + \frac{1}{2}\ O_2(g)$? **(b)** Was ist der Wert von K_p für die Reaktion $2\ SO_2\ (g) + O_2(g) \rightleftharpoons 2\ SO_3\ (g)$? **(c)** Was ist der Wert von K_c für die Reaktion in Teil (b)?

15.10
Betrachten Sie die Reaktionen $A(aq) + B(aq) \rightleftharpoons C(aq)$ und $C(aq) + D(aq) \rightleftharpoons E(aq) + A(aq)$, für welche die Gleichgewichtskonstanten bei 100 °C $K_c = 1{,}9 \times 10^{-4}$ und $K_c = 8{,}5 \times 10^2$ sind. Was ist der Wert von K_c für die Reaktion $B(aq) + D(aq) \rightleftharpoons E(aq)$?

15.11
Quecksilber-(I)-Oxid zerfällt in elementares Quecksilber und elementaren Sauerstoff: $2\,Hg_2O(s) \rightleftharpoons 4\,Hg(l) + O_2(g)$. **(a)** Schreiben Sie den Gleichgewichtsausdruck für diese Reaktion im Hinblick auf Partialdrücke. **(b)** Erklären Sie, warum wir normalerweise reine Festkörper und Flüssigkeiten aus den Gleichgewichtsausdrücken ausschließen.

Berechnung von Gleichgewichtskonstanten

15.12
Gasförmiger Iodwasserstoff wird in einen geschlossenen Behälter bei 425 °C gegeben, wo er sich teilweise in Wasserstoff und Iod zersetzt: $2\,HI(g) \rightleftharpoons H_2(g) + I_2(g)$. Im Gleichgewicht findet man, dass $[HI] = 3{,}53 \times 10^{-3}\,M$, $[H_2] = 4{,}79 \times 10^{-4}\,M$ und $[I_2] = 4{,}79 \times 10^{-4}\,M$. Was ist der Wert von K_c bei dieser Temperatur?

15.13
Das Gleichgewicht $2\,NO(g) + Cl_2(g) \rightleftharpoons 2\,NOCl(g)$ stellt sich bei 500 K ein. Ein Gleichgewichtsgemisch der drei Gase hat Partialdrücke von 0,095 atm, 0,171 atm und 0,28 atm für NO, Cl_2 und NOCl. Berechnen Sie K_p für diese Reaktion bei 500 K.

15.14
Phosphortrichloridgas und Chlorgas reagieren unter Bildung von Phosphorpentachloridgas: $PCl_3(g) + Cl_2(g) \rightleftharpoons PCl_5(g)$. Ein Behälter wird mit einem Gemisch aus $PCl_3(g)$ und $Cl_2(g)$ gefüllt, das bei 450 K das Gleichgewicht erreicht. Im Gleichgewicht sind die Partialdrücke der drei Gase $p_{PCl_3} = 0{,}124$ atm, $p_{Cl_2} = 0{,}157$ atm und $p_{PCl_5} = 1{,}30$ atm. **(a)** Was ist der Wert von K_p bei dieser Temperatur? **(b)** Begünstigt das Gleichgewicht Reaktanten oder Produkte?

15.15
Ein Gemisch aus 0,10 mol NO, 0,050 mol H_2 und 0,10 mol H_2O wird in ein 1,0-L-Gefäß bei 300 K gegeben. Es stellt sich das folgende Gleichgewicht ein:

$$2\,NO(g) + 2\,H_2(g) \rightleftharpoons N_2(g) + 2\,H_2O(g)$$

Im Gleichgewicht ist $[NO] = 0{,}062\,M$. **(a)** Berechnen Sie die Gleichgewichtskonzentrationen von H_2, N_2 und H_2O. **(b)** Berechnen Sie K_c.

15.16
Ein Gemisch aus 0,2000 mol CO_2, 0,1000 mol H_2 und 0,1600 mol H_2O wird in ein 2,000-L-Gefäß gegeben. Das folgende Gleichgewicht stellt sich bei 500 K ein:

$$CO_2(g) + H_2(g) \rightleftharpoons CO(g) + H_2O(g)$$

(a) Berechnen Sie die Anfangspartialdrücke von CO_2, H_2 und H_2O. **(b)** Im Gleichgewicht ist $p_{H_2O} = 3{,}51$ atm. Berechnen Sie die Gleichgewichtspartialdrücke von CO_2, H_2 und CO. **(c)** Berechnen Sie K_p für die Reaktion.

Anwendungen von Gleichgewichtskonstanten

15.17
(a) Wie unterscheidet sich ein Reaktionsquotient von einer Gleichgewichtskonstanten? **(b)** Wenn $Q_c < K_c$, in welcher Richtung läuft eine Reaktion ab, um das Gleichgewicht zu erreichen? **(c)** Welche Bedingung muss erfüllt werden, damit $Q_c = K_c$?

15.18
(a) Wie wird ein Reaktionsquotient verwendet, um zu bestimmen, ob ein System sich im Gleichgewicht befindet? **(b)** Wie muss die Reaktion ablaufen, wenn $Q_c > K_c$, um das Gleichgewicht zu erreichen? **(c)** Zu Beginn einer bestimmten Reaktion liegen nur Reaktanten vor, es haben sich keine Produkte gebildet. Was ist der Wert von Q_c an diesem Punkt in der Reaktion?

15.19
Bei 100 °C hat die Gleichgewichtskonstante für die Reaktion $COCl_2(g) \rightleftharpoons CO(g) + Cl_2(g)$ den Wert

$K_c = 2{,}19 \times 10^{-10}$. Befinden sich die folgenden Gemische von $COCl_2$, CO und Cl_2 bei 100 °C im Gleichgewicht? Falls nicht, geben Sie die Richtung an, in der die Reaktion ablaufen muss, um das Gleichgewicht zu erreichen.

(a) $[COCl_2] = 2{,}00 \times 10^{-10}\,M$,
$[CO] = 3{,}3 \times 10^{-6}\,M$,
$[Cl_2] = 6{,}62 \times 10^{-6}\,M$;
(b) $[COCl_2] = 4{,}50 \times 10^{-2}\,M$,
$[CO] = 1{,}1 \times 10^{-7}\,M$,
$[Cl_2] = 2{,}25 \times 10^{-6}\,M$;
(c) $[COCl_2] = 0{,}0100\,M$,
$[CO] = [Cl_2] = 1{,}48 \times 10^{-6}\,M$.

15.20
Bei 100 °C ist $K_c = 0{,}078$ für die Reaktion:

$$SO_2Cl_2(g) \rightleftharpoons SO_2(g) + Cl_2(g)$$

In einem Gleichgewichtsgemisch der drei Gase sind die Konzentrationen von SO_2Cl_2 und SO_2 0,108 M und 0,052 M. Was ist der Partialdruck von Cl_2 im Gleichgewichtsgemisch?

15.21
(a) Bei 1285 °C ist die Gleichgewichtskonstante für die Reaktion $Br_2(g) \rightleftharpoons 2\,Br(g)$ $K_c = 1{,}04 \times 10^{-3}$. Ein 0,200-L-Gefäß mit einem Gleichgewichtsgemisch der Gase enthält 0,245 g $Br_2(g)$. Was ist die Masse von Br (g) im Gefäß? **(b)** Für die Reaktion $H_2(g) + I_2(g) \rightleftharpoons 2\,HI(g)$ ist $K_c = 55{,}3$ bei 700 K. In einem 2,00-L-Kolben mit einem Gleichgewichtsgemisch der drei Gase sind 0,056 g H_2 und 4,36 g I_2. Was ist die Masse von HI im Kolben?

15.22
Bei 2000 °C ist die Gleichgewichtskonstante für die Reaktion

$$2\,NO(g) \rightleftharpoons N_2(g) + O_2(g)$$

$K_c = 2{,}4 \times 10^3$. Wie sind die Gleichgewichtskonzentrationen von NO, N_2 und O_2, wenn die Anfangskonzentration von NO 0,200 M ist?

15.23
Bei 373 K ist $K_p = 0{,}416$ für das Gleichgewicht

$$2\,NOBr(g) \rightleftharpoons 2\,NO(g) + Br_2(g)$$

Was ist der Gleichgewichtsdruck von $Br_2(g)$, wenn die Drücke von NOBr (g) und NO (g) gleich sind?

15.24
Bei 218 °C ist $K_c = 1{,}2 \times 10^{-4}$ für das Gleichgewicht

$$NH_4HS(s) \rightleftharpoons NH_3(g) + H_2S(g)$$

Berechnen Sie die Gleichgewichtskonzentrationen von NH_3 und H_2S, wenn eine Probe festes NH_4HS in ein geschlossenes Gefäß gegeben wird und sich zersetzt, bis das Gleichgewicht erreicht ist.

15.25
Betrachten Sie die Reaktion

$$CaSO_4(s) \rightleftharpoons Ca^{2+}(aq) + SO_4^{2-}(aq)$$

Bei 25 °C ist die Gleichgewichtskonstante $K_c = 2{,}4 \times 10^{-5}$ für die Reaktion. **(a)** Was sind die Gleichgewichtskonzentrationen von Ca^{2+} und SO_4^{2-}, wenn überschüssiges $CaSO_4(s)$ bei 25 °C mit Wasser gemischt wird, um eine gesättigte Lösung $CaSO_4$ zu erzeugen? **(b)** Was ist die minimale Masse $CaSO_4(s)$, die benötigt wird, um das Gleichgewicht zu erreichen, wenn die entstehende Lösung ein Volumen von 3,0 Liter hat?

15.26
Für die Reaktion $I_2(g) + Br_2(g) \rightleftharpoons 2\,IBr(g)$ ist $K_c = 280$ bei 150 °C. Nehmen Sie an, dass 0,500 mol IBr in einem 1,00-L-Kolben das Gleichgewicht bei 150 °C erreicht. Wie sind die Gleichgewichtskonzentrationen von IBr, I_2 und Br_2?

15.27
Bei 25 °C hat die Reaktion

$$CaCrO_4(s) \rightleftharpoons Ca^{2+}(aq) + CrO_4^{2-}(aq)$$

die Gleichgewichtskonstante $K_c = 7{,}1 \times 10^{-4}$. Was sind die Gleichgewichtskonzentrationen von Ca^{2+} und CrO_4^{2-} in einer gesättigten Lösung von $CaCrO_4$?

Prinzip von Le Châtelier

15.28
Betrachten Sie das folgende Gleichgewicht, für das $\Delta H < 0$ ist:

$$2\,SO_2(g) + O_2(g) \rightleftharpoons 2\,SO_3(g)$$

Welche Wirkung haben die folgenden Änderungen auf ein Gleichgewichtsgemisch der drei Gase? **(a)** $O_2(g)$ wird zum System zugegeben; **(b)** das Reaktionsgemisch wird erhitzt; **(c)** das Volumen des Reaktionsgefäßes wird verdoppelt; **(d)** ein Katalysator wird zum Gemisch zugegeben; **(e)** der Gesamtdruck des Systems wird durch Zugabe eines Edelgases erhöht; **(f)** $SO_3(g)$ wird aus dem System entfernt.

15.29
Für die folgende Reaktion ist $\Delta H° = 2816$ kJ:

$$6\ CO_2(g) + 6\ H_2O(l) \rightleftharpoons C_6H_{12}O_6(s) + 6\ O_2(g)$$

Wie wird die Gleichgewichtsausbeute von $C_6H_{12}O_6$ beeinflusst: durch **(a)** die Zunahme von p_{CO_2}, **(b)** Erhöhung der Temperatur, **(c)** Entfernen von CO_2, **(d)** Senkung des Gesamtdrucks, **(e)** Entfernen eines Teils des $C_6H_{12}O_6$, **(f)** Zugabe eines Katalysators?

15.30
Wie beeinflussen die folgenden Änderungen den Wert der Gleichgewichtskonstante für eine exotherme Gasphasenreaktion: **(a)** Entfernen eines Reaktanten oder Produkts, **(b)** Verringerung des Volumens, **(c)** Senkung der Temperatur, **(d)** Zugabe eines Katalysators?

15.31
Betrachten Sie das folgende Gleichgewicht zwischen Stickstoffoxiden:

$$3\ NO(g) \rightleftharpoons NO_2(g) + N_2O(g)$$

(a) Berechnen Sie $\Delta H°$ für diese Reaktion. **(b)** Wird die Gleichgewichtskonstante für die Reaktion mit steigender Temperatur größer oder kleiner? Begründen Sie Ihre Antwort. **(c)** Würde bei konstanter Temperatur eine Änderung des Volumens des Behälters den Anteil der Produkte im Gleichgewichtsgemisch beeinflussen?

Zusatzaufgaben

15.32
Es wird angenommen, dass die Hin- und die Rückreaktion im folgenden Gleichgewicht Elementarschritte sind:

$$CO(g) + Cl_2(g) \rightleftharpoons COCl(g) + Cl(g)$$

Bei 25 °C sind die Geschwindigkeitskonstanten für die Hin- und Rückreaktion $1{,}4 \times 10^{-28}\ M^{-1}s^{-1}$ und $9{,}3 \times 10^{10}\ M^{-1}s^{-1}$. **(a)** Was ist der Wert der Gleichgewichtskonstante bei 25 °C? **(b)** Liegen im Gleichgewicht mehr Reaktanten oder mehr Produkte vor?

15.33
Wenn 2,00 mol SO_2Cl_2 in einen 2,00-L-Kolben bei 303 K gegeben werden, zersetzen sich 56 % des SO_2Cl_2 in SO_2 und Cl_2:

$$SO_2Cl_2(g) \rightleftharpoons SO_2(g) + Cl_2(g)$$

Berechnen Sie K_c für die Reaktion bei dieser Temperatur.

15.34
Betrachten Sie die hypothetische Reaktion $A(g) \rightleftharpoons 2\ B(g)$. Ein Kolben wird mit 0,55 atm reinem A gefüllt, wonach es das Gleichgewicht bei 0 °C erreicht. Im Gleichgewicht ist der Partialdruck von A 0,36 atm. **(a)** Was ist der Gesamtdruck im Kolben im Gleichgewicht? **(b)** Was ist der Wert von K_p?

15.35
Für das Gleichgewicht

$$PH_3BCl_3(s) \rightleftharpoons PH_3(g) + BCl_3(g)$$

ist $K_p = 0{,}052$ bei 60 °C. **(a)** Berechnen Sie K_c. **(b)** Etwas festes PH_3BCl_3 wird zu einem geschlossenen 0,500-L-Gefäß bei 60 °C gegeben. Das Gefäß wird dann mit 0,0128 mol $BCl_3(g)$ gefüllt. Was ist die Gleichgewichtskonzentration von PH_3?

15.36
Stickstoffmonoxid (NO) reagiert leicht wie folgt mit Chlorgas:

$$2\ NO(g) + Cl_2(g) \rightleftharpoons 2\ NOCl(g)$$

Bei 700 K ist die Gleichgewichtskonstante K_p für diese Reaktion 0,26. Sagen Sie das Verhalten der folgenden Gemische bei dieser Temperatur vorher: **(a)** $p_{NO} = 0{,}15$ atm, $p_{Cl_2} = 0{,}31$ atm und $p_{NOCl} = 0{,}11$ atm; **(b)** $p_{NO} = 0{,}12$ atm, $p_{Cl_2} = 0{,}10$ atm und $p_{NOCl} = 0{,}050$ atm; **(c)** $p_{NO} = 0{,}15$ atm, $p_{Cl_2} = 0{,}20$ atm und $p_{NOCl} = 5{,}10 \times 10^{-3}$ atm.

15.37

NiO soll in einem industriellen Verfahren zu Nickelmetall reduziert werden, und zwar über die Reaktion:

$$NiO(s) + CO(g) \rightleftharpoons Ni(s) + CO_2(g)$$

Bei 1600 K ist die Gleichgewichtskonstante für die Reaktion $K_p = 6{,}0 \times 10^2$. Findet eine Reduktion statt, wenn ein CO-Druck von 150 Torr im Ofen eingesetzt werden soll und der Gesamtdruck 760 Torr niemals überschreitet?

15.38

Ein Gleichgewichtsgemisch von H_2, I_2 und HI bei 458 °C enthält 0,112 mol H_2, 0,112 mol I_2 und 0,775 mol HI in einem 5,00-L-Gefäß. Wie lauten die Gleichgewichtspartialdrücke, wenn sich das Gleichgewicht nach Zugabe von 0,100 mol HI wieder einstellt?

15.39

Nehmen Sie an, dass Sie im Patentamt arbeiten und ein Patentantrag auf Ihrem Schreibtisch landet, der behauptet, dass ein neu entwickelter Katalysator dem Haber-Katalysator für die Ammoniaksynthese weitaus überlegen ist, da der Katalysator zu einer viel größeren Gleichgewichtsumwandlung von N_2 und H_2 in NH_3 als der Haber-Katalysator unter gleichen Bedingungen führt. Was wäre Ihre Antwort?

Übergreifende Aufgaben

15.40

Betrachten Sie die folgenden Gleichgewichte in wässriger Lösung:

(i) $Na(s) + Ag^+(aq) \rightleftharpoons Na^+(aq) + Ag(s)$;

(ii) $3\,Hg(l) + 2\,Al^{3+}(aq) \rightleftharpoons 3\,Hg^{2+}(aq) + 2\,Al(s)$;

(iii) $Zn(s) + 2\,H^+(aq) \rightleftharpoons Zn^{2+}(aq) + H_2(g)$.

(a) Schreiben Sie für jede Reaktion den Gleichgewichtsausdruck für K_c. **(b)** Sagen Sie vorher, ob K_c groß ($K_c \gg 1$) oder klein ($K_c \ll 1$) ist. Begründen Sie Ihre Antworten. **(c)** Bei 25 °C hat die Reaktion $Cd(s) + Fe^{2+}(aq) \rightleftharpoons Cd^{2+}(aq) + Fe(s)$, $K_c = 6{,}0 \times 10^{-2}$. Sollte Cd über oder unter Eisen stehen? Begründen Sie Ihre Antwort.

15.41

Die hypothetische Reaktion $A + B \rightleftharpoons C$ läuft in der Vorwärtsrichtung in einem einzelnen Schritt ab. Die Zeichnung zeigt das Energieprofil der Reaktion. **(a)** Ist im Gleichgewicht die Hin- oder die Rückreaktion schneller? **(b)** Sollte das Gleichgewicht Reaktanten oder Produkte begünstigen? **(c)** Wie würde ein Katalysator generell das gezeigte Energieprofil beeinflussen? **(d)** Wie würde ein Katalysator das Verhältnis der Geschwindigkeitskonstanten für die Hin- und Rückreaktion beeinflussen? **(e)** Wie sollte sich die Gleichgewichtskonstante der Reaktion mit steigender Temperatur ändern?

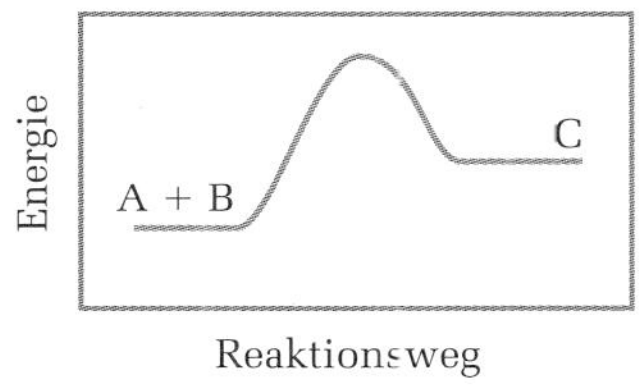

15.42

Schreiben Sie den Gleichgewichtsausdruck für das Gleichgewicht:

$$C(s) + CO_2(g) \rightleftharpoons 2\,CO(g)$$

Die unten aufgeführte Tabelle zeigt die Molprozente von CO_2 (g) und CO (g) bei einem Gesamtdruck von 1 atm für mehrere Temperaturen. Berechnen Sie den Wert von K_p bei jeder Temperatur. Ist diese Reaktion exotherm oder endotherm? Begründen Sie Ihre Antwort.

Temperatur (°C)	CO_2 (mol %)	CO (mol %)
850	6,23	93,77
950	1,32	98,68
1050	0,37	99,63
1200	0,06	99,94

Kapitel 16

Säure-Base-Gleichgewicht

Arrhenius- und Brønsted–Lowry-Säuren und -Basen

16.1
Obwohl HCl und H_2SO_4 als reine Stoffe sehr verschiedene Eigenschaften aufweisen, verhalten sich ihre wässrigen Lösungen in vielfacher Hinsicht ähnlich. Legen Sie eine Liste einiger allgemeiner Eigenschaften dieser Lösungen an und erklären Sie ihr ähnliches Verhalten anhand der jeweils vorliegenden Teilchen.

16.2
(a) Worin besteht der Unterschied zwischen den Definitionen einer Säure nach Arrhenius und nach Brønsted–Lowry? **(b)** $NH_3(g)$ und $HCl(g)$ reagieren zum ionischen Festkörper $NH_4Cl(s)$. Welcher Stoff ist in dieser Reaktion die Brønsted–Lowry-Säure und welcher ist die Brønsted–Lowry-Base?

16.3
Geben Sie die konjugierten Basen der folgenden Brønsted–Lowry-Säuren an. **(a)** HIO_3, **(b)** NH_4^+, **(c)** $H_2PO_4^-$, **(d)** C_6H_5COOH.

16.4
Geben Sie die konjugierten Säuren der folgenden Brønsted–Lowry-Basen an. **(a)** CN^-, **(b)** O^{2-}, **(c)** HPO_4^{2-}, **(d)** $C_2H_5NH_2$.

16.5
Bestimmen Sie jeweils die Brønsted–Lowry-Säure und die Brønsted–Lowry-Base auf der linken Seite der folgenden Gleichungen und geben Sie auch ihre konjugierten Säuren und Basen auf der rechten Seite an.

(a) $NH_4^+(aq) + CN^-(aq) \rightleftharpoons HCN(aq) + NH_3(aq)$

(b) $(CH_3)_3N(aq) + H_2O(l) \rightleftharpoons (CH_3)_3NH^+(aq) + OH^-(aq)$

(c) $HCOOH(aq) + PO_4^{3-}(aq) \rightleftharpoons HCOO^-(aq) + HPO_4^{2-}(aq)$

16.6
(a) Das Hydrogenoxalation ($HC_2O_4^-$) ist amphiprotisch. Stellen Sie zwei ausgeglichene chemische Gleichungen auf, die das saure bzw. das basische Verhalten dieses Ions in Wasser beschreiben **(b)** Was ist die konjugierte Säure von $HC_2O_4^-$ und was ist die konjugierte Base?

16.7
Geben Sie jeweils an, ob die folgenden Stoffe starke Säuren, schwache Säuren oder Stoffe mit verschwindender Säurestärke sind. Stellen Sie für jeden Stoff die Formel der konjugierten Base auf und geben Sie an, ob es sich um eine starke Base, eine schwache Base oder einen Stoff mit verschwindender Basenstärke handelt. **(a)** HNO_2, **(b)** H_2SO_4, **(c)** HPO_4^{2-}, **(d)** CH_4, **(e)** $CH_3NH_3^+$ (ein mit NH_4^+ verwandtes Ion).

16.8
(a) Welche ist die stärkere Brønsted–Lowry-Säure, HBrO oder HBr? **(b)** Welche ist die stärkere Brønsted–Lowry-Base, F^- oder Cl^- ? Begründen Sie kurz Ihre Antwort.

16.9
Sagen Sie die Produkte der folgenden Säure-Base-Reaktionen voraus und bestimmen Sie, ob das Gleichgewicht überwiegend auf der linken oder der rechten Gleichungsseite liegt.

(a) $O^{2-}(aq) + H_2O(l) \rightleftharpoons$

(b) $CH_3COOH(aq) + HS^-(aq) \rightleftharpoons$

(c) $NO_3^-(aq) + H_2O(l) \rightleftharpoons$

Übungsaufgaben

Die Autodissoziation von Wasser

16.10
(a) Was bedeutet der Begriff *Autodissoziation* ? **(b)** Erklären Sie, warum reines Wasser ein schlechter elektrischer Leiter ist. **(c)** Man sagt Ihnen, eine wässrige Lösung ist sauer. Was bedeutet diese Aussage?

16.11
(a) Stellen Sie eine chemische Gleichung auf, welche die Autodissoziation von Wasser verdeutlicht. **(b)** Stellen Sie den Ausdruck für das Ionenprodukt K_W von Wasser auf. Warum taucht $[H_2O]$ nicht in diesem Ausdruck auf? **(c)** Man beschreibt eine Lösung als basisch. Was bedeutet diese Aussage?

16.12
Berechnen Sie $[H^+]$ der folgenden Lösungen und geben Sie jeweils an, ob sie sauer, basisch oder neutral sind. **(a)** $[OH^-] = 0{,}00045\ M$; **(b)** $[OH^-] = 8{,}8 \times 10^{-9}\ M$; **(c)** eine Lösung, in der $[OH^-]$ hundertmal größer ist als $[H^+]$.

16.13
Am Gefrierpunkt von Wasser (0 °C) ist $K_W = 1{,}2 \times 10^{-15}\ mol^2 / l^2$. Berechnen Sie $[H^+]$ und $[OH^-]$ in einer neutralen Lösung bei dieser Temperatur.

Die pH-Skala

16.14
Um welchen Faktor verändert sich $[H^+]$ bei einer Änderung des pH **(a)** um 2,00 und **(b)** um 0,50?

16.15
(a) Wie verändert sich $[H^+]$, wenn man NaOH in Wasser gibt? Wie verändert sich der pH? **(b)** Schätzen Sie den pH einer Lösung mit $[H^+] = 0{,}0006\ M$. Ist diese Lösung sauer oder basisch? **(c)** Schätzen Sie zunächst und berechnen Sie danach die molare Konzentration von $[H^+]$ (*aq*) und $[OH^-]$ (*aq*) einer Lösung, deren pH 5,2 beträgt.

16.16
Vervollständigen Sie die folgende Tabelle, indem Sie die fehlenden Werte berechnen, und geben Sie jeweils an, ob die Lösung sauer oder basisch ist.

$[H^+]$	$[OH^-]$	pH	pOH	sauer oder basisch?
$7{,}5 \times 10^{-3}\ M$				
	$3{,}6 \times 10^{-10}\ M$			
		8,25		
			5,70	

16.17
Der durchschnittliche pH von normalem arteriellen Blut beträgt 7,40 und bei Körpertemperatur (37 °C) ist $K_W = 2{,}4 \times 10^{-14}\ mol^2 / L^2$. Berechnen Sie $[H^+]$, $[OH^-]$ und den pOH von Blut bei dieser Temperatur.

Starke Säuren und Basen

16.18
(a) Was ist eine starke Säure? **(b)** Eine Lösung ist mit 0,500 *M* HCl beschriftet. Wie groß ist $[H^+]$ in dieser Lösung? **(c)** Welche der folgenden Säuren sind starke Säuren? HF, HCl, HBr, HI.

16.19
Berechnen Sie jeweils den pH der folgenden Lösungen starker Säuren: **(a)** $8{,}5 \times 10^{-3}\ M$ HBr, **(b)** 1,52 g HNO_3 in 575 mL Lösung, **(c)** 5,00 mL 0,250 *M* $HClO_4$, auf 50,0 mL verdünnt, **(d)** eine Mischung aus 10,0 mL 0,100 *M* HBr und 20,0 mL 0,200 *M* HCl.

16.20
Berechnen Sie $[OH^-]$ und den pH von **(a)** $1{,}5 \times 10^{-3}\ M$ $Sr(OH)_2$, **(b)** 2,250 g LiOH in 250,0 mL Lösung, **(c)** 1,00 mL 0,175 *M* NaOH, auf 2,0 L verdünnt, **(d)** eine Mischung aus 5,00 mL 0,105 *M* KOH und 15,0 mL $9{,}5 \times 10^{-2}\ M$ $Ca(OH)_2$.

16.21
Berechnen Sie die Konzentration einer wässrigen NaOH-Lösung, deren pH 11,50 beträgt.

16.22
Berechnen Sie die Konzentration einer wässrigen $Ca(OH)_2$-Lösung, deren pH 12,05 beträgt.

16.23
Berechnen Sie den pH einer wässrigen Lösung von 15,00 g Natriumhydrid (NaH) eines Volumens von 2,500 L.

Schwache Säuren

16.24

Stellen Sie die chemische Gleichung und den Ausdruck für K_S der Dissoziation der folgenden Säuren in wässriger Lösung auf. Stellen Sie die Reaktionsgleichung zuerst mit H^+ (*aq*) als Produkt auf und danach für das Hydroniumion.
(a) $HBrO_2$, **(b)** CH_3CH_2COOH.

16.25

Milchsäure ($HC_3H_5O_3$) besitzt ein saures Wasserstoffatom. Der pH einer 0,10 *M*-Milchsäurelösung beträgt 2,44. Berechnen Sie die Dissoziationskonstante K_S.

16.26

Phenylessigsäure ($C_6H_5CH_2COOH$) ist eine der Substanzen, die sich im Blut von Personen mit Phenylketonurie ansammeln. Diese erbliche Stoffwechselstörung kann zur geistigen Behinderung oder sogar zum Tod führen. Man bestimmt für eine 0,085 *M*-Lösung von $C_6H_5CH_2COOH$ einen pH von 2,68. Berechnen Sie die Konstante K_S dieser Säure.

16.27

0,100 *M*-Lösung von Chloressigsäure ($ClCH_2COOH$) ist zu 11,0 % ionisiert. Berechnen Sie aus diesen Informationen $[ClCH_2COO^-]$, $[H^+]$, $[ClCH_2COOH]$ und die Konstante K_S von Chloressigsäure.

16.28

Der pH einer Essigprobe beträgt 2,90. Berechnen Sie die Konzentration von Essigsäure ($K_S = 1{,}8 \times 10^{-5}$ mol/L) in der Probe unter der Annahme, dass keine weiteren Säuren vertreten sind.

16.29

Die Säuredissoziationskonstante von Benzoesäure (C_6H_5COOH) beträgt $6{,}3 \times 10^{-5}$ mol/L. Berechnen Sie die Gleichgewichtskonzentrationen von H_3O^+, $C_6H_5COO^-$ und C_6H_5COOH in der Lösung, wenn die Ausgangskonzentration von C_6H_5COOH 0,050 *M* beträgt.

16.30

Berechnen Sie die pH-Werte der folgenden Lösungen:
(a) 0,095 *M* Propionsäure (CH_3CH_2COOH),
(b) 0,100 *M* Hydrogenchromat ($HCrO_4^-$) und
(c) 0,120 *M* Pyridin (C_5H_5N).

16.31

Der Zuckerersatz Saccharin ist eine schwache Säure, mit $pK_S = 2{,}32$ bei 25 °C und dissoziiert in wässriger Lösung nach folgender Reaktion:

$$NC_7H_4SO_3H(aq) \rightleftharpoons H^+(aq) + NC_7H_4SO_3^-(aq)$$

Wie lautet der pH einer 0,10 *M*-Lösung dieses Stoffes?

16.32

Bestimmen Sie den prozentualen Dissoziationsgrad von Stickstoffwasserstoffsäure (HN_3) in Lösungen der folgenden Konzentrationen:
(a) 0,400 *M*, **(b)** 0,100 *M*, **(c)** 0,0400 *M*.

16.33

Bestimmen Sie den prozentualen Dissoziationsgrad von Propionsäure (CH_3CH_2COOH) in Lösungen der folgenden Konzentrationen:
(a) 0,250 *M*, **(b)** 0,0800 *M*, **(c)** 0,0200 *M*.

[16.34]

Zeigen Sie, dass sich der prozentuale Dissoziationsgrad einer schwachen Säure umgekehrt proportional zur Quadratwurzel der Säurekonzentration verhält.

[16.35]

Die dreibasige Zitronensäure ist in Zitrusfrüchten enthalten. Berechnen Sie den pH und die Konzentration des Citrations ($C_6H_5O_7^{3-}$) in einer 0,050 *M*-Zitronensäurelösung. Erklären sie eventuelle vereinfachende Annahmen in Ihren Berechnungen.

Schwache Basen

16.36

Welches grundlegende Strukturelement ist allen Brønsted–Lowry-Basen gemeinsam?

16.37

Welche beiden Molekül- oder Ionentypen verhalten sich in der Regel als schwache Basen?

16.38

Berechnen Sie die molare Konzentration der OH^--Ionen in einer 0,075 *M*-Ethylaminlösung ($C_2H_5NH_2$,

$K_B = 6{,}4 \times 10^{-4}$ mol/L) und bestimmen Sie den pH der Lösung.

16.39
Ephedrin ist ein Stimulans des zentralen Nervensystems und man verwendet es auch als Spray gegen Verstopfung der Nase. Diese Verbindung ist eine schwache organische Base:

$$C_{10}H_{15}ON(aq) + H_2O(l) \rightleftharpoons C_{10}H_{15}ONH^+(aq) + OH^-(aq)$$

Der pH einer 0,035 *M*-Ephedrinlösung beträgt 11,33. **(a)** Wie groß sind die Gleichgewichtskonzentrationen von $C_{10}H_{15}ON$, $C_{10}H_{15}ONH^+$ und OH^-? **(b)** Berechnen Sie K_B von Ephedrin.

Die Beziehung zwischen K_S und K_B; Säure-Base-Eigenschaften von Salzen

16.40
Die Säuredissoziationskonstante von Phenol (C_6H_5OH) steht in der Liste der K_S-Werte, nicht aber die Basenkonstante des Phenolations ($C_6H_5O^-$). **(a)** Erklären Sie, warum es nicht notwendig ist, neben der Konstante K_S des Phenols auch K_B des Phenolations aufzuführen. **(b)** Berechnen Sie K_B des Phenolations. **(c)** Ist das Phenolation eine stärkere oder schwächere Base als Ammoniak?

16.41
(a) Die Konstante K_S von Essigsäure ist $1{,}8 \times 10^{-5}$ mol/L und K_S von hypochloriger Säure beträgt 3×10^{-8} mol/L. Welche ist die stärkere Säure? **(b)** Welcher Stoff ist die stärkere Base, das Acetat- oder das Hypochlorition? **(c)** Berechnen Sie K_B von CH_3COO^- und ClO^-.

16.42
Berechnen Sie jeweils $[OH^-]$ und den pH der folgenden Lösungen: **(a)** 0,10 *M* NaCN, **(b)** 0,080 *M* Na_2CO_3, **(c)** eine Mischung aus 0,10 *M* $NaNO_2$ und 0,20 *M* $Ca(NO_2)_2$.

16.43
Bestimmen Sie, ob sich die folgenden Verbindungen in wässriger Lösung sauer, basisch oder neutral verhalten: **(a)** NH_4Br, **(b)** $FeCl_3$, **(c)** Na_2CO_3, **(d)** $KClO_4$, **(e)** $NaHC_2O_4$.

16.44
Ein unbekanntes Salz ist entweder NaF, NaCl oder NaOCl. Löst man 0,050 mol dieses Salzes in 0,500 L Wasser, so beträgt der pH der Lösung 8,08. Um welches Salz handelt es sich?

16.45
Sorbinsäure (C_5H_7COOH) ist eine schwache einbasige Säure mit der Konstante $K_S = 1{,}7 \times 10^{-5}$ mol/L. Man setzt manchen Käsesorten ein Salz dieser Säure (Kaliumsorbat) gegen Schimmelbildung zu. Wie groß ist der pH einer Lösung von 11,25 g Kaliumsorbat in 1,75 L Wasser?

Säure-Base-Verhalten und chemische Struktur

16.46
Wie hängt die Säurestärke einer Sauerstoffsäure **(a)** von der Elektronegativität des Zentralatoms, **(b)** von der Zahl der nicht protonierten Sauerstoffatome des Moleküls ab?

16.47
Erklären Sie die folgenden Beobachtungen: **(a)** HNO_3 ist eine stärkere Säure als HNO_2; **(b)** H_2S ist eine stärkere Säure als H_2O; **(c)** H_2SO_4 ist eine stärkere Säure als HSO_4^-; **(d)** H_2SO_4 ist eine stärkere Säure als H_2SeO_4; **(e)** CCl_3COOH ist eine stärkere Säure als CH_3COOH.

16.48
Bestimmen Sie anhand der chemischen Zusammensetzung und Struktur und nach konjugierten Säure-Base-Zusammenhängen jeweils die stärkere Base der folgenden Stoffpaare: **(a)** BrO^- oder ClO^-, **(b)** BrO^- oder BrO_2^-, **(c)** HPO_4^{2-} oder $H_2PO_4^-$.

16.49
Geben Sie an, ob die folgenden Aussagen richtig oder falsch sind, und korrigieren Sie die falschen Aussagen. **(a)** Im Allgemeinen nimmt die Stärke von Elementwasserstoffsäuren innerhalb einer Periode (Zeile) des Periodensystems von links nach rechts zu. **(b)** In einer Reihe von Säuren mit gleichem Zentralatom nimmt die Säurestärke mit der Zahl der Wasserstoffatome zu, die an das Zentral-

atom gebunden sind. **(c)** Tellurwasserstoffsäure (H_2Te) ist eine stärkere Säure als H_2S, da Te elektronegativer ist als S.

16.50
Geben Sie an, ob die folgenden Aussagen richtig oder falsch sind, und korrigieren Sie die falschen Aussagen. **(a)** Die Säurestärke nimmt in einer Reihe von H — X-Molekülen mit wachsender Größe von X zu. **(b)** Für Säuren gleicher Grundstruktur, aber mit Zentralatomen verschiedener Elektronegativitäten sinkt die Säurestärke mit steigender Elektronegativität des Zentralatoms. **(c)** HF ist die stärkste bekannte Säure, denn Fluor ist das Element mit der höchsten Elektronegativität.

Lewis-Säuren und -Basen

16.51
Ist eine Arrhenius-Base notwendigerweise auch eine Brønsted–Lowry-Base und eine Lewis-Base? Erklären Sie.

16.52
Bestimmen Sie unter den Ausgangsstoffen der folgenden Reaktionen jeweils die Lewis-Säure und die Lewis-Base.

(a) $Fe(ClO_4)_3(s) + 6\,H_2O(l) \rightleftharpoons Fe(H_2O)_6^{3+}(aq) + 3\,ClO_4^-(aq)$

(b) $CN^-(aq) + H_2O(l) \rightleftharpoons HCN(aq) + OH^-(aq)$

(c) $(CH_3)_3N(g) + BF_3(g) \rightleftharpoons (CH_3)_3NBF_3(s)$

(d) $HIO(lq) + NH_2^-(lq) \rightleftharpoons NH_3(lq) + IO^-(lq)$

(lq bezeichnet eine Lösung in Ammoniak)

16.53
Bestimmen Sie den jeweils saureren der beiden Stoffe in wässriger Lösung: **(a)** K^+ oder Cu^{2+}, **(b)** Fe^{2+} oder Fe^{3+}, **(c)** Al^{3+} oder Ga^{3+}. Erklären Sie.

16.54
Bestimmen Sie den jeweils saureren der beiden Stoffe in wässriger Lösung: **(a)** $ZnBr_2$ oder $CdCl_2$, **(b)** $Ca\,(NO_3)_2$ oder $NiBr_2$. Erklären Sie.

Zusatzaufgaben

16.55
Definieren oder erklären Sie **(a)** K_W, **(b)** K_S und **(c)** pOH in eigenen Worten.

16.56
Hämoglobin spielt in einer Reihe von Gleichgewichten eine Rolle, die Protonierung-Deprotonierung und das Bilden und Lösen von Bindungen mit Sauerstoff einbeziehen. Die Gesamtreaktion lautet näherungsweise

$$HbH^+(aq) + O_2(aq) \rightleftharpoons HbO_2(aq) + H^+(aq)$$

Hier steht Hb für Hämoglobin und HbO_2 für Oxihämoglobin. **(a)** Die O_2-Konzentration ist in der Lunge höher als im Gewebe. Welche Auswirkung hat eine hohe O_2-Konzentration auf dieses Reaktionsgleichgewicht? **(b)** Der normale pH von Blut beträgt 7,4. Ist das Blut sauer, basisch oder neutral? **(c)** Das Absinken des pH des Blutes durch große Mengen saurer Stoffwechselprodukte bezeichnet man als Azidose. Wie wirkt die Absenkung des Blut-pH auf die Fähigkeit des Hämoglobins zum O_2-Transport?

16.57
Capronsäure ($C_5H_{11}COOH$) findet man in kleinen Mengen in Kokosnuss- und Palmölen und man verwendet sie zur Herstellung von künstlichen Aromen. Eine gesättigte Lösung enthält 11 g/L dieser Säure und ihr pH beträgt 2,94. Berechnen Sie K_S dieser Säure.

16.58
Wie groß sind die Konzentrationen von H^+, $H_2PO_4^-$, $H_2PO_4^{2-}$ und PO_4^{3-} in einer 0,0250 M H_3PO_4-Lösung?

Übergreifende Aufgaben

16.59
Berechnen Sie die Anzahl der H^+ (aq)-Ionen in 1,0 mL reinem Wasser bei 25 °C.

16.60
Der CO_2-Gehalt der Atmosphäre ist in den letzten 40 Jahren um annähernd 20 % von 315 ppm auf 375 ppm gestiegen. **(a)** Gehen Sie vom heutigen pH

des sauberen Regens von 5,4 aus und bestimmen Sie den pH unverschmutzten Regens vor 40 Jahren. Nehmen Sie an, dass die Kohlensäure (H_2CO_3) aus der Reaktion von CO_2 mit Wasser der einzige Faktor ist, welcher den pH bestimmt.

$$CO_2(g) + H_2O(l) \rightleftharpoons H_2CO_3(aq)$$

(b) Welches CO_2-Volumen ist bei 25 °C und 1,0 atm in einem 20,0-L-Eimer heutigen Regenwassers gelöst?

16.61

Kokain ist eine schwache organische Base mit der Summenformel $C_{17}H_{21}NO_4$. Man beobachtet für eine wässrige Kokainlösung einen pH von 8,53 und einen osmotischen Druck von 52,7 torr bei 15 °C. Berechnen Sie K_B von Kokain.

16.62

(a) Bestimmen Sie mit Hilfe der Dissoziationskonstanten die Gleichgewichtskonstanten der folgenden Reaktionen. Bedenken Sie, dass man bei der Addition von Gleichungen die Gleichgewichtskonstanten multipliziert.

(i) $HCO_3^-(aq) + OH^-(aq) \rightleftharpoons CO_3^{2-}(aq) + H_2O(l)$

(ii) $NH_4^+(aq) + CO_3^{2-}(aq) \rightleftharpoons NH_3(aq) + HCO_3^-(aq)$

(b) Man schreibt in der Regel eine Reaktionsgleichung dann mit einfachem Pfeil, wenn die Hinreaktion (von links nach rechts) dominiert (K deutlich größer als eins ist) oder wenn Reaktionsprodukte aus dem System entweichen und sich daher kein Gleichgewicht einstellt. Welches der Gleichgewichte (i) und (ii) kann man gemäß dieser Konvention mit einfachem Pfeil schreiben?

Kapitel 17

Weitere Aspekte von Gleichgewichten in wässriger Lösung

Gleichionenzusatz

17.1

(a) Was versteht man unter Gleichionenzusatz? **(b)** Geben Sie ein Beispiel eines Salzes an, mit dem die Dissoziation von HNO_2 in Lösung verringert werden kann.

17.2

Steigt der pH-Wert bei Hinzufügen der folgenden Stoffe zu den genannten Lösungen an, nimmt er ab oder bleibt er konstant: **(a)** $NaNO_2$ zu einer Lösung von HNO_2, **(b)** $(CH_3NH_3)Cl$ zu einer Lösung von CH_3NH_2, **(c)** Natriumformiat zu einer Lösung von Ameisensäure, **(d)** Kaliumbromid zu einer Lösung von Bromwasserstoffsäure und **(e)** HCl zu einer Lösung von $NaCH_3COO$?

17.3

Geben Sie an, ob der pH-Wert bei Hinzufügen der folgenden Stoffe zu den genannten Lösungen ansteigt, abnimmt oder konstant bleibt. **(a)** $Ca(C_6H_5COO)_2$ zu einer Lösung von C_6H_5COOH, **(b)** Pyridiniumnitrat $(C_5H_5NH)(NO_3)$ zu einer Lösung von Pyridin (C_5H_5N), **(c)** Ammoniak zu einer Lösung von Chlorwasserstoffsäure, **(d)** Natriumhydrogencarbonat zu einer Lösung von Kohlensäure und **(e)** $NaClO_4$ zu einer Lösung von NaOH.

17.4

Berechnen Sie den pH-Wert von **(a)** einer Lösung mit 0,060 *M* Kaliumpropionat (KC_2H_5COO) und 0,085 *M* Propionsäure (C_2H_5COOH), **(b)** einer Lösung mit 0,075 *M* Trimethylamin $(CH_3)_3N$ und 0,10 *M* Trimethylammoniumchlorid $(CH_3)_3NHCl$ und **(c)** einer Lösung, die entsteht, wenn 50,0 mL einer 0,15 *M* Essigsäure- und 50,0 mL einer 0,20 *M* Natriumacetatlösung vermischt werden.

17.5

(a) Berechnen Sie die prozentuale Dissoziation einer 0,0075 *M* Butansäurelösung ($K_S = 1{,}5 \times 10^{-5}$ mol/L). **(b)** Berechnen Sie die prozentuale Dissoziation von 0,0075 *M* Butansäure in einer 0,085 *M* Natriumbutyratlösung.

Puffer

17.6

Erklären Sie, warum ein Gemisch aus CH_3COOH und $NaCH_3COO$ als Puffer wirkt, ein Gemisch aus HCl und NaCl dagegen nicht.

17.7

(a) Berechnen Sie den pH-Wert eines Puffers mit 0,12 *M* Milchsäure und 0,11 *M* Natriumlactat? **(b)** Berechnen Sie den pH-Wert eines Puffers, der durch Mischen von 85 mL einer 0,13 *M* Milchsäure und 95 mL einer 0,15 *M* Natriumlactatlösung hergestellt wird.

17.8

Ein Puffer wird hergestellt, indem zu 20,0 g Essigsäure (CH_3COOH) und 20,0 g Natriumacetat $(NaCH_3COO)$ so viel Wasser hinzugefügt wird, dass 2,00 L Lösung entstehen. **(a)** Bestimmen Sie den pH-Wert des Puffers. **(b)** Geben Sie die vollständige Ionengleichung der Reaktion an, die auftritt, wenn dem Puffer wenige Tropfen Chlorwasserstoffsäure hinzugefügt werden. **(c)** Geben Sie die vollständige Ionengleichung der Reaktion an, die auftritt, wenn dem Puffer wenige Tropfen einer Natriumhydroxidlösung hinzugefügt werden.

17.9

Wie viel Mol Natriumhypobromit (NaBrO) müssen zu 1,00 L einer 0,050 *M* hypobromigen Säure (HBrO) gegeben werden, um einen Puffer mit einem pH-Wert von 9,15 zu erhalten? Nehmen Sie an, dass sich durch die Zugabe von NaBrO keine Volumenänderung ergibt.

17.10
1,00 L einer Pufferlösung enthält 0,10 mol Essigsäure und 0,13 mol Natriumacetat. **(a)** Welchen pH-Wert hat dieser Puffer? **(b)** Welchen pH-Wert hat der Puffer nach Zugabe von 0,02 mol KOH? **(c)** Welchen pH-Wert hat der Puffer nach Zugabe von 0,02 mol HNO_3?

17.11
(a) Welches Verhältnis haben HCO_3^- und H_2CO_3 im Blut bei einem pH-Wert von 7,4 zueinander? **(b)** Welches Verhältnis haben HCO_3^- und H_2CO_3 eines erschöpften Marathonläufers zueinander, dessen pH-Wert im Blut 7,1 beträgt?

17.12
Sie sollen einen Puffer mit dem pH-Wert 3,50 herstellen. Ihnen stehen dazu die folgenden 0,10 *M* Lösungen zur Verfügung: HCOOH, CH_3COOH, H_3PO_4, NaHCOO, $NaCH_3COO$ und NaH_2PO_4. Welche Lösungen würden Sie verwenden? Wie viel Milliliter der jeweiligen Lösungen würden Sie benötigen, um etwa einen Liter des Puffers herzustellen?

Säure-Base-Titrationen

17.13
Der abgebildete Graph zeigt die Titrationskurven von zwei einbasigen Säuren.

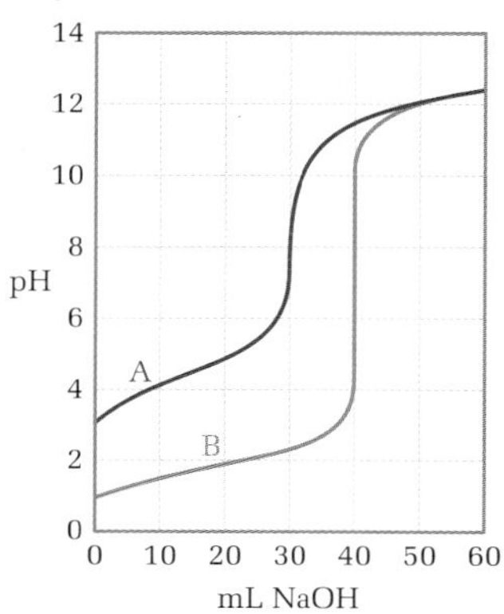

(a) Welche Kurve gehört zur starken Säure? **(b)** Welcher ungefähre pH-Wert liegt am Äquivalenzpunkt der Titration jeweils vor? **(c)** Wie verhalten sich die ursprünglichen Konzentrationen der beiden Säuren zueinander, wenn 40,0 mL jeder Säure mit dem gleichen Volumen einer 0,100 *M* bis zum Äquivalenzpunkt titriert wird?

17.14
Inwiefern unterscheidet sich die Titration einer starken, einbasigen Säure mit einer starken Base von der Titration einer schwachen, einbasigen Säure mit einer starken Base bezüglich: **(a)** der Menge der zum Erreichen des Äquivalenzpunkts benötigten Base, **(b)** des pH-Werts am Beginn der Titration, **(c)** des pH-Werts am Äquivalenzpunkt, **(d)** des pH-Werts nach Hinzufügen eines geringen Überschusses an Base und **(e)** der Wahl des Indikators zur Anzeige des Äquivalenzpunkts?

17.15
Geben Sie an, ob der pH-Wert am Äquivalenzpunkt der folgenden Titrationen über, unter oder bei 7 liegt: **(a)** Titration von $NaHCO_3$ mit NaOH, **(b)** Titration von NH_3 mit HCl und **(c)** Titration von KOH mit HBr.

17.16
Zwei einbasige Säuren mit einer Konzentration von 0,100 *M* werden mit einer 0,100 *M* NaOH-Lösung titriert. Der pH-Wert am Äquivalenzpunkt beträgt bei HX 8,8 und bei HY 7,9. **(a)** Welche Säure ist die schwächere Säure? **(b)** Welche Indikatoren eignen sich für die Titration dieser Säuren?

17.17
Nehmen Sie an, dass 30,0 mL einer 0,10 *M* Lösung einer schwachen Base B, die ein Proton aufnehmen kann, mit einer 0,10 *M* Lösung der einbasigen starken Säure HX titriert wird. **(a)** Wie viel Mol HX sind am Äquivalenzpunkt zur Lösung hinzugefügt worden? **(b)** In welcher Form liegt B am Äquivalenzpunkt hauptsächlich vor? **(c)** Wodurch wird der pH-Wert am Äquivalenzpunkt bestimmt? **(d)** Ist Phenolphthalein oder Methylrot besser als Indikator für diese Titration geeignet?

17.18
Wie viel Milliliter einer 0,0850 *M* NaOH-Lösung werden zum Erreichen des Äquivalenzpunkts der folgenden Lösungen benötigt: **(a)** 40,0 mL einer 0,0900 *M* HNO_3-Lösung, **(b)** 35,0 mL einer 0,0850 *M* CH_3COOH-

Lösung und **(c)** 50,0 mL einer Lösung, die 1,85 g HCl pro Liter enthält?

17.19

20,0 mL einer 0,200 *M* HBr-Lösung werden mit einer 0,200 *M* NaOH-Lösung titriert. Berechnen Sie den pH-Wert der Lösung nach Zugabe der folgenden Volumina der Base: **(a)** 15,0 mL; **(b)** 19,9 mL; **(c)** 20,0 mL; **(d)** 20,1 mL; **(e)** 35,0 mL.

17.20

35,0 mL einer 0,150 *M* Essigsäurelösung (CH_3COOH) werden mit einer 0,150 *M* NaOH-Lösung titriert. Berechnen Sie den pH-Wert der Lösung nach Zugabe der folgenden Volumina der Base: **(a)** 0 mL, **(b)** 17,5 mL, **(c)** 34,5 mL, **(d)** 35,0 mL, **(e)** 35,5 mL, **(f)** 50,0 mL.

17.21

Berechnen Sie den pH-Wert am Äquivalenzpunkt der Titration von 0,200 *M* Lösungen der folgenden Basen mit einer 0,200 *M* HBr-Lösung: **(a)** Natriumhydroxid (NaOH), **(b)** Hydroxylamin (NH_2OH) und **(c)** Anilin ($C_6H_5NH_2$).

Löslichkeitsgleichgewichte und Faktoren, die die Löslichkeit beeinflussen

17.22

(a) Warum taucht die Konzentration des ungelösten Festkörpers nicht explizit im Ausdruck des Löslichkeitsprodukts auf? **(b)** Geben Sie die Ausdrücke für die Löslichkeitsprodukte der folgenden starken Elektrolyte an: AgI, $SrSO_4$, Fe $(OH)_2$ und Hg_2Br_2.

17.23

(a) Wenn die molare Löslichkeit von CaF_2 bei 35 °C $1,24 \times 10^{-3}$ mol/L beträgt, welchen Wert hat dann K_L bei dieser Temperatur? **(b)** Bei 25 °C lösen sich $1,1 \times 10^{-2}$ mol/L SrF_2 pro 100 mL wässriger Lösung. Berechnen Sie das Löslichkeitsprodukt von SrF_2. **(c)** K_L von Ba $(IO_3)_2$ hat bei 25 °C einen Wert von $6,0 \times 10^{-10}$ mol/L. Welche molare Löslichkeit hat die Ba $(IO_3)_2$-Lösung?

17.24

1,00 L einer bei 25 °C mit Calciumoxalat (CaC_2O_4) gesättigten Lösung enthält 0,0061 g CaC_2O_4. Berechnen Sie das Löslichkeitsprodukt dieses Salzes bei 25 °C.

17.25

1,00 L einer bei 25 °C mit Blei(II)iodid gesättigten Lösung enthält 0,54 g PbI_2. Berechnen Sie das Löslichkeitsprodukt dieses Salzes bei 25 °C.

17.26

Berechnen Sie die molare Löslichkeit von AgBr in **(a)** reinem Wasser, **(b)** $3,0 \times 10^{-2}$ *M* $AgNO_3$-Lösung und **(c)** 0,10 *M* NaBr-Lösung.

17.27

Berechnen Sie die Löslichkeit von Mn $(OH)_2$ in g/L in einer bei einem pH-Wert von **(a)** 7,0; **(b)** 9,5 und **(c)** 11,8 gepufferten Lösung.

17.28

Welche der folgenden Salze sind in saurer Lösung erheblich löslicher als in reinem Wasser: **(a)** $ZnCO_3$, **(b)** ZnS, **(c)** BiI_3, **(d)** AgCN oder **(e)** $Ba_3(PO_4)_2$?

17.29

Berechnen Sie die Konzentration von Cu^{2+} in 1,0 L einer Lösung, die eine Gesamtmenge von 1×10^{-3} mol Kupfer (II)ionen enthält und eine Konzentration von 0,10 *M* NH_3 hat.

17.30

Berechnen Sie mit Hilfe der Werte von K_L von AgI und $K_{Bil.}$ von Ag $(CN)_2^-$ die Gleichgewichtskonstante der Reaktion

$$AgI(s) + 2\,CN^-(aq) \rightleftharpoons Ag(CN)_2^-(aq) + I^-(aq)$$

Niederschlag; Qualitative Analyse

17.31

(a) Fällt aus einer 0,050 *M* $CaCl_2$-Lösung $Ca(OH)_2$ aus, wenn der pH-Wert der Lösung auf 8,0 eingestellt wird? **(b)** Bildet sich ein Niederschlag aus Ag_2SO_4, wenn 100 mL einer 0,050 *M* $AgNO_3$-Lösung mit 10 mL einer $5,0 \times 10^{-2}$ *M* Na_2SO_4-Lösung vermischt werden?

17.32

Berechnen Sie den mindestens benötigten pH-Wert, um Mn $(OH)_2$ so vollständig auszufällen, dass die

Konzentration von Mn^{2+} weniger als 1 μg pro Liter beträgt (1 ppb).

17.33

Eine Lösung enthält $2{,}0 \times 10^{-4}$ *M* Ag^+ und $1{,}5 \times 10^{-3}$ *M* Pb^{2+}. Bildet sich bei Zugabe von NaI zuerst AgI ($K_L = 8{,}3 \times 10^{-17}\ mol^2/L^2$) oder PbI_2 ($K_L = 7{,}9 \times 10^{-9}\ mol^3/L^3$)? Berechnen Sie die Konzentration von I^-, ab der sich ein Niederschlag bildet.

17.34

Eine Lösung mit einer unbekannten Anzahl an Metallionen wird mit einer verdünnten HCl-Lösung behandelt. Es bildet sich kein Niederschlag. Der pH-Wert wird auf etwa 1 eingestellt und gasförmiges H_2S durch die Lösung geleitet. Es fällt wieder kein Niederschlag aus. Der pH-Wert der Lösung wird auf 8 eingestellt und anschließend erneut H_2S-Gas durch die Lösung geleitet. Es fällt ein Niederschlag aus. Das Filtrat dieser Lösung wird mit $(NH_4)_2HPO_4$ behandelt. Es bildet sich kein Niederschlag. Welche Metallionen könnten sich in der Lösung befinden? Welche Ionen befinden sich im Rahmen der Nachweisgrenzen dieses Tests nicht in der Lösung?

17.35

In einer Lehrveranstaltung zu verschiedenen qualitativen Analysemethoden liegen Ihnen die folgenden Gemische vor: **(a)** Zn^{2+} und Cd^{2+}, **(b)** $Cr(OH)_3$ und $Fe(OH)_3$, **(c)** Mg^{2+} und K^+ und **(d)** Ag^+ und Mn^{2+}. Wie könnten Sie die jeweiligen Gemische trennen?

17.36

Wie könnten Sie die Kationen der folgenden Lösungsgemische trennen: **(a)** Na^+ und Cd^{2+}, **(b)** Cu^{2+} und Mg^{2+}, **(c)** Pb^{2+} und Al^{3+} und **(d)** Ag^+ and Hg^{2+}?

17.37

(a) Zum Ausfällen der Kationen der Gruppe 4 wird ein basisches Medium benötigt. Warum ist das der Fall? **(b)** Worin besteht der wesentliche Unterschied zwischen den in Gruppe 2 ausgefällten und den in Gruppe 3 ausgefällten Sulfiden? **(c)** Wie könnten die in Gruppe 3 ausgefüllten Kationen wieder aufgelöst werden?

Zusatzaufgaben

17.38

Furancarbonsäure (C_4H_3OCOOH) hat bei 25 °C einen K_S-Wert von $6{,}76 \times 10^{-4}$. Berechnen Sie den pH-Wert bei 25 °C von **(a)** einem Gemisch aus 35,0 g Furancarbonsäure und 30,0 g Natriumfurancarboxylat (NaC_4H_3OCOO), zu dem so viel Wasser gegeben wird, dass sich 0,250 L Lösung bilden, **(b)** einer Lösung von 30,0 mL 0,250 *M* C_4H_3OCOOH und 20,0 mL 0,22 *M* NaC_4H_3OCOO, die auf ein Gesamtvolumen von 125 mL verdünnt wird, und **(c)** einer Lösung eines Gemisches aus 50,0 mL einer 1,65 *M* NaOH-Lösung und 0,500 L einer 0,0850 *M* C_4H_3OCOOH-Lösung.

17.39

Bei dem Säure-Base-Indikator Bromkresolgrün handelt es sich eine schwache Säure. Die Formen der gelben Säure und blauen Base liegen in einer Lösung mit einem pH-Wert von 4,68 in gleichen Anteilen vor. Welchen pK_S-Wert hat Bromkresolgrün?

17.40

Zwei Puffer werden hergestellt, indem gleiche Stoffmengen von Ameisensäure (HCOOH) und Natriumformiat (NaHCOO) zu so viel Wasser gegeben werden, dass 1,00 L Lösung entsteht. Puffer A wird mit je 1,00 mol der beiden Stoffe hergestellt. Puffer B wird mit je 0,010 mol der beiden Stoffmengen hergestellt. **(a)** Berechnen Sie die pH-Werte der Puffer und erklären Sie, warum diese in beiden Fällen gleich sind. **(b)** Welcher Puffer hat die größere Pufferkapazität? Warum? **(c)** Berechnen Sie die pH-Änderungen der beiden Puffer, die sich bei Zugabe von 1,0 mL einer 1,00 *M* HCl-Säure ergeben. **(d)** Berechnen Sie die pH-Änderungen der beiden Puffer, die sich bei Zugabe von 10 mL einer 1,00 *M* HCl ergeben. **(e)** Erklären Sie Ihre Antworten zu Teil (c) und (d) in Hinblick auf Ihre Antwort zu Teil (b).

17.41

Eine Probe von 0,2140 g einer unbekannten einbasigen Säure werden in 25,0 mL Wasser gelöst und mit einer 0,0950 *M* NaOH-Lösung titriert. Es werden 27,4 mL Base benötigt, um den Äquivalenzpunkt zu erreichen. **(a)** Welche molare Masse hat die Säure? **(b)** Nach Zugabe von 15,0 mL der Base wird ein pH-

Wert von 6,50 gemessen. Welchen K_S-Wert hat die unbekannte Säure?

17.42

Berechnen Sie für die Titration von 40,00 mL einer 0,100 *M* Na_2CO_3-Lösung mit einer 0,100 *M* HCl-Lösung **(a)** den pH-Wert am Beginn der Titration, **(b)** das zum Erreichen des ersten Äquivalenzpunkts benötigte Volumen an HCl-Lösung und die zu diesem Zeitpunkt hauptsächlich vorliegenden Stoffe, **(c)** das zum Erreichen des zweiten Äquivalenzpunkts benötigte Volumen an HCl-Lösung und die zu diesem Zeitpunkt hauptsächlich vorliegenden Stoffe und **(d)** den pH-Wert am zweiten Äquivalenzpunkt.

17.43

Nehmen Sie an, Sie wollen ein physiologisches Experiment durchführen und benötigen dazu einen Puffer mit einem pH-Wert von 6,5. Sie wissen, dass der Organismus, mit dem Sie arbeiten, gegenüber der schwachen Säure H_2X ($K_{S1} = 2 \times 10^{-2}$ mol/L; $K_{S2} = 5{,}0 \times 10^{-7}$ mol/L) und ihren Natriumsalzen nicht empfindlich ist. Sie verfügen über eine 1,0 *M* Lösung dieser Säure sowie eine 1,0 *M* NaOH-Lösung. Welche Menge der NaOH-Lösung müssen Sie zu 1,0 L der Säure geben, um einen Puffer mit dem pH-Wert von 6,50 zu erhalten? Vernachlässigen Sie eventuell auftretende Volumenänderungen.

17.44

Bestimmen Sie mit Hilfe der entsprechenden K_L-Werte, welche der folgenden Verbindungen jeweils die größere molare Löslichkeit hat: **(a)** CdS oder CuS, **(b)** $PbCO_3$ oder $BaCrO_4$, **(c)** $Ni(OH)_2$ oder $NiCO_3$ und **(d)** AgI oder Ag_2SO_4.

17.45

Eine gesättigte Lösung von $Mg(OH)_2$ in Wasser hat einen pH-Wert von 10,38. Schätzen Sie den K_L-Wert dieser Verbindung ab.

17.46

Das Löslichkeitsprodukt von Bariumpermanganat [$Ba(MnO_4)_2$] beträgt $2{,}5 \times 10^{-10}$ mol^3/L^3. Nehmen Sie an, dass sich festes $Ba(MnO_4)_2$ im Gleichgewicht mit einer Lösung von $KMnO_4$ befindet. Welche Konzentration von $KMnO_4$ wird benötigt, um in der Lösung eine Konzentration des Ba^{2-}-Ions von $2{,}0 \times 10^{-8}$ *M* einzustellen?

17.47

Welchen pH-Wert muss eine Pufferlösung haben, um in einer Lösung, die sich im Gleichgewicht mit festem Magnesiumoxalat befindet, eine Mg^{2+}-Konzentration von $3{,}0 \times 10^{-2}$ *M* einzustellen?

Übergreifende Aufgaben

17.48

(a) Geben Sie die Gleichung der Reaktion an, die auftritt, wenn eine Chlorwasserstoffsäurelösung (HCl) mit einer Lösung von Natriumformiat (NaHCOO) vermischt wird. **(b)** Berechnen Sie die Gleichgewichtskonstante dieser Reaktion. **(c)** Berechnen Sie die Gleichgewichtskonzentrationen von Na^+, Cl^-, H^+, $HCCO^-$ und HCOOH in einem Gemisch aus 50,0 ml einer 0,15 *M* HCL-Lösung und 50,0 mL einer 0,15 *M* NaHCOO-Lösung.

17.49

7,5 L gasförmiges NH_3 werden bei 22 °C und 735 Torr durch 0,50 L einer 0,40 *M* HCl-Lösung geleitet. Berechnen Sie unter der Annahme, dass sich das NH_3 vollständig löst und das Volumen der Lösung sich nicht verändert, den pH-Wert der gebildeten Lösung.

17.50

Der Osmosedruck einer gesättigten Lösung von Strontiumsulfat beträgt bei 25 °C 21 Torr. Welches Löslichkeitsprodukt hat dieses Salz bei 25 °C?

Kapitel 18
Umweltchemie

Die Erdatmosphäre

18.1
(a) Was ist das wichtigste Kriterium für die Einteilung der Atmosphäre in verschiedene Regionen? **(b)** Benennen Sie die Regionen der Atmosphäre und geben Sie das Höhenintervall für jede einzelne an.

18.2
Mexiko hat eine Luftqualitätsnorm von 110 ppb (Teilchen pro Milliarde) für Ozon festgelegt, jedoch sind die tatsächlich gemessenen Ozonwerte oftmals wesentlich höher. Die Ozonkonzentration in Mexiko-Stadt wurde mit 441 ppb (0,441 ppm) gemessen. Mexiko-Stadt liegt auf einer Höhe von 2255 m. Das bedeutet, dass der Luftdruck nur 0,67 atm beträgt. Berechnen Sie den Partialdruck von Ozon bei 441 ppb, wenn der Luftdruck 0,67 atm beträgt.

18.3
Die durchschnittliche Konzentration von Kohlenmonoxid in der Luft in Dayton, Ohio, betrug im Jahr 2000 3,4 ppm. Berechnen Sie die Anzahl von CO-Molekülen in 1 L dieser Luft bei einem Druck von 755 Torr und einer Temperatur von 22 °C.

Die obere Atmosphäre; Ozon

18.4
Die Dissoziationsenergie einer Kohlenstoff–Brom-Bindung beträgt üblicherweise rund 210 kJ/mol. Wie groß ist die maximale Wellenlänge von Photonen, die zur Dissoziation einer C — Br-Bindung führen kann?

18.5
(a) Unterscheiden Sie zwischen *Photodissoziation* und *Photoionisation*. **(b)** Erklären Sie unter Verwendung des Energiebedarfs dieser beiden Prozesse, warum die Photodissoziation von Sauerstoff in Höhen unterhalb von ca. 90 km wichtiger ist als die Photoionisation von Sauerstoff.

18.6
Weshalb ist die Photodissoziation von N_2, verglichen mit der Photodissoziation von O_2, relativ unbedeutend?

18.7
Was versteht man unter Fluorkohlenwasserstoffen? Warum sind diese Verbindungen potenziell weniger schädlich für die Ozonschicht als FCKWs?

18.8
(a) Weshalb trägt das in Fluorchlorkohlenwasserstoffen vorhandene Fluor nicht maßgeblich zum Abbau der Ozonschicht bei? **(b)** In welchen chemischen Formen kommt Chlor nach der Spaltung der Kohlenstoff–Chlor-Bindung in der Stratosphäre vor?

Chemie der Troposphäre

18.9
Erstellen Sie für jedes der folgenden Gase eine Liste bekannter oder möglicher, natürlich vorkommender Quellen: **(a)** CH_4; **(b)** SO_2; **(c)** NO **(d)** CO.

18.10
(a) Formulieren Sie eine chemische Gleichung, die den Angriff sauren Regens auf Kalkstein, $CaCO_3$, darstellt. **(b)** Würde die Behandlung einer Kalksteinskulptur zur Bildung einer Deckschicht aus Calciumsulfat zur Verlangsamung der Auswirkungen sauren Regens beitragen? Geben Sie eine Erklärung.

18.11
Kraftfahrzeugbrennstoffe auf Alkoholbasis führen zur Bildung von Formaldehyd (CH_2O) in den Auspuffgasen. Formaldehyd durchläuft eine Photodissozia-

tion und trägt somit zum Photosmog bei:

$$CH_2O + h\nu \longrightarrow CHO + H$$

Die maximale Wellenlänge von Licht, die diese Reaktion hervorrufen kann, beträgt 335 nm. **(a)** In welchem Bereich des elektromagnetischen Spektrums ist Licht dieser Wellenlänge zu finden? **(b)** Wie groß ist die maximale Stärke einer Bindung, in kJ/mol, die durch die Absorption eines Photons von 335 nm Licht aufgebrochen werden kann? **(c)** Vergleichen Sie Ihre Antwort aus Teil (b) mit dem entsprechenden Wert aus Tabellen. Was schließen Sie daraus über die C — H-Bindungsenthalpie von Formaldehyd? **(d)** Schreiben Sie die Photodissoziationsreaktion von Formaldehyd unter Verwendung von Lewis-Strukturformeln.

18.12

Erklären Sie, warum steigende CO_2-Konzentrationen in der Atmosphäre sich auf die die Erde verlassende Energiemenge, jedoch nicht auf die von der Sonne eindringende Menge auswirken.

18.13

(a) Wodurch unterscheidet sich, im Hinblick auf die Absorption von Strahlungsenergie, ein Treibhausgas von einem Nicht-Treibhausgas? **(b)** CH_4 ist ein Treibhausgas, AR jeoch nicht. Wie könte man anhand der molaren Struktur von CH_4 erklären, weshalb es sich um ein Treibhausgas handelt?

Das Weltmeer

18.14

Wie hoch ist die Molarität von Na^+ in einer Lösung von NaCl, deren Salinität 5,6 beträgt, wenn die Lösung eine Dichte von 1,03 g/mL aufweist?

18.15

Der erste Schritt zur Gewinnung von Magnesium aus Meerwasser ist die Fällung von Mg $(OH)_2$ mit CaO:

$$Mg^{2+}(aq) + CaO(s) + H_2O(l) \longrightarrow Mg(OH)_2(s) + Ca^{2+}(aq)$$

Wieviel CaO, in Gramm, wird benötigt, um 1000 kg Mg $(OH)_2$ auszufällen?

18.16

Gehen Sie davon aus, dass zur Verringerung des Salzgehalts von Brackwasser mit einer Gesamtsalzkonzentration von 0,22 *M* auf einen Wert von 0,01 *M* Umkehrosmose eingesetzt werden soll, um es für den menschlichen Genuss nutzbar zu machen. Welcher Druck muss zum Erreichen dieses Ziels in den Permeatoren mindestens aufgebracht werden, wenn wir davon ausgehen, dass der Vorgang bei 298 K abläuft?

Süßwasser

18.17

Listen Sie die üblicherweise bei der Zersetzung organischer, die Elemente Kohlenstoff, Wasserstoff, Sauerstoff, Schwefel und Stickstoff enthaltender Materialien gebildeten Produkte auf. **(a)** Unter aeroben Bedingungen, **(b)** unter anaeroben Bedingungen.

18.18

(a) Erklären Sie, weshalb die Konzentration in Süßwasser gelösten Sauerstoffs ein wichtiger Hinweis auf die Wasserqualität ist. **(b)** Wie wird die Löslichkeit von Sauerstoff in Wasser durch einen Temperaturanstieg beeinflusst?

18.19

Das organische Anion

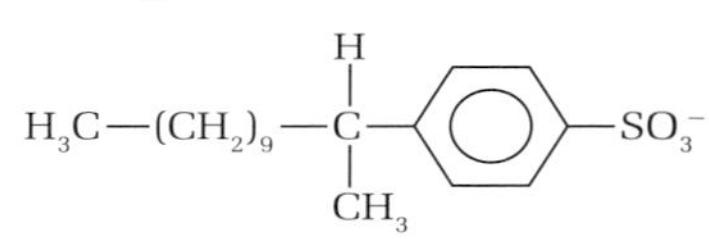

ist in den meisten Reinigungsmitteln zu finden. Gehen Sie davon aus, dass das Anion eine auf folgende Art und Weise ablaufende, aerobe Zersetzung durchläuft:

$$2\,C_{18}H_{29}SO_3^-(aq) + 51\,O_2(aq) \longrightarrow 36\,CO_2(aq) + 28\,H_2O(l) + 2\,H^+(aq) + 2\,SO_4^{2-}(aq)$$

Welche Gesamtmasse von O_2 wird benötigt, um 1 g dieses Stoffes biologisch abzubauen?

18.20

Stellen Sie anhand einer ausgeglichenen chemischen Gleichung dar, wie Magnesium-Ionen bei der Wasseraufbereitung durch die Zugabe von gelöschtem Kalk, Ca $(OH)_2$, entfernt werden.

18.21

(a) Welche der folgenden ionischen Spezies ist für die Härte des Wassers verantwortlich, oder könnte dafür verantwortlich sein: Ca^{2+}, K^{+}, Mg^{2+}, Fe^{2+}, Na^{+}? **(b)** Welche Eigenschaften eines Ions bestimmen, ob es zur Wasserhärte beiträgt?

18.22

Wie viele Mol $Ca(OH)_2$ und Na_2CO_3 sollten 1200 Litern Wasser zur Enthärtung beigegeben werden, in welchem $[Ca^{2+}] = 5{,}0 \times 10^{-4}\ M$ und $[HCO_3^-] = 7{,}0 \times 10^{-4}\ M$ beträgt?

18.23

Eisensulfat ($FeSO_4$) wird oftmals als Koagulierungsmittel bei der Wasserreinigung verwendet. Das Eisen-(II)-Salz wird in dem zu reinigenden Wasser gelöst und anschließend durch gelösten Sauerstoff in den Eisen-(III)-Zustand oxidiert. Zu diesem Zeitpunkt bildet sich gallertartiges $Fe(OH)_3$, wenn wir davon ausgehen, dass der pH-Wert oberhalb von ca. 6 liegt. Schreiben Sie die ausgeglichenen chemischen Gleichungen für die Oxidation von Fe^{2+} zu Fe^{3+} durch gelösten Sauerstoff und für die Bildung von $Fe(OH)_3(s)$ durch die Reaktion von $Fe^{3+}(aq)$ mit $HCO_3^-(aq)$.

Grüne Chemie

18.24

Eines der Prinzipien der grünen Chemie ist, dass bei der Produktion neuer Chemikalien so wenige Schritte wie möglich angewandt werden sollten. Auf welche Art und Weise, falls überhaupt, bezieht sich dieses Prinzip auf den energetischen Wirkungsgrad?

18.25

Erörtern Sie, auf welche Art und Weise Katalysatoren zur Energieeinsparung bei Prozessen beitragen können.

18.26

Bei der Baeyer-Villiger-Reaktion handelt es sich um eine klassische organische Oxidationsreaktion zur Umwandlung von Ketonen zu Lactonen, wie z. B. bei folgender Reaktion:

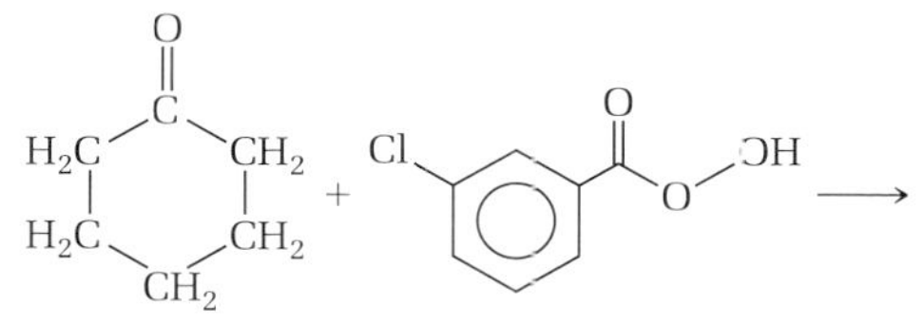

Keton 3-Chlor-Perbenzoesäure

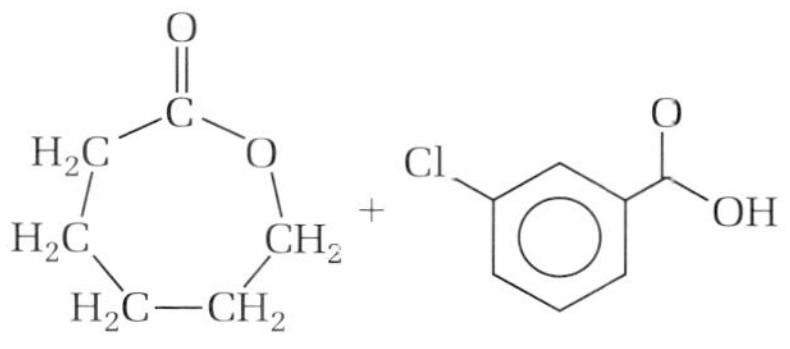

Lacton 3-Chlor-Benzoesäure

Die Reaktion wird bei der Herstellung von Kunststoffen und Arzneimitteln angewandt. Das Reaktant 3-Chlor-Perbenzoesäure ist jedoch etwas stoßempfindlich und explodiert leicht. Darüber hinaus ist 3-Chlor-Benzoesäure ein Abfallprodukt. Bei einem sich in der Entwicklung befindendem alternativen Prozess wird Wasserstoffperoxid und ein aus Zinn bestehender Katalysator auf einem festen Träger verwendet. Der Katalysator kann aus dem Reaktionsgemisch leicht wiedergewonnen werden. **(a)** Welches ist das andere Oxidationsprodukt der Umwandlung von Keton zu Lacton durch Wasserstoffperoxid? **(b)** Welche Prinzipien der grünen Chemie werden durch die Verwendung des vorgeschlagenen Prozesses angesprochen?

Zusatzaufgaben

18.27

Einer Ihrer Freunde ist in Zeitungsartikeln auf folgende Stichpunkte gestoßen und bittet Sie um eine Erklärung: **(a)** saurer Regen; **(b)** Treibhausgas; **(c)** Photosmog; **(d)** Abbau des Ozons. Liefern Sie eine kurze Erklärung jedes Begriffs und nennen Sie eine oder zwei der jeweils damit zusammenhängenden Chemikalien.

18.28

Halone sind Fluorkohlenwasserstoffe, die Brom enthalten, wie z. B. $CBrF_3$. Sie sind als Schaumbildner bei der Brandbekämpfung weit verbreitet. Wie FCKWs reagieren auch Halone sehr schlecht und können schließlich in die Stratosphäre diffundieren. **(a)** Würden Sie davon ausgehen, dass in der Stratosphäre eine Photodissoziation von Br-Atomen stattfindet? **(b)** Schlagen Sie einen Mechanismus vor, bei dem das Vorkommen von Halonen in der Stratosphäre zum Abbau des stratosphärischen Ozons führen könnte.

18.29
Erklären Sie anhand des Prinzips von Le Châtelier, weshalb die Gleichgewichtskonstante für die Bildung von NO aus N_2 und O_2 mit steigender Temperatur größer wird, wohingegen die Gleichgewichtskonstante für die Bildung von NO_2 aus NO und O_2 mit steigender Temperatur kleiner wird.

18.30
Erdgas besteht hauptsächlich aus Methan, CH_4 (*g*). **(a)** Schreiben Sie eine ausgeglichene chemische Gleichung für die vollständige Verbrennung von Methan zur Erzeugung von CO_2 (*g*) als einziges kohlenstoffhaltiges Produkt. **(b)** Schreiben Sie eine ausgeglichene chemische Gleichung für die unvollständige Verbrennung von Methan zur Erzeugung von CO (*g*) als einziges kohlenstoffhaltiges Produkt. **(c)** Wieviel trockene Luft benötigt man bei 25 °C und 1 atm Druck mindestens, um 1 L CH_4 (*g*) vollständig zu CO_2 (*g*) zu verbrennen?

18.31
Eine der möglichen Folgen der Erderwärmung ist ein Anstieg der Temperatur des Meerwassers. Die Ozeane dienen als „Senke" für CO_2, indem sie große Mengen davon auflösen. **(a)** Wie würde ein Anstieg der Wassertemperatur die Löslichkeit von CO_2 in den Ozeanen beeinflussen? **(b)** Erörtern Sie die Auswirkungen Ihrer Antwort zu Teil (a) im Hinblick auf das Problem der Erderwärmung.

18.32
Die auf die Erde auftreffende Sonnenenergie beträgt durchschnittlich 169 Watt pro Quadratmeter. Die von der Erdoberfläche abgestrahlte Energie beträgt durchschnittlich 390 Watt pro Quadratmeter. Wenn man diese beiden Zahlen miteinander vergleicht, könnte man annehmen, dass der Planet rasch abkühlen würde, was jedoch nicht der Fall ist. Weshalb nicht?

18.33
Die täglich auf die Erde auftreffende Sonnenenergie beträgt im Durchschnitt 169 Watt pro Quadratmeter und die Einwohner von New York City verbrauchen täglich ca. 55 Watt pro Quadratmeter. Berechnen Sie, unter Berücksichtigung der Tatsache, dass die gegenwärtig verfügbare Technik zur Umwandlung von Sonnenenergie nur eine Effizienz von ca. 10 % aufweist, die Bodenfläche in Quadratmetern, von welcher das Sonnenlicht aufgefangen werden muss, um New York City einen Tag lang mit Strom zu versorgen.

18.34
Schreiben Sie für jede der folgenden Reaktionen ausgeglichene chemische Gleichungen: **(a)** Das Stickstoffmonoxid-Molekül durchläuft in der oberen Atmosphäre eine Photodissoziation. **(b)** Das Stickstoffmonoxid-Molekül durchläuft in der oberen Atmosphäre eine Photoionisation. **(c)** Stickstoffmonoxid wird in der Stratosphäre durch Ozon oxidiert. **(d)** Stickstoffdioxid löst sich in Wasser und bildet Salpetersäure und Stickstoffmonoxid.

18.35
Es wurde kürzlich darauf hingewiesen, dass sich die NO-Werte in der Troposphäre aufgrund massiven Einsatzes stickstoffhaltiger Verbindungen in Düngemitteln, im Vergleich zu den in der Vergangenheit ermittelten Werten, erhöht haben könnten. Wie könnte dies, ausgehend davon, dass NO schließlich in die Stratosphäre diffundieren kann, die Lebensbedingungen auf der Erde beeinflussen? Schlagen Sie unter Verwendung des Indexes zu diesem Text die Chemie der Stickstoffoxide nach. Welchen chemischen Pfaden könnte NO in der Troposphäre folgen?

Übergreifende Aufgaben

18.36
Die geschätzte Durchschnittskonzentration von NO_2 in der Luft betrug im Jahr 2002 in den Vereinigten Staaten 0,019 ppm. **(a)** Berechnen Sie den Partial-

druck des NO_2 in einer Probe dieser Luft, wenn der Luftdruck 755 Torr (99,1 kPa) beträgt. **(b)** Wie viele NO_2-Moleküle sind unter diesen Bedingungen bei 20 °C in einem $4{,}6 \times 4{,}3 \times 2{,}5\ m^3$ messenden Raum vorhanden?

18.37
Bioremediation nennt man den Prozess, bei dem Bakterien ihre Umwelt, z. B. als Reaktion auf ausgelaufenes Öl, wiederherstellen. Die Effizienz von Bakterien zum „Aufessen" von Kohlenwasserstoffen hängt von der Sauerstoffmenge im System, dem pH-Wert, der Temperatur sowie vielen anderen Faktoren ab. Bei einer bestimmten Ölverschmutzung verschwanden die Kohlenwasserstoffe des Öls mit einer Geschwindigkeitskonstante erster Ordnung von $2 \times 10^{-6}\ s^{-1}$. In wie vielen Tagen verringerte sich die Ölverschmutzung auf 10 % ihres Ausgangswertes?

18.38
Der Hauptgrund, warum die Destillation ein kostspieliges Verfahren zur Wasserreinigung ist, ist die große Energiemenge, die zur Erhitzung und Verdampfung von Wasser benötigt wird. **(a)** Berechnen Sie unter Verwendung der Dichte, der spezifischen Wärmekapazität sowie der Verdampfungswärme von Wasser, die zur Verdampfung von 3,785 Liter Wasser, ausgehend von einer Wassertemperatur von 20 °C, nötige Energiemenge. **(b)** Berechnen Sie die Kosten bei Bereitstellung der Energie mittels Elektrizität zu einem Preis von $0,085/ kWh. **(c)** Welcher Prozentsatz des Verkaufspreises entfällt auf die Energiekosten, wenn destilliertes Wasser im Lebensmittelgeschäft für $ 1,26 pro 3,785 Liter verkauft wird?

18.39
Stickstoffdioxid (NO_2) ist die einzig wichtige gasförmige Spezies in der unteren Atmosphäre, die sichtbares Licht absorbiert. **(a)** Schreiben Sie die Lewis-Strukturformel(n) für NO_2. **(b)** Inwiefern erklärt diese Strukturformel die Tatsache, dass NO_2 dimerisiert, um N_2O_4 zu bilden? Würden Sie, basierend auf den Informationen über diese Dimerisationsreaktion im Text, damit rechnen, dass das NO_2, das sich in städtischen Umgebungen bildet, in Form eines Dimers vorliegt? Liefern Sie eine Erklärung. **(c)** Mit welchen Produkten, falls überhaupt, würden Sie nach einer Reaktion von NO_2 mit CO rechnen? **(d)** Würden Sie damit rechnen, dass das in städtischen Umgebungen erzeugte NO_2 in die Stratosphäre wandert? Liefern Sie eine Erklärung.

18.40
Die Konstante des Henry'schen Gesetzes für CO_2 in Wasser bei 25 °C lautet $3{,}1 \times 10^{-2}\ M\,atm^{-1}$. **(a)** Welche Löslichkeit besitzt CO_2 in Wasser bei dieser Temperatur, wenn die Lösung mit Luft unter Standard-Luftdruck in Verbindung steht? **(b)** Gehen Sie davon aus, dass das gesamte CO_2 in Form von H_2CO_3 vorliegt, das durch die Reaktion zwischen CO_2 und H_2O erzeugt wurde:

$$CO_2(aq) + H_2O(l) \longrightarrow H_2CO_3(aq)$$

Welchen pH-Wert besitzt diese Lösung?

Kapitel 19
Chemische Thermodynamik

Spontane Prozesse

19.1
Welche der folgenden Prozesse sind spontan und welche nicht: **(a)** Das Schmelzen von Eiswürfeln bei –5 °C und einem Druck von 1 atm, **(b)** die Auflösung von Zucker in einer Tasse heißen Kaffees, **(c)** die Reaktion von Stickstoffatomen zur Bildung von N_2-Molekülen bei 25 °C und 1 atm, **(d)** die Ausrichtung von Eisenfeilspänen in einem magnetischen Feld, **(e)** die Bildung von CH_4- und O_2-Molekülen aus CO_2 und H_2O bei Zimmertemperatur und einem Druck von 1 atm?

19.2
Welche der folgende Prozesse sind spontan: **(a)** Die Ausbreitung des Dufts eines Parfüms durch ein Zimmer; **(b)** die Trennung eines Gemisches aus N_2 und O_2 in zwei einzelne Proben, eine davon reines N_2 und die andere reines O_2; **(c)** das Zerplatzen eines Luftballons; **(d)** die Reaktion von Natriummetall mit Chlorgas zur Bildung von Natriumchlorid; **(e)** die Auflösung von HCl (*g*) in Wasser zur Bildung von konzentrierter Salzsäure?

19.3
(a) Nennen Sie zwei Beispiele endothermer Prozesse, die spontan ablaufen. **(b)** Nennen Sie ein Beispiel eines Prozesses, der bei einer Temperatur spontan und bei einer anderen Temperatur nicht spontan abläuft.

19.4
Gehen Sie von der Verdampfung flüssigen Wassers zu Dampf bei einem Druck von 1 atm aus. **(a)** Handelt es sich hierbei um einen endothermen oder um einen exothermen Prozess? **(b)** Innerhalb welches Temperaturbereichs handelt es sich um einen spontanen Prozess? **(c)** Innerhalb welchen Temperaturbereichs handelt es sich um einen nicht spontanen Prozess? **(d)** Bei welcher Temperatur befinden sich die beiden Phasen im Gleichgewicht?

19.5
Der normale Gefrierpunkt von 1-Propanol, C_3H_7OH, liegt bei –127 °C. **(a)** Handelt es sich beim Gefrieren von 1-Propanol um einen endothermen oder einen exothermen Prozess? **(b)** Innerhalb welchen Temperaturbereichs handelt es sich beim Gefrieren von 1-Propanol um einen spontanen Prozess? **(c)** Innerhalb welchen Temperaturbereichs handelt es sich um einen nicht spontanen Prozess? **(d)** Gibt es eine Temperatur, bei der sich flüssiges und festes 1-Propanol im Gleichgewicht befinden? Erklären Sie.

19.6
(a) Was ist das Besondere an einem *reversiblen* Prozess? **(b)** Gehen Sie davon aus, dass ein reversibler Prozess umgekehrt wird, und das System dadurch in seinen Ausgangszustand zurückversetzt wird. Was lässt sich über die Umgebung nach der Umkehrung des Prozesses aussagen? **(c)** Unter welchen Umständen handelt es sich bei der Verdampfung von Wasser zu Dampf um einen reversiblen Prozess?

19.7
Gehen Sie von einem Prozess aus, bei dem ein ideales Gas sich derart vom Zustand 1 in den Zustand 2 verändert, dass sich dessen Temperatur dabei von 300 K auf 200 K verändert. Hängt die Änderung von ΔU davon ab, welcher spezielle Weg zur Durchführung dieser Zustandsänderung gewählt wurde? Erklären Sie.

19.8
Gehen Sie von einem aus einem Eiswürfel bestehendem System aus. **(a)** Unter welchen Bedingungen kann

der Eiswürfel reversibel schmelzen? **(b)** Beträgt ΔU für den Prozess null, wenn der Eiswürfel reversibel schmilzt? Erklären Sie.

Entropie und der Zweite Hauptsatz der Thermodynamik

19.9

(a) Wie können wir ΔS für einen isothermen Prozess berechnen? **(b)** Hängt ΔS für einen Prozess vom Weg ab, der vom Ausgangs- hin zum Endzustand des Systems genommen wurde? Erklären Sie.

19.10

(a) Nennen Sie ein Beispiel für einen Prozess, bei dem die Entropie des Systems abnimmt. **(b)** Wie lautet das Vorzeichen von ΔS für den Prozess? **(c)** Worin liegt die Bedeutung der Aussage, dass die Entropie eine Zustandsfunktion ist?

19.11

Der normale Siedepunkt von Methanol (CH_3OH) liegt bei 64,7 °C und seine molare Verdampfungsenthalpie beträgt $\Delta H_{Verdampfung} = 71{,}8$ kJ/mol. **(a)** Nimmt die Entropie von CH_3OH (*l*) zu oder ab, wenn es an seinem normalen Siedepunkt siedet? **(b)** Berechnen Sie den Wert von ΔS, wenn 1,0 mol CH_3OH (*l*) bei 64,7 °C verdampft.

19.12

(a) Drücken Sie den Zweiten Hauptsatz der Thermodynamik in Worten aus. **(b)** Was können Sie über die Entropieänderung der Umgebung sagen, wenn die Entropie des Systems während eines reversiblen Prozesses zunimmt? **(c)** Das System durchläuft bei einem bestimmten spontanen Prozess eine Entropieänderung, $\Delta S = 42$ J/K. Was können Sie daraus in Bezug auf $\Delta S_{Umgebung}$ folgern?

19.13

Ein Volumen von 0,1 mol Heliumgas mit einer Temperatur von 27 °C wird isotherm von 2,0 L auf 5,0 L vergrößert. Berechnen Sie, ausgehend davon, dass es sich um ein ideales Gas handelt, die Entropieänderung für den Prozess.

Die molekulare Interpretation der Entropie

19.14

Auf welche Art und Weise beeinflussen folgende Faktoren die Anzahl der einem System zur Verfügung stehenden Mikrozustände? **(a)** Temperatur, **(b)** Volumen, **(c)** Zustand der Materie?

19.15

(a) Welches Vorzeichen erwarten Sie für ΔS bei einer chemischen Reaktion, bei der zwei Mol gasförmiger Reaktanten in drei Mol gasförmiger Produkte umgewandelt werden? **(b)** Bei welchen der Prozesse in Aufgabe 19.2 nimmt die Entropie des Systems zu?

19.16

Wie verändert sich die Entropie des Systems, wenn **(a)** ein Feststoff schmilzt, **(b)** ein Gas sich verflüssigt, **(c)** ein Feststoff sublimiert?

19.17

Wie verändert sich die Entropie des Systems, wenn **(a)** die Temperatur des Systems ansteigt, **(b)** sich das Volumen des Gases vergrößert, **(c)** ein Feststoff sich in Wasser auflöst?

19.18

(a) Geben Sie den Dritten Hauptsatz der Thermodynamik an. **(b)** Unterscheiden Sie zwischen der Translationsbewegung, Schwingungsbewegung und Rotationsbewegung eines Moleküls. **(c)** Veranschaulichen Sie diese drei Arten der Bewegung mit Skizzen für das HCl-Molekül.

19.19

Das auf der nächsten Seite stehende Diagramm zeigt die Veränderung der Entropie im Zusammenhang mit der Temperatur für einen Stoff, der bei der höchsten angegebenen Temperatur als Gas vorkommt. **(a)** Welche Prozesse entsprechen den Entropiezunahmen entlang den in diesem Diagramm mit 1 und 2 gekennzeichneten, senkrechten Linien? **(b)** Warum ist die Entropieänderung bei 2 größer als bei 1?

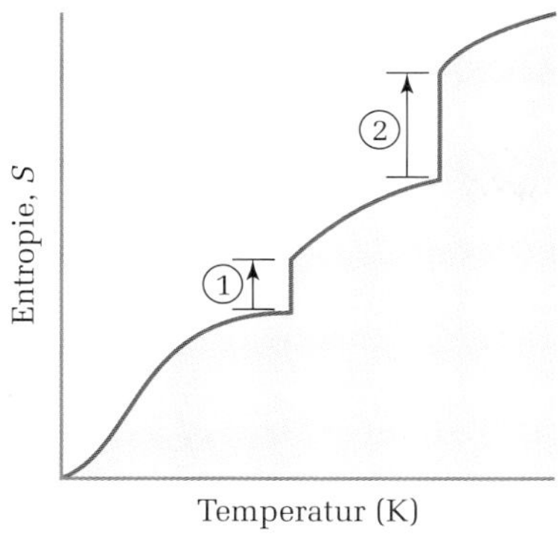

19.20
Wählen Sie aus den folgenden Paaren jeweils den Stoff aus, der bei einer gegebenen Temperatur die höhere Entropie pro Mol aufweist: **(a)** Ar (*l*) oder Ar (*g*), **(b)** He (*g*) bei einem Druck von 3 oder He (*g*) bei einem Druck von 1,5 atm **(c)** 1 mol Ne (*g*) in 15,0 L oder 1 mol Ne (*g*) in 1,50 L, **(d)** $CO_2(g)$ oder $CO_2(s)$.

19.21
Geben Sie das jeweilige Vorzeichen der Entropieänderung des Systems für folgende Reaktionen an:

(a) $2\,SO_2(g) + O_2(g) \longrightarrow 2\,SO_3(g)$

(b) $Ba(OH)_2(s) \longrightarrow BaO(s) + H_2O(g)$

(c) $CO(g) + 2\,H_2(g) \longrightarrow CH_3OH(l)$

(d) $FeCl_2(s) + H_2(g) \longrightarrow Fe(s) + 2\,HCl(g)$

Entropieänderungen bei chemischen Reaktionen

19.22
Welche der Verbindungen in den folgenden Paaren verfügt Ihrer Einschätzung nach über die höhere molare Standardentropie: **(a)** $C_2H_2(g)$ oder $C_2H_6(g)$, **(b)** $CO_2(g)$ oder $CO(g)$? Erklären Sie.

19.23
Sowohl Cyclopropan als auch Propylen haben die Formel C_3H_6. Von welcher dieser Verbindungen würden Sie, basierend auf den dargestellten Molekülstrukturen, erwarten, bei 25 °C die höhere molare Standardentropie aufzuweisen?

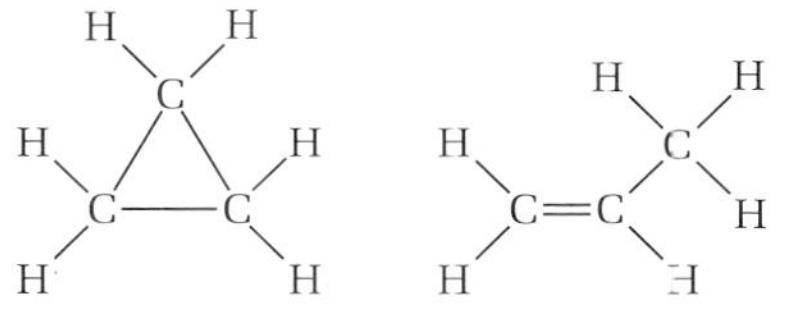

Cyclopropan Propylen

19.24
Vergleichen Sie die Standardentropien folgender Stoffpaare bei 25 °C: **(a)** Sc (*s*) und Sc (*g*), **(b)** $NH_3(g)$ und $NH_3(aq)$, **(c)** 1 mol $P_4\,(g)$ und 2 mol $P_2\,(g)$, **(d)** C (Graphit) und C (Diamant). Erklären Sie in allen Fällen den Unterschied zwischen den Entropiewerten.

[19.25]
Die Standardentropien bei 298 K für bestimmte Elemente der 4. Hauptgruppe lauten folgendermaßen: C (*s*, Diamant) = 2,43 J/mol · K; Si (*s*) = 18,81 J/mol · K, Ge (*s*) = 31,09 J/mol · K und Sn (*s*) = 51,18 J/mol · K. Alle außer Sn weisen die Diamantstruktur auf. Wie erklären Sie sich die Tendenz der $S°$-Werte?

19.26
Berechnen Sie die $\Delta S°$-Werte für folgende Reaktionen. Begründen Sie jeweils das Vorzeichen von $\Delta S°$.

(a) $C_2H_4(g) + H_2(g) \longrightarrow C_2H_6(g)$

(b) $N_2O_4(g) \longrightarrow 2\,NO_2(g)$

(c) $Be(OH)_2(s) \longrightarrow BeO(s) + H_2O(g)$

(d) $2\,CH_3OH(g) + 3\,O_2(g) \longrightarrow 2\,CO_2(g) + 4\,H_2O(g)$

Freie Enthalpie

19.27
(a) Drücken Sie die Änderung der freien Enthalpie für einen bei konstanter Temperatur ablaufenden Prozess hinsichtlich der Enthalpie- und Entropieänderungen des Systems aus. **(b)** Bei einem bestimmten Prozess, der bei konstantem *T* und konstantem *p* abläuft, ist der Wert von ΔG positiv. Was können Sie daraus schließen? **(c)** Welches Verhältnis besteht zwischen ΔG für einen Prozess und der Geschwindigkeit, mit der er stattfindet?

19.28

Für eine bestimmte chemische Reaktion gilt, $\Delta H° = -35{,}4$ kJ und $\Delta S° = -85{,}5$ J/K. **(a)** Handelt es sich um eine exotherme oder eine endotherme Reaktion? **(b)** Führt die Reaktion zu einer Zu- oder Abnahme der Unordnung des Systems? **(c)** Berechnen Sie $\Delta G°$ für die Reaktion bei 298 K. **(d)** Läuft die Reaktion bei 298 K unter Normalbedingungen spontan ab?

19.29

Berechnen Sie $\Delta H°$, $\Delta S°$ und $\Delta G°$ bei 298 K für folgende Reaktionen. Zeigen Sie für alle Fälle, dass $\Delta G° = \Delta H° - T\Delta S°$.

(a) $H_2(g) + F_2(g) \longrightarrow 2\ HF(g)$
(b) $C(s, \text{Graphit}) + 2\ Cl_2(g) \longrightarrow CCl_4(g)$
(c) $2\ PCl_3(g) + O_2(g) \longrightarrow 2\ POCl_3(g)$
(d) $2\ CH_3OH(g) + H_2(g) \longrightarrow C_2H_6(g) + 2\ H_2O(g)$

19.30

Berechnen Sie $\Delta G°$ für folgende Reaktionen. Geben Sie jeweils an, ob die Reaktionen unter Standardbedingungen spontan ablaufen.

(a) $2\ SO_2(g) + O_2(g) \longrightarrow 2\ SO_3(g)$
(b) $NO_2(g) + N_2O(g) \longrightarrow 3\ NO(g)$
(c) $NO_2(g) + N_2O(g) \longrightarrow 3\ NO(g)$
$4\ FeCl_3(s) + 3\ O_2(g)$
(d) $SO_2(g) + 2\ H_2(g) \longrightarrow S(s) + 2\ H_2O(g)$

19.31

Cyclohexan, C_6H_{12}, ist bei Zimmertemperatur ein flüssiger Kohlenwasserstoff. **(a)** Stellen Sie die Verbrennung von $C_6H_{12}(l)$ zur Bildung von $CO_2(g)$ und $H_2O\ (l)$ in einer Gleichgewichtsgleichung dar. **(b)** Sagen Sie, ohne die Verwendung thermochemischer Daten vorher, ob $\Delta G°$ für diese Reaktion negativer oder weniger negativ ist als $\Delta H°$.

19.32

Ordnen Sie die folgenden Reaktionen in eine thermodynamische Kategorie ein:

(a) $N_2(g) + 3\ F_2(g) \longrightarrow 2\ NF_3(g)$
$\Delta H° = -249$ kJ; $\Delta S° = -278$ J/K
(b) $N_2(g) + 3\ Cl_2(g) \longrightarrow 2\ NCl_3(g)$
$\Delta H° = 460$ kJ; $\Delta S° = -275$ J/K
(c) $N_2F_4(g) \longrightarrow 2\ NF_2(g)$
$\Delta H° = 85$ kJ; $\Delta S° = 198$ J/K

19.33

Eine bestimmte Reaktion läuft bei 450 K spontan ab. Die Enthalpieänderung dieser Reaktion beträgt + 34,5 kJ. Was können Sie daraus auf das Vorzeichen und die Größe von ΔS der Reaktion schließen?

19.34

Eine bestimmte Reaktion läuft bei –25 °C nicht spontan ab. Die Entropieänderung der Reaktion beträgt 95 J/K. Was können Sie daraus auf das Vorzeichen und die Größe von ΔH schließen?

19.35

Für eine bestimmte Reaktion gilt $\Delta H = -32$ kJ und $\Delta S = -98$ J/K. Gehen Sie davon aus, dass ΔH und ΔS sich nicht mit der Temperatur verändern. **(a)** Bei welcher Temperatur gilt für die Reaktion $\Delta G = 0$? **(b)** Läuft die Reaktion, wenn T ausgehend von T in Teil (a) erhöht wird, spontan oder nicht spontan ab?

19.36

Betrachten Sie folgende Reaktion zwischen Oxiden des Stickstoffs:

$$NO_2(g) + N_2O(g) \longrightarrow 3\ NO(g)$$

(a) Verwenden Sie thermodynamische Daten, um vorherzusagen, wie $\Delta G°$ der Reaktion sich mit steigender Temperatur verändert. **(b)** Berechnen Sie, davon ausgehend, dass $\Delta H°$ und $\Delta S°$ sich nicht mit der Temperatur verändern, $\Delta G°$ bei 800 K. Läuft die Reaktion unter Standardbedingungen bei 800 K spontan ab? **(c)** Berechnen Sie $\Delta G°$ bei 1000 K. Läuft die Reaktion bei dieser Temperatur unter Standardbedingungen spontan ab?

19.37

(a) Schätzen Sie den Siedepunkt von Benzol, $C_6H_6\ (l)$, ab. **(b)** Verwenden Sie eine Referenzquelle, wie z. B. das *CRC Handbuch* (*Handbook of Chemistry and Physics*), um den experimentellen Siedepunkt von Benzol zu ermitteln. Wie erklären Sie eventuelle Abweichungen zwischen Ihrer Antwort in Teil (a) und dem experimentellen Wert?

19.38

Acetylengas, $C_2H_2\ (g)$, wird beim Schweißen verwendet. **(a)** Stellen Sie die Verbrennung von Acetylengas zu CO_2 (*g*) und H_2O (*l*) in einer Gleichgewichtsgleichung dar. **(b)** Wieviel Wärme entsteht bei der Verbrennung von 1 mol C_2H_2 unter Standardbedingungen, wenn sowohl die Reaktanten als auch die Produkte auf 298 K gebracht werden? **(c)** Welche maximale Menge nutzbarer Arbeit kann von dieser Reaktion unter Standardbedingungen erbracht werden?

Freie Enthalpie und Gleichgewicht

19.39

Liefern Sie eine qualitative Erklärung dafür, wie ΔG sich bei jeder der folgenden Reaktionen mit Erhöhung des Partialdruckes von O_2 verändert:

(a) $2\ CO(g) + O_2(g) \longrightarrow 2\ CO_2(g)$

(b) $2\ H_2O_2(l) \longrightarrow 2\ H_2O(l) + O_2(g)$

(c) $2\ KClO_3(s) \longrightarrow 2\ KCl(s) + 3\ O_2(g)$

19.40

Betrachten Sie die Reaktion $2\ NO_2\ (g) \longrightarrow N_2O_4\ (g)$. **(a)** Berechnen Sie $\Delta G°$ bei 298 K. **(b)** Berechnen Sie ΔG bei 298 K, wenn die Partialdrücke von NO_2 und N_2O_4 0,4 atm bzw. 1,6 atm betragen.

19.41

Berechnen Sie für die folgenden Reaktionen die Gleichgewichtskonstante, *K*, bei 298 K.

(a) $H_2(g) + I_2(g) \rightleftharpoons 2\ HI(g)$

(b) $C_2H_5OH(g) \rightleftharpoons C_2H_4(g) + H_2O(g)$

(c) $3\ C_2H_2(g) \rightleftharpoons C_6H_6(g)$

19.42

Betrachten Sie die Zersetzung von Bariumcarbonat:

$$BaCO_3(s) \rightleftharpoons BaO(s) + CO_2(g)$$

Berechnen Sie den Gleichgewichtsdruck von CO_2 bei **(a)** 298 K und **(b)** 1100 K.

19.43

Der Wert von K_S für salpetrige Säure (HNO_2) bei 25 °C ist $4{,}5 \cdot 10^{-4}$ mol/L. **(a)** Schreiben Sie die chemische Gleichung für den Gleichgewichtszustand, der K_S entspricht. **(b)** Berechnen Sie unter Verwendung des Wertes von K_S, $\Delta G°$ für die Dissoziation von salpetriger Säure in wässriger Lösung. **(c)** Welchen Wert hat ΔG im Gleichgewichtszustand? **(d)** Welchen Wert hat ΔG, wenn $[H^+] = 5{,}0 \times 10^{-2}\ M$, $[NO_2^-] = 6{,}0 \times 10^{-4}\ M$ und $[HNO_2] = 0{,}20\ M$?

Zusatzaufgaben

19.44

Geben Sie an, ob die folgenden Aussagen jeweils richtig oder falsch sind. Wenn eine Aussage falsch ist, berichtigen Sie sie. **(a)** Die Erzeugbarkeit von NH_3 aus N_2 und H_2 hängt ausschließlich vom ΔH-Wert des Prozesses $N_2\ (g) + 3\ H_2(g) \longrightarrow 2\ NH_3\ (g)$ ab. **(b)** Bei der Reaktion von Na (*s*) mit $Cl_2(g)$ zur Bildung von NaCl (*s*) handelt es sich um einen spontanen Prozess. **(c)** Ein spontaner Prozess kann prinzipiell umgekehrt werden. **(d)** Bei spontanen Prozessen ist es für gewöhnlich nötig, Arbeit auszuüben, um deren Ablaufen zu erzwingen. **(e)** Spontane Prozesse sind jene, die exotherm sind und zu einem höheren Grad an Ordnung im System führen.

19.45

Geben Sie bei folgenden Prozessen jeweils an, ob Sie für ΔS und ΔH ein positives oder ein negatives Vorzeichen erwarten oder davon ausgehen, dass der Wert in etwa null beträgt. **(a)** Ein Feststoff sublimiert. **(b)** Die Temperatur einer Probe Co(*s*) wird von 60 °C auf 25 °C gesenkt. **(c)** Ethanol verdampft aus einem Becherglas. **(d)** Ein zweiatomiges Molekül dissoziiert in einzelne Atome. **(e)** Ein Stück Holzkohle verbrennt und bildet $CO_2(g)$ und $H_2O\ (g)$.

19.46

Bei vielen Verbindungen ist der Wert von ΔG_f° positiver (oder weniger negativ) als der Wert von ΔH_f°. **(a)** Erklären Sie diese Beobachtung, indem Sie $NH_3(g)$, CCl_4 (*l*) und KNO_3 (*s*) als Beispiele verwenden. **(b)** CO (g) stellt eine Ausnahme im Rahmen dieser Beobachtung dar. Erklären Sie die Tendenz der ΔH_f°- und ΔG_f°-Werte dieses Moleküls.

19.47

Essigsäure kann aus Methanol und Kohlenmonoxid erzeugt werden. Hierbei handelt es sich um ein Beispiel für eine *Carbonylierungs*reaktion:

$$CH_3OH(l) + CO(g) \longrightarrow CH_3COOH(l)$$

(a) Berechnen Sie die Gleichgewichtskonstante für die Reaktion bei 25 °C. **(b)** Bei industrieller Erzeugung wird diese Reaktion bei Temperaturen über 25 °C durchgeführt. Führt eine Erhöhung der Temperatur zu einer Zu- oder Abnahme des Stoffmengenanteils von Essigsäure im Gleichgewichtszustand? Weshalb werden erhöhte Temperaturen angewandt? **(c)** Bei welcher Temperatur weist diese Reaktion eine Gleichgewichtskonstante gleich 1 auf? Sie können davon ausgehen, dass $\Delta H°$ und $\Delta S°$ temperaturunabhängig sind und jegliche, möglicherweise stattfindenden Phasenumwandlungen ignorieren.

[19.48]

Die Konzentration von Kaliumionen im Blutplasma beträgt ca. $5{,}0 \times 10^{-3}$ *M*, wohingegen die Konzentration in der Muskelzellflüssigkeit wesentlich höher ist (0,15 *M*). Das Plasma und die Intrazellulärflüssigkeit werden von der Zellmembran voneinander getrennt, von der wir annehmen, dass sie nur für K^+ durchlässig ist. **(a)** Wie lautet ΔG für die Abgabe von 1 Mol K^+ vom Blutplasma an die Zellflüssigkeit bei Körpertemperatur (37 °C)? **(b)** Wie hoch ist die minimal zur Weiterleitung dieses K^+ aufzuwendende Menge an Arbeit?

Übergreifende Aufgaben

19.49

Die meisten Flüssigkeiten gehorchen der Trouton'schen Regel, die besagt, dass die molare Verdampfungsentropie im Bereich von 88 ± 5 J/mol · K liegt. Im Folgenden sind die normalen Siedepunkte und Verdampfungsenthalpien einiger organischer Flüssigkeiten angegeben:

Stoff	normaler Siede-Punkt (°C)	$\Delta H_{Verd.}$ (kJ/mol)
Aceton, $(CH_3)_2CO$	56,1	29,1
Dimethylether, $(CH_3)_2O$	−24,8	21,5
Ethanol, C_2H_5OH	78,4	38,6
Oktan, C_8H_{18}	125,6	34,4
Pyridin, C_5H_5N	115,3	35,1

(a) Berechnen Sie $\Delta S_{Verdampfung}$ für jede der Flüssigkeiten. Gehorchen all diese Flüssigkeiten der Trouton'schen Regel? **(b)** Können Sie unter Bezugnahme auf intermolekulare Kräfte etwaige Ausnahmen von der Regel erklären? **(c)** Gehen Sie davon aus, dass Wasser die Trouton'sche Regel befolgt? Überprüfen Sie die Genauigkeit Ihrer Folgerung. **(d)** Chlorbenzol (C_6H_5Cl) siedet bei 131,8 °C. Verwenden Sie die Trouton'sche Regel zur Einschätzung von $\Delta H_{Verdampfung}$ für diesen Stoff.

19.50

Schätzen Sie ab, ob die Entropie des Systems während der jeweiligen Prozesse zu- oder abnimmt: **(a)** Photodissoziation von O_2 (*g*), **(b)** Bildung von Ozon aus Sauerstoffmolekülen und Sauerstoffatomen, **(c)** Diffusion von Fluorchlorkohlenwasserstoffen (FCKW) in die Stratosphäre, **(d)** Entsalzung von Wasser durch Umkehrosmose.

[19.51]

Betrachten Sie folgendes Gleichgewicht:

$$N_2O_4(g) \rightleftharpoons 2\,NO_2(g)$$

Sie können davon ausgehen, dass $\Delta H°$ und $\Delta S°$ sich nicht mit der Temperatur verändern. **(a)** Bei welcher Temperatur enthält ein Gleichgewichtsgemisch identische Mengen der beiden Gase? **(b)** Bei welcher Temperatur enthält ein Gleichgewichtsgemisch mit einem Gesamtdruck von 1 atm zweimal soviel NO_2 wie N_2O_4? **(c)** Bei welcher Temperatur enthält ein Gleichgewichtsgemisch mit einem Gesamtdruck von 10 atm zweimal soviel NO_2 wie N_2O_4? **(d)** Begründen Sie die Ergebnisse aus Teil (b) und (c) unter Anwendung des Le-Châtelier-Braun-Prinzips.

Kapitel 20

Elektrochemie

Oxidationsstufen

20.1

(a) Was bedeutet der Begriff *Oxidation*? **(b)** Auf welcher Seite einer Oxidations-Halbreaktion stehen die Elektronen? **(c)** Was bedeutet der Begriff *Oxidationsmittel*?

20.2

(a) Was bedeutet der Begriff *Reduktion*? **(b)** Auf welcher Seite einer Reduktions-Halbreaktion stehen die Elektronen? **(c)** Was bedeutet der Begriff *Reduktionsmittel*?

20.3

Geben Sie an, ob die folgenden Aussagen richtig oder falsch sind:

(a) Wird ein Stoff oxidiert, so verliert er formal gesehen Elektronen.

(b) Bei der Reaktion

$$Fe^{3+}(aq) + Co^{2+}(aq) \longrightarrow Fe^{2+}(aq) + Co^{3+}(aq)$$

ist $Fe^{3+}(aq)$ das Reduktionsmittel und $Co^{2+}(aq)$ das Oxidationsmittel.

(c) Wenn sich bei einer bestimmten Reaktion die Oxidationsstufen der Ausgangsstoffe oder der Reaktionsprodukte nicht ändern, handelt es sich nicht um eine Redoxreaktion.

20.4

Geben Sie an, ob die folgenden Aussagen richtig oder falsch sind:

(a) Wird ein Stoff reduziert, so verliert er formal gesehen Elektronen.

(b) Bei einer Reaktion wird das Reduktionsmittel oxidiert.

(c) Mit Oxidationsmitteln kann man CO in CO_2 umwandeln.

20.5

Bestimmen Sie in den folgenden ausgeglichenen Redoxreaktionen die Stoffe, deren Oxidationszahlen sich verändern, und geben Sie die Beträge dieser Veränderungen an.

(a) $I_2O_5(s) + 5\ CO(g) \longrightarrow I_2(s) + 5\ CO_2(g)$

(b) $2\ Hg^{2+}(aq) + N_2H_4(aq) \longrightarrow 2\ Hg(l) + N_2(g) + 4\ H^+(aq)$

(c) $3\ H_2S(aq) + 2\ H^+(aq) + 2\ NO_3^-(aq) \longrightarrow 3\ S(s) + 2\ NO(g) + 4\ H_2O(l)$

(d) $Ba^{2+}(aq) + 2\ OH^-(aq) + H_2O_2(aq) + 2\ ClO_2(aq) \longrightarrow Ba(ClO_2)_2(s) + 2\ H_2O(l) + O_2(g)$

20.6

Geben Sie an, ob die folgenden ausgeglichenen Reaktionen Redoxreaktionen beinhalten. Wenn das der Fall ist, geben Sie die Stoffe an, deren Oxidationszahlen sich verändern.

(a) $PBr_3(l) + 3\ H_2O(l) \longrightarrow H_3PO_3(aq) + 3\ HBr(aq)$

(b) $NaI(aq) + 3\ HOCl(aq) \longrightarrow NaIO_3(aq) + 3\ HCl(aq)$

(c) $3\ SO_2(g) + 2\ HNO_3(aq) + 2\ H_2O(l) \longrightarrow 3\ H_2SO_4(aq) + 2\ NO(g)$

(d) $2\ H_2SO_4(aq) + 2\ NaBr(s) \longrightarrow Br_2(l) + SO_2(g) + Na_2SO_4(aq) + 2\ H_2O(l)$

Das Ausgleichen von Redoxgleichungen

20.7

Bei 900 °C reagiert Titantetrachlorid-Dampf mit geschmolzenem metallischem Magnesium und bildet festes metallisches Titan und geschmolzenes Magnesiumchlorid. **(a)** Stellen Sie die ausgeglichene Reaktionsgleichung auf. **(b)** Welcher Stoff wird oxidiert und welcher reduziert? **(c)** Welcher Stoff ist das Reduktions- bzw. das Oxidationsmittel?

Übungsaufgaben

20.8
Vervollständigen sie die folgenden Halbreaktionen und gleichen Sie sie aus. Geben Sie für jede Halbreaktion an, ob es sich um eine Oxidation oder um eine Reduktion handelt.

(a) $Sn^{2+}(aq) \longrightarrow Sn^{4+}(aq)$ (saure oder alkalische Lösung)
(b) $TiO_2(s) \longrightarrow Ti^{2+}(aq)$ (saure Lösung)
(c) $ClO_3^-(aq) \longrightarrow Cl^-(aq)$ (saure Lösung)
(d) $OH^-(aq) \longrightarrow O_2(g)$ (alkalische Lösung)
(e) $SO_3^{2-}(aq) \longrightarrow SO_4^{2-}(aq)$ (alkalische Lösung)
(f) $N_2(g) \longrightarrow NH_4^+(aq)$ (saure Lösung)
(g) $N_2(g) \longrightarrow NH_3(g)$ (alkalische Lösung)

20.9
Vervollständigen sie die folgenden Gleichungen, gleichen Sie sie aus und bestimmen Sie das Oxidations- und das Reduktionsmittel.

(a) $Cr_2O_7^{2-}(aq) + I^-(aq) \longrightarrow Cr^{3+}(aq) + IO_3^-(aq)$ (saure Lösung)
(b) $MnO_4^-(aq) + CH_3OH(aq) \longrightarrow Mn^{2+}(aq) + HCO_2H(aq)$ (saure Lösung)
(c) $I_2(s) + OCl^-(aq) \longrightarrow IO_3^-(aq) + Cl^-(aq)$ (saure Lösung)
(d) $As_2O_3(s) + NO_3^-(aq) \longrightarrow H_3AsO_4(aq) + N_2O_3(aq)$ (saure Lösung)
(e) $MnO_4^-(aq) + Br^-(aq) \longrightarrow MnO_2(s) + BrO_3^-(aq)$ (alkalische Lösung)
(f) $Pb(OH)_4^{2-}(aq) + ClO^-(aq) \longrightarrow PbO_2(s) + Cl^-(aq)$ (alkalische Lösung)

Galvanische Zellen

20.10
Wir bauen eine galvanische Zelle auf. Eine Elektrodenabteilung besteht aus einem Silberstreifen in einer $AgNO_3$-Lösung und die andere Halbzelle enthält einem Eisenstreifen in einer $FeCl_2$-Lösung. Die gesamte Zellenreaktion lautet

$$Fe(s) + 2\,Ag^+(aq) \longrightarrow Fe^{2+}(aq) + 2\,Ag(s)$$

(a) Welcher Stoff wird oxidiert und welcher reduziert? **(b)** Formulieren Sie die Halbreaktionen in beiden Elektrodenabteilungen. **(c)** Welche Elektrode bildet die Anode und welche die Kathode? **(d)** Geben Sie die Vorzeichen der Elektroden an. **(e)** Fließen die Elektronen von der Silber- zur Eisenelektrode oder umgekehrt? **(f)** In welche Richtungen bewegen sich die Kationen und die Anionen durch die Lösung?

20.11
Wir bauen eine galvanische Zelle auf. Eine Elektrodenabteilung besteht aus einem Aluminiumstreifen in einer $Al(NO_3)_3$-Lösung und die andere Halbzelle enthält einem Nickelstreifen in einer $NiSO_4$-Lösung. Die gesamte Zellenreaktion lautet

$$2\,Al(s) + 3\,Ni^{2+}(aq) \longrightarrow 2\,Al^{3+}(aq) + 3\,Ni(s)$$

(a) Welcher Stoff wird oxidiert und welcher reduziert? **(b)** Stellen Sie die Halbreaktionen in beiden Elektrodenabteilungen auf. **(c)** Welche Elektrode bildet die Anode und welche die Kathode? **(d)** Geben Sie die Vorzeichen der Elektroden an. **(e)** Fließen die Elektronen von der Aluminium- zur Nickelelektrode oder umgekehrt? **(f)** In welche Richtungen bewegen sich die Kationen und die Anionen durch die Lösung? Nehmen Sie an, dass das Aluminium nicht mit seinem Oxid beschichtet ist.

Die EMK einer Zelle unter Standardbedingungen

20.12
(a) Was bedeutet der Begriff *elektromotorische Kraft*? **(b)** Wie lautet die Definition von *Volt*? **(c)** Was bedeutet der Begriff *Zellspannung*?

20.13
(a) Geben Sie die Halbreaktion an, die in einer sauren wässrigen Lösung an einer Wasserstoffelektrode stattfindet, die als Kathode einer galvanischen Zelle dient. **(b)** Worin liegt der *Standard* bei einer Standard-Wasserstoffelektrode? **(c)** Welche Rolle spielt die Platinfolie einer Standard-Wasserstoffelektrode?

20.14
(a) Was ist ein *Normalpotenzial*? **(b)** Wie lautet das Normalpotenzial einer Standard-Wasserstoffelektrode? **(c)** Welcher Prozess ist nach den Normalpotenzialen eher begünstigt: die Reduktion von Ag^+ *(aq)* zu Ag *(s)* oder die Reduktion von Sn^{2+} *(aq)* zu Sn*(s)*?

20.15
Eine galvanische Zelle arbeitet mit der Reaktion

$$Tl^{3+}(aq) + 2\ Cr^{2+}(aq) \longrightarrow Tl^{+}(aq) + 2\ Cr^{3+}(aq)$$

und besitzt die Standard-Zellspannung von + 1,19 V. **(a)** Stellen Sie die beiden Halbzellenreaktionen auf. **(b)** Bestimmen Sie den Wert von $E°$ für die Reduktion von $Tl^{3+}(aq)$ zu $Tl^{+}(aq)$. **(c)** Skizzieren Sie die galvanische Zelle, beschriften Sie die Anode und die Kathode und geben Sie die Richtung des Elektronenflusses an.

20.16
Berechnen Sie mit Hilfe der Normalpotenziale die Standard-EMK der folgenden Reaktionen:

(a) $Cl_2(g) + 2\ I^-(aq) \longrightarrow 2\ Cl^-(aq) + I_2(s)$
(b) $Ni(s) + 2\ Ce^{4+}(aq) \longrightarrow Ni^{2+}(aq) + 2\ Ce^{3+}(aq)$
(c) $Fe(s) + 2\ Fe^{3+}(aq) \longrightarrow 3\ Fe^{2+}(aq)$
(d) $2\ Al^{3+}(aq) + 3\ Ca(s) \longrightarrow 2\ Al(s) + 3\ Ca^{2+}(aq)$

20.17

$$Ag^{+}(aq) + e^- \rightleftharpoons Ag(s)$$
$$Cu^{2+}(aq) + 2\ e^- \rightleftharpoons Cu(s)$$
$$Ni^{2+}(aq) + 2\ e^- \rightleftharpoons Ni(s)$$
$$Cr^{3+}(aq) + 3\ e^- \rightleftharpoons Cr(s)$$

(a) Bestimmen Sie jene Kombination dieser Halbzellenreaktionen, die zur Zellenreaktion mit der größten positiven EMK führt und berechnen Sie den Wert. **(b)** Bestimmen Sie jene Kombination dieser Halbzellenreaktionen, die zur Zellenreaktion mit der kleinsten positiven EMK führt, und berechnen Sie den Wert.

20.18
Wir geben eine 1 *M*-$Cu(NO_3)_2$-Lösung und einen Streifen aus metallischem Kupfer in ein Becherglas und eine $SnSO_4$-Lösung sowie einen Streifen aus metallischem Zinn in ein zweites Becherglas. Die beiden Bechergläser sind über eine Salzbrücke verbunden und die beiden Metallelektroden sind über Kabel mit einem Voltmeter verbunden. **(a)** Welche Elektrode bildet die Anode und welche die Kathode? **(b)** Welche Elektrode erfährt bei fortschreitender Zellenreaktion eine Massenzunahme und welche verliert an Masse? **(c)** Stellen Sie eine Gleichung für die Gesamt-Zellenreaktion auf. **(d)** Wie lautet die EMK dieser Zelle unter Standardbedingungen?

Die Stärke von Oxidations- und Reduktionsmitteln

20.19
Bestimmen Sie jeweils das stärkere Oxidationsmittel der folgenden Stoffpaare:

(a) $Cl_2\ (g)$ oder $Br_2\ (l)$
(b) $Ni^{2+}\ (aq)$ oder $Cd^{2+}(aq)$
(c) $BrO_3^-\ (aq)$ oder $IO_3^-\ (aq)$
(d) $H_2O_2\ (aq)$ oder $O_3\ (g)$

20.20
Bestimmen Sie jeweils das stärkere Reduktionsmittel der folgenden Stoffpaare:

(a) Fe (*s*) oder Mg (*s*)
(b) Ca (*s*) oder Al (*s*)
(c) H_2 (*g*, saure Lösung) oder $H_2S\ (g)$
(d) $H_2SO_3\ (aq)$ oder $H_2C_2O_4\ (g)$

20.21
Bestimmen Sie, welche der folgenden Stoffe wahrscheinlich als Oxidationsmittel oder als Reduktionsmittel dienen: (a) Cl2 (g), (b) MnO4–(aq, saure Lösung), (c) Ba (s), (d) Zn (s).

20.22
Welche der folgenden Stoffe dienen wahrscheinlich als Oxidationsmittel oder als Reduktionsmittel: **(a)** Na (*s*), **(b)** $O_3\ (g)$, **(c)** $Ce^{3+}\ (aq)$, **(d)** $Sn^{2+}\ (aq)$?

20.23
(a) Nehmen Sie Standardbedingungen an und ordnen Sie die folgenden Stoffe nach zunehmender Stärke als Oxidationsmittel in saurer Lösung: $Cr_2O_7^{2-}$, H_2O_2, Cu^{2+}, Cl_2, O_2.
(b) Ordnen Sie die folgenden Stoffe nach zunehmender Stärke als Reduktionsmittel in saurer Lösung: Zn, I^-, Sn^{2+}, H_2O, Al.

20.24
Das Normalpotenzial der Reduktion von $Eu^{3+}\ (aq)$ zu $Eu^{2+}\ (aq)$ beträgt – 0,43 V. Welche der folgenden Stoffe können unter Standardbedingungen $Eu^{3+}\ (aq)$ zu $Eu^{2+}\ (aq)$ reduzieren?
Al, Co, H_2O_2, $N_2H_5^+$, $H_2C_2O_4$?

Übungsaufgaben

Freie Enthalpie und Redoxreaktionen

20.25
Gegeben sind die folgenden Halbreaktionen:

$Fe^{3+}(aq) + e^- \rightleftharpoons Fe^{2+}(aq)$ $E^\circ = +0{,}77$ V

$IO^-(aq) + H_2O(l) + 2\,e^- \rightleftharpoons I^-(aq) + 2\,OH^-(aq)$ $E^\circ = +0{,}60$ V

$N_2O(aq) + 2\,H^+(aq) + 2\,e^- \rightleftharpoons N_2(g) + H_2O(l)$ $E^\circ = -1{,}77$ V

$VO_2^+(aq) + 2\,H^+(aq) + e^- \rightleftharpoons VO^{2+}(aq) + H_2O(l)$ $E^\circ = +1{,}00$ V

(a) Bestimmen Sie die ausgeglichenen Reaktionsgleichungen für die Oxidationen von $Fe^{2+}(aq)$ durch $S_2O_6^{2-}(aq)$, $N_2O(aq)$ und $VO_2^+(aq)$. **(b)** Berechnen Sie ΔG° dieser Reaktionen bei 298 K. **(c)** Berechnen Sie die Gleichgewichtskonstante K der Reaktionen bei 298 K.

20.26
Berechnen Sie ΔG° und ΔE°_{Zelle} unter Standardbedingungen für eine Zweielektronen-Redoxreaktion mit einer Gleichgewichtskonstanten von $1{,}5 \times 10^{-4}$ bei 298 K.

20.27
Berechnen Sie mit Hilfe der Normalpotenziale die Gleichgewichtskonstanten der folgenden Reaktionen bei 298 K:

(a) $Fe(s) + Ni^{2+}(aq) \longrightarrow Fe^{2+}(aq) + Ni(s)$

(b) $Co(s) + 2\,H^+(aq) \longrightarrow Co^{2+}(aq) + H_2(g)$

(c) $10\,Br^-(aq) + 2\,MnO_4^-(aq) + 16\,H^+(aq) \longrightarrow 2\,Mn^{2+}(aq) + 8\,H_2O(l) + 5\,Br_2(l)$

20.28
Die Standard-EMK einer Zelle bei 298 K beträgt + 0,177 V. Wie lautet der Wert der Gleichgewichtskontanten der Zellenreaktion **(a)** für n=1 **(b)** für n=2 **(c)** für n=3?

Die EMK einer Zelle unter Nichtstandardbedingungen

20.29
(a) Unter welchen Bedingungen ist die Nernstgleichung anwendbar? **(b)** Wie lautet der numerische Wert des Reaktionsquotienten Q unter Standardbedingungen? **(c)** Wie verhält sich die EMK der Zelle, wenn die Konzentrationen der Reaktanten zunehmen?

20.30
Welche Auswirkungen haben die folgenden Veränderungen auf die EMK der Zelle, deren Gesamtreaktion $Zn(s) + 2\,H^+(aq) \longrightarrow Zn^{2+}(aq) + H_2(g)$ lautet? **(a)** Wir erhöhen den Druck des H_2-Gases in der Kathodenabteilung. **(b)** Wir geben Zinknitrat zur Anodenabteilung hinzu. **(c)** Wir geben Natriumhydroxid zur Kathodenabteilung hinzu und verringern damit $[H^+]$. **(d)** Wir verdoppeln die Oberfläche der Anode.

20.31
Wir konstruieren eine galvanische Zelle, die bei 298 K mit der folgenden Reaktion arbeitet:

$$Zn(s) + Ni^{2+}(aq) \longrightarrow Zn^{2+}(aq) + Ni(s)$$

(a) Wie lautet die EMK dieser Zelle unter Standardbedingungen? **(b)** Wie lautet die EMK dieser Zelle, wenn $[Ni^{2+}] = 3{,}00\,M$ und $[Zn^{2+}] = 0{,}100\,M$? **(c)** Wie lautet die EMK dieser Zelle, wenn $[Ni^{2+}] = 0{,}200\,M$ und $[Zn^{2+}] = 0{,}900\,M$?

20.32
Eine galvanische Zelle funktioniert mit der folgenden Reaktion:

$$4\,Fe^{2+}(aq) + O_2(g) + 4\,H^+(g) \longrightarrow 4\,Fe^{3+}(aq) + 2\,H_2O(l)$$

(a) Wie lautet die EMK dieser Zelle unter Standardbedingungen? **(b)** Wie lautet die EMK dieser Zelle, wenn $[Fe^{2+}] = 1{,}3\,M$, $[Fe^{3+}] = 0{,}010\,M$, $PO_2 = 0{,}50$ atm und der pH-Wert der Anodenabteilung 3,50 ist?

20.33
Eine galvanische Zelle besitzt zwei Zn^{2+}-Zn-Elektroden. Die Konzentrationen in den beiden Abteilungen sind $[Zn^{2+}] = 1{,}8\,M$ und $[Zn^{2+}] = 1{,}00 \times 10^{-2}\,M$.

(a) Welche Elektrode bildet die Anode der Zelle? **(b)** Wie lautet die Standard-EMK der Zelle? **(c)** Wie groß ist die EMK dieser Zelle bei den gegebenen Konzentrationen? **(d)** Geben Sie für jede Elektrode an, ob

$[Zn^{2+}]$ beim Betrieb der Zelle zunimmt, abnimmt oder gleich bleibt.

Batterien, Akkumulatoren und Brennstoffzellen

20.34

(a) Was geschieht beim Gebrauch einer Batterie mit ihrer EMK? Warum ist das der Fall? **(b)** Die Alkalibatterien vom AA- und vom D-Typ sind 1,5-V-Batterien und basieren auf den gleichen Elektrodenreaktionen. Worin besteht der Hauptunterschied zwischen diesen beiden Batterietypen? Welches Leistungsmerkmal ist am stärksten von diesem Unterschied betroffen?

20.35

Bei einem Entladevorgang eines Blei-Akkus werden 402 g Pb von der Anode in $PbSO_4$ (*s*) umgesetzt. Welche Masse PbO_2 (*s*) wird im gleichen Zeitraum an der Kathode reduziert?

20.36

Oftmals liefern Lithium–Silberchromat-Knopfbatterien die Energie für Herzschrittmacher. Die gesamte Zellenreaktion lautet:

$$2\,Li(s) + Ag_2CrO_4(s) \longrightarrow Li_2CrO_4(s) + 2\,Ag(s)$$

(a) Metallisches Lithium ist der Ausgangsstoff an einer der Batterieelektroden. Handelt es sich um die Anode oder die Kathode? **(b)** Wählen Sie aus den Halbreaktionen in der Spannungsreihe jene zwei aus, die den Reaktionen in der Batterie *am ähnlichsten* sind. Welche Standard-EMK hätte eine galvanische Zelle, die auf diesen Halbreaktionen basiert? **(c)** Die EMK der Batterie beträgt + 3,5 V. Wie nahe kommt dieser Wert dem in Teil (b) berechneten Wert? **(d)** Berechnen Sie die EMK bei Körpertemperatur (37 °C). Wie ist dieser Wert im Vergleich zur berechneten EMK aus Teil (b)?

20.37

(a) Nehmen Sie an, eine Alkalibatterie wurde mit metallischem Cadmium anstelle von Zink hergestellt. Welche Auswirkungen hat das auf die EMK der Zelle? **(b)** Welchen Vorteil bieten Nickel-Metallhydrid-Akkus gegenüber Nickel-Cadmium-Akkus aus der Sicht der Umwelt?

20.38

Die Standard-EMK der Wasserstoff-Sauerstoff-Brennstoffzelle beträgt 1,23 V. Welche Vorteile und Nachteile beinhaltet diese Zelle als Energiequelle im Vergleich zu einer 1,55 V-Alkalibatterie?

Korrosion

20.39

(a) Stellen Sie die Anoden- und die Kathodenreaktion auf, die zur Korrosion von Eisenmetall zum hydratisierten Eisen(II)-Ion führen. **(b)** Stellen Sie die ausgeglichenen Halbreaktionen auf, die an der Luftoxidation von Fe^{2+} (*aq*) zu $Fe_2O_3 \cdot 3\,H_2O$ beteiligt sind.

20.40

(a) Man verwendet metallisches Magnesium als Opferanode zum Schutz unterirdischer Pipelines vor Korrosion. Warum bezeichnet man das Magnesium als „Opferanode"? **(b)** Schlagen Sie ein Metall als Material für die unterirdischen Rohre vor, so dass Magnesium als Opferanode wirken kann.

20.41

Nach einem Handbuch für Installateure sollte man ein Messingrohr nicht direkt an ein galvanisiertes Stahlrohr anschließen, da die elektrochemischen Reaktionen zwischen beiden Metallen Korrosion verursachen. Das Handbuch empfiehlt, die Rohre über ein Isolierbauteil zu verbinden. Messing ist eine Mischung aus Kupfer und Zink. Welche spontane(n) Redoxreaktion(en) kann/können Korrosion hervorrufen? Begründen Sie Ihre Antwort mit Berechnungen der Standard-EMK.

Elektrolyse; elektrische Arbeit

20.42

(a) Was ist *Elektrolyse*? **(b)** Sind Elektrolysereaktionen thermodynamisch betrachtet spontane Reaktionen? Erklären Sie. **(c)** Welcher Prozess läuft bei der Schmelzelektrolyse von NaCl an der Anode ab?

20.43

(a) Wir elektrolysieren eine Cr^{3+} (*aq*)-Lösung bei einer Stromstärke von 7,60 A. Welche Masse Cr (*s*) setzt sich nach Ablauf von 2,00 Tagen ab? **(b)** Welche Stromstärke benötigt man, damit sich in einem Zeitraum von 8,00 h aus einer Cr^{3+}-Lösung 0,250 mol Cr absetzen?

20.44

Eine galvanische Zelle arbeitet mit der Reaktion

$$Sn(s) + I_2(s) \longrightarrow Sn^{2+}(aq) + 2\ I^-(aq)$$

Welche elektrische Arbeit in Joule kann diese Zelle unter Standardbedingungen maximal verrichten, wenn sie 75,0 g Sn verbraucht?

20.45

(a) Berechnen Sie die Masse Li, die sich in 24 Stunden bei einer Schmelzelektrolyse von LiCl unter einer Stromstärke von $7{,}5 \times 10^4$ A bildet. Nehmen Sie eine Effizienz der Elektrolysezelle von 85 % an. **(b)** Welche Energiemenge benötigt diese Elektrolyse pro Mol gewonnenen Lithiums, wenn man eine EMK von + 7,5 V anlegt?

Zusatzaufgaben

20.46

Eine *Disproportionierungsreaktion* ist eine Redoxreaktion, in welcher der gleiche Stoff sowohl oxidiert als auch reduziert wird. Vervollständigen sie die folgenden Disproportionierungsreaktionen und gleichen Sie sie aus.

(a) $Ni^+(aq) \longrightarrow Ni^{2+}(aq) + Ni(s)$ (saure Lösung)

(b) $MnO_4^{\ 2-}(aq) \longrightarrow MnO_4^-(aq) + MnO_2(s)$ (saure Lösung)

(c) $H_2SO_3(aq) \longrightarrow S(s) + HSO_4^-(aq)$ (saure Lösung)

(d) $Cl_2(aq) \longrightarrow Cl^-(aq) + ClO^-(aq)$ (alkalische Lösung)

20.47

Die folgende Schreibweise ist eine übliche Kurzdarstellung der Bestandteile einer galvanischen Zelle:

Anode | Anodenlösung || Kathodenlösung | Kathode

Der doppelte senkrechte Strich deutet eine Salzbrücke oder eine poröse Trennwand an. Ein einfacher senkrechter Strich gibt einen Phasenunterschied wieder, zum Beispiel von einem Festkörper zu einer Flüssigkeit. **(a)** Stellen Sie die Halbreaktionen und die Gesamtreaktion der Zelle Fe | Fe^{2+} || Ag^+ | Ag auf und skizzieren Sie die Zelle. **(b)** Stellen Sie die Halbreaktionen und die Gesamtreaktion der Zelle Zn | Zn^{2+} || H^+ | H_2 auf und skizzieren Sie die Zelle. **(c)** Stellen Sie in der eben angegebenen Schreibweise eine Zelle dar, die auf der folgenden Reaktion basiert:

$$ClO_3^-(aq) + 3\ Cu(s) + 6\ H^+(aq) \longrightarrow Cl^-(aq) + 3\ Cu^{2+}(aq) + 3\ H_2O(l)$$

Man verwendet Pt als inaktive Elektrode, die mit ClO_3^- und Cl^- in Kontakt steht. Skizzieren Sie diese Zelle.

20.48

Gold liegt in den beiden üblichen Oxidationsstufen + 1 und + 3 vor. Die Normalpotenziale dieser Oxidationszustände sind

$$Au^+(aq) + e^- \rightleftharpoons Au(s) \qquad E^\circ = +1{,}69\ V$$
$$Au^{3+}(aq) + 3\ e^- \rightleftharpoons Au(s) \qquad E^\circ = +1{,}50\ V$$

(a) Können sie anhand dieser Zahlen erklären, warum Gold an der Luft nicht beschlägt? **(b)** Schlagen Sie verschiedene Stoffe vor, die hinreichend starke Oxidationsmittel sind, um Gold zu oxidieren. **(c)** Goldwäscher gewinnen Gold durch das Auswaschen von goldhaltigen Erzen in einer wässrigen Natriumcyanid-Lösung. Durch die Redoxreaktion

$$4\ Au(s) + 8\ NaCN(aq) + 2\ H_2O(l) + O_2(g) \longrightarrow 4\ Na[Au(CN)_2](aq) + 4\ NaOH(aq)$$

bildet sich in dieser wässrigen Lösung ein gut lösliches Gold-Komplexion. Welcher Stoff wird in dieser Reaktion oxidiert und welcher wird reduziert? **(d)** Danach lassen die Goldwäscher die alkalische Lösung (das Reaktionsprodukt) aus c) mit Zinkstaub reagieren und erhalten metallisches Gold. Stellen Sie die ausgeglichene Redoxreaktion für diesen Prozess auf. Welcher Stoff wird oxidiert und welcher reduziert?

20.49

Wir konstruieren eine galvanische Zelle, die mit den folgenden Halbzellenreaktionen arbeitet:

$$Cu^+(aq) + e^- \longrightarrow Cu(s)$$

$$I_2(s) + 2\,e^- \longrightarrow 2\,I^-(aq)$$

Wir betreiben die Zelle bei 298 K mit $[Cu^+] = 2{,}5\,M$ und $[I^-] = 3{,}5\,M$. **(a)** Bestimmen Sie E dieser Zelle unter den gegebenen Konzentrationen. **(b)** Welche Elektrode bildet die Anode der Zelle? **(c)** Wäre die Antwort in **(b)** die gleiche, wenn wir die Zelle unter Standardbedingungen betreiben würden? **(d)** Bei welcher Konzentration von I^- hätte die Zelle die EMK null, wenn $[Cu^+]$ gleich 1,4 M wäre?

20.50

(a) Stellen Sie die Reaktionsgleichungen für die Ladung und Entladung eines wiederaufladbaren Nickel-Cadmium-Akkus auf. **(b)** Berechnen Sie die Standard-EMK der Zelle mit den folgenden Normalpotenzialen:

$$Cd(OH)_2(s) + 2\,e^- \rightleftharpoons Cd(s) + 2\,OH^-(aq) \qquad E^\circ = -0{,}76\ V$$

$$NiO(OH)(s) + H_2O(l) + e^- \rightleftharpoons Ni(OH)_2(s) + OH(aq) \qquad E^\circ = +0{,}49\ V$$

(c) Die EMK einer typischen NiCd-Zelle beträgt +1,30 V. Warum besteht zwischen diesem Wert und dem in **(b)** berechneten Wert ein Unterschied? **(d)** Berechnen Sie die Gleichgewichtskonstante der NiCd-Gesamtreaktion auf der Grundlage dieses typischen EMK-Wertes.

20.51

An einem Stahlschiff, das im Wasser liegt, sollen Sie ein schwaches Potenzial anlegen, um es vor Korrosion zu schützen. Verwenden Sie hierzu positive oder negative Ladungen? Erklären Sie.

20.52

(a) Welche Ladungsmenge in Coulomb benötigt man für eine 0,25 mm dicke Beschichtung aus metallischem Chrom auf einer Autostoßstange einer Gesamtfläche von 0,32 m^2, wenn man mit einer CrO_4^{2-}-Lösung arbeitet? Die Dichte von metallischem Chrom beträgt 7,20 g/cm^3. **(b)** Welche Stromstärke ist für diesen Galvanisierungsvorgang erforderlich, wenn man die Stoßstange in 10,0 s beschichten möchte? **(c)** Welche elektrische Leistung benötigt man zur Beschichtung der Stoßstange, wenn die EMK der externen Spannungsquelle + 6,0 V beträgt und die Elektrolysezelle zu 65 % effizient ist?

Übergreifende Aufgaben

20.53

Der Haberprozess ist das industrielle Hauptverfahren zur Herstellung von Ammoniak aus Stickstoff:

$$N_2(g) + 3\,H_2(g) \longrightarrow 2\,NH_3(g)$$

(a) Welcher Stoff wird oxidiert und welcher reduziert? **(b)** Verwenden Sie thermodynamische Angaben und berechnen Sie die Gleichgewichtskonstante für diesen Prozess bei Zimmertemperatur. **(c)** Berechnen Sie die Standard-EMK des Haberprozesses bei Zimmertemperatur.

20.54

Eine galvanische Zelle besteht aus Halbzellen mit $Ag^+(aq)/Ag(s)$ und $Fe^{3+}(aq)/Fe^{2+}(aq)$. **(a)** Wie lautet die Standard-EMK dieser Zelle? **(b)** Welche Reaktionen laufen an der Kathode und an der Anode dieser Zelle ab? **(c)** Verwenden Sie S°-Werte und die Beziehung zwischen dem Zellenpotenzial und der Änderung der freien Energie und sagen Sie voraus, ob das Standard-Zellenpotenzial zunimmt oder abfällt, wenn die Temperatur über 25 °C ansteigt.

20.55

Der K_L-Wert von PbS (s) beträgt $8{,}0 \times 10^{-28}$. Bestimmen Sie mit Hilfe dieses Wertes und mit einem Elektrodenpotenzial aus der Spannungsreihe das Normalpotenzial für die Reaktion

$$PbS(s) + 2\,e^- \rightleftharpoons Pb(s) + S^{2-}(aq)$$

Kapitel 21

Chemie der Nichtmetalle

Periodische Tendenzen und chemische Reaktionen

21.1

Ordnen Sie die folgenden Elemente einer der Kategorien Metall, Nichtmetall oder Halbmetall zu: **(a)** Phosphor, **(b)** Strontium, **(c)** Mangan, **(d)** Selen, **(e)** Rhodium, **(f)** Krypton.

21.2

Ordnen Sie die folgenden Elemente einer der Kategorien Metall, Nichtmetall oder Halbmetall zu: **(a)** Rhenium, **(b)** Arsen, **(c)** Argon, **(d)** Zirconium, **(e)** Tellur, **(f)** Gallium.

21.3

Betrachten Sie die Elemente O, Ba, Co, Be, Br und Se. Benennen Sie das Element, das **(a)** durch die höchste Elektronegativität gekennzeichnet ist, **(b)** eine maximale Oxidationsstufe von +7 aufweist, **(c)** am leichtesten ein Elektron verliert, **(d)** am stärksten zur Bildung von π-Bindungen neigt, **(e)** ein Übergangsmetall ist.

21.4

Erläutern Sie folgende Aussagen: **(a)** Die höchste durch Stickstoff gebildete Fluoridverbindung ist NF_3, während Phosphor ohne weiteres PF_5 erzeugt. **(b)** Obwohl CO eine weit verbreitete Verbindung ist, existiert SiO nicht unter normalen Bedingungen. **(c)** AsH_3 ist ein stärkeres Reduktionsmittel als NH_3.

21.5

Vervollständigen und gleichen Sie die folgenden Gleichungen aus:

(a) $Mg_3N_2(s) + H_2O(l) \longrightarrow$

(b) $C_3H_7OH(l) + O_2(g) \longrightarrow$

(c) $MnO_2(s) + C(s) \xrightarrow{\Delta}$

(d) $AlP(s) + H_2O(l) \longrightarrow$

(e) $Na_2S(s) + HCl(aq) \longrightarrow$

Wasserstoff, Edelgase und Halogene

21.6

(a) Nennen Sie die Namen und die chemischen Symbole der drei Wasserstoff-Isotopen. **(b)** Listen Sie die Isotopen in absteigender Reihenfolge ihres natürlichen Vorkommens auf.

21.7

Welches Wasserstoff-Isotop ist radioaktiv? Formulieren Sie die Kerngleichung, die den radioaktiven Verfall dieses Isotops wiedergibt.

21.8

Nennen Sie den Grund, weshalb Wasserstoff im Periodensystem neben den Elementen der Gruppe 1A angeordnet ist.

21.9

Formulieren Sie eine ausgeglichene Gleichung für die Herstellung von H_2 bei Verwendung von **(a)** Mg und einer Säure, **(b)** Kohlenstoff und Dampf, **(c)** Methan und Dampf.

21.10

Nennen Sie **(a)** drei industrielle Produktionsvorgänge für H_2, **(b)** drei industrielle Anwendungen von H_2.

21.11

Vervollständigen und gleichen Sie die folgenden Gleichungen aus:

(a) $NaH(s) + H_2O(l) \longrightarrow$

(b) $Fe(s) + H_2SO_4(aq) \longrightarrow$

(c) $H_2(g) + Br_2(g) \longrightarrow$

(d) $Na(l) + H_2(g) \longrightarrow$

(e) $PbO(s) + H_2(g) \longrightarrow$

Übungsaufgaben

21.12
Ordnen Sie den folgenden Hydriden eine der Eigenschaften ionisch, metallisch und molekular zu: **(a)** BaH_2, **(b)** H_2Te, **(c)** $TiH_{1,7}$.

21.13
Aus welchem Grund bildet Xenon stabile Verbindungen mit Fluor, Argon jedoch nicht?

21.14
Erstellen Sie die chemische Formel für jede der folgenden Verbindungen und geben Sie jeweils die Oxidationszahl des Halogen- oder Edelgas-Atoms an: **(a)** Chlorat-Ion, **(b)** Iodwasserstoffsäure, **(c)** Iodtrichlorid, **(d)** Natriumhypochlorit, **(e)** Perchlorsäure, **(f)** Xenontetrafluorid.

21.15
Bestimmen Sie die Namen der folgenden Verbindungen: **(a)** $Fe(ClO_3)_3$, **(b)** $HClO_2$, **(c)** XeF_6, **(d)** BrF_5, **(e)** $XeOF_4$, **(f)** HIO_3 (Benennung als Säure).

21.16
Bestimmen Sie die Namen der folgenden Verbindungen: **(a)** $KClO_3$, **(b)** $Ca(IO_3)_2$, **(c)** $AlCl_3$, **(d)** $HBrO_3$, **(e)** H_5IO_6, **(f)** XeF_4.

21.17
Erläutern Sie jede der folgende Beobachtungen: **(a)** Bei Zimmertemperatur ist I_2 fest, Br_2 flüssig und Cl_2 sowie F_2 sind beide gasförmig. **(b)** F_2 lässt sich nicht durch die elektrolytische Oxidation wasserhaltiger F^--Lösungen herstellen. **(c)** Der Siedepunkt von HF ist deutlich höher als die der übrigen Wasserstoff-Halogenide. **(d)** Die Oxidationskraft der Halogene nimmt in folgender Reihenfolge ab $F_2 > Cl_2 > Br_2 > I_2$ ab.

21.18
Beschreiben Sie zwei Merkmale von Wasserstoff, die für seine Verwendung als Energiequelle von Fahrzeugen sprechen.

[21.19]
Ammoniumperchlorat belastet Böden und Gewässer auch dann noch, wenn seit seiner Emission bereits Jahrzehnte vergangen sind. Welche Schlüsse können Sie hieraus im Hinblick auf die Stabilität des Perchlorat-Anions ziehen? Welches Merkmal der Anion-Struktur ist für diese hohe Stabilität ausschlaggebend, obwohl Perchlorat ein starkes Oxidationsmittel ist?

Sauerstoff und die Elemente der Gruppe 6A

21.20
(a) Nennen Sie drei industrielle Anwendungen von O_2. **(b)** Nennen Sie drei industrielle Anwendungen von O_3.

21.21
Formulieren Sie die ausgeglichenen Gleichungen der folgenden Reaktionen: **(a)** Bei Erhitzung zerfällt Quecksilber(II) zu O_2 und Quecksilber-Metall. **(b)** Bei starker Erhitzung zerfällt Kupfer(II)nitrat in Kupfer(II)oxid, Stickstoffdioxid und Sauerstoff. **(c)** Die Produkte der Reaktion von Blei (II) sulfid, PbS (*s*), mit Ozon sind $PbSO_4$ (*s*) und O_2 (*g*). **(d)** Bei der Erhitzung in Luft wird ZnS (*s*) zu ZnO konvertiert. **(e)** Bei der Reaktion von Kaliumperoxid mit CO_2 (*g*) entsteht Kaliumcarbonat und O_2.

21.22
Sagen Sie jeweils voraus, ob die folgenden Oxide sauer, basisch, amphoter oder neutral sind: **(a)** NO_2, **(b)** CO_2, **(c)** BaO, **(d)** Al_2O_3.

21.23
Bestimmen Sie jeweils die am stärksten saure Verbindung: **(a)** Mn_2O_7 und MnO_2, **(b)** SnO und SnO_2, **(c)** SO_2 und SO_3, **(d)** SiO_2 und SO_2, **(e)** Ga_2O_3 und In_2O_3, **(f)** SO_2 und SeO_2.

21.24
Erstellen Sie die chemische Formel für jede der folgenden Verbindungen und geben Sie jeweils die Oxidationszahl der Elemente aus Gruppe 6A an: **(a)** Selenigsäure, **(b)** Kaliumhydrogensulfit, **(c)** Tellurwasserstoff, **(d)** Schwefelkohlenstoff, **(e)** Calciumsulfat.

21.25
In einer Wasserlösungen reduziert Hydrogensulfid **(a)** Fe^{3+} zu Fe^{2+}, **(b)** Br_2 zu Br^-, **(c)** MnO_4^- zu Mn^{2+}, **(d)** HNO_3 zu NO_2. Unter geeigneten Bedingungen ist das Produkt in allen Fällen elementarer Schwefel.

Formulieren Sie eine ausgeglichene Netto-Ionengleichung für jede Reaktion.

21.26
Zeichnen Sie die Lewis-Strukturformeln für jede der folgenden Spezies und geben Sie die jeweilige Struktur an: **(a)** SeO_3^{2-}, **(b)** S_2Cl_2, **(c)** Chlorschwefelsäure, HSO_3Cl (Chlor ist an Schwefel gebunden).

21.27
Formulieren Sie eine ausgeglichene Gleichung für jede der folgenden Reaktionen: **(a)** Schwefeldioxid reagiert mit Wasser. **(b)** Festes Zinksulfid reagiert mit Salzsäure. **(c)** Elementarer Schwefel reagiert mit Sulfit-Ionen und bildet dabei Thiosulfat. **(d)** Schwefeltrioxid wird in Schwefelsäure aufgelöst.

Stickstoff und die Elemente der Gruppe 5A

21.28
Erstellen Sie die chemische Formel für jede der folgenden Verbindungen und geben Sie jeweils die Oxidationszahl des Stickstoff-Atoms an: **(a)** Natriumnitrit, **(b)** Ammoniak, **(c)** Distickstoffoxid, **(d)** Natriumcyanid, **(e)** Salpetersäure, **(f)** Stickstoffdioxid.

21.29
Erstellen Sie die chemische Formel für jede der folgenden Verbindungen und geben Sie jeweils die Oxidationszahl des Stickstoff-Atoms an: **(a)** Salpetersäure, **(b)** Hydrazin, **(c)** Kaliumcyanid, **(d)** Natriumnitrat, **(e)** Ammoniumchlorid, **(f)** Lithiumnitrid.

21.30
Formulieren Sie die Lewis-Strukturformeln für jede der folgenden Spezies und beschreiben Sie jeweils die Struktur: **(a)** HNO_2 , **(b)** N_3^-, **(c)** $N_2H_5^+$, **(d)** NO_3^-

21.31
Vervollständigen und gleichen Sie die folgenden Gleichungen aus:

(a) $Mg_3N_2(s) + H_2O(l) \longrightarrow$
(b) $NO(g) + O_2(g) \longrightarrow$
(c) $N_2O_5(g) + H_2O(l) \longrightarrow$
(d) $NH_3(aq) + H^+(aq) \longrightarrow$
(e) $N_2H_4(l) + O_2(g) \longrightarrow$

21.32
Formulieren Sie ausgeglichene Teilreaktionen für die **(a)** Oxidation von salpetriger Säure zu Nitrat-Ion in saurer Lösung, **(b)** Oxidation von N_2 zu N_2O in saurer Lösung. Geben Sie für beide Fälle das Normalpotenzial an.

21.33
Erstellen Sie die Molekülformel für jede Verbindung und geben Sie in jeder Formel die Oxidationszahl der Elemente aus Gruppe 5A an: **(a)** Phosphonsäure, **(b)** Pyrophosphorsäure, **(c)** Antimontrichlorid, **(d)** Magnesiumarsenid, **(e)** Diphosphorpentoxid.

21.34
Erklären Sie die folgenden Beobachtungen: **(a)** Phosphor bildet ein Pentachlorid, Stickstoff hingegen nicht. **(b)** H_3PO_2 ist eine einbasige Säure. **(c)** Phosphoniumsalze wie PH_4Cl lassen sich unter wasserfreien Bedingungen herstellen, jedoch nicht in wasserhaltigen Lösungen. **(d)** Weißer Phosphor ist extrem reaktiv.

21.35
Erklären Sie die folgenden Beobachtungen: **(a)** H_3PO_3 ist eine zweibasige Säure. **(b)** Salpetersäure ist eine starke Säure, Phosphorsäure hingegen eine schwächere Säure. **(c)** Phosphatgestein ist als Phosphat-Düngemittel ineffizient. **(d)** Phosphor existiert bei Zimmertemperatur nicht in Form von diatomaren Molekülen, Stickstoff hingegen schon. **(e)** Na_3PO_4-Lösungen sind ausgesprochen basisch.

21.36
Formulieren Sie eine ausgeglichene Gleichung für jede der folgenden Reaktionen: **(a)** Herstellung von weißem Phosphor aus Calciumphosphat, **(b)** Hydrolyse von PBr_3 , **(c)** Reduktion von PBr_3 zu P_4 in der Gasphase mittels H_2.

Kohlenstoff, andere Elemente der Gruppe 4A und Bor

21.37
Nennen Sie die chemische Formel für **(a)** Cyanwasserstoffsäure, **(b)** Nickeltetracarbonyl, **(c)** Bariumhydrogencarbonat, **(d)** Calciumacetylid.

Übungsaufgaben

21.38
Vervollständigen und gleichen Sie die folgenden Gleichungen aus:

(a) $ZnCO_3(s) \xrightarrow{\Delta}$

(b) $BaC_2(s) + H_2O(l) \longrightarrow$

(c) $C_2H_2(g) + O_2(g) \longrightarrow$

(d) $CS_2(g) + O_2(g) \longrightarrow$

(e) $Ca(CN)_2(s) + HBr(aq) \longrightarrow$

21.39
Formulieren Sie eine ausgeglichene Gleichung für jede der folgenden Reaktionen: **(a)** Im industriellen Herstellungsverfahren für Cyanwasserstoff wird eine Mischung aus Methan, Ammoniak und Luft bei 800 °C über einen Katalysator geleitet. Ein Nebenprodukt der Reaktion ist Wasser. **(b)** Bei der Reaktion von Backsoda mit Säuren wird gasförmiges Kohlenstoffdioxid erzeugt. **(c)** Wenn Bariumcarbonat in Luft mit Schwefeldioxid reagiert, entstehen Bariumsulfat und Kohlenstoffdioxid.

21.40
Erstellen Sie die Formeln für die folgenden Verbindungen und geben Sie jeweils die Oxidationszahl des Elements aus Gruppe 4A bzw. des Bor-Atoms an: **(a)** Borsäure, **(b)** Siliciumtetrabromid, **(c)** Blei-(II)chlorid, **(d)** Natriumtetraboratdecahydrat (borax), **(e)** Boroxid.

21.41
Geben Sie jeweils das Element aus Gruppe 4A an, auf das die Beschreibung am besten passt: **(a)** Besitzt die niedrigste Ionisierungsenergie, **(b)** besteht in Oxidationsstufen zwischen – 4 und + 4, **(c)** hat den größten Anteil an der Erdkruste.

21.42
(a) Was ist die charakteristische Struktureinheit im Zusammenhang mit Silicium in allen Silikatmineralen? **(b)** Metakieselsäure hat die empirische Formel H_2SiO_3. Welche Struktur vermuten Sie für Metakieselsäure?

21.43
(a) In welcher Weise unterscheiden sich die Strukturen von Diboran (B_2H_6) und Ethan (C_2H_6)? **(b)** Erläutern Sie, weshalb Diboran gerade diese Struktur annimmt und verwenden Sie dazu die in Kapitel 8 behandelten Begriffe. **(c)** Welche Bedeutung hat die Aussage, dass die Wasserstoff-Atome in Diboran als „hydridisch" bezeichnet werden?

Zusatzaufgaben

21.44
(a) Wie viel Gramm H_2 lassen sich in 5 kg der FeTi-Legierung unterbringen, indem das Hydrid $FeTiH_2$ gebildet wird? **(b)** Welches Volumen füllt diese Menge H_2 bei STP aus?

21.45
Welche der folgenden Stoffe brennen in Sauerstoff: SiH_4, SiO_2, CO, CO_2, Mg, CaO? Warum brennen einige dieser Stoffe nicht in Sauerstoff?

21.46
Nennen Sie das jeweilige Anhydrid der folgenden Säuren: a) H_2SO_4, **(b)** $HClO_3$, **(c)** HNO_2, **(d)** H_2CO_3, **(e)** H_3PO_4?

21.47
Ultrareines Germanium wird wie Silicium zu Halbleitern verarbeitet. Germanium von normalem Reinheitsgrad wird mittels einer Hochtemperatur-Reduktion von GeO_2 durch Kohlenstoff hergestellt. Durch die Behandlung mit Cl_2 wird Ge zu $GeCl_4$ konvertiert und anschließend durch Destillation gereinigt. $GeCl_4$ wird im Hydrolyseverfahren zu GeO_2 umgewandelt und dann mittels H_2 auf die elementare Form reduziert. Im Anschluss wird das Element dem Zonenschmelzverfahren unterzogen. Formulieren Sie die ausgeglichene chemische Gleichung für die Umwandlungsprozesse bei der Herstellung von ultrareinem Ge aus GeO_2.

21.48
Wasserstoffperoxid oxidiert **(a)** Hydrazin zu N_2 und H_2O, **(b)** SO_2 zu SO_4^{2-}, **(c)** NO_2^- zu NO_3^-, **(d)** $H_2S(g)$ zu $S(s)$, **(e)** Fe^{2+} zu Fe^{3+}. Formulieren Sie eine ausgeglichene Netto-Ionengleichung für jede dieser Redoxreaktionen.

Übergreifende Aufgaben

21.49

Berechnen Sie die mittleren Xe — F-Bindungsenthalpien für XeF_2, XeF_4 beziehungsweise XeF_6. Welche Bedeutung hat die Tendenz dieser Größen?

21.50

Bei Standardbedingungen ist die Löslichkeit von Cl_2 in 100 g Wasser 310 cm^3. Unterstellen Sie, dass die Menge Cl_2 wie folgt aufgelöst und ins Gleichgewicht gebracht wird:

$$Cl_2(aq) + H_2O \longrightarrow Cl^-(aq) + HClO(aq) + H^+(aq)$$

Berechnen Sie die Gleichgewichtskonzentration des produzierten HClO und gehen Sie dabei von einer Gleichgewichtskonstante von $4{,}7 \times 10^{-4}$ aus.

21.51

Zur Entfernung des SO_2 aus Kraftwerks-Emissionen wurde ein Verfahren vorgeschlagen, das die Reaktion mit wasserhaltigem H_2S beinhaltet. Das Produkt ist elementarer Schwefel. **(a)** Formulieren Sie eine ausgeglichene chemische Gleichung für diese Reaktion. **(b)** Wie viel Volumen von H_2S würde bei 27 °C und 740 Torr benötigt, um das SO_2 zu entfernen, das durch die Verbrennung von 1,0 Tonnen Kohle mit einem Schwefelanteil von 3,5 % entsteht? **(c)** Wie viel Masse von elementarem Schwefel wird dabei produziert? Nehmen Sie an, dass alle Reaktionen eine Effizienz von 100 % aufweisen.

21.52

Die Standard-Bildungswärmen von H_2O (*g*), H_2S (*g*), H_2Se (*g*) und H_2Te (*g*) sind –241,8; –20,17; + 29,7 beziehungsweise + 99,6 kJ/mol. Die Enthalpien, die für die Umwandlung der Elemente im Grundzustand in ein Mol gasförmige Atome notwendig sind, betragen 248, 277, 227 und 197 kJ/mol für O-, S-, Se- beziehungsweise Te-Atome. Die Enthalpie für die Dissoziation von H_2 beträgt 436 kJ/mol. Berechnen Sie die mittleren H — O-, H — S-, H — Se- und H — Te-Bindungsenthalpien und kommentieren Sie die Tendenz der Werte.

21.53

Wenn die Mondlandefähre der Apollo-Mission 4,0 Tonnen Dimethylhydrazin $(CH_3)_2NNH_2$ als Treibstoff verwendet hätte, wie viel Tonnen des Oxidationsmittels N_2O_4 wären für die Reaktion erforderlich? Die Produkte dieser Reaktion sind N_2, CO_2 und H_2O.

21.54

Bornitrid hat eine graphitartige Struktur mit B — N-Bindungslängen von 1,45 Å innerhalb der Schichten und einen Abstand von 3,30 Å zwischen den einzelnen Schichten. Bei hohen Temperaturen nimmt das BN-Atom eine diamantartige Form an, die Diamant an Härte übertrifft. Begründen Sie die Ähnlichkeit zwischen BN und elementarem Kohlenstoff.

Kapitel 22

Chemie von Koordinationsverbindungen

Einführung in Metallkomplexe

22.1

(a) Definieren Sie die kursiv dargestellten Ausdrücke des folgenden Satzes: Es liegt ein *Metallkomplex* mit der *Koordinationszahl* 6 und vier H_2O- und zwei NH_3-*Liganden* vor. **(b)** Warum ist die Bildung einer Metall-Ligand-Bindung ein Beispiel einer Lewis-Säure-Base-Wechselwirkung?

22.2

Ein Komplex wird als $NiBr_2 \cdot 6\,NH_3$ dargestellt. **(a)** Welche Oxidationszahl hat das Ni-Atom in diesem Komplex? **(b)** Welche Koordinationszahl hat dieser Komplex wahrscheinlich? **(c)** Wie viel Mol AgBr fallen bei einer Behandlung dieses Komplexes mit überschüssigem $AgNO_3$ (*aq*) pro Mol des Komplexes aus?

22.3

Geben Sie für die folgenden Komplexe die Koordinationszahl und die Oxidationszahl des Metalls an:

(a) $Na_2[CdCl_4]$
(b) $K_2[MoOCl_4]$
(c) $[Co(NH_3)_4Cl_2]Cl$
(d) $[Ni(CN)_5]^{3-}$
(e) $K_3[V(C_2O_4)_3]$
(f) $[Zn(en)_2]Br_2$

22.4

Geben Sie für die folgenden Komplexe die Koordinationszahl und die Oxidationszahl des Metalls an:

(a) $K_4[Fe(CN)_6$
(b) $[Pd(NH_3)_4]Br_2$
(c) $[Mn(CO)_5Br]$
(d) $[Co(en)_2(C_2O_4)]^+$
(e) $NH_4[Cr(NH_3)_2(NCS)_4]$
(f) $[Cu(bipy)_2I]I$

22.5

Bestimmen Sie für die Komplexe aus der vorstehenden Aufgabe die Anzahl und die Art der Donoratome.

Mehrzähnige Liganden; Nomenklatur

22.6

(a) Worin besteht der Unterschied zwischen einem einzähnigen und einem zweizähnigen Liganden? **(b)** Wie viele zweizähnige Liganden werden benötigt, um die Koordinationssphäre eines Komplexes mit der Koordinationszahl sechs zu füllen? **(c)** Ein bestimmtes Molekül dient als dreizähniger Ligand. Was wissen Sie aufgrund dieser Aussage über das Molekül?

22.7

Mehrzähnige Liganden variieren hinsichtlich der Anzahl der von ihnen besetzten Koordinationspositionen. Identifizieren Sie in den folgenden Verbindungen den mehrzähnigen Liganden und geben Sie an, wie viele Koordinationspositionen dieser wahrscheinlich jeweils besetzt:

(a) $[Co(NH_3)_4(o\text{-phen})]Cl_3$
(b) $[Cr(C_2O_4)(H_2O)_4]Br$
(c) $[Cr(EDTA)(H_2O)]^-$
(d) $[Zn(en)_2](ClO_4)_2$

22.8

(a) Was bedeutet der Begriff *Chelateffekt*? **(b)** Welcher thermodynamische Faktor ist im Allgemeinen für den *Chelateffekt* verantwortlich? **(c)** Warum werden mehrzähnige Liganden oft als *Trennreagenzien* bezeichnet?

22.9

Geben Sie die Formeln der folgenden Verbindungen an. Achten Sie dabei darauf, zur Angabe der Koordinationssphäre Klammern zu verwenden:

(a) Hexaamminchrom(III)nitrat
(b) Tetraammincarbonatokobalt(III)sulfat
(c) Dichlorobis(ethylendiamin)platin(IV)bromid
(d) Kaliumdiaquatetrabromovanadat(III)
(e) Bis(ethylendiamin)zink(II)tetraiodomercurat(II)

22.10
Geben Sie die Formeln der folgenden Verbindungen an. Achten Sie dabei darauf, zur Angabe der Koordinationssphäre Klammern zu verwenden:

(a) Pentaaquaiodomangan(III)perchlorat
(b) Tris(bipyridin)ruthenium(II)nitrat
(c) Dichlorobis(*ortho*-phenanthrolin)rhodium(III)-sulfat
(d) Natriumdiammintetrabromochromat(III)
(e) Tris(ethylendiamin)kobalt(III)tris(oxalato)-ferrat (II)

22.11
Geben Sie die Namen der folgenden Verbindungen an. Verwenden Sie dabei die Standardnomenklatur für Koordinationsverbindungen:

(a) $[Rh(NH_3)_4Cl_2]Cl$
(b) $K_2[TiCl_6]$
(c) $MoOCl_4$
(d) $[Pt(H_2O)_4(C_2O_4)]Br_2$

Isomerie

22.12
Veranschaulichen Sie durch die Angabe der Formeln oder Strukturen von einem der drei Komplexe

$[Co(NH_3)_4Br_2]Cl$
$[Pd(NH_3)_2(ONO)_2]$
cis-$[V(en)_2Cl_2]^+$

die Begriffe **(a)** geometrische Isomerie, **(b)** Bindungsisomerie, **(c)** optische Isomerie und **(d)** Ionisationsisomerie.

22.13
Es wird ein Komplex mit der Formel MA_2B_2 und der Koordinationszahl vier hergestellt. Wie sich herausstellt, hat der Komplex zwei Isomere. Kann aus dieser Information abgeleitet werden, ob der Komplex quadratisch-planar oder tetraedrisch aufgebaut ist? Wenn dies der Fall sein sollte, welche Struktur hat dann der Komplex?

22.14
Zeichnen Sie die cis- und trans-Isomere des Ions $[Co(en)_2(NH_3)Cl]^{2+}$. Sind die Isomere chiral? Zeichnen Sie gegebenenfalls die beiden Enantiomere.

22.15
Zeichnen Sie alle möglichen Stereoisomere von **(a)** tetraedrischem $[Cd(H_2O)_2Cl_2]$, **(b)** quadratisch-planarem $[IrCl_2(PH_3)_2]^-$ und **(c)** oktaedrischem $[Fe(o\text{-phen})_2Cl_2]^+$.

Farbe; Magnetismus; Kristallfeldtheorie

22.16
(a) Geben Sie auf 100 nm genau die längste und kürzeste Wellenlänge sichtbaren Lichts an. **(b)** Was ist mit dem Ausdruck *Komplementärfarbe* gemeint? **(c)** Welche Bedeutung haben Komplementärfarben für das Verständnis der Farben von Metallkomplexen? **(d)** Wenn ein Komplex Licht bei 610 nm absorbiert, welchen Wert hat dann die absorbierte Energie in kJ/mol?

22.17
In der Kristallfeldtheorie werden Liganden als negative Punktladungen betrachtet. Worauf beruht diese Annahme und welche Annahmen impliziert sie hinsichtlich der Natur der Metall-Ligand-Bindungen?

22.18
Erklären Sie, warum die Orbitale d_{xy}, d_{xz} und d_{yz} bei Anwesenheit einer oktaedrischen Anordnung der Liganden um das zentrale Metallion energetisch niedriger liegen als die Orbitale d_{z^2} und $d_{x^2-y^2}$.

22.19
(a) Zeichnen Sie ein Diagramm, aus dem die Definition der *Kristallfeldaufspaltungsenergie* (Δ) eines oktaedrischen Kristallfelds hervorgeht. **(b)** Welcher Zusammenhang gilt in einem d^1-Komplex zwischen der Größe von Δ und der Energie des *d*-*d*-Übergangs? **(c)** Berechnen Sie Δ in kJ/mol für einen d^1-Komplex mit einem Absorptionsmaximum bei 590 nm.

22.20
Erklären Sie, warum viele Cyano-Komplexe zweiwertiger Übergangsmetallionen gelb, viele Aqua-Komplexe dieser Ionen dagegen blau oder grün sind.

22.21
Das Ion $[Ni(H_2O)_6]^{2+}$ ist grün, das Ion $[Ni(NH_3)_6]^{2+}$ dagegen dunkelviolett. Welche Farbe wird von den jeweiligen Ionen hauptsächlich absorbiert? Welches Ion absorbiert das Licht mit der kürzeren Wellenlänge? Stimmen Ihre Schlussfolgerungen mit der spektrochemischen Reihe überein?

22.22
Geben Sie die Anzahl der *d*-Elektronen der zentralen Metallionen der folgenden Komplexe an:
(a) $K_3[TiCl_6]$, **(b)** $Na_3[Co(NO_2)_6]$,
(c) $[Ru(en)_3]Br_3$, **(d)** $[Mo(EDTA)]ClO_4$,
(e) $K_3[ReCl_6]$.

22.23
Geben Sie die Elektronenkonfigurationen des Atoms und der 2+-Ionen der folgenden Metalle an: **(a)** Mn, **(b)** Ru und **(c)** Rh. Zeichnen Sie die Energieniveaudiagramme der *d*-Orbitale in einem oktaedrischen Kristallfeld und geben Sie die Besetzungen der Orbitale mit *d*-Elektronen in den 2+-Ionen an. Gehen Sie dabei von einem Komplex mit starkem Kristallfeld aus. Wie viele freie Elektronen liegen jeweils vor?

22.24
Zeichnen Sie die Energieniveaudiagramme der folgenden Komplexe unter dem Einfluss des Kristallfelds und geben Sie die jeweiligen *d*-Elektronenkonfigurationen an:
(a) $[Cr(H_2O)_6]^{2+}$ (vier freie Elektronen),
(b) $[Mn(H_2O)_6]^{2+}$ (High-Spin),
(c) $[Ru(NH_3)_5(H_2O)]^{2+}$ (Low-Spin),
(d) $[IrCl_6]^{2-}$ (Low-Spin),
(e) $[Cr(en)_3]^{3+}$ und **(f)** $[NiF_6]^{4-}$.

22.25
Der Komplex $[Mn(NH_3)_6]^{2+}$ enthält fünf freie Elektronen. Zeichnen Sie das Energieniveaudiagramm der *d*-Orbitale und geben Sie die *d*-Elektronenkonfiguration des Komplexions an. Handelt es sich um einen High-Spin- oder einen Low-Spin-Komplex?

22.26
Das $[Fe(CN)_6]^{3-}$-Ion hat ein freies Elektron, das $[Fe(NCS)_6]^{3-}$-Ion dagegen fünf freie Elektronen. Bei welchem Komplex handelt es sich um einen High-Spin- und bei welchem um einen Low-Spin-Komplex? Was können Sie daraus über die Stellung von NCS^- in der spektrochemischen Reihe schließen?

Zusatzaufgaben

22.27
Geben Sie auf der Grundlage der im Folgenden angegebenen Leitfähigkeitswerte von Platin (IV)-Komplexen die Formeln der Komplexe in einer Form an, aus der ersichtlich ist, welche Liganden sich in der Koordinationssphäre des Metalls befinden. Die molaren Leitfähigkeiten von NaCl und $BaCl_2$ betragen 107 ohm^{-1} bzw. 197 ohm^{-1}.

Komplex	Molare Leitfähigkeit (ohm^{-1})* einer 0,050-*M*-Lösung
$Pt(NH_3)_6Cl_4$	523
$Pt(NH_3)_4Cl_4$	228
$Pt(NH_3)_3Cl_4$	97
$Pt(NH_3)_2Cl_4$	0
$KPt(NH_3)Cl_5$	108

* Ohm ist eine Einheit des elektrischen Widerstands; die Leitfähigkeit ist gleich dem Kehrwert des elektrischen Widerstands.

22.28
Geben Sie die vollständigen Namen dieser Verbindungen
(a) *cis*-$[Co(NH_3)_4(H_2O)_2](NO_3)_2$
(b) $Na_2[Ru(H_2O)Cl_5]$
(c) *trans*-$NH_4[Co(C_2O_4)_2(H_2O)_2]$
(d) *cis*-$[Ru(en)_2Cl_2]$
an. Gibt es optisch aktive Isomere dieser Komplexe? Erklären Sie Ihre Antwort.

22.29
Obwohl die cis-Konfiguration von $[Pt(en)Cl_2]$ bekannt ist, gibt es keine trans-Form der Verbindung.

(a) Erklären Sie, warum eine trans-Verbindung nicht möglich ist. **(b)** Welche Eigenschaften müsste ein Ligand zur Bildung einer trans-Koordination eines zweizähnigen Liganden an ein Metallatom haben?

22.30
Fassen Sie kurz die Bedeutung der folgenden Komplexe in lebenden Systemen zusammen: **(a)** Hämoglobin, **(b)** Chlorophyll, **(c)** Siderophor.

22.31
Geben Sie die ausgeglichenen chemischen Gleichungen an, die den folgenden Beobachtungen entsprechen. In einigen Fällen wurde der entsprechende Komplex bereits im Text behandelt.

(a) Festes Silberchlorid löst sich in einem Überschuss wässrigen Ammoniaks auf. **(b)** Der grüne Komplex $[Cr(en)_2Cl_2]Cl$ wandelt sich bei einer lang andauernden Behandlung mit Wasser in einen orangebraunen Komplex um. Bei einer Reaktion von $AgNO_3$ mit einer Lösung des Produkts fallen pro Mol Cr drei mol AgCl aus. Geben Sie zwei chemische Gleichungen an. **(c)** Wenn eine NaOH-Lösung zu einer Lösung von $Zn(NO_3)_2$ gegeben wird, fällt ein Niederschlag aus. Bei Zugabe von überschüssiger NaOH-Lösung löst sich der Niederschlag auf. Geben Sie zwei chemische Gleichungen an. **(d)** Eine violette Lösung von $Co(NO_3)_2$ wird nach der Zugabe von konzentrierter Chlorwasserstoffsäure tiefblau.

22.32
Welche der folgenden Objekte sind chiral: **(a)** ein linker Schuh, **(b)** eine Scheibe Brot, **(c)** eine Holzschraube, **(d)** ein Molekülmodell von $Zn(en)Cl_2$, **(e)** ein typischer Golfschläger?

22.33
Bei $[V(H_2O)_6]^{3+}$ und $[VF_6]^{3-}$ handelt es sich um bekannte Komplexe. **(a)** Zeichnen Sie das Energieniveaudiagramm der *d*-Orbitale eines oktaedrischen V(III)-Komplexes. **(b)** Wodurch entstehen die Farben dieser Komplexe? **(c)** Welcher der beiden Komplexe sollte das Licht mit der höheren Energie absorbieren? Erklären Sie Ihre Antwort.

22.34
$[Co(NH_3)_6]^{2+}$, $[Co(H_2O)_6]^{2+}$ (beide oktaedrisch) und $[CoCl_4]^{2-}$ (tetraedrisch) bilden farbige Lösungen. Die Lösungen sind violett, blau und gelb. Ordnen Sie beiden Komplexen basierend auf der spektrochemischen Reihe eine Farbe zu. Berücksichtigen Sie dabei außerdem, dass die Aufspaltung in tetraedrischen Komplexen normalerweise erheblich geringer ist als in oktaedrischen Komplexen.

22.35
Welcher der folgenden Komplexe sollte jeweils das Licht mit der größeren Wellenlänge absorbieren: **(a)** $[FeF_6]^{4-}$ oder $[Fe(NH_3)_6]^{2+}$, **(b)** $[V(H_2O)_6]^{2+}$ oder $[Cr(H_2O)_6]^{3+}$, **(c)** $[Co(NH_3)_6]^{2+}$ oder $[CoCl_4]^{2-}$? Begründen Sie jeweils Ihre Antwort.

22.36
Im Jahr 2001 gelang Wissenschaftlern eine Synthese des Komplexes *trans*-$[Fe(CN)_4(CO)_2]^{2-}$. Dieser Komplex könnte Komplexen ähnlich sein, die bei der Entstehung des Lebens eine wichtige Rolle gespielt haben. **(a)** Zeichnen Sie die Struktur des Komplexes. **(b)** Der Komplex wird als Natriumsalz isoliert. Geben Sie den vollständigen Namen des Salzes an. **(c)** Welche Oxidationszahl hat Fe in diesem Komplex? Wie viele *d*-Elektronen hat Fe in diesem Komplex? **(d)** Sollte es sich um einen High-Spin- oder einen Low-Spin-Komplex handeln? Erklären Sie Ihre Antwort.

Übergreifende Aufgaben

22.37
Metallionen sind essenzielle Bestandteile vieler wichtiger in unserem Körpern wirkender Enzyme. *Carboanhydrase*, das Zn^{2+} enthält, katalysiert die schnelle Umwandlung zwischen gelöstem CO_2 und dem Hydrogencarbonation HCO_3^-. Das Zink in Carboanhydrase wird von drei stickstoffhaltigen Gruppen und einem Wassermolekül koordiniert. Die Wirkung des Enzyms ist eine Folge der gegenüber den Wassermolekülen in der Lösung sauren Eigenschaften des koordinierten Wassermoleküls. Erklären Sie diese Tatsache mit Hilfe der Lewis-Säure-Base-Theorie.

22.38

Ein aus einer Lösung von Kaliumbromid und Oxalat gebildeter Mangankomplex wird gereinigt und analysiert. Er enthält Massenanteile von 10,0 % Mn, 28,6 % K, 8,8 % C und 29,2 % Br. Der Rest der Verbindung besteht aus Sauerstoff. Eine wässrige Lösung des Komplexes hat in etwa die gleiche elektrische Leitfähigkeit wie eine äquimolare Lösung von $K_4[Fe(CN)_6]$. Geben Sie die Formel der Verbindung an. Verwenden Sie dabei Klammern zur Angabe der Koordinationssphäre des Mangans.

22.39

Die Gesamtkonzentration von Ca^{2+} und Mg^{2+} in einer Probe harten Wassers wird durch die Titration von 0,100 L des Wassers mit einer $EDTA^{4-}$-Lösung bestimmt. $EDTA^{4-}$ komplexiert die beiden Kationen:

$$Mg^{2+} + [EDTA]^{4-} \longrightarrow [Mg(EDTA)]^{2}$$

$$Ca^{2+} + [EDTA]^{4-} \longrightarrow [Ca(EDTA)]^{2-}$$

Es werden 31,5 ml einer 0,0104-*M*-$[EDTA]^{4-}$-Lösung benötigt, um den Endpunkt der Titration zu erreichen. Eine zweite Probe von 0,100 l des Wassers wird anschließend mit Sulfationen behandelt, um Ca^{2+} als Calciumsulfat auszufällen. Anschließend wird das Mg^{2+} mit 18,7 mL der 0,0104-*M*-$[EDTA]^{4-}$-Lösung titriert. Berechnen Sie die Konzentrationen von Mg^{2+} und Ca^{2+} in dem harten Wasser in mg/L.

22.40

Der Wert von Δ des Komplexes $[CrF_6]^{3-}$ beträgt 182 kJ/mol. Berechnen Sie die erwartete Absorptionswellenlänge für die Anregung eines Elektrons aus dem energetisch niedrigeren in den energetisch höheren *d*-Orbitalsatz dieses Komplexes. Sollte dieser Komplex Licht im sichtbaren Bereich des Spektrums absorbieren? Denken Sie daran, durch die Avogadrokonstante zu teilen.

Teil II

Lösungen

Kapitel 1

1.1

(a) heterogenes Gemisch,

(b) homogenes Gemisch (heterogen, wenn ungelöste Teilchen vorliegen),

(c) Reinstoff,

(d) homogenes Gemisch.

1.2

(a) Luft, homogenes Gemisch

(b) Tomatensaft, heterogenes Gemisch (Feststoffteilchen in Flüssigkeit)

(c) Iodkristalle, Reinstoff

(d) Sand, heterogenes Gemisch (als Naturprodukt sicher nicht nur SiO_2)

1.3

(a) S, (b) K, (c) Cl, (d) Cu, (e) Si, (f) N, (g) Ca, (h) He.

1.4

(a) C, (b) Na, (c) F, (d) Fe, (e) P, (f) Ar, (g) Ni, (h) Ag

1.5

(a) Lithium,

(b) Aluminium,

(c) Blei,

(d) Schwefel,

(e) Brom,

(f) Zinn,

(g) Chrom,

(h) Zink.

1.6

(a) Kobalt,

(b) Iod,

(c) Krypton,

(d) Quecksilber,

(e) Arsen,

(f) Titan,

(g) Kalium,

(h) Germanium

1.7

C ist eine Verbindung, die Kohlenstoff und Sauerstoff enthält. A ist eine Verbindung, die zumindest Kohlenstoff und Sauerstoff enthält. B kann aufgrund der angegebenen Daten nicht identifiziert werden. Es handelt sich mit großer Wahrscheinlichkeit um eine Verbindung, weil es nur wenige Elemente gibt, die als weißer Festkörper vorliegen.

1.8

Vor der Entwicklung moderner Analysemethoden musste untersucht werden, ob ein Stoff in Elemente zerlegt werden kann. Somit musste man versuchen, den Stoff mit allen bekannten Methoden in Elemente zu zerlegen. Gelang dies, so handelte es sich um eine Verbindung. Im negativen Fall Schloss man auf das Vorliegen eines Elements. Allerdings konnte nicht völlig ausgeschlossen werden, dass eine Zerlegung in Elemente mit einer bislang unbekannten Methode möglich ist.

1.9

Physikalische Eigenschaften: silbrig-weiß; schimmernd; Schmelzpunkt = 649 °C; Siedepunkt = 1105 °C; Dichte bei 20 °C = 1,738 g/cm^3; in Scheibchen gehämmert; in Drähte gezogen; guter Leiter. Chemische Eigenschaften: an Luft brennbar; reagiert mit Cl_2.

1.10

(a) chemisch,

(b) physikalisch,

(c) physikalisch,

(d) chemisch,

(e) chemisch.

1.11

(a) Verbrennung, chemische Reaktion

(b) Die Temperatur des Metalls steigt, physikalischer Vorgang.

(c) Physikalischer Vorgang; die Bildung von Wasser ist eine chemische Reaktion, aber die Abscheidung von Wasser auf der Metalloberfläche ist ein physikalischer Prozess (Kondensation von gasförmigem Wasser zu flüssigem Wasser).

Lösungen

(d) Physikalischer Vorgang; die Bildung von Ruß (Kohlenstoff) ist eine chemische Reaktion, die Abscheidung von Ruß auf der Metalloberfläche ist ein physikalischer Prozess.

1.12

(a) Geben Sie Wasser zu dem Gemisch, um den Zucker aufzulösen. Filtrieren Sie das Gemisch. Dabei bleibt der Sand im Filter zurück, das Zuckerwasser passiert dagegen den Filter und gelangt in den Kolben. Verdampfen Sie das sich im Kolben befindende Wasser. Dabei bleibt fester Zucker zurück.

(b) Erhitzen Sie das Gemisch, bis der Schwefel schmilzt. Dekantieren Sie anschließend den flüssigen Schwefel ab.

1.13

Ein Objekt kann aufgrund seiner Bewegung und seiner Position Energie besitzen. Die kinetische Energie eines Objekts ist von seiner Masse und seiner Geschwindigkeit abhängig. Die potenzielle Energie eines Objekts ist von seiner Position relativ zum Körper, mit dem es wechselwirkt, abhängig.

1.14

(a) Die kinetische Energie des Balles nimmt ab, während er aufsteigt. Die kinetische Energie wird in potenzielle Energie umgewandelt.

(b) Die potenzielle Energie nimmt beim Aufsteigen zu.

(c) Der Ball mit der doppelten Masse steigt nur halb so hoch, da die aufgewendete Energie nicht erhöht wurde.

1.15

(a) 84 J;

(b) 20 cal;

(c) Wenn der Ball auf den Sand trifft, fällt seine Geschwindigkeit (und damit seine kinetische Energie) auf null ab. Der Großteil der kinetischen Energie wird auf den Sand übertragen, der sich beim Aufprall des Balls verformt. Aufgrund der Reibung zwischen Ball und Sand wird ein Teil der Energie als Wärme abgegeben.

1.16

(a) 1×10^{-1}; (b) 1×10^{-2}; (c) 1×10^{-15};
(d) 1×10^{-6}; (e) 1×10^{6}; (f) 1×10^{3};
(g) 1×10^{-9}; (h) 1×10^{-3}; (i) 1×10^{-12}.

1.17

(a) $2{,}55 \times 10^{-2}$ g; (b) 0,40 nm; (c) 575 μm.

1.18

(a) 1,59 g/mL. Kohlenstofftetrachlorid (1,59 g/mL) ist dichter als Wasser (1,00 g/mL) und sinkt daher ab.

(b) 1,609 kg; (c) 50,35 cm^3.

1.19

(a) berechnete Dichte = 0,86 g/mL. Es handelt sich wahrscheinlich um Toluol (Dichte = 0,866 g/mL).

(b) 40,4 mL Ethylenglykol;

(c) $1{,}11 \times 10^{3}$ g Nickel.

1.20

$4{,}6 \times 10^{-8}$ m; 46 nm.

1.21

(a) 17 °C; (b) 422,1 °F; (c) 506 K;
(d) 108 °F; (e) 1644 K.

1.22

Exakt: (c), (d) und (f).

1.23

(a) 3; (b) 2; (c) 5; (d) 3; (e) 5.

1.24

(a) $1{,}025 \times 10^{2}$; (b) $6{,}570 \times 10^{5}$; (c) $8{,}543 \times 10^{-3}$;
(d) $2{,}579 \times 10^{-4}$; (e) $-3{,}572 \times 10^{-2}$.

1.25

(a) 21,11; (b) 237,4; (c) 652; (d) $7{,}66 \times 10^{-2}$.

1.26

(a) 2,54 cm = 1 Zoll, 12 Zoll = 1 Fuß;
(b) 1 $Zoll^3 = (2{,}54)^3\ cm^3$.

1.27

(a) 76 mL; (b) 50 nm; (c) $6{,}88 \times 10^{-4}$ s;
(d) $2{,}3 \times 10^{2}$ g; (e) 1,55 g/L; (f) $6{,}151 \times 10^{-3}$ L/s.

1.28

(a) $4{,}32 \times 10^{5}$ s; (b) 88,5 m; (c) \$ 0,499/L;
(d) 46,6 km/h; (e) 1,420 L/s; (f) 707,9 cm^3.

1.29

(a) $1{,}2 \times 10^2$ L; (b) 4×10^2 mg;
(c) 9,64 km/L; (d) 26 mL.

1.30

52 kg Luft.

1.31

Verwenden Sie cm als Vergleichseinheit (1 Zoll ≈ 2,5 cm). 57 cm = 57 cm; 14 Zoll ≈ 35 cm; 1,1 m = 110 cm. Die Reihenfolge lautet daher: 14 Zoll < 57 cm < 1,1 m.

1.32

(a) 0,91 $;
(b) Weil Münzen in ganzen Stück vorliegen, werden 7 Münzen benötigt.

1.33

Die Zusammensetzung beschreibt die Inhaltsstoffe einer Substanz, die Struktur dagegen die Anordnung dieser Inhaltsstoffe.

1.34

(a) Eine Hypothese ist eine mögliche Erklärung bestimmter Beobachtungen auf der Basis vorläufiger experimenteller Daten. Eine Theorie macht allgemeine Aussagen und wird von einer überzeugenden Zahl experimenteller Befunde unterstützt; die Theorie muss sich in der Praxis bestätigen.
(b) Ein wissenschaftliches Gesetz ist eine verallgemeinernde, beschreibende Aussage über Vorgänge in der Natur. Eine Theorie gibt eine Erklärung weshalb Vorgänge in der Natur so und nicht anders ablaufen.

1.35

8,47 g O; das *Gesetz der konstanten Proportionen.*

1.36

(a) Volumen, (b) Fläche, (c) Volumen, (d) Dichte, (e) Zeit, (f) Länge, (g) Temperatur.

1.37

(a) Dichte von Torfmoos = 0,13 g/cm^3, Dichte von Mutterboden = 2,5 g/cm^3. Die Behauptung, Torfmoos sei „leichter“ als Mutterboden, ist nicht korrekt. Um Massen zu vergleichen, muss immer ein Volumen mit angegeben werden.
(b) Sie müssen 7 Säcke Torfmoos kaufen (es werden 6,9 Säcke benötigt).

1.38

(a) 4,67 g/cm^3; (b) 2,54 L; (c) $1{,}95 \times 10^6$ g. Die Kugel wiegt 1950 kg; der Dieb wird diese Kugel wahrscheinlich nicht davontragen können.

1.39

(a) Durchschnittsgeschwindigkeit = 7,0393 Meilen/h;
(b) Tempo = 8,5236 Min./mi bzw. 511,42 s/mi.

1.40

(a) $2,013 $\times 10^{-3}$/L oder 0,2013 ¢/L; (b) $3,397/Tag.

1.42

(a) 61,5 Massen-% Au; (b) 15 Karat Gold.

1.42

Eine Lösung kann mit physikalischen Methoden in ihre Komponenten zerlegt werden. Zum Beispiel kann versucht werden, die Lösung durch Destillation in zwei oder mehrere flüssige Bestandteile zu zerlegen. Beim Verdampfen des Lösungsmittels kann sich ein Feststoff abscheiden. Gelingt keine Auftrennung in verschiedene chemische Stoffe, so liegt offensichtlich ein flüssiger Reinstoff vor. Allerdings kann eingewendet werden, dass vielleicht nicht die richtige physikalische Trennungsmethode angewendet wurde.

1.43

Die Trennung war erfolgreich, wenn zwei getrennte Punkte auf dem Papier zu sehen sind. Um die Trennung zu quantifizieren, berechnen Sie für jeden Punkt den folgenden Referenzwert: vom Punkt zurückgelegte Distanz / vom Lösungsmittel zurückgelegte Distanz. Wenn sich die Werte für beide Punkte stark voneinander unterscheiden, ist die Trennung erfolgreich.

Lösungen

Kapitel 2

2.1

Das 4. Postulat der Atomtheorie besagt, dass die relative Anzahl und die Art der Atome in einer Verbindung, unabhängig von der Herkunft, immer gleich sind. 1,0 g reines Wasser enthält daher immer die gleichen Mengen Wasserstoff und Sauerstoff – unabhängig davon, auf welche Weise die Probe gewonnen wird.

2.2

(a) 0,5711 g O/1 g N; 1,142 g O/1 g N; 2,284 g O/1 g N; 2,855 g O/1 g N

(b) Die Zahlen in Teil (a) gehorchen dem *Gesetz der konstanten Proportionen*. Es treten ganzzahlige Proportionen auf, weil es sich bei Atomen laut Daltons Atomtheorie um unteilbare Teilchen handelt, die in Verbindungen miteinander kombiniert werden.

2.3

(1) Die Ablenkung der Strahlen durch elektrische und magnetische Felder entspricht der Ablenkung, die wir für negativ geladene Teilchen erwarten würden.

(2) Eine Metallplatte, die Kathodenstrahlen ausgesetzt wird, lädt sich negativ auf.

2.4

(a) Wenn sich die positiv geladene Platte unterhalb der negativ geladenen Platte befinden würde, würden die mit negativen Elektronen versehenen Öltröpfchen von der positiv geladenen Platte angezogen und erheblich schneller absinken.

(b) Je öfter eine Messung wiederholt wird, desto wahrscheinlicher ist es, dass experimentelle Fehler entdeckt werden und sich ausgleichen. Millikan wollte die Gültigkeit seines Ergebnisses durch seine Reproduzierbarkeit untermauern.

2.5

(a) 0,19 nm; $1{,}9 \times 10^2$ bzw. 190 pm;

(b) $2{,}6 \times 10^6$ Kr-Atome; (c) $2{,}9 \times 10^{-23}$ cm^3.

2.6

(a) Proton, Neutron, Elektron;

(b) Proton = +1, Neutron = 0, Elektron = −1;

(c) Das Neutron hat die größte, das Elektron dagegen die kleinste Masse. Neutronen und Protonen haben sehr ähnliche Massen.

2.7

(a) Im Atomkern befindet sich der überwiegende Teil der Masse des Atoms. Der Atomkern nimmt nur einen sehr kleinen Bruchteil des Atomvolumens ein.

(b) Richtig

(c) Die Anzahl der Elektronen in einem Atom entspricht der Anzahl der Protonen im Atomkern.

(d) Richtig

2.8

(a) Die Ordnungszahl ist gleich der Anzahl der Protonen im Kern eines Atoms. Die Nukleonenzahl ist gleich der Gesamtzahl der Kernteilchen, d. h. der Protonen und Neutronen in einem Atom.

(b) Nukleonenzahl.

2.9

(a) ^{40}Ar: 18p, 22n, 18e; (b) ^{65}Zn: 30p, 35n, 30e;
(c) ^{70}Ga: 31p, 39n, 31e; (d) ^{80}Br: 35p, 45n, 35e;
(e) ^{184}W: 74p, 110n, 74e; (f) ^{243}Am: 95p, 148n, 95e.

2.10

(a) ^{32}P hat 15 Protonen und 17 Neutronen.
(b) ^{51}Cr hat 24 Protonen und 27 Neutronen.
(c) ^{60}Co hat 27 Protonen und 33 Neutronen.
(d) ^{99}Tc hat 43 Protonen und 56 Neutronen.
(e) ^{131}I hat 53 Protonen und 78 Neutronen.
(f) ^{201}Tl hat 81 Protonen und 120 Neutronen.

2.11

Symbol	^{52}Cr	^{55}Mn	^{112}Cd	^{222}Rn	^{207}Pb
Protonen	24	25	48	86	82
Neutronen	28	30	64	136	125
Elektronen	24	25	48	86	82
Nukleonenzahl	52	55	112	222	207

Lösungen

2.12

(a) ${}^{196}_{78}$Pt; (b) ${}^{84}_{36}$Kr; (c) ${}^{75}_{33}$As; (d) ${}^{24}_{12}$Mg.

2.13

(a) ${}^{12}_{6}$C; (b) Atomgewichte sind durchschnittliche Atommassen und berechnen sich aus der Summe der Massen der natürlich auftretenden Isotope, multipliziert mit dem Bruchteil ihrer Häufigkeit. Jedes einzelne B-Atom hat die Masse eines der natürlich auftretenden Isotope, beim „Atomgewicht" handelt es sich dagegen um einen Durchschnittswert.

2.14

63,55 u.

2.15

(a) In Thomsons Kathodenstrahlexperimenten und in der Massenspektrometrie wird ein Strahl geladener Teilchen durch das Feld eines Magnets geleitet. Die geladenen Teilchen werden in Abhängigkeit von ihrer Masse und Ladung unterschiedlich stark vom Magnetfeld abgelenkt.
(b) Auf der *x*-Achse wird die Atommasse, auf der *y*-Achse dagegen die Signalintensität dargestellt.
(c) Ungeladene Teilchen werden von einem Magnetfeld nicht abgelenkt. Der Effekt des Magnetfelds auf sich bewegende geladene Teilchen ist die Grundlage ihrer masseabhängigen Trennung.

2.16

(a) durchschnittliche Atommasse = 24,31 u;
(b)

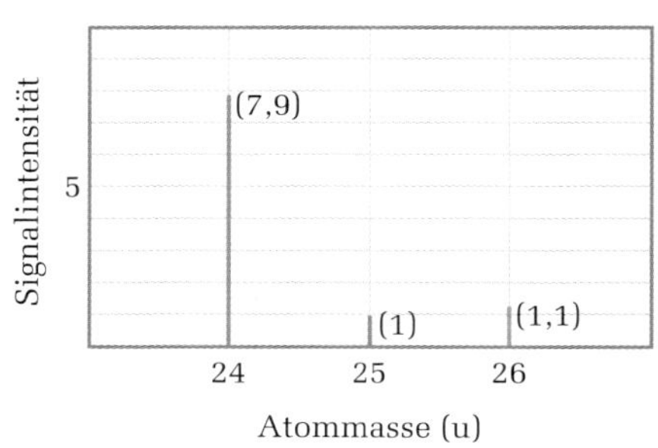

2.17

(a) Cr (Metall), (b) He (Nichtmetall), (c) P (Nichtmetall), (d) Zn (Metall), (e) Mg (Metall), (f) Br (Nichtmetall), (g) As (Metalloid).

2.18

(a) K, Alkalimetalle (Metall);
(b) I, Halogene (Nichtmetall);
(c) Mg, Erdalkalimetalle (Metall);
(d) Ar, Edelgase (Nichtmetall);
(e) S, Chalkogene (Nichtmetall).

2.19

Eine empirische Formel zeigt das einfachste Atomverhältnis der Elemente in einer Verbindung an. Eine Molekülformel enthält die exakte Anzahl und die Art der Atome in einem Molekül. Aus einer Strukturformel wird deutlich, auf welche Weise die Atome miteinander verbunden sind.

2.20

Verbindungen können die gleiche empirische Formel, aber unterschiedliche relative Molekülmassen haben, die ganzzahlige Vielfache der empirischen Formel sind. Somit ergeben sich unterschiedliche Molekülstrukturen und damit unterschiedliche chemische und physikalische Eigenschaften.

2.21

(a) $AlBr_3$; (b) C_4H_5; (c) C_2H_4O;
(d) P_2O_5; (e) C_3H_2Cl; (f) BNH_2.

2.22

(a) 6; (b) 6; (c) 12.

2.23

(a) C_2H_6O,

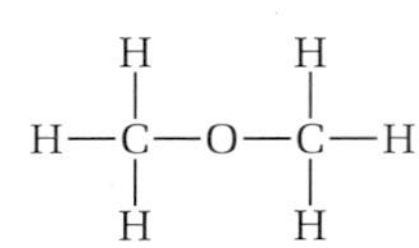

(b) C_2H_6O,

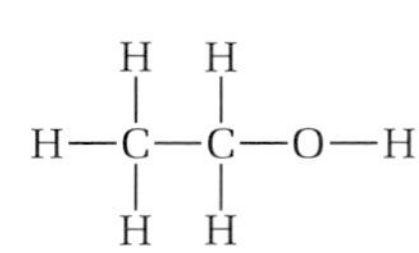

(c) CH_4O,

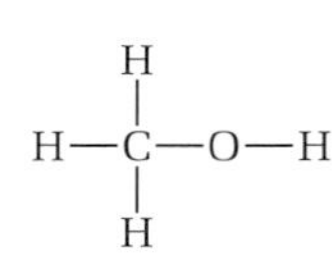

(d) PF_3,

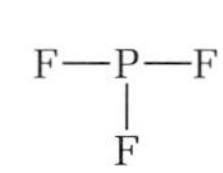

2.24

Symbol	$^{59}Co^{3+}$	$^{80}Se^{2-}$	$^{192}Os^{2+}$	$^{200}Hg^{2+}$
Protonen	27	34	76	80
Neutronen	32	46	116	120
Elektronen	24	36	74	78
Ionenladung	3+	2–	2+	2+

2.25

(a) Mg^{2+}; (b) Al^{3+}; (c) K^+; (d) S^{2-}; (e) F^-.

2.26

(a) GaF_3, Gallium(III)fluorid;
(b) LiH, Lithiumhydrid;
(c) AlI_3, Aluminiumiodid;
(d) K_2S, Kaliumsulfid.

2.27

(a) $CaBr_2$; (b) K_2CO_3; (c) $Al\,(CH_3COO)_3$;
(d) $(NH_4)_2SO_4$; (e) $Mg_3\,(PO_4)_2$.

2.28

Molekular: (a) B_2H_6; (b) CH_3OH; (f) NOCl; (g) NF_3.
Ionisch: (c) $LiNO_3$; (d) Sc_2O_3; (e) CsBr; (h) Ag_2SO_4.

2.29

(a) ClO_2^-; (b) Cl^-; (c) ClO_3^-; (d) ClO_4^-; (e) ClO^-.

2.30

(a) Selenat, (b) Selenid,
(c) Hydrogenselenid, (d) Hydrogenselenit

2.31

(a) Magnesiumoxid,
(b) Aluminiumchlorid,
(c) Lithiumphosphat,
(d) Bariumperchlorat,
(e) Kupfer(II)nitrat,
(f) Eisen(II)hydroxid,
(g) Calciumacetat,
(h) Chrom(III)-carbonat,
(i) Kaliumchromat,
(j) Ammoniumsulfat.

2.32

(a) $Al(OH)_3$, (b) K_2SO_4, (c) Cu_2O, (d) $Zn\,(NO_3)_2$,
(e) $HgBr_2$, (f) $Fe_2\,(CO_3)_3$, (g) NaBrO.

2.33

(a) Na_3PO_4, (b) $Co(NO_3)_2$, (c) $Ba(BrO_3)_2$, (d) $Cu(ClO_4)_2$,
(e) $Mg(HCO_3)_2$, (f) $Cr(H_3CCOO)_3$, (g) $K_2Cr_2O_7$

2.34

(a) Bromsäure,
(b) Bromwasserstoffsäure,
(c) Phosphorsäure,
(d) HClO,
(e) HIO_3,
(f) H_2SO_3.

2.35

(a) HBr, (b) HSO_4-, (c) HNO_2, (d) Kohlensäure,
(e) Chlorsäure, (f) Essigsäure

2.36

(a) Schwefelhexafluorid, (b) Iodpentafluorid,
(c) Xenontrioxid, (d) N_2O_4, (e) HCN, (f) P_4S_6.

2.37

(a) $ZnCO_3$, ZnO, CO_2; (b) HF, SiO_2; SiF_4; H_2O;
(c) SO_2, H_2O, H_2SO_3; (d) PH_3;
(e) $HClO_4$, Cd, Cd $(ClO_4)_2$; (f) VBr_3.

2.38

(a) Ein Kohlenwasserstoff ist eine Verbindung, die nur aus den Elementen Wasserstoff und Kohlenstoff besteht.

(b)

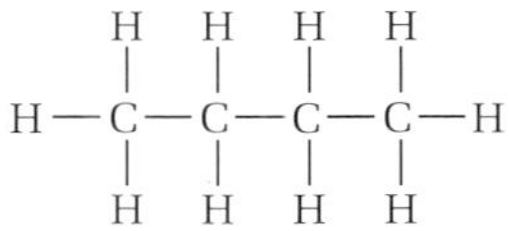

Molekülformel: C_4H_{10}
empirische Formel: C_2H_5

2.39

(a) Funktionelle Gruppen sind Gruppen spezifischer Atome, die unabhängig vom jeweiligen Molekül immer gleich aufgebaut sind.

(b) — OH.

(c)

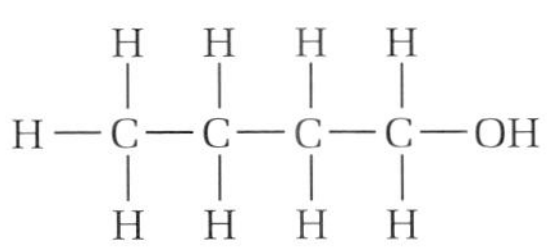

Lösungen

2.40

(a) Dalton ist durch die Dalton'sche Atomhypothese bekannt.

(b) Thomson bestimmte das Verhältnis von Masse zu Ladung des Elektrons. Im Thomson'schen Atommodell sind die Elektronen in einen kompakten Körper mit entsprechender positiver Ladung eingebettet (Rosinenkuchenmodell).

(c) Millikan bestimmte die elektrische Ladung des Elektrons (Öltröpfchenversuch).

(d) Aufgrund der Versuche zur Streuung von Alphateilchen an Goldfolie kam Rutherford zu dem Schluss, dass sich fast die gesamte Masse des Atoms in einem sehr kleinen, positiv geladenen Atomkern befindet, der von einer Elektronenhülle umgeben ist.

2.41

Radioaktivität ist die spontane Aussendung von Strahlung aus einer Substanz. Becquerels Entdeckung zeigte, dass Atome zerfallen können und somit nicht unteilbar sind. Allerdings lieferten erst die Experimente von Rutherford und anderen genaue Erkenntnisse über die Natur der radioaktiven Strahlung, insbesondere, dass Alpha-Teilchen Heliumatomkerne und Beta-Strahlen Elektronen sind.

2.42

(a) 2 Protonen, 1 Neutron, 2 Elektronen;

(b) Tritium (^3H) hat eine höhere Masse.

(c) Es wäre eine Präzision von 1×10^{-27} g nötig, um zwischen ^3H und ^3He unterscheiden zu können.

2.43

(a) Es befinden sich $5{,}90 \times 10^{22}$ Au-Atome im Würfel.

(b) 2,6 – 6,8 Å;

(c) Die Anordnung der Goldatome muss berücksichtigt werden. Beim kleinen Durchmesser 2,6 Å gehen wir von einer Anordnung mit maximalem leeren Raum aus. Beim großen Durchmesser 6,8 Å gehen wir von einer Anordnung ohne leeren Raum aus.

2.44

(a) $^{16}_{8}O$, $^{17}_{8}O$, $^{18}_{8}O$;

(b) Sämtliche Isotope sind Atome desselben Elements Sauerstoff mit derselben Atomzahl und verfügen über 8 Protonen im Kern sowie 8 Elektronen. Wir sollten erwarten, dass ihre Elektronenanordnungen sich nicht voneinander unterscheiden und dass ihre chemischen Eigenschaften sehr ähnlich sind. Die Isotope unterscheiden sich hinsichtlich der Anzahl ihrer Neutronen, ihrer Nukleonenzahl und ihrer Atommasse.

2.45

(a) 157,836 u, $^{79}Br–^{79}Br$; 159,834 u, $^{79}Br–^{81}Br$; 161,832 u, $^{81}Br–^{81}Br$;

(b) ^{79}Br, 78,918 u; ^{81}Br, 80,916 u;

(c) durchschnittliche Molekülmasse von Br_2 = 159,79 u;

(d) durchschnittliche Atommasse = 79,895 u;

(e) ^{79}Br, 51,10 %; ^{81}Br, 48,90 %.

2.46

(a) ein Alkalimetall: K;

(b) ein Erdalkalimetall: Ca;

(c) ein Edelgas: Ar;

(d) ein Halogen: Br;

(e) ein Metalloid: Ge;

(f) ein Nichtmetall der Gruppe 1A: H;

(g) ein Metall, das ein Ion mit der Ladung 3+ bildet: Al;

(h) ein Nichtmetall, das ein Ion mit der Ladung 2– bildet: O;

(i) ein Element, das Al ähnelt: Ga.

2.47

(a) Nickel(II)oxid, 2+; (b) Mangan(IV)oxid, 4+;
(c) Chrom(III)oxid, 3+; (d) Molybdän(VI)oxid, 6+.

2.48

(a) Natriumchlorid, (b) Natriumhydrogencarbonat,
(c) Natriumhypochlorit, (d) Natriumhydroxid,
(e) Ammoniumcarbonat, (f) Calciumsulfat.

2.49

(a) CaS, Ca $(HS)_2$; (b) HBr, $HBrO_3$;
(c) AlN, Al $(NO_2)_3$; (d) FeO, Fe_2O_3;
(e) NH_3, NH_4^+; (f) K_2SO_3, $KHSO_3$;
(g) $HgCl_2$, Hg_2Cl_2; (h) $HClO_3$, $HClO_4$.

Lösungen

Kapitel 3

3.1

(a) Gesetz der Erhaltung der Masse.

(b) Die Indizes chemischer Formeln dürfen beim Ausgleichen von chemischen Formeln nicht verändert werden, weil sich bei einer Änderung der Indizes einer chemischen Formel die Identität der Verbindung verändert (*Gesetz der konstanten Proportionen*).

(c) (g), (l), (s), (aq).

3.2

(a) $2\ CO\ (g) + O_2\ (g) \longrightarrow 2\ CO_2\ (g)$

(b) $N_2O_5\ (g) + H_2O\ (l) \longrightarrow 2\ HNO_3\ (aq)$

(c) $CH_4(g) + 4\ Cl_2\ (l) \longrightarrow CCl_4\ (l) + 4\ HCl\ (g)$

(d) $Al_4C_3\ (s) + 12\ H_2O\ (l) \longrightarrow 4\ Al(OH)_3\ (s) + 3\ CH_4\ (g)$

(e) $2\ C_5H_{10}O_2\ (l) + 13\ O_2\ (g) \longrightarrow 10\ CO_2\ (g) + 10\ H_2O\ (l)$

(f) $2\ Fe(OH)_3\ (s) + 3\ H_2SO_4\ (aq) \longrightarrow Fe_2\ (SO_4)_3\ (aq) + 6\ H_2O\ (l)$

(g) $Mg_3N_2\ (s) + 4\ H_2SO_4\ (aq) \longrightarrow 3\ MgSO_4\ (aq) + (NH_4)_2SO_4\ (aq)$

3.3

(a) $6\ Li\ (s) + N_2\ (g) \longrightarrow 2\ Li_3N\ (s)$

(b) $La_2O_3\ (s) + 3\ H_2O\ (l) \longrightarrow 2\ La(OH)_3\ (aq)$

(c) $2\ NH_4NO_3\ (s) \longrightarrow 2\ N_2\ (g) + O_2\ (g)) + 4\ H_2O\ (g)$

(d) $Ca_3P_4\ (s) + 6\ H_2O\ (l) \longrightarrow 3\ Ca(OH)_2\ (aq) + 2\ PH_3\ (g)$

(e) $3\ Ca(OH)_2\ (aq) + 2\ H_3PO_4\ (aq) \longrightarrow Ca_3PO_4\ (s) + 6\ H_2O\ (l)$

(f) $2\ AgNO_3\ (aq) + Na_2SO_4\ (aq) \longrightarrow Ag_2SO_4\ (s) + 2\ NaNO_3\ (s)$

(g) $4\ CH_3NH_2\ (g) + 9\ O_2\ (g) \longrightarrow 4\ CO_2\ (g) + 10\ H_2O\ (g) + 2\ N_2\ (g)$

3.4

(a) $CaC_2\ (s) + 2\ H_2O\ (l) \longrightarrow Ca(OH)_2\ (aq) + C_2H_2(g)$

(b) $2\ KClO_3(s)) \xrightarrow{\Delta} 2\ KCl\ (s) + 3\ O_2\ (g)$

(c) $Zn\ (s) + H_2SO_4\ (aq) \longrightarrow ZnSO_4\ (aq) + H_2\ (g)$

(d) $PCl_3\ (l) + 3\ H_2O\ (l) \longrightarrow H_3PO_3\ (aq) + 3\ HCl\ (aq)$

(e) $3\ H_2S\ (g) + 2\ Fe\ (OH)_3\ (s) \longrightarrow Fe_2S_3\ (s) + 6\ H_2O\ (g)$

3.5

(a) Die Formel lässt sich ableiten, indem man die positiven und negativen Ladungen des ionischen Produkts ausgleicht. Praktisch alle ionischen Verbindungen sind Festkörper. $2\ Na\ (s) + Br_2\ (l) \longrightarrow 2\ NaBr\ (s)$.

(b) Beim zweiten Reaktanten handelt es sich um $O_2\ (g)$. Die Produkte lauten $CO_2\ (g)$ und $H_2O\ (l)$. $2\ C_6H_6\ (l) + 15\ O_2\ (g) \longrightarrow 12\ CO_2\ (g) + 6\ H_2O\ (l)$

3.6

(a) $Mg\ (s) + Cl_2\ (g) \longrightarrow MgCl_2\ (s)$

(b) $BaCO_3\ (s) \xrightarrow{\Delta} BaO(s) + CO_2\ (g)$

(c) $C_8H_8\ (l) + 10\ O_2\ (g) \longrightarrow 8\ CO_2\ (g) + 4\ H_2O\ (l)$

(d) $C_2H_6O\ (l) + 3\ O_2\ (g) \longrightarrow 2\ CO_2\ (g) + 3\ H_2O\ (l)$

3.7

(a) $2\ Al\ (s) + 3\ Cl_2\ (g) \longrightarrow 2\ AlCl_3\ (s)$ Bildung

(b) $C_2H_4\ (g) + 3\ O_2\ (g) \longrightarrow 2\ CO_2\ (g) + 2\ H_2O\ (l)$ Verbrennung

(c) $6\ Li\ (s) + N_2\ (g) \longrightarrow 2\ Li_3N\ (s)$ Bildung

(d) $PbCO_3\ (s) \longrightarrow PbO\ (s) + CO_2\ (g)$ Zerfall

(e) $C_7H_8O_2\ (l) + 8\ O_2\ (g) \longrightarrow 7\ CO_2\ (g) + 4\ H_2O\ (l)$ Verbrennung

3.8

(a) $2\ C_3H_6\ (g) + 9\ O_2\ (g) \longrightarrow 6\ CO_2\ (g) + 6\ H_2O\ (l)$ Verbrennungsreaktion

(b) $NH_4NO_3\ (s) \longrightarrow N_2O\ (s) + 2\ H_2O\ (l)$ Zersetzungsreaktion

(c) $C_5H_6O\ (l) + 6\ O_2\ (g) \longrightarrow 5\ CO_2\ (g) + 3\ H_2O\ (l)$ Verbrennungsreaktion

(d) $N_2\ (g) + 3\ H_2\ (g) \longrightarrow 2\ NH_3\ (g)$ Verbindungsbildung

(e) $K_2O\ (s) + H_2O\ (l) \longrightarrow 2\ KOH\ (aq)$ Verbindungsbildung

3.9

(a) 108,0 u;

(b) 159,6 u;

(c) 149,0 u;

(d) 162,1 u;

(e) 150,3 u;

(f) 399,9 u;

(g) 535,6 u.

3.10

(a) 59,9 %;

(b) 43,2 %;

(c) 60,5 %;

(d) 45,0 %;

(e) 60,0 %.

3.11

(a) 79,2 %;

(b) 63,2 %;

(c) 64,6 %.

3.12

(a) $6{,}022 \times 10^{23}$;

(b) Die Formelmasse einer Substanz in u hat den gleichen numerischen Wert wie die molare Masse in Gramm.

3.13

(a) genau 12 g;

(b) $6{,}0221421 \times 10^{23}$ Kohlenstoffatome (Avogadrokonstante).

3.14

23 g Na enthalten 1 mol Atome; 0,5 mol H_2O enthalten 1,5 mol Atome; $6{,}0 \times 10^{23}$ N_2-Moleküle enthalten 2 mol Atome.

3.15

$4{,}4 \times 10^{24}$ kg. Ein Mol Kugelstoßkugeln wiegt 0,73-mal so viel wie die Erde.

3.16

(a) 32,5 g CaH_2;

(b) 0,0361 mol Mg $(NO_3)_2$;

(c) $1{,}84 \times 10^{22}$ CH_3OH-Moleküle;

(d) $1{,}41 \times 10^{24}$ C-Atome.

3.17

(a) relative Molekülmasse BaI_2: $1 \times 137{,}33$ g/mol + $2 \times 126{,}904$ g/mol = 391,14 g/mol
$1{,}906 \times 10^{-2}$ mol $\times$ 391,14 g/mol = 7,455 g (BaI_2);

(b) relative Molekülmasse NH_4Cl: $1 \times 14{,}01$ g/mol + $4 \times 1{,}008$ g/mol + $1 \times 35{,}45$ g/mol = 53,49 g/mol;
48,3 g (NH_4Cl) $\times$ (53,49 g/mol)$^{-1}$ = 0,903 mol (NH_4Cl);

(c) 0,05752 mol (HCOOH) $\times$ $6{,}02214 \times 10^{23}$ Teilchen/mol = $3{,}464 \times 10^{22}$ (HCOOH-Moleküle);

(d) $4{,}88 \times 10^{-3}$ mol ($Al(NO_3)_3$) $\times$ 9mol O/ 1mol $Al(NO_3)_3$ $\times$ $6{,}022 \times 10^{23}$ Atome/mol = $2{,}64 \times 10^{22}$ O-Atome.

3.18

(a) 0,373 g $(NH_4)_3PO_4$;

(b) $5{,}737 \times 10^{-3}$ mol Cl^-;

(c) 0,248 g $C_8H_{10}N_4O_2$;

(d) 387 g Cholesterin/mol.

3.19

(a) molare Masse = 162,3 g;

(b) $3{,}08 \times 10^{-5}$ mol Allicin;

(c) $1{,}86 \times 10^{19}$ Allicinmoleküle;

(d) $3{,}71 \times 10^{19}$ S-Atome.

3.20

(a) $2{,}500 \times 10^{21}$ H-Atome;

(b) $2{,}083 \times 10^{20}$ $C_6H_{12}O_6$-Moleküle;

(c) $3{,}460 \times 10^{-4}$ mol $C_6H_{12}O_6$;

(d) 0,06227 g $C_6H_{12}O_6$.

3.21

$3{,}2 \times 10^{-8}$ mol C_2H_3Cl/l; $1{,}9 \times 10^{16}$ Moleküle/l.

3.22

(a) C_2H_6O;

(b) Fe_2O_3;

(c) CH_2O.

3.23

(a) $CSCl_2$;

(b) C_3OF_6;

(c) Na_3AlF_6.

3.24

(a) C_6H_{12};

(b) NH_2Cl.

3.25

(a) empirische Formel, CH; Molekülformel, C_8H_8;

(b) empirische Formel, $C_4H_5N_2O$; Molekülformel, $C_8H_{10}N_4O_2$;

(c) empirische Formel und Molekülformel, $NaC_5H_8O_4N$.

Lösungen

3.26

(a) C_7H_8;

(b) Die empirische Formel und die Molekülformel lauten $C_{10}H_{20}O$.

3.27

$x = 10$; $Na_2CO_3 \cdot 10\ H_2O$.

3.28

Wenn die Gleichung nicht ausgeglichen ist, sind die aus den Koeffizienten abgeleiteten Molverhältnisse nicht korrekt und führen zu einer fehlerhaften Berechnung der Produktmengen.

3.29

(a) 2,4 mol HF;

(b) 5,25 g NaF;

(c) 0,610 g Na_2SiO_3.

3.30

(a) $Al(OH)_3\ (s) + 3\ HCl\ (aq) \longrightarrow AlCl_3\ (aq) + 3\ H_2O\ (l)$;

(b) 0,701 g HCl; (c) 0,855 g $AlCl_3$; 0,347 g H_2O;

(d) Masse der Reaktanten = 0,500 g + 0,701 g = 1,201 g; Masse der Produkte = 0,855 g + 0,347 g = 1,202 g. Das Ergebnis entspricht im Rahmen der Messgenauigkeit dem Gesetz der Erhaltung der Masse.

3.31

(a) $Fe_2O_3(s) + 3CO(g)(s) \longrightarrow 2Fe(s) + 3CO_2(g)$

(b) 0,150 kg (Fe_2O_3) : (159,688 g/mol) = 0,9393 mol (Fe_2O_3)

0,9393 mol (Fe_2O_3) × (3mol(CO)/1mol(Fe_2O_3)) × 28,01 g/mol = 78,929 g (CO)

(c) 0,9393 mol(Fe_2O_3) × (2mol(Fe)/1mol(Fe2O3)) × 55,845 g/mol = 104,91 g(Fe)

0,9393 mol(Fe_2O_3) × (3mol(CO_2)/1mol (Fe2O3)) × 44,01 g/mol(CO_2) = 124,016 g(CO_2)

(d) 150 g(Fe) + 78,9 g(CO_2) = 228,9 g

104,9 g(Fe) + 124,0 g(CO_2) = 228,9 g

Das Gesetz von der Erhaltung der Masse ist erfüllt. Der Energieumsatz bei dieser Reaktion entspricht gemäß $E = m \times c^2$ einer Massenänderung, die nicht wägbar ist und darf daher unberücksichtigt bleiben.

3.32

(a) $Al_2S_3\ (s) + 6\ H_2O\ (l) \longrightarrow 2\ Al\ (OH)_3\ (s) + 3\ H_2S\ (g)$

(b) 7,01 g Al $(OH)_3$

3.33

(a) $CaH_2(s) + 2H_2O(l) \longrightarrow Ca(OH)_2(aq) + 2H_2(g)$

(b) 8,500g(H_2) × (1/2,016 g/mol) × (1 mol(CaH_2)/ 2 mol(H_2)) × (42,10 g/mol) = 88,75 g(CaH_2)

3.34

(a) 2,25 mol N_2;

(b) 15,5 g NaN_3;

(c) 548 g NaN_3.

3.35

(a) $5{,}50 \times 10^{-3}$ mol Al;

(b) 1,47 g $AlBr_3$.

3.36

(a) Der *limitierende Reaktant* bestimmt die maximal mögliche Stoffmenge der Produkte, die in einer chemischen Reaktion entstehen kann. Alle anderen Reaktanten sind *Überschussreaktanten*.

(b) Der limitierende Reaktant bestimmt die Menge des gebildeten Produkts, weil er während der Reaktion vollständig verbraucht wird. Bei Fehlen eines Reaktanten kann kein Produkt mehr gebildet werden.

3.37

(a) 2255 Fahrräder

(b) 50 Rahmen und 305 Räder bleiben übrig

(c) den Lenkern

3.38

NaOH ist der limitierende Reaktant. Es werden 0,925 mol Na_2CO_3 gebildet. 0,075 mol CO_2 bleiben zurück.

3.39

(a) $NaHCO_3$ ist der limitierende Reaktant.

(b) 0,524 g CO_2;

(c) 0,238 g Zitronensäure bleiben zurück.

3.40

0,00 g $AgNO_3$ (limitierender Reaktant); 1,94 g Na_2CO_3; 4,06 g Ag_2CO_3; 2,50 g $NaNO_3$.

Lösungen

3.41
(a) Die theoretische Ausbeute beträgt 60,3 g C_6H_5Br.
(b) 94,0 % Ausbeute.

3.42
7,40 g Li_3N tatsächliche Ausbeute

3.43
(a) $C_4H_8O_2\ (l) + 5\ O_2\ (g) \longrightarrow 4\ CO_2\ (g) + 4\ H_2O\ (l)$
(b) $Ni(OH)_2\ (s) \longrightarrow NiO\ (s) + H_2O\ (l)$
(c) $Zn(s) + Cl_2\ (g) \longrightarrow ZnCl_2\ (s)$

3.44
(a) $1{,}25 \times 10^{22}$ C-Atome;
(b) $2{,}77 \times 10^{-3}$ mol $C_9H_8O_4$; $1{,}67 \times 10^{21}$ $C_9H_8O_4$-Moleküle.

3.45
(a) 10^4 (Si Atome) $\times$ (1 mol/6,022 $\times$ 10^{23} Atome) $\times$ 28,0855 g/mol = 4,6638 $\times$ 10^{-19} g(Si)
(b) 4,6638 $\times$ 10^{-19} g(Si) $\times$ (1 cm^3/2,3 g) = 2,03 $\times$ 10^{-19} cm^3
(c) $V = L^3$, $L = (V)^{1/3} = (2{,}03 \times 10^{-19}\ cm^3)^{1/3} = 5{,}9 \times 10^{-7}$ cm

3.46
$C_{10}H_{12}N_2O$

3.47
C_6H_5Cl

3.48
(a) In einer Verbrennungsreaktion wird sämtliches H im Brennstoff in H_2O im Produkt umgewandelt. Der Reaktant mit dem größten Wasserstoffanteil (Mol H / Mol Brennstoff) erzeugt die größte Menge H_2O. Bei der Verbrennung von 1,5 mol C_3H_8 und 1,5 mol $CH_3CH_2COCH_3$ entsteht die gleiche Menge H_2O, bei der Verbrennung von 1,5 mol C_2H_5OH entsteht dagegen weniger H_2O.

3.49
1,1 kg H_2O.

3.50
10,2 g $KClO_3$, 20,0 g $KHCO_3$, 13,8 g K_2CO_3, 56,0 g KCl.

3.51
$6{,}46 \times 10^{24}$ O-Atome.

3.52
88 kg CO_2.

3.53
(a) $S(s) + O_2(g) \longrightarrow SO_2(g)$;
$SO_2(g) + CaO(s) \longrightarrow CaSO_3(s)$;
(b) $1{,}7 \times 10^5$ kg $CaSO_3$ /Tag.

Lösungen

Kapitel 4

4.1

Nein. Elektrolytlösungen sind elektrisch leitend, weil die gelösten Ionen Ladung durch die Lösung von einer Elektrode zur anderen transportieren.

4.2

Obwohl H_2O-Moleküle elektrisch neutral sind, sind die Elektronen ungleichmäßig über das Molekül verteilt. Die partial positiv geladenen Enden der H_2O-Moleküle werden von den Anionen im Festkörper angezogen, die partial negativ geladenen Enden dagegen von den Kationen. Sowohl die Kationen als auch die Anionen eines ionischen Festkörpers werden also von H_2O umgeben und getrennt (gelöst).

4.3

Man spricht von hydratisierten Ionen, wenn sie in wässeriger Lösung von Wassermolekülen umgeben sind.

4.4

(a) $ZnCl_2\ (aq) \longrightarrow Zn^{2+}\ (aq) + 2\ Cl^-(aq)$

(b) $HNO_3\ (aq) \longrightarrow H^+\ (aq) + NO_3^-\ (aq)$

(c) $(NH_4)_2SO_4\ (aq) \longrightarrow 2\ NH_4^+\ (aq) + SO_4^{2-}\ (aq)$

(d) $Ca\ (OH)_2\ (aq) \longrightarrow Ca^{2+}\ (aq) + 2\ OH^-\ (aq)$

4.5

HCOOH-Moleküle, H^+-Ionen und $HCOO^-$-Ionen;
$HCOOH\ (aq) \longrightarrow H^+\ (aq) + HCOO^-\ (aq)$

4.6

(a) Aceton (Nichtelektrolyt): nur H_3CCOCH_3-Moleküle; Hypochlorige Säure (schwacher Elektrolyt) HClO-Moleküle, $H^+(aq)$, $ClO^-(aq)$; Ammoniumchlorid (starker Elektrolyt) $NH_4^+(aq)$, $Cl^-(aq)$.

(b) NH_4Cl insgesamt 0,2 mol gelöste Teilchen, HClO zwischen 0,1 und 0,2 mol gelöste Teilchen, H_3CCOCH_3 0,1 mol gelöste Teilchen.

4.7

(a) löslich, (b) unlöslich, (c) löslich,
(d) unlöslich, (e) unlöslich.

4.8

(a) $Na_2CO_3\ (aq) + 2\ AgNO_3\ (aq) \longrightarrow Ag_2CO_3\ (s) - 2\ NaNO_3\ (aq)$;

(b) kein Niederschlag;

(c) $FeSO_4\ (aq) + Pb(NO_3)_2\ (aq) \longrightarrow PbSO_4\ (s) + Fe\ (NO_3)_2\ (aq)$.

4.9

(a) Na^+, SO_4^{2-};

(b) Na^+, NO_3^-;

(c) NH_4^+, Cl^-.

4.10

Die Lösung enthält Pb^{2+}

4.11

Br^- und NO_3^- können ausgeschlossen werden, da deren Bariumsalze wasserlöslich sind. CO_3^{2-} bildet mit den drei Kationen schwer lösliche Salze.

4.12

Verbindung	Ba $(NO_3)_2$-Ergebnis	NaCl-Ergebnis
$AgNO_3\ (aq)$	kein Nd.	AgCl-Nd.
$CaCl_2(aq)$	kein Nd.	kein Nd.
$Al_2(SO_4)_3\ (aq)$	$BaSO_4$ Nd.	kein Nd.

Mit diesem Test kann der Inhalt der Flasche in jedem Fall eindeutig bestimmt werden.

4.13

LiOH ist eine starke Base, HI ist eine starke Säure und CH_3OH ist eine molekulare Verbindung und ein Nichtelektrolyt. Bei der starken Säure HI liegt die größte Konzentration gelöster Protonen vor.

4.14

(a) Eine einbasige Säure verfügt über ein dissoziierbares (saures) H, eine zweibasige Säure dagegen über zwei.

(b) Eine starke Säure liegt in wässriger Lösung praktisch vollständig dissoziiert vor, während bei einer schwachen Säure nur ein Teil der Säure dissoziiert vorliegt.

Lösungen

(c) Eine Säure ist ein H^+-Donor, eine Base dagegen ein H^+-Akzeptor.

4.15

Die starke Säure $HClO_4$ dissoziiert praktisch vollständig, d. h. in Lösungen liegen nur H^+ (*aq*) und ClO_4^- (*aq*) vor. Die schwache Säure $HClO_2$ dissoziiert nur teilweise, d. h. in Lösung liegt ein Gemisch aus neutralen $HClO_2$-Molekülen sowie H^+ (*aq*) und ClO_2^- (*aq*) vor.

4.16

(a) Säure, Gemisch aus Ionen und Molekülen (schwacher Elektrolyt);
(b) keiner der zuvor genannten Stoffe, vollständig molekular (Nichtelektrolyt);
(c) Salz, vollständig ionisch (starker Elektrolyt);
(d) Base, vollständig ionisch (starker Elektrolyt).

4.17

(a) H_2SO_3, schwacher Elektrolyt;
(b) C_2H_5OH, Nichtelektrolyt;
(c) NH_3, schwacher Elektrolyt;
(d) $KClO_3$, starker Elektrolyt;
(e) $Cu(NO_3)_2$, starker Elektrolyt.

4.18

Starke Elektrolyte $HClO_4$, HNO_3, NH_4Cl, $CoSO_4$; keine Elektrolyte H_3COCH_3, $C_{12}H_{22}O_{11}$.

4.19

(a) $2\,HBr\,(aq) + Ca(OH)_2\,(aq) \longrightarrow CaBr_2\,(aq) + 2\,H_2O\,(l)$; $H^+\,(aq) + OH^-\,(aq) \longrightarrow H_2O\,(l)$;
(b) $Cu(OH)_2\,(s) + 2\,HClO_4\,(aq) \longrightarrow Cu(ClO_4)_2(aq) + 2\,H_2O(l)$;
$Cu(OH)_2\,(s) + 2\,H^+\,(aq) \longrightarrow 2\,H_2O\,(l) + Cu^{2+}\,(aq)$
(c) $Al(OH)_3\,(s) + 3\,HNO_3\,(aq) \longrightarrow Al\,(NO_3)_3\,(aq) + 3\,H_2O(l)$;
$Al\,(OH)_3\,(s) + 3\,H^+\,(aq) \longrightarrow 3\,H_2O(l) + Al^{3+}\,(aq)$

4.20

$MgCO_3\,(s) + 2\,HClO_4\,(aq) \longrightarrow Mg\,(ClO_4)_2(aq) + H_2O\,(l) + CO_2(g)$;
$MgCO_3\,(s) + 2\,H^+\,(aq) \longrightarrow H_2O\,(l) + CO_2(g) + Mg^{2+}\,(aq)$

4.21

(a) $CaCO_3(s) + 2\,HNO_3(aq) \longrightarrow Ca(NO_3)_2(aq) + H_2O(l) + CO_2(g)$;
$2\,H^+(aq) + CaCO_3(s) \longrightarrow Ca^{2+}(aq) + H_2O(l) + CO_2(g)$
(b) $FeS(s) + 2\,HBr(aq) \longrightarrow FeBr_2(aq) + H_2S(g)$;
$FeS(s) + 2\,H^+(aq) \longrightarrow Fe^{2+}(aq) + H_2S(g)$

4.22

(a) Hinsichtlich des Übergangs von Elektronen bedeutet Oxidation die Abgabe eines Elektrons durch eine Substanz, Reduktion dagegen die Aufnahme eines Elektrons.
(b) Wenn eine Substanz oxidiert wird, steigt die Oxidationszahl dieser Substanz an. Wenn eine Substanz reduziert wird, nimmt ihre Oxidationszahl ab.

4.23

Metalle im Bereich A können am leichtesten oxidiert werden. Nichtmetalle aus dem Bereich D sind am schwersten zu oxidieren.

4.24

(a) + 4; (b) + 4; (c) + 7; (d) + 1; (e) 0; (f) –1.

4.25

(a) + 4; (b) + 2; (c) + 3; (d) – 2; (e) + 3; (f) + 6.

4.26

(a) $Ni \longrightarrow Ni^{2+}$, Ni wird oxidiert; $Cl_2 \longrightarrow 2Cl^-$, Cl wird reduziert;
(b) $Fe^{2+} \longrightarrow Fe$, Fe wird reduziert; $Al \longrightarrow Al^{3+}$, Al wird oxidiert;
(c) $Cl_2 \longrightarrow 2\,Cl^-$, Cl wird reduziert; $2\,I^- \longrightarrow I_2$, I wird oxidiert;
(d) $S^{2-} \longrightarrow SO_4^{2-}$, S wird oxidiert; $H_2O_2 \longrightarrow H_2O$, O wird reduziert.

4.27

(a) $Mn\,(s) + H_2SO_4\,(aq) \longrightarrow MnSO_4\,(aq) + H_2\,(g)$;
$Mn\,(s) + 2\,H^+\,(aq) \longrightarrow Mn^{2+}\,(aq) + H_2\,(g)$
(b) $2\,Cr\,(s) + 6\,HBr\,(aq) \longrightarrow 2\,CrBr_3\,(aq) + 3\,H_2\,(g)$;
$2\,Cr\,(s) + 6\,H^+\,(aq) \longrightarrow 2\,Cr^{3+}\,(aq) + 3\,H_2\,(g)$
(c) $Sn\,(s) + 2\,HCl\,(aq) \longrightarrow SnCl_2\,(aq) + H_2\,(g)$;
$Sn\,(s) + 2\,H^+\,(aq) \longrightarrow Sn^{2+}\,(aq) + H_2\,(g)$
(d) $2\,Al\,(s) + 6\,HCOOH\,(aq) \longrightarrow 2\,Al\,(HCOO)_3\,(aq) + 3\,H_2\,(g)$;

$2\ Al\ (s) + 6\ HCOOH\ (aq) \longrightarrow 2\ Al^{3+}\ (aq) + 6\ HCOO^-\ (aq) + 3\ H_2\ (g)$

4.28

(a) $Fe\ (s) + Cu\ (NO_3)_2\ (aq) \longrightarrow Fe\ (NO_3)_2\ (aq) + Cu\ (s)$;

(b) keine Reaktion;

(c) $Sn\ (s) + 2\ HBr\ (aq) \longrightarrow SnBr_2\ (aq) + H_2\ (g)$

(d) $2\ Al\ (s) + 3\ CoSO_4\ (aq) \longrightarrow Al_2(SO_4)_3\ (aq) + 3\ Co\ (s)$

4.29

(a) i. $Zn\ (s) + Cd^{2+}\ (aq) \longrightarrow Cd\ (s) + Zn^{2+}\ (aq)$;
ii. $Cd\ (s) + Ni^{2+}\ (aq) \longrightarrow Ni\ (s) + Cd^{2+}\ (aq)$;

(b) Cd befindet sich in der Spannungsreihe zwischen Zn und Ni.

(c) Reaktion eines Eisenstreifens mit $CdCl_2\ (aq)$. Wenn sich Cd (s) ablagert, ist Cd edler als Fe; wenn keine Reaktion auftritt, ist Cd unedler als Fe. Falls Cd edler sein sollte als Fe, führen Sie das gleiche Experiment mit Co durch; falls Cd unedler sein sollte als Fe, führen Sie das gleiche Experiment mit Cr durch.

4.30

(a) intensive Eigenschaft; das Verhältnis des gelösten Stoffes zur vorliegenden Lösung ist unabhängig von der Menge der vorliegenden Lösung.

(b) Der Ausdruck 0,50 mol HCl beschreibt eine Menge von (~ 18 g) der reinen Substanz HCl. Der Ausdruck 0,50 M HCl beschreibt dagegen ein Verhältnis. Er gibt an, dass in 1,0 Liter einer Lösung 0,50 mol HCl vorliegen.

4.31

(a) 0,0863 *M* NH_4Cl;

(b) 0,0770 mol HNO_3;

(c) 83,3 mL 1,50 *M* KOH-Lösung.

4.32

16 g $Na^+\ (aq)$.

4.33

(a) 4,46 g KBr;

(b) 0,145 *M* $Ca(NO_3)_2$;

(c) 20,3 mL 1,50 *M* Na_3PO_4.

4.34

(a) 0,15 *M* K_2CrO_4 hat die höchste K^+-Konzentration.

(b) In 30,0 mL 0,15 M K_2CrO_4 liegen mehr K^+-Ionen vor.

4.35

(a) $CaCl_2$ hat die höhere Cl^- Konzentration.

(b) Die KCl-Lösung hat die höhere Cl^- Konzentration.

(c) Die HCl-Lösung hat die höhere Cl^- Konzentration.

4.36

(a) 0,22 *M* Na^+; 0,22 *M* OH^-;

(b) 0,16 *M* Ca^{2+}; 0,32 *M* Br^-;

(c) 0,15 *M* CH_3OH;

(d) 0,080 *M* K^+; 0,080 *M* ClO_3^-; 0,21 *M* Na^+; 0,10 *M* SO_4^{2-}.

4.37

(a) 1,69 mL 14,8 *M* NH_3;

(b) 0,592 *M* NH_3 .

4.38

(a) Geben Sie 6,42 g $C_{12}H_{22}O_{11}$ in einen 125-mL-Messkolben, lösen Sie den Stoff in einer kleinen Menge Wasser auf und füllen Sie den Kolben anschließend bis zur Kalibrierungsmarke mit Wasser auf. Schütteln Sie das Gemisch, um eine gute Durchmischung der Substanzen zu gewährleisten.

(b) Spülen, reinigen und füllen Sie sorgfältig eine 50-mL-Bürette mit der 1,50 *M* $C_{12}H_{22}O_{11}$-Lösung. Geben Sie 26,7 mL dieser Lösung in einen 400-mL-Messkolben, füllen Sie den Kolben bis zur Kalibrierungsmarke mit Wasser auf und schütteln Sie das Gemisch, um eine gute Durchmischung zu gewährleisten.

4.39

1,398 *M* CH_3COOH.

4.40

0,117 g NaCl.

4.41

(a) 38,0 mL 0,115 *M* $HClO_4$;

(b) 769 mL 0,128 *M* HCl;

(c) 0,408 *M* $AgNO_3$;

(d) 0,275 g KOH.

Lösungen

4.42

27 g $NaHCO_3$.

4.43

$1{,}22 \times 10^{-2}$ *M* $Ca(OH)_2$-Lösung; die Löslichkeit von $Ca(OH)_2$ beträgt 0,0904 g in 100 mL Lösung.

4.44

(a) $NiSO_4(aq) + 2\,KOH(aq) \longrightarrow Ni(OH)_2(s) + K_2SO_4(aq)$;

(b) $Ni(OH)_2$;

(c) KOH ist der limitierende Reaktant.

(d) 0,927 g $Ni(OH)_2$;

(e) 0,0667 *M* $Ni^{2+}(aq)$; 0,0667 *M* $K^+(aq)$; 0,100 *M* $SO_4^{2-}(aq)$.

4.45

91,40 % $Mg(OH)_2$.

4.46

Bei dem Niederschlag handelt es sich um CdS (*s*). Na^+ (*aq*) und NO_3^- (*aq*) sind Zuschauerionen und verbleiben zusammen mit den überschüssigen Reaktantionen in Lösung. Die Nettoionengleichung lautet $Cd^{2+}(aq) + S^{2-}(aq) \longrightarrow CdS(s)$.

4.47

(a, b) Expt. 1: keine Reaktion;
Expt. 2: $2\,Ag^+(aq) + CrO_4^{2-}(aq) \longrightarrow Ag_2CrO_4(s)$ roter Niederschlag; Expt. 3: keine Reaktion;
Expt. 4: $2\,Ag^+(aq) + C_2O_4^{2-}(aq) \longrightarrow Ag_2C_2O_4(s)$ weißer Niederschlag;
Expt. 5: $Ca^{2+}(aq) + C_2O_4^{2-}(aq) \longrightarrow CaC_2O_4(s)$ weißer Niederschlag;
Expt. 6: $Ag^+(aq) + Cl^-(aq) \longrightarrow AgCl(s)$ weißer Niederschlag. (c) Chromatsalze scheinen löslicher zu sein als Oxalatsalze.

4.48

(a) Bei allen drei Reaktionen handelt es sich um Redoxreaktionen.

(b) In der ersten Reaktion wird N oxidiert und O reduziert. In der zweiten Reaktion wird N oxidiert und O reduziert. In der dritten Reaktion wird N sowohl oxidiert als auch reduziert.

4.49

1,42 *M* KBr.

4.50

(a) $2{,}2 \times 10^{-9}$ *M* Na^+;

(b) $1{,}3 \times 10^{12}$ Na^+ Ionen/cm^3.

4.51

0,521 *M* H_2O_2.

4.52

1,09 g $NaClO_2$.

4.53

4,793 Massen-% Ba.

4.54

(a) $Na_2SO_4(aq) + Pb(NO_3)_2(s) \longrightarrow PbSO_4(s) + NaNO_3(aq)$;

(b) $Pb(NO_3)_2$ ist der limitierende Reaktant.

(c) 0,200 *M* Na^+; 0,0725 *M* NO_3^-; 0,064 *M* SO_4^{2-}.

4.55

1,766 Massen-% Cl^-.

4.56

$2{,}8 \times 10^{-5}$ g Na_3AsO_4 in 1,00 L H_2O.

Kapitel 5

5.1

1 Btu = 1054 J.

5.2

Die Energiequelle einer 100-Watt-Glühbirne ist der elektrische Strom des häuslichen Stromanschlusses. Energie wird in Form von Wärme und sichtbarem Licht an die Umgebung abgegeben. Die Energiequelle einer erwachsenen Person sind die Nahrungsmittel, die sie zu sich nimmt. In einer Abfolge von komplexen chemischen Reaktionen, in denen die in den chemischen Bindungen gespeicherte Energie frei wird, wird ein Teil dieser Energie in elektrische Impulse umgewandelt, die Muskelbewegungen auslösen und schließlich zu kinetischer Energie werden. Ein Teil der Energie wird als Wärme abgegeben. In beiden Fällen durchläuft die Energie mehrere Zustände und wird mehrfach umgewandelt, bevor sie sich an der richtigen Stelle befindet und in der richtigen Form vorliegt, um nutzbar zu sein.

5.3

(a) Das *System* ist ein genau definierter Teil des Universums, dessen Energieänderungen untersucht werden.

(b) Ein *geschlossenes System* kann mit seiner Umgebung Wärme, jedoch keine Masse austauschen.

5.4

(a) Arbeit ist eine über eine Strecke angewendete Kraft.

(b) Die Menge der verrichteten Arbeit ist gleich dem Betrag der Kraft, multipliziert mit der Strecke, über die diese Kraft angewendet wird: $W = F \times d$.

5.5

(a) Wärme ist die von einem wärmeren auf ein kälteres Objekt übertragene Energie.

(b) Wärme wird von dem einen zum anderen Objekt (System) übertragen bis beide Objekte (Systeme) die gleiche Temperatur haben.

5.6

(a) Erdanziehungskraft. Es wird Arbeit verrichtet, weil die Bewegung entgegen der Erdanziehungskraft ausgeführt und der Bleistift angehoben wird.

(b) Mechanische Kraft. Es wird Arbeit verrichtet, weil eine Bewegung gegen die Federkraft durchgeführt und die Feder über eine Strecke zusammengedrückt wird.

5.7

(a) Elektrostatische Anziehung; es wird keine Arbeit verrichtet.

(b) Magnetische Anziehung; es wird Arbeit verrichtet, da der Nagel gegen eine Kraft um eine bestimmte Wegstrecke verschoben wird.

5.8

(a) Bei einer chemischen oder physikalischen Umwandlung wird Energie weder erschaffen noch zerstört. Energie bleibt erhalten.

(b) Die *innere Energie* (U) eines Systems ist die Summe aller kinetischen und potenziellen Energien sämtlicher Bestandteile des Systems.

(c) Die innere Energie eines Systems steigt, wenn Arbeit am System verrichtet oder Wärme auf das System übertragen wird.

5.9

(a) $\Delta U = 56$ kJ, endotherm;

(b) $\Delta U = 0{,}84$ kJ, endotherm;

(c) $\Delta U = -71{,}0$ kJ, exotherm.

5.10

(a) Weil in Fall (2) keine Arbeit durch das System verrichtet wird, nimmt das Gas den Großteil der Energie als Wärme auf. Das Gas hat also in Fall 2 die höhere Temperatur

(b) In Fall 2 ist $W = 0$ und $Q = 100$ J. In Fall 1 wird Energie verwendet, um Arbeit an der Umgebung zu verrichten ($-W$), ein Teil der Energie wird jedoch als Wärme aufgenommen ($+Q$).

(c) ΔU ist in Fall 2 größer, weil die gesamten 100 J der inneren Energie des Systems zugefügt werden, ohne dass ein Teil an die Umgebung abgegeben wird.

5.11

(a) Eine *Zustandsfunktion* ist eine Eigenschaft eines Systems, die nur vom physikalischen Zustand (Druck, Temperatur, usw.) des Systems abhängt, nicht jedoch vom Weg, auf dem dieser Zustand erreicht worden ist.

(b) Die innere Energie ist eine Zustandsfunktion, Wärme dagegen nicht.

(c) Arbeit ist keine Zustandsfunktion. Die Menge der Arbeit, die benötigt wird, um von einem Zustand in einen anderen zu gelangen, hängt von der Art der Prozesse bzw. vom Weg ab, auf der die Änderung erreicht wird.

5.12

(a) ΔH ist im Allgemeinen einfacher zu messen als ΔU, weil bei konstantem Druck $\Delta H = Q$ ist. Der mit einem bei konstantem Druck ausgeführten Prozess verbundene Wärmefluss kann einfach als Temperaturänderung gemessen werden, während eine Messung von ΔU sowohl eine Messung von Q als auch von W erfordert.

(b) Der Prozess ist exotherm.

5.13

(a) Wenn ein Vorgang unter konstantem Druck abläuft, ist die Enthalpieänderung die übertragene Wärmemenge.

(b) Wenn das System Wärme aufnimmt ist ΔH positiv und die Enthalpie des System nimmt zu.

5.14

(a) $CH_3COOH\ (l) + 2\ O_2\ (g) \longrightarrow 2\ H_2O\ (l) + 2\ CO_2\ (g)$, $\Delta H = -871{,}7$ kJ.

(b)

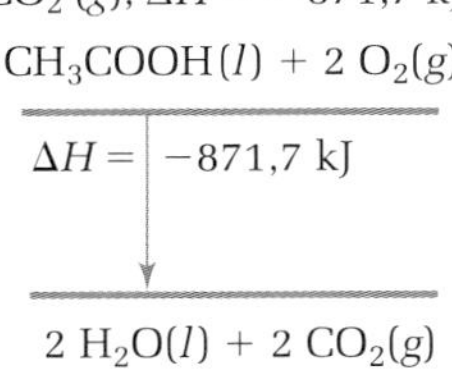

5.15

Der Reaktant 2 Cl (g) hat die höhere Enthalpie.

5.16

(a) $CO_2(s) \longrightarrow CO_2(g)$ Es handelt sich um Sublimation, also endotherm, daher hat $CO_2(g)$ die größere Enthalpie.

(b) $H_2 \longrightarrow 2H$ Das Spalten der H–H Bindung erfordert Energie, also endotherm, die zwei mol H haben die größere Enthalpie.

(c) $H_2O(g) \longrightarrow H_2(g) + 1/2\ O_2(g)$ Die Spaltung von H_2O in die Elemente erfordert Energie, also endotherm, ein mol $H_2(g)$ und 1/2 mol $O_2(g)$ haben die größere Enthalpie.

(d) $N_2(g)$ bei 100 °C $\longrightarrow N_2(g)$ bei 300 °C. Die Temperaturerhöhung erfordert Energiezufuhr in das System, $N_2(g)$ bei 300 °C hat die größere Enthalpie.

5.17

(a) exotherm;

(b) −59 kJ;

(c) 6,43 g MgO;

(d) 112 kJ.

5.18

(a) −13,1 kJ;

(b) −1,14 kJ;

(c) 9,83 J.

5.19

Bei konstantem Druck ist $\Delta U = \Delta H - p\Delta V$. Um ΔU aus ΔH berechnen zu können, müssen entweder p und ΔV oder T und Δn bekannt sein.

5.20

$\Delta U = -97$ kJ; $\Delta H = -79$ kJ.

5.21

Dem Gas (System) werden 418 J zugeführt. Das System verrichtet 107 J Arbeit. $\Delta H = 418$ J, $\Delta U = 418\ \text{J} - 107\ \text{J} = 311$ J.

5.22

(a) $\Delta H = 726{,}5$ kJ;

(b) $\Delta H = -1453$ kJ;

(c) Die Reaktion in Vorwärtsrichtung ist exotherm und wahrscheinlich thermodynamisch begünstigt.

(d) Verdampfung ist ein endothermer Prozess. Wenn es sich beim Produkt um H_2O (g) handeln würde,

würde die Reaktion endothermer verlaufen und hätte einen kleineren negativen Wert von ΔH.

5.23

(a) $3\ C_2H_2(g) \longrightarrow C_6H_6(l)$ $\Delta H = -630$ kJ

(b) $C_6H_6(l) \longrightarrow 3C_2H_2(g)$ $\Delta H = 630$ kJ

Die Bildungsenthalpie für 1 mol C_2H_2 ist 210 kJ.

(c) Die exotherme Reaktion ist wahrscheinlich begünstigt.

(d) Wenn der Ausgangsstoff eine größere Enthalpie hat, ist die verbleibende Enthalpiedifferenz geringer.

5.24

(a) J/°C oder J/K;

(b) J/g · °C oder J/g · K;

(c) Um die Wärmekapazität aus der spezifischen Wärme berechnen zu können, benötigen wir die Masse des untersuchten Stücks Kupferrohr.

5.25

(a) 4,184 J/g · K;

(b) 75,40 J/mol · °C;

(c) 774 J/°C;

(d) 904 kJ.

5.26

$3{,}00 \times 10^4$ J.

5.27

$\Delta H = -45{,}7$ kJ/mol NaOH

5.28

$\Delta U_r = -25{,}5$ kJ/g $C_6H_4O_2$ oder $-2{,}75 \times 10^3$ kJ/mol $C_6H_4O_2$

5.29

(a) Die Gesamtwärmekapazität des Kalorimeters beträgt 14,4 kJ/°C; (b) 5,40 °C.

5.30

Der Hess'sche Satz ist eine Folge der Tatsache, dass es sich bei der Enthalpie um eine Zustandsfunktion handelt. Weil ΔH unabhängig vom Weg ist, können wir einen Prozess durch eine beliebige Abfolge von Schritten beschreiben, die zusammengenommen zum Gesamtprozess führen. Der Wert von ΔH des Prozesses ist gleich der Summe der Werte von ΔH der einzelnen Schritte.

5.31

$\Delta H = -1300{,}0$ kJ.

5.32

$\Delta H = -2{,}49 \times 10^3$ kJ.

5.33

(a) Die *Standardbedingungen* für Enthalpieänderungen sind $p = 1$ atm und eine Standardtemperatur (normalerweise 298 K).

(b) Die *Bildungsenthalpie* ist die Enthalpieänderung, die auftritt, wenn eine Verbindung aus ihren Elementen gebildet wird.

(c) Die *Standardbildungsenthalpie* ΔH_f° ist die Enthalpieänderung, die der Bildung von einem Mol einer Substanz aus den Elementen in ihren Standardzuständen entspricht.

5.34

(a) $\frac{1}{2}\ N_2(g) + \frac{3}{2}\ H_2(g) \longrightarrow NH_3(g)$, $\Delta H_f^\circ = -46{,}19$ kJ

(b) $S(s) + O_2(g) \longrightarrow SO_2(g)$, $\Delta H_f^\circ = -296{,}9$ kJ

(c) $Rb(s) + \frac{1}{2}\ Cl_2(g) + \frac{3}{2}\ O_2(g) \longrightarrow RbClO_3(s)$, $\Delta H_f^\circ = -392{,}4$ kJ

(d) $N_2(g) + 2\ H_2(g) + \frac{3}{2}\ O_2(g) \longrightarrow NH_4NO_3(s)$, $\Delta H_f^\circ = -365{,}6$ kJ

5.35

$\Delta H_r^\circ = -847{,}6$ kJ.

5.36

(a) $\Delta H_r^\circ = -196{,}6$ kJ; (b) $\Delta H_r^\circ = 37{,}1$ kJ;
(c) $\Delta H_r^\circ = -433{,}7$ kJ; (d) $\Delta H_r^\circ = -68{,}3$ kJ.

5.37

$\Delta H_f^\circ = -248$ kJ.

5.38

$\Delta H_f^\circ = -924{,}8$ kJ.

5.39

(a) $C_8H_{18}(l) + \frac{25}{2}\ O_2(g) \longrightarrow 8\ CO_2(g) + 9\ H_2O(g)$, $\Delta H = -5069$ kJ;

(b) $8\ C(s, g) + 9\ H_2(g) \longrightarrow C_8H_{18}(l)$;

(c) $\Delta H_f^\circ = -255$ kJ.

5.40

(a) Die relevante Reaktion ist $N_2(g) \longrightarrow 2\ N(g)$.

$$\Delta H°_r = 2\Delta H°_f[N(g)] - \Delta H°_f[N_2(g)] = +2(472{,}7) - 0 = 945{,}4\ KJ \approx 945\ KJ$$

Unsere Schätzung für $D(N\equiv N)$ ist demnach 945 kJ.

(b) Berechnen Sie zunächst die gesamte Enthalpieänderung der Reaktion unter Verwendung der Standardbildungsenthalpien. Verwenden Sie diesen Wert für ΔH und die Bindungsenthalpien, die Sie in Tabelle 5.4 finden können, um die Enthalpie der Stickstoff-Stickstoff-Bindung in N_2H_4 abzuschätzen.

$$\Delta H°_r = 2\Delta H°_f[NH_3(g)] - \Delta H°_f[N_2H_4(g)] - \Delta H°_f[H_2(g)] = 2(-46,19) - 95,40 - 0$$

$$= -187,78 \approx 188\ kJ$$

$$\Delta H = 4D\,(N\text{-}H) + D\,(N\text{-}N) + D\,(H\text{-}H) - 6D(N\text{-}H)$$

$$\Delta H = D\,(N\text{-}N) + D\,(H\text{-}H) - 2D\,(N\text{-}H)$$

$$D\,(N\text{-}N) = \Delta H - D\,(H\text{-}H) + 2D\,(N\text{-}H)$$

$$D\,(N\text{-}N) = (-188) - (436) + 2(391) = 158\ kJ$$

(c) Die Stickstoff-Stickstoff-Bindung in N_2H_4 besitzt eine Enthalpie von 158 kJ; in N_2 beträgt die Enthalpie 945 kJ. Wir vergleichen das gleiche Paar gebundener Atome, weshalb man annehmen kann, dass die Bindung in N_2H_4 schwächer als in N_2 ist.

5.41

(a) Der *Brennwert* ist gleich der Wärmemenge, die frei wird, wenn 1 g einer Substanz (eines Brennstoffs) verbrannt wird.

(b) 5 g Fett.

5.42

104 oder 1×10^2 kcal.

5.43

59,7 kcal.

5.44

(a) $\Delta H_{komb} = -1850$ kJ/mol C_3H_4 ; -1926 kJ/mol C_3H_6 ; -2044 kJ/mol C_3H_8 .

(b) $\Delta H_{komb} = -4{,}616 \times 10^4$ kJ/kg C_3H_4;
$-4{,}578 \times 10^4$ kJ/kg C_3H_6 ;
$-4{,}635 \times 10^4$ kJ/kg C_3H_8 .

(c) Diese drei Substanzen setzen bei ihrer Verbrennung nahezu die gleiche Wärmemenge frei. Die von Propan gebildete Wärmemenge ist jedoch geringfügig höher als die der beiden anderen Stoffe.

5.45

(a) 469,4 m/s;

(b) $5{,}124 \times 10^{-21}$ J;

(c) 3,086 kJ/mol.

5.46

Die spontane Reaktion zur Auslösung eines Airbags verläuft wahrscheinlich exotherm, mit $-\Delta H$ und daher $-Q$. Beim Aufblasen des Airbags wird Arbeit durch das System verrichtet, so dass der Wert von W ebenfalls negativ ist.

5.47

$\Delta H = 38{,}95$ kJ; $\Delta U = 36{,}48$ kJ.

5.48

$1{,}8 \times 10^4$ oder 18.000 Backsteine.

5.49

4,90 g CH_4.

5.50

(a) $\Delta H° = -631{,}1$ kJ;

(b) 3 mol gasförmiges Acetylen haben die höhere Enthalpie.

(c) Die Brennwerte sind gleich 50 kJ/g C_2H_2 (*g*), 42 kJ/g C_6H_6 (*l*).

5.51

Wenn sämtliche Arbeit zur Erhöhung der potenziellen Energie des Mannes verrichtet wird, benötigt dieser für das Treppensteigen 58 kcal, so dass er die Extraportion Pommes Frites, die 245 kcal enthalten, nicht kompensieren kann. Tatsächlich werden mehr als 58 kcal benötigt, weil ein Teil der Energie zum Bewegen der Glieder benötigt wird und ein weiterer Teil als Wärme verloren geht.

5.52

(a) $1{,}479 \times 10^{-18}$ J/Molekül;

(b) 1×10^{-15} J/Photon. Das Röntgenphoton hat eine etwa 1000-mal höhere Energie als die Energie, die bei der Verbrennung von 1 Molekül CH_4 (*g*) entsteht.

Lösungen

5.53

(a) Die Werte von $\Delta H°$ für die Neutralisierung der Säuren betragen HNO_3, –55,8 kJ; HCl, –56,1 kJ; NH_4^+, – 4,1 kJ.

(b) Die Nettoionengleichungen der ersten beiden Reaktionen lauten:

$H^+ (aq) + OH^- (aq) \longrightarrow H_2O (l)$.

$NH_4^+ (aq) + OH^- (aq) \longrightarrow NH_3 (aq) + H_2O (l)$.

(c) Die Werte von $\Delta H°$ sind bei den ersten beiden Reaktionen nahezu identisch: –55,9 kJ und –56,2 kJ. Die vergleichbaren Werte von $\Delta H°$ entsprechen unseren Erwartungen, weil diese beiden Reaktionen die gleiche Nettoionengleichung haben und sich Zuschauerionen bei einer Reaktion nicht verändern.

(d) Starke Säuren geben mit höherer Wahrscheinlichkeit H^+ ab als schwache Säuren. Die Neutralisierung der beiden starken Säuren ist energetisch begünstigt, die dritte Reaktion dagegen kaum. Bei NH_4^+ handelt es sich also wahrscheinlich um eine schwache Säure.

Lösungen

Kapitel 6

6.1

(a) Meter,

(b) 1/Sekunde,

(c) Meter/Sekunde.

6.2

(a) Wellenlänge (λ) und Frequenz (ν) sind zueinander umgekehrt proportional. Die Proportionalitätskonstante ist die Lichtgeschwindigkeit c, $\nu = c/\lambda$.

(b) Licht im Wellenlängenbereich 210 – 230 nm ist ultraviolett. Diese Wellenlängen sind kürzer als die untere Grenze (400 nm) des sichtbaren Wellenlängenbereichs.

6.3

(a) Richtig.

(b) Falsch. Die Frequenz einer Strahlung nimmt mit steigender Wellenlänge ab.

(c) Falsch. Ultraviolettes Licht hat eine kürzere Wellenlänge als sichtbares Licht.

(d) Falsch. Elektromagnetische Strahlung und Schallwellen breiten sich mit unterschiedlichen Geschwindigkeiten aus.

6.4

(a) Falsch. Elektromagnetische Strahlung durchdringt Wasser. Durch ein Glas Wasser kann man hindurchschauen.

(b) Richtig.

(c) Falsch. Infrarotes Licht hat eine niedrigere Frequenz als sichtbares Licht.

(d) Falsch. Ein Nebelhorn sendet Schallwellen aus, die nichts mit elektromagnetischen Schwingungen zu tun haben.

6.5

Wellenlänge von Röntgenstrahlen < ultraviolett < grünes Licht < rotes Licht < infrarot < Radiowellen.

6.6

(a) $3{,}14 \times 10^{11}\ s^{-1}$; (b) $5{,}45 \times 10^{-7}$ m = 545 nm; (c) Die Strahlung aus (b) ist sichtbar, die aus (a) dagegen nicht. (d) $1{,}50 \times 10^{4}$ m.

6.7

$6{,}88 \times 10^{14}\ s^{-1}$; blau.

6.8

$\nu = c/\lambda$. $(2{,}998 \times 10^{8}\ m/s) : (489 \times 10^{-9}\ m) = 6{,}13 \times 10^{14}$ Hz. Der Laser sendet blaugrünes Licht aus.

6.9

(a) Quantelung bedeutet, dass Energie nur in bestimmten Mengen oder Vielfachen dieser Mengen absorbiert und emittiert werden kann. Diese minimale Energie ist gleich der mit einer Konstanten multiplizierten Frequenz der Strahlung, die absorbiert oder emittiert wird ($E = h\nu$).

(b) Bei Aktivitäten des täglichen Lebens absorbieren und emittieren Objekte wie z. B. unsere Körper Energiemengen, die wesentlich größer als ein einzelnes Quant $h\nu$ sind. Der Gewinn oder Verlust eines vergleichbar winzigen Energiequants verläuft daher unbemerkt.

6.10

(a) $4{,}54 \times 10^{-19}$ J; (b) $4{,}47 \times 10^{-21}$ J;
(c) $6{,}92 \times 10^{-8}$ m = 69,2 nm; ultraviolett.

6.11

(a) $\lambda = 3{,}3\ \mu m$, $E = 6{,}0 \times 10^{-20}$ J; $\lambda = 0{,}154$ nm, $E = 1{,}29 \times 10^{-15}$ J.

(b) Das Photon mit der Wellenlänge 3,3 μm ist infrarot, das Photon mit der Wellenlänge 0,154 nm liegt dagegen im Bereich der Röntgenstrahlung. Das Röntgenphoton hat die höhere Energie.

6.12

(a) $6{,}11 \times 10^{-19}$ J/Photon;

(b) 368 kJ/mol;

(c) $1{,}64 \times 10^{15}$ Photonen.

6.13

941 kJ/(mol N_2) : ($6{,}022 \times 10^{23}$ Photonen/mol) = $1{,}563 \times 10^{-18}$ J/Photon

$\lambda = hc/E =$

($6{,}626 \times 10^{-34}$ Js : $1{,}563 \times 10^{-18}$ J) $\times\ 2{,}998 \times 10^{8}$ m/s = 127 nm

6.14

(a) Die Strahlung ~ 1×10^{-6} m gehört zum infraroten Teil des Spektrums.
(b) $8{,}1 \times 10^{16}$ Photonen/s.

6.15

(a) $E_{\text{min}} = 7{,}22 \times 10^{-19}$ J;
(b) $\lambda = 275$ nm,
(c) $E_{120} = 1{,}66 \times 10^{-18}$ J. Die überschüssige Energie des 120 nm-Photons wird in kinetische Energie des emittierten Elektrons umgewandelt. $E_k = 9{,}3 \times 10^{-19}$ J/Elektron.

6.16

Wenn die Idee gequantelter Energien auf Atome angewendet wird, bedeutet das, dass nur bestimmte Werte von ΔE erlaubt sind. Diese Werte entsprechen den Linien des Emissionsspektrums angeregter Atome.

6.17

(a) emittiert,
(b) absorbiert,
(c) emittiert.

6.18

$E_2 = -5{,}45 \times 10^{-19}$ J; $E_6 = -0{,}606 \times 10^{-19}$ J; $\Delta E = 4{,}84 \times 10^{-19}$ J; $\lambda = 410$ nm; sichtbar, violett.

6.19

(a) Nur Linien mit $n_f = 2$ entsprechen Werten von ΔE und Wellenlängen, die im sichtbaren Teil des Spektrums liegen. Linien mit $n_f = 1$ haben kürzere Wellenlängen und Linien mit $n_f > 2$ größere Wellenlängen als sichtbare Strahlung.
(b) $n_i = 3$, $n_f = 2$; $\lambda = 6{,}56 \times 10^{-7}$ m; es handelt sich um die rote Linie bei 656 nm. $n_i = 4$, $n_f = 2$; $\lambda = 4{,}86 \times 10^{-7}$ m; es handelt sich um die blaue Linie bei 486 nm. $n_i = 5$, $n_f = 2$; $\lambda = 4{,}34 \times 10^{-7}$ m; es handelt sich um die violette Linie bei 434 nm.

6.20

(a) ultravioletter Bereich,
(b) $n_i = 6$, $n_f = 1$.

6.21

(a) $\lambda = 5{,}6 \times 10^{-37}$ m;
(b) $\lambda = 2{,}65 \times 10^{-34}$ m;
(c) $\lambda = 2{,}3 \times 10^{-13}$ m.

6.22

$4{,}14 \times 10^3$ m/s.

6.23

Elektronenmasse $m_e = 9{,}1094 \times 10^{-31}$ kg; Planck-sches Wirkungsquantum $h = 6{,}626 \times 10^{-34}$ Js, de Broglie Beziehung (Welle-Teilchen-Dualismus) $\lambda = h/p$ somit ergibt sich die Wellenlänge der Elektronen (ohne relativistische Betrachtung) zu:

$\lambda = 6{,}626 \times 10^{-34}$ Js : $(9{,}1094 \times 10^{-31}$ kg $\times 9{,}38 \times 10^6$ m$) = 7{,}75 \times 10^{-11}$ m

Die Elektronenwellenlänge (0,775 Å) ist also vergleichbar mit Atomradien und interatomaren Abständen (1 – 5 Å)

6.24

(a) $\Delta x \geq 4 \times 10^{-27}$ m;
(b) $\Delta x \geq 3 \times 10^{-10}$ m.

6.25

(a) Die Unschärferelation besagt, dass es eine Begrenzung der Genauigkeit gibt, mit der uns der Aufenthaltsort und der Impuls (eine Größe, die mit der Energie zusammenhängt) eines Elektrons gleichzeitig bekannt sein können. Das Bohr'sche Atommodell besagt, dass sich das Elektron auf genau definierten kreisförmigen Umlaufbahnen mit bestimmten Abständen und Energien bewegt. Diese Aussage widerspricht der Unschärferelation.
(b) De Broglie stellte die Hypothese auf, dass Elektronen sowohl Teilchen- als auch Welleneigenschaften haben und dass jedem Teilchen eine Welle entspricht. Eine Wellenfunktion ist die mathematische Beschreibung der Materiewelle eines Elektrons.
(c) Obwohl wir den Aufenthaltsort eines Elektrons in einem erlaubten Energiezustand nicht exakt vorhersagen können, können wir bestimmen, mit welcher Wahrscheinlichkeit sich das Elektron an einem bestimmten Ort befindet. Diese statistische Kenntnis des Aufenthaltsorts des Elektrons wird *Wahrscheinlichkeitsdichte* genannt und ist eine Funktion von ψ^2, dem Quadrat der Wellenfunktion ψ.

6.26

(a) $n = 4, l = 3, 2, 1, 0$;

(b) $l = 2, m_l = -2, -1, 0, 1, 2$.

6.27

(a) $3p$: $n = 3, l = 1$;

(b) $2s$: $n = 2, l = 0$;

(c) $4f$: $n = 4, l = 3$;

(d) $5d$: $n = 5, l = 2$.

6.28

(a) unmöglich, $1p$;

(b) möglich;

(c) möglich;

(d) unmöglich, $2d$.

6.29

(a) möglich, 2p;

(b) nicht möglich, für l=0 ist m_l=0;

(c) möglich, 4d:

(d) nicht möglich, für n=3 kann l maximal 2 sein.

6.30

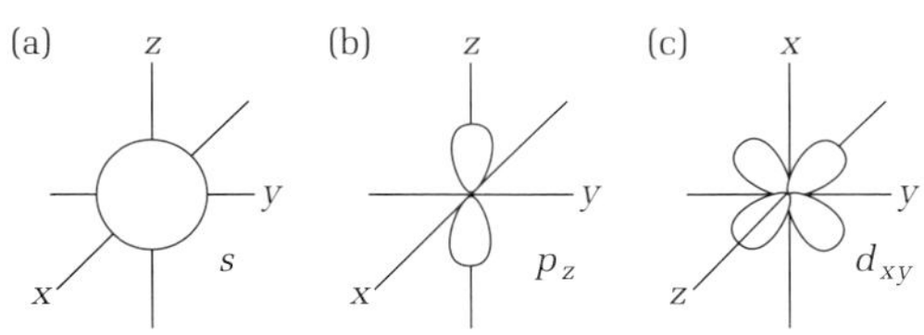

6.31

(a) Die $1s$- und $2s$-Orbitale des Wasserstoffs haben die gleiche kugelsymmetrische Form, das $2s$-Orbital hat jedoch eine größere radiale Ausdehnung und weist einen Knoten mehr auf als das $1s$-Orbital.

(b) Ein einzelnes $2p$-Orbital hat eine Vorzugsrichtung. Seine Elektronendichte weist entlang einer der drei kartesischen Koordinatenachsen des Atoms eine höhere Konzentration auf. Das $d_{x^2-y^2}$-Orbital weist eine höhere Elektronendichte entlang der x- und y-Achse auf, während das p_x-Orbital eine höhere Dichte entlang der x-Achse hat.

(c) Der durchschnittliche Abstand eines Elektrons vom Kern ist in einem $3s$-Orbital größer als der eines Elektrons in einem $2s$-Orbital.

(d) $1s < 2p < 3d < 4f < 6s$.

6.32

(a) Im Wasserstoffatom haben Orbitale mit der gleichen Hauptquantenzahl n die gleiche Energie.

(b) In ei-nem Mehr-Elektronen-Atom steigt die Orbitalenergie bei konstantem n mit zunehmendem Wert von l an: $s < p < d < f$.

6.33

(a) $+\frac{1}{2}, -\frac{1}{2}$.

(b) Es wird ein Magnet mit starkem inhomogenen Magnetfeld benötigt.

(c) Sie müssen unterschiedliche Werte von m_s haben; das Pauli-Prinzip.

6.34

(a) 6,

(b) 10,

(c) 2,

(d) 14.

6.35

(a) Jedes Kästchen steht für ein Orbital.

(b) Die Elektronenspinorientierung wird durch die Richtung der Halbpfeile ausgedrückt.

(c) Nein. In Be gibt es keine Elektronen in Unterschalen mit entarteten Orbitalen, die Hund'sche Regel findet also keine Anwendung.

6.36

(a) Cs, $[Xe]6s^1$;

(b) Ni, $[Ar]4s^23d^8$;

(c) Se, $[Ar]4s^23d^{10}4p^4$;

(d) Cd, $[Kr]5s^24d^{10}$;

(e) Ac, $[Rn]7s^26d^1$;

(f) Pb, $[Xe]6s^24f^{14}5d^{10}6p^2$.

6.37

Mt, $[Rn]7s^25f^{14}6d^7$.

6.38

(a) Mg,

(b) Al,

(c) Cr,

(d) Te.

6.39

(a) Das fünfte Elektron würde vor der $3s$-Unterschale die $2p$-Unterschale besetzen.

Lösungen

(b) Entweder handelt es sich beim Kern um [He] oder die äußere Elektronenkonfiguration sollte $3s^23p^3$ lauten.

(c) Die $2p$-Unterschale sollte vor der $3d$-Unterschale aufgefüllt werden.

6.40

Um die Ordnungszahl des Atoms zu ermitteln, zählen wir die Elektronen.

(a) N, Grundzustand $[He]2s^22p^3$

(b) Se, Grundzustand $[Ar]4s^23d^{10}4p^4$

(c) Rh,Grundzustand $[Kr]5s^24d^7$

6.41

(a) $\lambda_A = 3{,}6 \times 10^{-8}$ m, $\lambda_B = 8{,}0 \times 10^{-8}$ m;

(b) $\nu_A = 8{,}4 \times 10^{15}$ s^{-1}, $\nu_B = 3{,}7 \times 10^{15}$ s^{-1};

(c) A, ultraviolett; B, ultraviolett.

6.42

66,7 Minuten.

6.43

263 kJ/mol Photonen.

6.44

(a) Die Paschenserie befindet sich im infraroten Teil des Spektrums.

(b) $n_i = 4$, $\lambda = 1{,}87 \times 10^{-6}$ m; $n_i = 5$, $\lambda = 1{,}28 \times 10^{-6}$ m; $n_i = 6$, $\lambda = 1{,}09 \times 10^{-6}$ m.

6.45

$v = 1{,}02 \times 10^7$ m/s.

6.46

(a) l,

(b) n und l,

(c) m_s,

(d) m_l.

6.47

Wenn m_s drei statt zwei erlaubte Werte hätte, könnte jedes Orbital drei statt zwei Elektronen aufnehmen. Wenn wir weiterhin annehmen, dass sich die n-, l- und m_l-Werte nicht ändern, hätten die ersten vier Perioden des Periodensystems die folgende Anzahl an Elementen: 1. Periode: 3 Elemente; 2. Periode: 12 Elemente; 3. Periode: 12 Elemente; 4. Periode: 27 Elemente.

6.48

$1{,}7 \times 10^{28}$ Photonen.

6.49

(a) Die Theorie Bohrs basierte auf dem Rutherford'schen Modell des Atoms: eine positive Ladung mit hoher Dichte im Zentrum und eine dieses umgebende diffuse negative Ladung. Die Bohr'sche Theorie beschrieb die Natur dieser diffusen negativen Ladung. Die dem nuklearen Modell vorausgehende Theorie war das „Plumpudding"-Modell Thomsons: definierte Elektronen, die sich in einer diffusen positiven Ladungswolke befinden. Die Bohr'sche Theorie konnte sich nicht auf das Thomson'sche Atommodell stützen.

(b) De Broglie stellte die Hypothese auf, dass Elektronen sowohl Teilchen- als auch Welleneigenschaften aufweisen. Bei Thomsons Schlussfolgerung, dass Elektronen eine Masse haben, handelt es sich um eine Teilcheneigenschaft, während die Natur der Kathodenstrahlung wellenartig ist. Die Hypothese de Broglies löst diesen scheinbaren Widerspruch der beobachteten Elektroneneigenschaften auf.

Kapitel 7

7.1
Mendeleev platzierte Elemente mit ähnlichen chemischen und physikalischen Eigenschaften in eine Familie oder Spalte der Tabelle. Er ließ Leerstellen für unentdeckte Elemente. Er sagte Eigenschaften für die „Leerstellen" anhand der Eigenschaften der anderen Elemente zu beiden Seiten in der Familie voraus.

7.2
(a) Die *Effektive Kernladung*, Z_{eff} , repräsentiert das durchschnittliche elektrische Feld, das ein einzelnes Elektron erfährt. Sie ist die durchschnittliche Umgebung, die durch den Kern und die anderen Elektronen in dem Molekül gebildet wird, ausgedrückt als eine netto-positive Ladung am Kern.
(b) Wenn man von links nach rechts durch eine Periode geht, nimmt die effektive Kernladung zu.

7.3
(a) $Z = 19$, $S = 18$, $Z_{eff} = Z - S = 1$.
(b) Das Valenzelektron in K ist ein 4*s*-Elektron. Da *s*-Elektronen finite Wahrscheinlichkeiten besitzen, nahe beim Kern zu sein, ist ihre Abschirmung nie vollständig und berechnete Werte von Z_{eff} spiegeln dies wider.

7.4
Die $n = 3$ Elektronen in Kr erfahren eine größere effektive Kernladung und besitzen folglich eine größere Wahrscheinlichkeit, näher am Kern zu sein.

7.5
Atomradien werden durch Abstände zwischen Atomen in verschiedenen Situationen bestimmt. Bindungsradien werden aus dem internuklearen Abstand von zwei Atomen berechnet, die durch eine chemische Bindung verknüpft sind. Nichtbindungsradien werden aus dem internuklearen Abstand von zwei gasförmigen Atomen berechnet, die kollidieren und sich auseinander bewegen und sich nicht verbinden.

7.6
(a) In der Quantenmechanik können die Positionen der Elektronen in der Elektronenhülle nicht exakt, sondern nur im Sinne einer Aufenthaltswahrscheinlichkeit angegeben werden. Für große Entfernungen vom Atomkern ist die Wahrscheinlichkeit, dort ein Elektron anzutreffen klein, aber nicht Null. Somit gibt es keine scharfe Begrenzung des Atoms. Die üblichen Angaben zu Atomradien beziehen sich auf einen Abstand vom Atomkern, bei dem die Elektronendichte zum allergrößten Teil erfasst ist.
(b) Wenn sich nicht gebundene Atome berühren, üben deren Elektronenhüllen abstoßende Kräfte aufeinander aus. Somit bestimmt die Größe der Elektronenhülle wie nahe sich die Atomkerne kommen können.

7.7
1,37 Å.

7.8
Aus der Summe der Atomradien ergibt sich As – I = 2,52 Å. Dies liegt sehr nahe am experimentellen Wert von 2,55 Å.

7.9
(a) Abnahme,
(b) Zunahme,
(c) F < S < P < As.

7.10
(a) Be < Mg < CA;
(b) Br < Ge < Ga;
(c) Si < Al < Tl.

7.11
(a) K < Rb < Cs
(b) Te < Sn < In
(c) Cl < P < Sr

7.12
(a) Elektrostatische Abstoßungen werden durch das Entfernen eines Elektrons aus einem neutralen Atom verringert, die effektive Kernladung nimmt zu und das Kation wird kleiner.

(b) Die zusätzliche elektrostatische Abstoßung, die durch das Hinzufügen eines Elektrons zu einem neutralen Atom produziert wird, verkleinert die effektive Kernladung, die die Valenzelektronen erfahren, und erhöht die Größe des Anions.

(c) Wenn man in einer Gruppe nach unten geht, sind die Valenzelektronen weiter vom Kern entfernt und sie erfahren eine größere Abschirmung durch die Kernelektronen. Die größere radiale Ausdehnung der Valenzelektronen gleicht die Zunahme von Z aus.

7.13

Die rote Kugel ist ein Metall; seine Größe nimmt bei der Reaktion ab, was charakteristisch für die Änderung des Radius ist, wenn ein Metallatom ein Kation bildet. Die blaue Kugel ist ein Nichtmetall; seine Größe nimmt bei der Reaktion zu, was charakteristisch für die Änderung des Radius ist, wenn ein Nichtmetallatom ein Anion bildet.

7.14

(a) Eine isoelektronische Reihe ist eine Gruppe von Atomen oder Ionen, die die gleiche Anzahl an Elektronen haben.

(b) (i) N^{3-}: Ne (ii) Ba^{2+}: Xe (iii) Se^{2-}: Kr (iv) Bi^{3+}: Hg.

7.15

isoelektronisch zueinander sind

(a) Sr^{2+}, Br^- (b) Y^{3+}, Br^-, Kr

(c) P^{3-}, Ti^{4+} (d) Fe^{3+}, Mn^{2+}

7.16

(a) Da die Anzahl der Elektronen in einer isoelektronischen Reihe gleich ist, sind die Abstoßungs- und Abschirmungseffekte für die unterschiedlichen Teilchen normalerweise ähnlich. Da Z zunimmt, werden die Valenzelektronen stärker an den Kern gezogen und die Größe des Teilchens nimmt ab.

(b) Ein $2p$-Elektron in Na^+.

7.17

(a) $Se < Se^{2-} < Te^{2-}$;

(b) $Co^{3+} < Fe^{3+} < Fe^{2+}$;

(c) $Ti^{4+} < Sc^{3+} <$ Ca;

(d) $Be^{2+} < Na^+ <$ Ne.

7.18

$B\,(g) \longrightarrow B^+\,(g) + e^-$; $B^+\,(g) \longrightarrow B^{2+}\,(g) + e^-$; $B^{2+}\,(g) \longrightarrow B^{3+}\,(g) + e^-$.

7.19

(a) Die Elektronen in jedem Atom werden durch die elektrostatische Anziehung zum Kern an das Atom gebunden. Deshalb muss zum Entfernen eines Elektrons aus einem Atom zusätzliche Energie aufgewendet werden. Die Ionisierungsenergie ΔE für diesen Vorgang ist daher positiv.

(b) F hat eine größere erste Ionisierungsenergie als O, da F eine größere Z_{eff} hat und die äußeren Elektronen in beiden Elementen annähernd den gleichen Abstand zum Kern haben.

(c) Die zweite Ionisierungsenergie eines Elements ist größer als die erste, da mehr Energie erforderlich ist, um die, im Vergleich zum neutralen Atom, größere Z_{eff} des 1+ -Kations zu überwinden.

7.20

(a) Das Valenzelektron des Li ist näher am Atomkern als das Valenzelektron des Na. Daher wird mehr Energie benötigt, um Li in Li^+ zu überführen als für die Ionisierung von Na zu Na^+.

(b) Elektronenkonfiguration Sc $[Ar]4s^2 3d^1$,
Ti $[Ar]4s^2 3d^2$
Sc und Ti unterscheiden sich in der Zahl der Valenzelektronen. Sc hat drei Valenzelektronen, Ti vier. D. h. vier Elektronen können bei Ti leichter abgegeben werden als bei Sc, da bei Sc das vierte Elektron der [Ar]-Schale entnommen werden müsste und abgeschlossene Edelgasschalen besonders stabil sind.

(c) Elektronenkonfiguration Li^+ $1s^2$ (also [He]), Be^+ $1s^2 2s^1$ (also $[He]2s^1$) Li^+ hat somit eine (besonders stabile) Edelgaselektronenkonfiguration ([He]), Be^+ nicht. Daher kann bei Be^+ ein weiteres Elektron leichter entfernt werden als bei Li^+. Anders ausgedrückt: durch die abgeschlossene Edelgasschale wird die Kernladung gut abgeschirmt, somit ist bei Be^+ das $2s^1$ Elektron leicht zu ionisieren. Vgl. die leichte Ionisierbarkeit der Alkalimetallatome im Gegensatz zu Edelgasatomen.

7.21

(a) Je kleiner das Atom, umso größer seine erste Ionisierungsenergie.
(b) Von den nichtradioaktiven Elementen besitzt He die größte und Cs die kleinste erste Ionisierungsenergie.

7.22

(a) Ar,
(b) Be,
(c) Co,
(d) S,
(e) Te.

7.23

(a) Si^{2+}, $[Ne]3s^2$;
(b) Bi^{3+}, $[Xe]6s^2 4f^{14} 5d^{10}$;
(c) Te^{2-}, $[Kr]5s^2 4d^{10} 5p^6$ oder [Xe];
(d) V^{3+}, $[Ar]3d^2$;
(e) Hg^{2+}, $[Xe]4f^{14} 5d^{10}$;
(f) Ni^{2+}, $[Ar]3d^8$.

7.24

(a) Mn^{3+} $[Ar]3d^4$
(b) Se^{2-} $[Ar]4s^2 3d^{10} 4p^6$ = [Kr] Edelgaskonfiguration
(c) Sc^{3+} [Ar] Edelgaskonfiguration
(d) Ru^{2+} $[Kr]4d^6$
(e) Tl^{+} $[Xe]6s^2 4f^{14} 5d^{10}$
(f) Au^{+} $[Xe]4f^{14} 5d^{10}$

7.25

(a) Mn^{2+}, $[Ar]3d^5$, 5 ungepaarte Elektronen;
(b) Si^{2-}, $[Ne]3s^2 3p^4$, 2 ungepaarte Elektronen.

7.26

Ionisierungsenergie: $Se\,(g) \longrightarrow Se^+(g) + e^-$;
$[Ar]\,4s^2 3d^{10} 4p^4 \longrightarrow [Ar]\,4s^2 3d^{10} 4p^3$;
Elektronenaffinität: $Se\,(g) + e^- \longrightarrow Se^-\,(g)$;
$[Ar]\,4s^2 3d^{10} 4p^4 \longrightarrow [Ar]\,4s^2 3d^{10} 4p^5$.

7.27

$Li + e^- \longrightarrow Li^-$; $[He]2s^1 \longrightarrow [He]2s^2$; $Be + e^- \longrightarrow Be^-$; $[He]2s^2 \longrightarrow [He]2s^2 2p^1$. Das Hinzufügen eines Elektrons zu Li komplettiert die $2s$-Unterschale. Das hinzugefügte Elektron erfährt im Wesentlichen die gleiche effektive Kernladung wie die anderen Valenzelektronen; es gibt insgesamt eine Stabilisierung und ΔE ist negativ. Ein zusätzliches Elektron in Be würde die energetisch höhere $2p$-Unterschale besetzen. Dieses Elektron ist durch die $2s$-Elektronen von der vollen Kernladung abgeschirmt und erfährt keine Energiestabilisierung; ΔE ist positiv.

7.28

Wenn Br ein Elektron aufnimmt und zu Br^- wird, erhält es die Elektronenkonfiguration des Edelgases Kr. Wenn Kr durch Elektronenaufnahme zu Kr^- wird, muss das zusätzliche Elektron in das 5s Orbital aufgenommen werden. Kr^- hat damit die Elektronenkonfiguration eines Alkalimetallatoms. Das 5s Elektron ist durch die abgeschlossene [Kr] Edelgasschale gut von der Kernladung abgeschirmt.

7.29

Ionisierungsenergie von F^-: $F^-(g) \longrightarrow F\,(g) + e^-$. Elektronenaffinität von F: $F\,(g) + e^- \longrightarrow F^-\,(g)$. Die beiden Vorgänge sind die Umkehrung voneinander. Die Energien haben die gleiche Größe, aber entgegengesetzte Vorzeichen. $I_1\,(F^-) = -E\,(F)$.

7.30

Je kleiner die erste Ionisierungsenergie eines Elements ist, umso größer ist der metallische Charakter dieses Elements.

7.31

(a) Li,
(b) Na,
(c) Sn,
(d) Al.

7.32

Ionisch: MgO, Li_2O, Y_2O_3; molekular: SO_2, P_2O_5, N_2O, XeO_3. Ionische Verbindungen werden durch Kombination von Metallen und Nichtmetallen gebildet; molekulare Verbindungen werden aus zwei oder mehr Nichtmetallen gebildet.

7.33

(a) Ein in Wasser gelöstes saures Oxid erzeugt eine saure Lösung; ein in Wasser gelöstes basisches Oxid erzeugt eine basische Lösung.
(b) Oxide von Nichtmetallen, wie z. B. SO_3, sind sauer; Oxide von Metallen, wie z. B. CaO, sind basisch.

Lösungen

7.34

(a) Dichlorheptoxid,

(b) $2\ Cl_2\ (g) + 7\ O_2\ (g) \longrightarrow 2\ Cl_2O_7\ (l)$;

(c) Während die meisten Nichtmetalloxide, die wir gesehen haben, wie z. B. CO_2 oder SO_2, Gase sind, ist für ein so großes Molekül wie Cl_2O_7 ein Siedepunkt von 81 °C nicht völlig unerwartet.

(d) Cl_2O_7 ist ein saures Oxid, daher wird es reaktiver gegen die Base, OH^-, sein.

7.35

(a) $BaO\ (s) + H_2O\ (l) \longrightarrow Ba\ (OH)_2(aq)$;

(b) $FeO\ (s) + 2\ HClO_4\ (aq) \longrightarrow Fe\ (ClO_4)_2\ (aq) + H_2O\ (l)$;

(c) $SO_3\ (g) + H_2O\ (l) \longrightarrow H_2SO_4\ (aq)$;

(d) $CO_2\ (g) + 2\ NaOH\ (aq) \longrightarrow Na_2CO_3\ (aq) + H_2O\ (l)$.

7.36

(a) Na, $[Ne]3s^1$; Mg, $[Ne]3s^2$;

(b) Bei der Bildung von Ionen nehmen beide die stabile Konfiguration von Ne ein; Na gibt ein Elektron und Magnesium zwei Elektronen ab, um diese Konfiguration zu erreichen.

(c) Die effektive Kernladung von Mg ist größer, und damit ist seine Ionisierungsenergie größer.

(d) Mg ist weniger reaktiv, da es eine höhere Ionisierungsenergie besitzt.

(e) Der Atomradius von Mg ist kleiner, da seine effektive Kernladung größer ist.

7.37

(a) Ca ist reaktiver, da es eine niedrigere Ionisierungsenergie als Mg hat.

(b) K ist reaktiver, da es eine niedrigere Ionisierungsenergie als Ca hat.

7.38

(a) Cs reagiert heftiger mit Wasser, da sein Valenzelektron weiter vom Atomkern entfernt ist als bei Li und folglich schwächer gebunden ist.

(b) Die violette Flammenfärbung weist auf Kalium hin.

(c) $2KO_2$ (Kaliumhyperoxid) + $2H_2O \longrightarrow$ $2KOH$ + H_2O_2 (Wasserstoffperoxid) + O_2

7.39

(a) $2\ K(s) + Cl_2\ (g) \longrightarrow 2\ KCl\ (s)$;

(b) $SrO\ (s) + H_2O\ (l) \longrightarrow Sr\ (OH)_2(aq)$;

(c) $4\ Li\ (s) + O_2\ (g) \longrightarrow 2\ Li_2O\ (s)$;

(d) $2\ Na\ (s) + S\ (l) \longrightarrow Na_2S\ (s)$.

7.40

H, $1s^1$, Li, $[He]2s^1$; F, $[He]2s^22p^5$. Wie Li hat H nur ein Valenzelektron und seine häufigste Oxidationszahl ist +1. Wie F braucht H nur ein Elektron, um die stabile Elektronenkonfiguration des nächsten Edelgases einzunehmen; sowohl H als auch F können im Oxidationszahl –1 existieren.

7.41

(a) F, $[He]2s^22p^5$; Cl, $[Ne]3s^23p^5$;

(b) F und Cl stehen in der gleichen Gruppe und beide nehmen eine 1– -Ionenladung an.

(c) Die 2*p*-Valenzelektronen in F sind näher am Kern und werden fester gehalten als die 3*p*-Elektronen von Cl, daher ist die Ionisierungsenergie von F größer.

(d) Die hohe Ionisierungsenergie von F, gekoppelt mit einer relativ großen exothermen Elektronenaffinität, macht es reaktiver gegen H_2O als Cl.

(e) Während F annähernd die gleiche effektive Kernladung wie Cl hat, führt sein kleiner Atomradius zu großen Abstoßungen, wenn ein zusätzliches Elektron hinzugefügt wird, und damit ist die Gesamtelektronenaffinität von F weniger exotherm als die von Cl.

(f) Die 2*p*-Valenzelektronen in F sind näher am Kern, und damit ist der Atomradius kleiner als der von Cl.

7.42

Die physikalischen und chemischen Eigenschaften von At lassen sich anhand der Kenntnisse über die periodische Veränderung der Stoffeigenschaften beim Gang durch das Periodensystem abschätzen. Wir betrachten die 7. Hauptgruppe (Halogene).

(a) Fluor ist ein Gas bei Standardbedingungen. Iod, das in der 7. Hauptgruppe unmittelbar vor Astat steht, ist ein Feststoff. Die Schmelz- und Siedepunkte der Halogene steigen von Fluor zu Iod.

Lösungen

Also ist zu erwarten, dass Astat bei Standardbedingungen ein Feststoff ist.

(b) Astat wird wie die anderen Halogene bestrebt sein, durch Aufnahme eines Elektrons in ein einfach negativ geladenes Anion (At^-) überzugehen, um damit eine Edelgaskonfiguration zu erlangen. Die entsprechende Natriumverbindung hat folglich die Zusammensetzung NaAt, was im Einklang mit den übrigen bekannten Natriumhalogeniden ist.

7.43

Bei Zimmertemperatur sind die Elemente der Gruppe 8A alle Gase, die extrem unreaktiv sind, daher schien der Name „Edelgase" passend zu sein. Er ist nicht passend, da man gefunden hat, dass sowohl Xe als auch Kr mit Substanzen reagieren, die eine starke Tendenz zum Entfernen von Elektronen haben, wie z. B. F_2.

7.44

(a) $2\ O_3\ (g) \longrightarrow 3\ O_2\ (g)$;

(b) $Xe\ (g) + F_2\ (g) \longrightarrow XeF_2\ (g)$;
$Xe\ (g) + 2\ F_2\ (g) \longrightarrow XeF_4\ (s)$;
$Xe\ (g) + 3\ F_2\ (g) \longrightarrow XeF_6\ (s)$;

(c) $S\ (s) + H_2\ (g) \longrightarrow H_2S\ (g)$;

(d) $2\ F_2\ (g) + 2\ H_2O\ (l) \longrightarrow 4\ HF(aq) + O_2\ (g)$.

7.45

Bis $Z = 82$ gibt es drei Fälle, bei denen die Reihung der Atommassen umgekehrt zum Verlauf der Ordnungszahlen ist: Ar und K; Co und Ni; Te und I. Die geringere Zahl von Neutronen führt dazu, dass das Element mit dem größeren Z ein kleineres als die erwartete Atommasse hat.

7.46

(a) 4*s*,

(b) Da *s*-Elektronen eine größere Wahrscheinlichkeit haben, nahe am Kern zu sein, erfahren sie weniger Abschirmung als *p*-Elektronen mit dem gleichen *n*-Wert. $Z_{eff} = Z - S$ und Z ist für alle Elektronen in As gleich. Wenn S für 4*s* kleiner als für 4*p* ist, wird Z_{eff} für 4*s*-Elektronen größer sein und sie werden eine niedrigere Energie haben.

7.47

Die vervollständigte 4*f*-Unterschale in Hf führt zu einer viel größeren Änderung von Z und Z_{eff} von Zr nach Hf, als von Y nach La. Diese größere Zunahme von Z_{eff} von Zr nach Hf führt zu einer kleineren Zunahme des Atomradius als von Y nach La.

7.48

I_1 bis I_4 repräsentieren die Abgabe der 2*p*- und 2*s*-Elektronen aus der äußeren Schale des Atoms. Z ist konstant, während die Abgabe jedes Elektrons Abstoßung zwischen den verbleibenden Elektronen erzeugt; daher steigen Z_{eff} und I. I_5 und I_6 repräsentieren die Abgabe der 1*s*-Kernelektronen. Diese Elektronen sind näher am Kern und erfahren die volle Kernladung. Daher sind die Werte von I_5 und I_6 signifikant größer als $I_1 - I_4$. I_6 ist größer als I_5, da jede Elektron-Elektron-Abstoßung eliminiert wurde.

7.49

	2*s*	2*p*
O, $[He]2s^22p^4$	↑↓	↑↓ ↑ ↑
O^{2-}, $[He]2s^22p^6 = [Ne]$	↑↓	↑↓ ↑↓ ↑↓

O^{3-}, $[Ne]3s^1$

Das dritte Elektron würde zum 3*s*-Orbital hinzugefügt, das weiter vom Kern entfernt ist und stärker vom [Ne]-Kern abgeschirmt wird. Die Gesamtanziehung dieses 3*s*-Elektrons für den Sauerstoffkern ist nicht groß genug, damit O^{3-} ein stabiles Teilchen wäre.

7.50

(a) Die Metalle der Gruppe 2B haben vollständige $(n-1)d$-Unterschalen. Ein zusätzliches Elektron würde eine *np*-Unterschale besetzen und größtenteils sowohl durch *ns* als auch $(n-1)d$-Elektronen abgeschirmt werden. Dies ist kein niedrigerer Energiezustand als der eines neutralen Atoms und eines freien Elektrons.

(b) Elemente der Gruppe 13 haben die allgemeine Elektronenkonfiguration $ns^1\ (n-1)d^{10}$. Ein zusätzliches Elektron würde die *ns*-Unterschale vervollständigen und Abstoßung durch die anderen *ns*-Elektronen erfahren. Geht man die Gruppe hinab, nimmt die Größe der *ns*-Unterschale zu und die Abstoßungseffekte nehmen ab, so dass die effektive Kernladung zunimmt und die Elektronenaffinitäten negativer werden.

7.51

$O_2 < Br_2 < K < Mg$. O_2 und Br_2 sind unpolare Nichtmetalle, wobei O_2 durch die viel kleinere Molmasse den niedrigeren Schmelzpunkt haben sollte. K und Mg sind metallische Feststoffe mit höheren Schmelzpunkten als die beiden Nichtmetalle. Da Erdalkalimetalle typischerweise härter, dichter und höher schmelzend als Alkalimetalle sind, sollte Mg den höchsten Schmelzpunkt haben.

7.52

Chlor und Brom liegen in der Ionisierungsenergie und der Elektronenaffinität viel näher an Kohlenstoff als an den Metallen. Kohlenstoff hat eine viel größere Tendenz zum Behalten seiner eigenen Elektronen und zumindest einige Anziehungskraft für die Elektronen anderer Elemente als Metalle. Die Bildung eines einfachen Kations ist für Kohlenstoff unwahrscheinlich. Daher sind die Verbindungen am Kohlenstoff und Halogenen molekular und nicht ionisch.

7.53

(a) Li, $[He]2s^1$; $Z_{eff} \approx 1+$.

(b) $I_1 \approx 5{,}45 \times 10^{-19}$ J/ Atom $\approx$ 328 kJ/mol.

(c) Der Schätzwert von 328 kJ/ mol ist kleiner als der Wert von 520 kJ/mol. Unsere Schätzung für Z_{eff} war eine untere Grenze; die [He]-Kernelektronen schirmen die 2*s*-Elektronen nicht perfekt von der Kernladung ab.

(d) Ausgehend von der experimentellen Ionisierungsenergie ist $Z_{eff} = 1{,}26$. Dieser Wert ist größer als die Schätzung aus Teil (a), was mit der Erklärung in Teil (c) übereinstimmt.

7.54

(a) Mg_3N_2;

(b) $Mg_3N_2(s) + 3\,H_2O\,(l) \longrightarrow 3\,MgO\,(s) + 2\,NH_3\,(g)$; die treibende Kraft ist die Bildung von $NH_3\,(g)$.

(c) 17 % Mg_3N_2;

(d) $3\,Mg\,(s) + 2\,NH_3\,(g) \longrightarrow Mg_3N_2\,(s) + 3\,H_2\,(g)$. NH_3 ist der limitierende Reaktant und 0,46 g H_2 werden gebildet.

(e) $\Delta H_r^\circ = -368{,}70$ kJ.

Kapitel 8

8.1

(a) Valenzelektronen sind die, die sich an chemischen Bindungen beteiligen. Dies sind normalerweise die Elektronen jenseits der Edelgaskonfiguration des vorangegangenen Edelgases, obwohl man manchmal nur die Elektronen der äußeren Schale meint.

(b) Ein Stickstoffatom hat 5 Valenzelektronen.

(c) Das Atom (Si) hat 4 Valenzelektronen.

8.2

P, $1s^2 2s^2 2p^6 3s^2 3p^3$. Ein $3s$-Elektron ist ein Valenzelektron; ein $2s$- (oder $1s$-) Elektron ist ein Nichtvalenzelektron. Das $3s$-Valenzelektron ist an der chemischen Bindung beteiligt, während es das $2s$- oder $1s$-Nichtvalenzelektron nicht ist.

8.3

Sc: $1s^2 2s^2 2p^6 3s^2 3p^6 4s^2 3d^1$ = $[Ar]4s^2 3d^1$ Scandium hat also drei Valenzelektronen. Die Valenzelektronen stehen zur Verbindungsbildung zur Verfügung. Die Elektronen der [Ar] Edelgasschale können nicht zur Verbindungsbildung herangezogen werden.

8.4

(a) ·Al· (b) |Br| (c) |Ar| (d) ·Sr

8.5

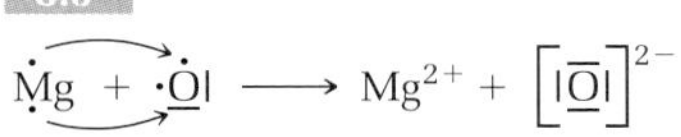

8.6

(a) AlF_3, (b) K_2S, (c) Y_2O_3, (d) Mg_3N_2.

8.7

(a) BaO, (b) RbI, (c) Li_2S, (d) $MgBr_2$

8.8

(a) Sr^{2+}, $[Ar]4s^2 3d^{10} 4p^6$ = [Kr], Edelgaskonfiguration;

(b) Ti^{2+}, $[Ar]3d^2$;

(c) Se^{2-}, $[Ar]4s^2 3d^{10} 4p^6$ = [Kr], Edelgaskonfiguration;

(d) Ni^{2+}, $[Ar]3d^8$;

(e) Br^-, $[Ar]4s^2 3d^{10} 4p^6$ = [Kr], Edelgaskonfiguration;

(f) Mn^{3+}, $[Ar]3d^4$.

8.9

(a) *Gitterenergie* ist die benötigte Energie, um ein Mol einer festen ionischen Verbindung vollständig in ihre gasförmigen Ionen zu separieren.

(b) Die Größe der Gitterenergie hängt von der Größe der Ladungen der beiden Ionen, ihren Radien und der Anordnung der Ionen im Gitter ab.

8.10

KF, 808 kJ/mol; CaO, 3414 kJ/mol;
ScN, 7547 kJ/mol.

Die interionischen Abstände in den drei Verbindungen sind ähnlich. Für Verbindungen mit ähnlichen Ionenabständen sollten die Gitterenergien im Verhältnis der Produkte der Ladungen ihrer Ionen stehen. Die obigen Gitterenergien stehen annähernd im Verhältnis 1 : 4 : 9. Leichte Abweichungen entstehen durch kleine Unterschiede in den Ionenabständen.

8.11

Da die Ionenladungen in den beiden Verbindungen gleich sind, müssen die Abstände in KBr und CsCl annähernd gleich sein.

8.12

Die große anziehende Energie zwischen entgegengesetzt geladenen Ca^{2+}- und O^{2-}-Ionen überkompensiert die für die Bildung von Ca^{2+} und O^{2-} aus den neutralen Atomen benötigte Energie.

8.13

Die Gitterenergie für RbCl (s) ist + 692 kJ/mol. Dieser Wert ist kleiner als die Gitterenergie für NaCl, weil Rb^+ einen größeren Ionenradius als Na^+ hat und sich daher Cl^- nicht so weit nähern kann wie bei Na^+.

8.14

(a) Eine *kovalente Bindung* ist die Bindung, die sich bildet, wenn zwei Atome sich ein oder mehrere Elektronenpaare teilen.

(b) Jede einfache Verbindung, deren Atome Nichtmetalle sind, wie z. B. H_2, SO_2 und CCl_4, sind molekular und haben kovalente Bindungen zwischen den Atomen.

(c) Kovalent, weil es bei Zimmertemperatur und darunter ein Gas ist.

8.15

K und Ar. Kalium ist ein unedles Metall mit einem Valenzelektron. Es wird also das Valenzelektron abgeben, um eine Edelgaskonfiguration zu erlangen und das K^+ Ion, also ionogene Bindungen, bilden. Argon ist ein Edelgas und bildet keine Verbindungen.

8.16

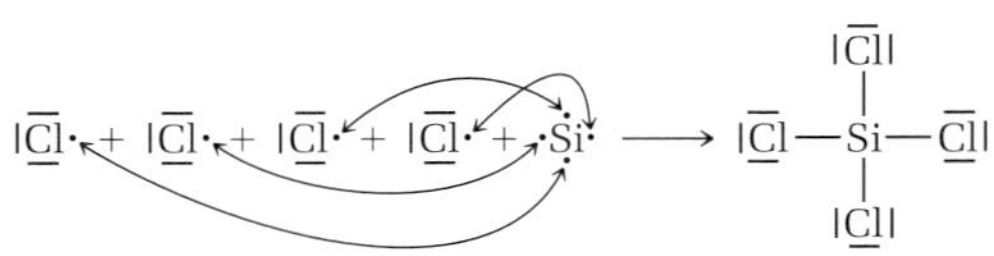

8.17

(a) $\overline{O}{=}\overline{O}$

(b) Eine Doppelbindung ist nötig, da nicht genügend Elektronen vorhanden sind, um die Oktettregel mit Einfachbindungen und freien Elektronenpaaren zu erfüllen.

(c) Je größer die Anzahl der bindenden Elektronenpaare zwischen den Atomen ist, desto kürzer ist der Abstand zwischen den Atomen. Eine O=O-Doppelbindung ist kürzer als eine O—O-Einfachbindung.

8.18

(a) Elektronegativität ist die Fähigkeit eines Atoms in einem Molekül Elektronen an sich zu ziehen.

(b) Der Bereich der Elektronegativitäten auf der Paulingskala ist 0,7 – 4,0.

(c) Fluor ist das elektronegativste Element.

(d) Cäsium ist das am wenigsten elektronegative Element, das nicht radioaktiv ist.

8.19

(a) Die Elektronegativitätswerte nehmen in einer Periode von links nach rechts zu.

(b) Die Elektronegativitätswerte nehmen in einer Gruppe von oben nach unten ab.

c) Im allgemeinen kann man unter Vernachlässigung weniger Ausnahmen sagen, dass die Elektronegativitätswerte umso größer sind, je positiver die Ionisierungsenergie und je negativer die Elektronenaffinität ist.

8.20

(a) Br, (b) C, (c) P, (d) Be.

8.21

Die Bindungen in (a), (c) und (d) sind polar. Das elektronegativere Element in den polaren Bindungen ist: (a) F, (c) O, (d) I.

8.22

Je größer die Elektronegativitätsdifferenz ist, umso polarer ist die Bindung.

(a) O – F < C – F < Be – F

(b) S – Br < C – P < O – Cl

(c) C – S < N – O < B – F

8.23

Die berechnete Ladung an H und F ist 0,41e.

8.24

(a) MnO_2, ionisch;

(b) P_2S_3, kovalent;

(c) CoO, ionisch;

(d) Kupfer(I)-sulfid, ionisch;

(e) Chlortrifluorid, kovalent;

(f) Vanadium(V)-fluorid, ionisch.

8.25

(a) MnF_3 ionisch

(b) CrO_3 stark polar kovalent

(c) $AsBr_5$ polar kovalent

(d) Schwefeltetrafluorid polar kovalent

(e) Molybdän(IV)chlorid überwiegend ionisch

(f) Scandium(III)chlorid ionisch

8.26

(a)

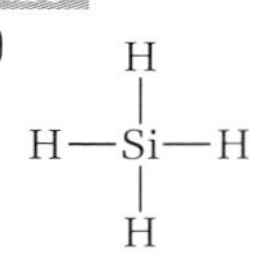

(b) |C≡O|

(c) $|\overline{\underline{F}}—\overline{\underline{S}}—\overline{\underline{F}}|$

(d) 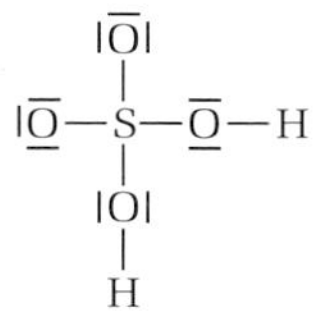

(e) 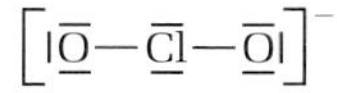

(f) 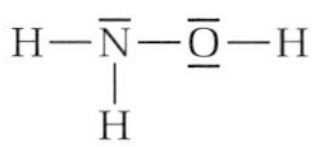

8.27

(a) *Formalladung* ist die Ladung an jedem Atom in einem Molekül unter der Annahme, dass alle Atome die gleiche Elektronegativität haben.

(b) Formalladungen sind keine tatsächlichen Ladungen. Sie sind ein Buchhaltersystem, das perfekte Kovalenz annimmt, ein Extrem für die mögliche Elektronenverteilung in einem Molekül.

(c) Oxidationszahlen sind ein Buchhaltersystem, das annimmt, dass das elektronegativere Element alle Elektronen in einer Bindung trägt. Die wahre Elektronenverteilung ist eine Mischung der beiden Extreme.

8.28

Formalladungen werden in den Lewis-Strukturformeln angegeben; Oxidationszahlen werden unter jeder Struktur aufgelistet.

(a) 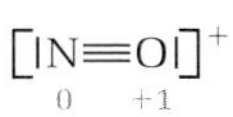

N, +3; O, −2

(b) 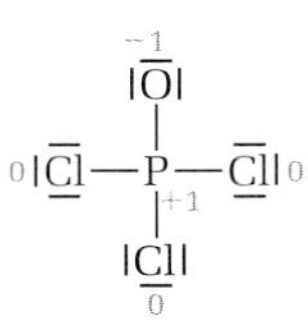

P, +5; Cl, −1; O, −2

(c) 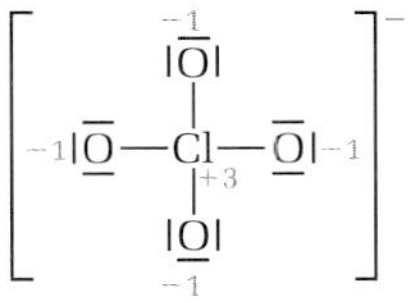

Cl, +7; O, −2

(d) 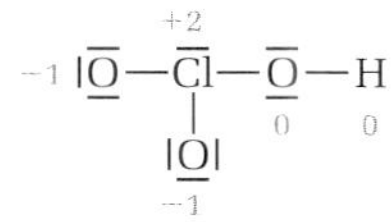

Cl, +5; H, +1; O, −2

8.29

(a) 

(b) O_3 ist isoelektronisch mit NO_2^-; beide haben 18 Valenzelektronen.

(c) Da jede N — O-Bindung partiellen Doppelbindungscharakter hat, sollte die N — O-Bindungslänge in NO_2^- kürzer sein als in Teilchen mit N — O-Einfachbindungen.

8.30

Je mehr Elektronenpaare zwischen zwei Atomen geteilt werden, desto kürzer ist die Bindung. Folglich ändern sich die C — O-Bindungslängen in der Reihenfolge $CO < CO_2 < CO_3^{2-}$.

8.31

(a) Für Benzol kann man zwei äquivalente Lewis-Strukturformeln zeichnen.

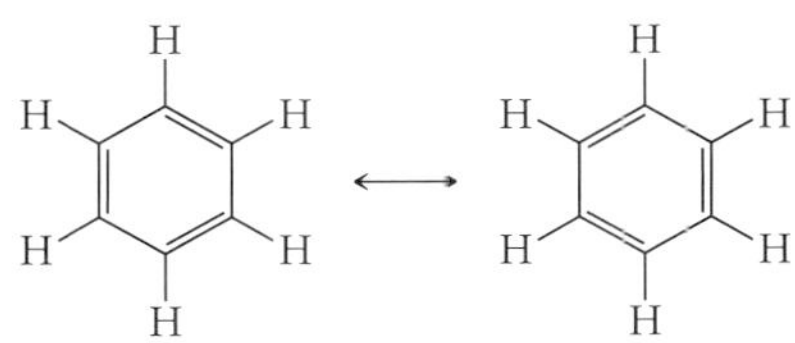

Das Resonanzkonzept besagt, dass die wahre Beschreibung der Bindung eine Mischung dieser zwei Lewis-Strukturformeln ist. Die offensichtlichste Mischung dieser zwei Strukturen ist ein Molekül mit sechs äquivalenten C — C-Bindungen gleicher Länge.

(b) Damit die sechs C — C-Bindungen in Benzol äquivalent sind, muss jede einen gewissen Doppelbindungscharakter haben. Das heißt, mehr als ein, aber weniger als zwei Elektronenpaare sind an jeder C — C-Bindung beteiligt. Dieses Modell sagt eine einheitliche C — C-Bindungslänge voraus, die kürzer als eine Einfachbindung aber länger als eine Doppelbindung ist.

8.32

(a) Die Oktettregel sagt, dass Atome Elektronen aufnehmen, abgeben oder mit anderen Atomen teilen, bis sie von acht Valenzelektronen umgeben sind.

(b) Die Oktettregel gilt für die einzelnen Ionen in einer ionischen Verbindung. Zum Beispiel gibt Mg in $MgCl_2$ 2 e^- ab, um zu Mg^{2+} mit der Elektronenkonfiguration von Ne zu werden. Jedes Cl-Atom nimmt ein Elektron auf, um Cl^- mit der Elektronenkonfiguration von Ar zu bilden.

8.33

Die häufigsten Ausnahmen von der Oktettregel sind Moleküle mit mehr als acht Elektronen um ein oder mehrere Atome.

8.34

(a) 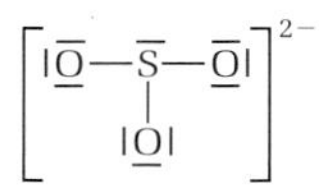

Andere Resonanzstrukturformeln, die die Oktettregel verletzen, können gezeichnet werden, aber die einzige Einzelstruktur, die der Oktettregel gehorcht, ist die hier gezeigte.

(b) 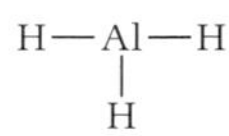

6 Elektronen um Al

(c) 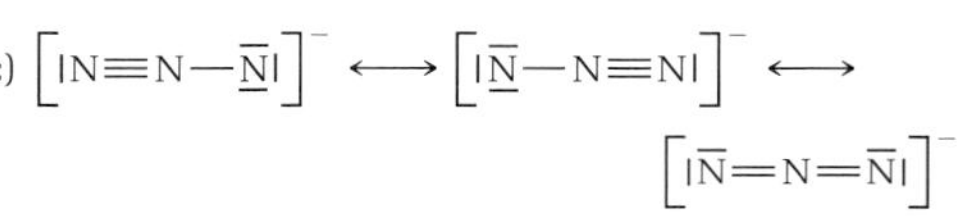

(d) 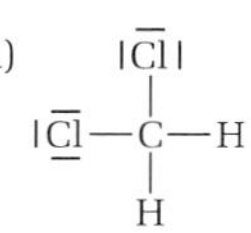

(e) 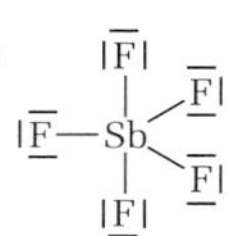

8.35

(a) 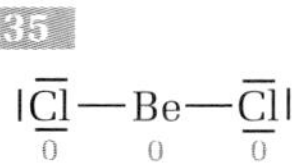

Diese Struktur erfüllt die Oktettregel bei Be nicht.

(b) 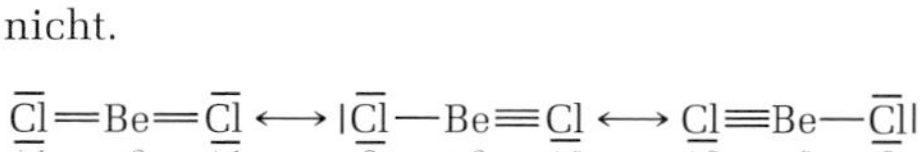

(c) Da die Formalladungen bei der Struktur, die die Oktettregel nicht erfüllt, verschwinden, ist diese Form möglicherweise die wichtigste.

8.36

(a) $\Delta H = -304$ kJ;
(b) $\Delta H = -82$ kJ;
(c) $\Delta H = -467$ kJ.

8.37

(a) $\Delta H = -321$ kJ;
(b) $\Delta H = -103$ kJ;
(c) $\Delta H = -203$ kJ.

8.38

(a) Exotherm;

(b) Die aus den Bindungsenthalpien berechnete ΔH (–97 kJ) ist leicht exothermer (negativer) als die aus ΔH_f° -Werten erhaltene (–92,38 kJ).

8.39

Die durchschnittliche Bindungsenthalpie Ti—Cl ist 430 kJ/mol.

8.40

(a) Sechs (nicht radioaktive) Elemente. Ja, sie stehen in der gleichen Familie unter der Annahme, dass H bei den Alkalimetallen eingeordnet wird. Das Lewis-Symbol repräsentiert die Anzahl der Valenzelektronen eines Elements, und alle Elemente in der gleichen Familie haben die gleiche Anzahl von Valenzelektronen. Laut Definition einer Familie müssen alle Elemente mit dem gleichen Lewis-Symbol in der gleichen Familie stehen.

8.41

(a) 779 kJ/mol;
(b) 627 kJ/mol;
(c) 2195 kJ/mol.

8.42

(a) Ein polares Molekül hat ein messbares Dipolmoment, während ein unpolares Molekül ein Nettodipolmoment gleich Null hat.

(b) Ja. Wenn X und Y verschiedene Elektronegativitäten haben, wird die Elektronendichte um das elektronegativere Atom größer sein, was zu einer Ladungstrennung oder einem Dipol im Molekül führt.

(c) Das Dipolmoment, μ, ist das Produkt der Größe der getrennten Ladungen, Q, und dem Abstand zwischen ihnen, r. $\mu = Qr$

8.43

Das H_2S Molekül und das NO_2^- Ion haben polare Bindungen, da die beteiligten Elemente unterschiedliche Elektronegativitätswerte aufweisen.

8.44

(a)

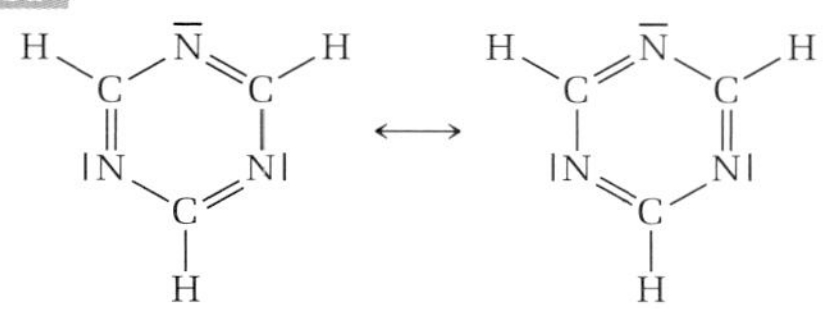

Die hier gezeigten Strukturen minimieren die Formalladungen an den Atomen.

(b) Kohlenstoff–Stickstoff-Bindungslängen sollten im Bereich von 1,40 – 1,41 Å, in der Mitte zwischen C — N- und C = N-Bindungen, liegen.

8.45

(a) + 1; (b) –1; (c) + 1 (unter der Annahme, dass das ungeradzahlige Elektron am N ist); (d) 0; (e) + 3.

8.46

ΔH ist + 42 kJ für die erste Reaktion und –200 kJ für die zweite. Die letztere ist viel günstiger, da die Bildung von 2 mol O — H-Bindungen exothermer ist als die Bildung von 1 mol H — H-Bindungen.

8.47

(a)

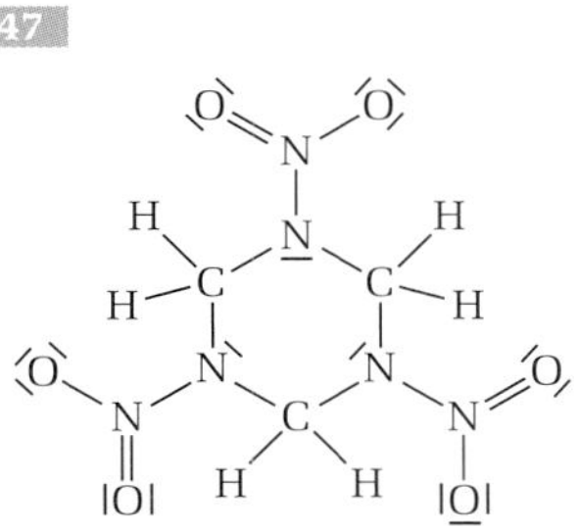

(b) Jede O = N — O-Gruppe an den Enden hat zwei Platzierungsmöglichkeiten für N = O; dies führt zu 8 Resonanzstrukturen mit dem in (a) gezeigten Kohlenstoff– Stickstoff-Gerüst. Strukturen mit N = N können gezeichnet werden, aber sie minimieren nicht die Formalladung. Es gibt 7 Resonanzstrukturformeln mit einer oder mehreren N = N, also insgesamt 15 Resonanzstrukturformeln.

(c) $C_3H_6N_6O_6\ (s) \longrightarrow 3\ CO\ (g) + 3\ N_2\ (g) + 3\ H_2O\ (g)$.

(d) N — N-Einfachbindungen haben die kleinste Bindungsenthalpie und sind am schwächsten.

(e) Die Zersetzungsenthalpie für die Resonanzstrukturformel in (a) ist –1668 kJ/mol $C_3H_6N_6O_6$. Für die Resonanzstrukturformel mit 3 N = N- und 6 N — O-Bindungen ist sie ΔH = –2121 kJ/mol. Der tatsächliche Wert liegt irgendwo zwischen diesen zwei Werten. Die Enthalpieänderung für 5,0 g RDX liegt dann im Bereich von 38 – 48 kJ.

8.48

(a) 1,77 Å;

(b) 1,75 – 1,76 Å;

(c) Die Resonanzstrukturformeln für SO_2 deuten an, dass die Schwefel–Sauerstoff-Bindung zwischen einer Doppel- und einer Einfachbindung liegt, daher sollte die Bindungslänge von 1,43 Å signifikant kürzer sein als die Einfachbindungslänge von 1,75 Å.

(d)

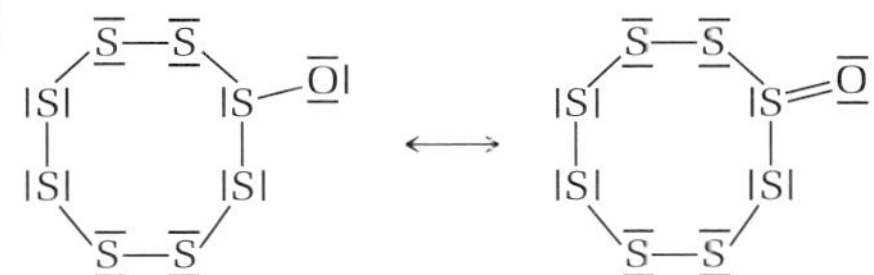

Um den Schwefel–Sauerstoff-Abstand von 1,48 Å zu erklären, muss eine Resonanzstrukturformel mit S = O zu der wahren Struktur beitragen. Das an das Sauerstoffatom gebundene Schwefelatom in der Resonanzstrukturformel hat mehr als ein Elektronenoktett.

8.49

(a) Ti^{2+}, $[Ar]3d^2$; Ca, $[Ar]4s^2$. Die 2 Valenzelektronen in Ti^{2+} und Ca befinden sich in unterschiedlichen Hauptquantenniveaus und verschiedenen Unterschalen.

(b) In Ca ist das 4*s* niedriger in Energie als das 3*d*, während in Ti^{2+} das 3*d* niedriger in Energie ist als das 4*s*.

(c) Es gibt nur ein 4*s*-Orbital, so dass die 2 Valenzelektronen in Ca gepaart sind; es gibt 5 degenerierte 3*d*-Orbitale, so dass die 2 Valenzelektronen in Ti^{2+} frei sind.

8.50

(a) A, In_2S; B, InS; C, In_2S_3;

(b) A, In(I); B, In(II); C, In(III) (c) In(I), [Kr]$5s^2 4d^{10}$; In(II), [Kr]$5s^1 4d^{10}$; In(III), [Kr]$4d^{10}$. Keine davon ist eine Edelgaskonfiguration.

(d) In(III) in Verbindung C hat den kleinsten Ionenradius. Das sukzessive Entfernen von Elektronen aus einem Atom verringert die Elektronenabstoßung, erhöht die effektive Kernladung, die die Valenzelektronen erfahren und verringert den Ionenradius.

(e) Die Gitterenergie nimmt zu, wenn die Ionenladung zunimmt und wenn der interionische Abstand abnimmt. In den drei Verbindungen ändern sich nur die Ladung und die Größe von In. In (I) in Verbindung A hat die kleinste Ladung und den größten Ionenradius, also hat Verbindung A die kleinste Gitterenergie und den niedrigsten Schmelzpunkt. Verbindung C hat die größte Gitterenergie und den höchsten Schmelzpunkt.

8.51

(a) Das Azidion ist N_3^-.

(b) Es werden Resonanzstrukturformeln mit Formalladungen gezeigt.

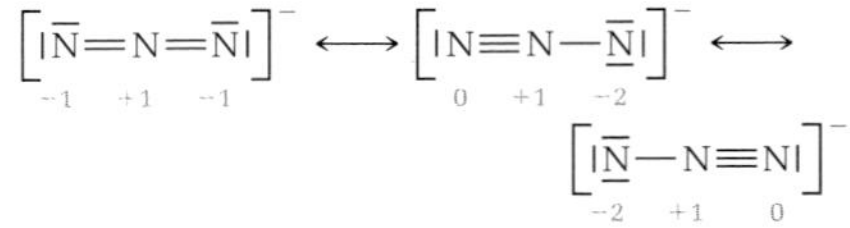

(c) Die linke Struktur minimiert die Formalladungen und ist wahrscheinlich die wichtigste.

(d) Die N — N-Abstände werden gleich sein und die annähernde Länge einer N= N-Doppelbindung, 1,24 Å, haben.

8.52

(a) $\Delta H = 1551$ kJ;

(b) $\Delta H = 1394$ kJ;

(c) $\Delta H = 1353$ kJ.

Kapitel 9

9.1

(a) Ja. Der Bindungswinkel bestimmt die Form, und die Bindungslänge gibt die Größe an.

(b) Ja. Die einzigen möglichen Bindungswinkel in dieser Anordnung sind Winkel von 120°.

9.2

(a) Ein *Elektronenpaar* ist ein Bereich in einem Molekül, in dem man die Elektronen am wahrscheinlichsten findet.

(b) Jedes Elektronenpaar besetzt ein begrenztes Raumvolumen, und sie nehmen eine Anordnung ein, bei der die Abstoßungen minimal sind.

9.3

(a) Trigonal eben;
(b) tetraedrisch;
(c) trigonal bipyramidal;
(d) oktaedrisch.

9.4

(a) 3 (trigonal planar);
(b) 2 (linear);
(c) 4 (tetraedrisch);
(d) 6 (oktaedrisch).

9.5

Der durch VSEPR angezeigte Strukturtyp beschreibt die Anordnung aller bindenden und nichtbindenden Elektronenpaare. Die Molekülstruktur beschreibt nur die Position der Atome. In H_2O gibt es 4 Elektronenpaare um das Sauerstoffatom, also ist die Elektronenpaarverteilung tetraedrisch. Da es 2 bindende und 2 nichtbindende Paare gibt, ist die Molekülstruktur gewinkelt.

9.6

(a) Tetraedrisch, tetraedrisch;
(b) trigonal bipyramidal, T-förmig;
(c) oktaedrisch, quadratisch pyramidal.

9.7

(a) trigonal planar;
(b) trigonal pyramidal (pseudotetraedrisch);
(c) linear (pseudotrigonal bipyramidal).

9.8

(a) Tetraedrisch, trigonal pyramidal;
(b) trigonal eben, trigonal eben;
(c) trigonal bipyramidal, T-förmig;
(d) tetraedisch, tetraedrisch;
(e) trigonal bipyramidal, linear;
(f) tetraedrisch, gewinkelt.

9.9

(a) i. trigonal eben; ii. tetraedrisch; iii. trigonal bipyramidal;

(b) i. 0; ii. 1; iii. 2;

(c) N und P;

(d) Cl (oder Br oder I). Die T-förmige Molekülstruktur entsteht aus einem trigonal bipyramidalen Strukturtyp mit 2 nichtbindenden Paaren. Unter der Annahme, dass jedes F-Atom 3 nichtbindende Paare hat und nur Einfachbindungen mit A bildet, muss A 7 Valenzelektronen besitzen und in der dritten Periode des Periodensystems oder darunter stehen, um diesen Strukturtyp und Molekülstrukturen zu erzeugen.

9.10

(a) 1–109°, 2–109°;
(b) 3–109°, 4–109°;
(c) 5–180°;
(d) 6–120°, 7–109°, 8–109°.

9.11

Jede Spezies hat 4 Elektronenpaare, die Zahl der nichtbindenden Paare nimmt von 2 nach 0 ab, wenn man von NH_2^- zu NH_4^+ geht. Da nichtbindende Paare größere abstoßende Kräfte auf benachbarte Paare ausüben, werden die Bindungswinkel größer, wenn die Zahl der nichtbindenden Paare abnimmt.

9.12

(a) Obwohl beide Ionen 4 nichtbindende Elektronenpaare haben, erfordern die insgesamt 6 Paare um Br einen oktaedrischen Strukturtyp und eine quadratisch ebene Molekülstruktur, während die insgesamt 4 Paare am B zu einem tetraedrischen Strukturtyp und Molekülstruktur führen.

(b) CF_4 wird die am nächsten bei den vom VSEPR vorhergesagten Bindungswinkel haben, weil es keine nichtbindenden Elektronenpaare um C gibt. In SF_4 wird das einzelne nichtbindende Paar in abstoßendere Wechselwirkung treten, die bindenden Paare „zurückdrängen“ und zu Bindungswinkeln führen, die kleiner als die idealen sind.

9.13

(a) ClO_2^- ist pseudotetraedrisch, also gewinkelt gebaut. NO_2^- ist pseudotrigonal planar, also ebenfalls gewinkelt gebaut. Auch wenn beide Anionen gewinkelt sind, so ergeben sich unterschiedliche Bindungswinkel, da bei ClO_2^- am Zentralatom zwei freie Elektronenpaare vorliegen bei NO_2^- aber nur ein freies Elektronenpaar.

(b) XeF_2 ist linear (pseudotrigonal bipyramidal). In der Äquatorebene der trigonalen Bipyramide bilden die freien Elektronenpaare 120° Winkel zueinander und sind gut voneinander separiert.

9.14

Ja. Der Dipolmomentvektor zeigt entlang der O — S — O-Winkelhalbierenden, wobei das negative Ende des Dipols vom S-Atom weg zeigt.

9.15

Wäre das PH_3 Molekül trigonal planar, so würden sich die Polaritäten der drei P — H-Bindungen gegenseitig aufheben. In der tatsächlichen, pyramidalen (pseudotetraedrischen) Molekülstruktur des PH_3 addieren sich die Polaritäten der Bindungen vektoriell.

9.16

In Aufgabe 9.9 werden die Moleküle (ii) und (iii) Dipolmomente ungleich Null haben. Molekül (i) hat keine nichtbindenden Elektronenpaare an A, und die A — F-Bindungsdipole sind so orientiert, dass sie sich aufheben. Die Moleküle (ii) und (iii) haben nichtbindende Elektronenpaare an A und ihre Bindungsdipole heben sich nicht auf.

9.17

(b) NH_3;
(c) SF_4 und
(e) CH_3Br sind polar.

9.18

(a) polar;
(b) nicht polar, linear gebaut;
(c) nicht polar, trigonal planar gebaut;
(d) polar, trigonal pyramidal (pseudotetraedrisch) gebaut;
(e) nicht polar, oktaedrisch gebaut;
(f) polar, quadratisch pyramidal (pseudooktaedrisch) gebaut.

9.19

Das mittlere Isomer hat ein Nettodipolmoment gleich Null.

9.20

(a) *Orbitalüberlappung* tritt auf, wenn Valenzorbitale von zwei benachbarten Atomen den gleichen Raumbereich teilen.

(b) In der Valenzbindungstheorie erlaubt die Orbitalüberlappung es zwei Bindungselektronen, wechselseitig den Raum zwischen den bindenden Kernen zu besetzen.

(c) Die Valenzbindungstheorie ist eine Kombination des Atomorbitalkonzepts und des Lewis-Modells von Elektronenpaarbindungen.

9.21

(a) H — Mg — H, lineare Elektronenpaaranordnung und Molekülstruktur.

(b) Das Mg-Atom hat 2 Elektronen in seinem 2*s*-Orbital; diese Elektronen sind gepaart. Ohne Anhebung hat Mg keine freien Elektronen zur Verfügung um Bindungen mit H zu bilden.

(c) Die lineare Elektronenpaaranordnung in MgH_2 erfordert eine *sp*-Hybridisierung.

(d) 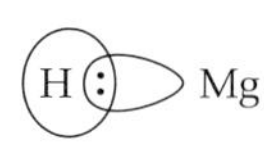

9.22

(a) sp, 180°; (b) sp^3, 109°; (c) sp^2, 120°;
(d) sp^3d^2, 90° und 180°;
(e) sp^3d, 90°, 120° und 180°.

9.23

(a) B, [He]$2s^22p^1$. Ein $2s$-Elektron wird in ein leeres $2p$-Orbital angehoben. Die $2s$- und zwei $2p$-Orbitale, die jeweils ein Elektron enthalten, werden hybridisiert, um drei äquivalente Hybridorbitale mit einer trigonal ebenen Anordnung zu bilden.
(b) sp^2
(c) 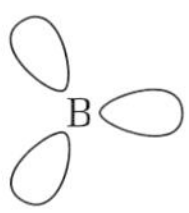

(d) Ein einzelnes $2p$-Orbital ist unhybridisiert. Es liegt senkrecht zu der trigonalen Ebene des sp^2-Hybridorbitals.

9.24

(a) sp^2; (b) sp^3; (c) sp; (d) sp^3d; (e) sp^3d^2.

9.25

(a) 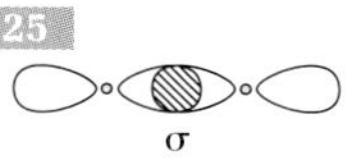

(b) 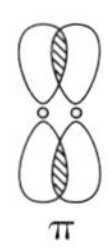

(c) Eine σ-Bindung ist aufgrund der besseren Orbitalüberlappung im Allgemeinen stärker als eine π-Bindung.

9.26

(a) 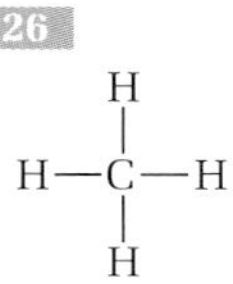

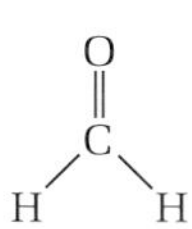

(b) sp^3, sp^2;
(c) Das C-Atom in CH_4 ist sp^3 hybridisiert; es stehen keine unhybridisierten p-Orbitale für die für Mehrfachbindungen erforderliche π-Überlappung zur Verfügung. In CH_2O ist das C-Atom sp^2 hybridisiert, und es steht ein p-Atomorbital zur Bildung der π-Überlappung in der C— O-Doppelbindung zur Verfügung.

9.27

(a) 18 Valenzelektronen;
(b) 16 Valenzelektronen bilden σ-Bindungen;
(c) 2 Valenzelektronen bilden π-Bindungen;
(d) keine Valenzelektronen sind nichtbindend;
(e) Die linken zentralen C-Atome sind sp^2 hybridisiert; das rechte C-Atom ist sp^3 hybridisiert.

9.28

(a) ~ 109° am C ganz links, sp^3, ~ 120° am rechten C, sp^2;
(b) Das doppelt gebundene O kann als sp^2 angesehen werden und das andere als sp^3; der Stickstoff ist sp^3 mit annähernd 109° Bindungswinkeln.
(c) neun σ-Bindungen, eine π-Bindung.

9.29

(a) In einer lokalisierten π-Bindung ist die Elektronendichte zwischen den zwei Atomen konzentriert, die die Bindung bilden. In einer delokalisierten π-Bindung ist die Elektronendichte über alle Atome verteilt, die p-Orbitale zu dem Netzwerk beitragen.
(b) Die Existenz von mehr als einer Resonanzform ist ein guter Indikator dafür, dass ein Molekül delokalisierte π-Bindungen haben wird.
(c) delokalisiert.

9.30

(a) Sowohl Atom- als auch Molekülorbitale haben eine charakteristische Energie und Form; jedes kann maximal zwei Elektronen aufnehmen. Atomorbitale sind lokalisiert, und ihre Energien sind das Ergebnis von Wechselwirkungen zwischen subatomaren Teilchen in einem einzelnen Atom. Molekülorbitale können delokalisiert sein und ihre Energien werden durch Wechselwirkungen zwischen Elektronen an verschiedenen Atomen beeinflusst.
(b) Es gibt eine Nettosenkung der Energie, die die Bindungsbildung begleitet, weil die Elektronen in H_2 von beiden H-Kernen angezogen werden.
(c) 2.

9.31

(a)

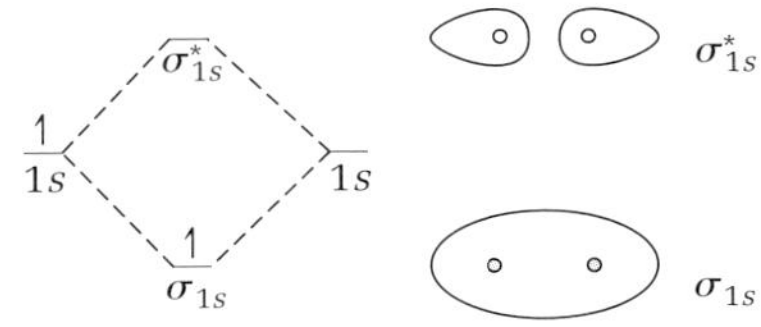

H_2^+

(b) Es gibt ein Elektron in H_2^+.

(c) $\sigma_{1s}^{\ 1}$;

(d) BO $= \frac{1}{2}$;

(e) Es zerfällt. Wenn das einzelne Elektron in H_2^+ zum $\sigma_{1s}^{\ *}$-Orbital angeregt wird, ist seine Energie höher als die Energie eines H 1*s*-Atomorbitals und H_2^+ wird sich in ein Wasserstoffatom und ein Wasserstoffion zersetzen.

9.32

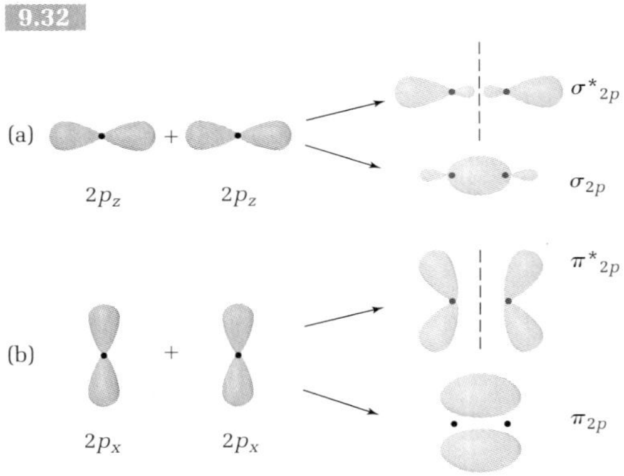

(c) $\sigma_{2p} < \pi_{2p} < \pi^*_{2p} < \sigma^*_{2p}$

9.33

(a) Null

(b) Die beiden π-Molekülorbitale sind energetisch gleichwertig. Sie sind senkrecht zueinander orientiert.

(c) Bindende Molekülorbitale sind energetisch günstiger, da die Elektronendichte sich im Wesentlichen zwischen den beiden Atomkernen befindet. Bei antibindenden Molekülorbitalen ist die Elektronendichte zwischen den Atomkernen stark verringert.

9.34

(a) Wenn man die zwei gleichen gebundenen Atome vergleicht, stehen die Bindungsordnung und die Bindungsenthalpie in direktem Verhältnis, während die Bindungsordnung und Bindungslänge in umgekehrtem Verhältnis stehen. Wenn man verschiedene gebundene Kerne vergleicht, gibt es keine einfachen Verhältnisse.

(b) Man sollte erwarten, dass Be_2 nicht existiert; es hat eine Bindungsordnung von Null und ist energetisch nicht bevorzugt gegenüber isolierten Be-Atomen. Be_2^+ hat eine Bindungsordnung von 0,5 und liegt energetisch geringfügig niedriger als isolierte Be-Atome. Es wird eventuell unter speziellen experimentellen Bedingungen existieren.

9.35

(a, b) Substanzen mit ausschließlich gepaarten Elektronen werden von einem Magnetfeld schwach abgestoßen. Diese Eigenschaft wird *Diamagnetismus* genannt. (c) O_2^{2-}, Be_2^{2+}.

9.36

(a) Substanzen mit ungepaarten Elektronen werden in ein Magnetfeld hineingezogen (= paramagnetisch).

(b) Die Substanz wird außerhalb und innerhalb eines Magnetfeldes gewogen. Im Magnetfeld erscheinen paramagnetische Substanzen schwerer.

(c) O_2^- ein ungepaartes Elektron, N_2^{2-} zwei ungepaarte Elektronen, Li_2^+ ein ungepaartes Elektron

9.37

(a) B_2^+, $\sigma_{2s}^{\ 2}\sigma_{2s}^{*\,2}\pi_{2p}^{\ 1}$, Zunahme;

(b) Li_2^+, $\sigma_{1s}^{\ 2}\sigma_{1s}^{*\,2}\sigma_{2s}^{\ 1}$, Zunahme;

(c) N_2^+, $\sigma_{2s}^{\ 2}\sigma_{2s}^{*\,2}\pi_{2p}^{\ 4}\pi_{2p}^{\ 1}$, Zunahme;

(d) Ne_2^{2+}, $\sigma_{2s}^{\ 2}\sigma_{2s}^{*\,2}\pi_{2p}^{\ 4}\pi_{2s}^{*\,4}$, Abnahme.

9.38

CN, $\sigma_{2s}^{\ 2}\sigma_{2s}^{*\,2}\pi_{2p}^{\ 4}\sigma_{2p}^{\ 1}$, Bindungsordnung = 2,5, paramagnetisch; CN^+, $\sigma_{2s}^{\ 2}\sigma_{2s}^{*\,2}\pi_{2p}^{\ 4}$, Bindungsordnung = 2,0, diamagnetisch; CN^-, $\sigma_{2s}^{\ 2}\sigma_{2s}^{*\,2}\pi_{2p}^{\ 4}\sigma_{2p}^{\ 2}$, Bindungsordnung = 3,0, diamagnetisch.

9.39

(a) NO hat ein ungepaartes Elektron in einem antibindenden Molekülorbital. Die Bindungsordnung ist 2,5. Durch Abgabe dieses Elektrons steigt die Bindungsordnung auf 3.

(b) NO^- zwei Elektronen in antibindenden Molekülorbitalen, Bindungsordnung 2, paramagnetisch (vgl. Triplett-O_2). NO Bindungsordnung 2,5, paramagnetisch. NO^+ kein Elektron im antibindenden Molekülorbital, Bindungsordnung 3, diamagnetisch (vgl. N_2).

(c) NO^+ isoelektronisch mit N_2, NO^- isoelektronisch mit O_2.

9.40

(a) $3s$, $3p_x$, $3p_y$, $3p_z$;

(b) π_{3p};

(c) 2;

(d) Wenn das MO-Diagramm für P_2 ähnlich dem für N_2 ist, wird P_2 keine freien Elektronen haben und diamagnetisch sein.

9.41

SiF_4 ist tetraedrisch, SF_4 ist tetraedrisch verzerrt, XeF_4 ist quadratisch eben. Die Formen sind unterschiedlich, weil die Zahl der nichtbindenden Elektronenpaare in jedem Molekül unterschiedlich ist, obwohl alle vier bindende Elektronenpaare haben. Bindungswinkel, und damit die Molekülform, werden durch die Gesamtzahl von Elektronenpaaren bestimmt.

9.42

(a) Zwei sigma, zwei pi;

(b) zwei sigma, zwei pi;

(c) drei sigma, eine pi;

(d) vier sigma, eine pi.

9.43

Die rechte Verbindung hat ein Dipolmoment ungleich Null.

9.44

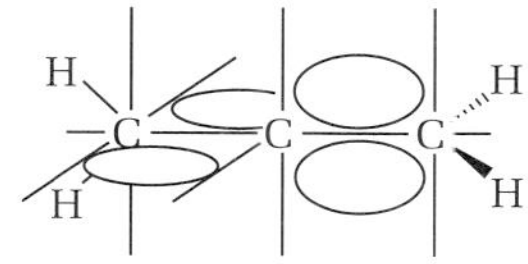

(a) Das Molekül ist nicht eben.

(b) Allen hat kein Dipolmoment.

(c) Man kann die Bindung in Allen nicht als delokalisiert beschreiben. Die π-Elektronenwolken der beiden benachbarten C$=$C stehen senkrecht zueinander, so dass es keine Überlappung und keine Delokalisierung von π-Elektronen gibt.

9.45

$\sigma_{2s}^{2}\sigma_{2s}^{*2}\pi_{2p}^{4}\sigma_{2p}^{1}\pi_{2p}^{*1}$. Die Bindungsordnung von N_2 im Grundzustand ist 3; im ersten angeregten Zustand hat es eine Bindungsordnung von 2. Wegen der Abnahme der Bindungsordnung müsste N_2 im ersten angeregten Zustand reaktiver sein, eine kleinere Bindungsenergie haben und einen längeren N—N-Abstand haben.

9.46

(a) |C≡O| ;

(b) Die Bindungsordnung von 3,0 stimmt mit der Dreifachbindung in der Lewis-Strukturformel überein.

(c) Gemäß MO-Diagramm würden in CO die Elektronen mit der höchsten Energie ein π_{2p}-Molekülorbital besetzen. Wenn die Elektronen mit der höchsten Energie ein Orbital vom σ-Typ besetzen, muss die Reihenfolge der π_{2p}- und σ_{2p}-Orbitale umgekehrt werden. Die Wechselwirkung von $2s$-Orbitalen an einem Atom und den $2p$-Orbitalen an dem anderen Atom kann diese Umkehr bewirken.

(d) Die π_{2p} bindenden MOs von CO werden einen größeren Beitrag von dem elektronegativeren O-Atom haben.

9.47

(a) HNO_2;

(b) $\overline{\underline{O}}=\overline{N}-\overline{\underline{O}}-H$;

(c) Die Struktur um N ist trigonal eben.

(d) sp^2-Hybridisierung um N;

(e) drei sigma, eine pi.

9.48

(a) sp^2-Hybridisierung an den zwei zentralen C Atomen;

(b) Isomerisierung erfordert eine 180° Rotation um die C= C-Doppelbindung. Eine 90°-Rotation eliminiert die gesamte Überlappung der p-Orbitale, die die π-Bindung bilden, und sie wird gebrochen.

(c) $4{,}42 \times 10^{-19}$ J/Moleküle;

(d) $\lambda = 450$ nm;

(e) Ja, Licht mit 450 nm liegt im sichtbaren Bereich des Spektrums. Eine cis-trans-Isomerisierung im Retinalteil der großen Moleküls Rhodopsin ist der erste Schritt in einer Sequenz von Molekültransformationen im Auge, die zum Sehen führt. Die Sequenz von Ereignissen ermöglicht es dem Auge sichtbare Photonen zu entdecken, in anderen Worten zu sehen.

9.49

Aus Bindungsenthalpien folgt $\Delta H = 5364$ kJ; gemäß dem Hess'schen Satz folgt, $\Delta H^\circ = 5535$ kJ. Der Unterschied von 171 kJ zwischen den beiden Ergebnissen beruht auf der Resonanzstabilisierung in Benzol. Die tatsächlich erforderliche Energiemenge zur Zersetzung von 1 mol C_6H_6 (g) ist größer als die Summe der Enthalpien lokalisierter Bindungen.

9.50

(a) $3d_{z^2}$;

(b)

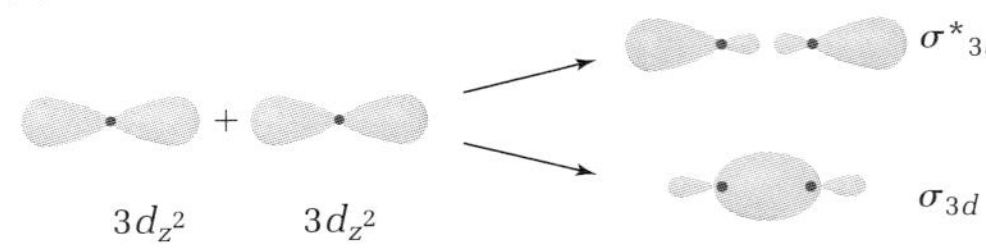

Der Torus beider $3d_{z^2}$-Orbitalen ist im Diagramm zur besseren Illustration weggelassen worden.

(c) Ein Knoten wird in σ^*_{3d} erzeugt, da sich antibindende MOs bilden, wenn Atomorbitallappen mit entgegengesetzten Phasen interagieren. Elektronendichte wird aus dem Bereich zwischen den Atomkernen verdrängt und es bildet sich ein Knoten in dem MO.

(d)

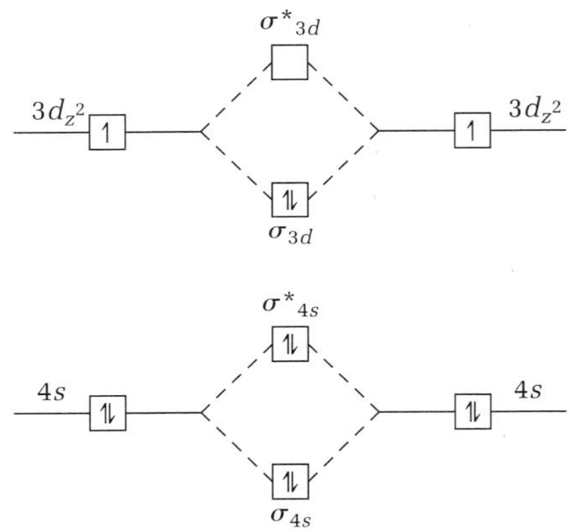

(e) Die Bindungsordnung von Sc_2 ist 1,0.

Kapitel 10

10.1

(a) Ein Gas ist viel weniger dicht als eine Flüssigkeit.

(b) Ein Gas ist viel komprimierbarer als eine Flüssigkeit.

(c) Alle Gasmischungen sind homogen. Ähnliche Flüssigkeitsmoleküle bilden homogene Mischungen, während sehr unähnliche Moleküle heterogene Mischungen bilden.

10.2

$1{,}8 \times 10^3$ kPa.

10.3

(a) 10,3 m;

(b) 2,0 atm.

10.4

Bei 752 Torr ist die Höhe der Quecksilbersäule 752 mm. Da 1-Ioddodecan eine wesentlich geringere Dichte als Quecksilber hat, muss die 1-Ioddodecan-Säule entsprechend höher sein. Dichte 1-Ioddodecan 1,20 g/mL, Dichte Quecksilber 13,6 g/mL. Dementsprechend ergibt sich die Höhe der 1-Ioddodecan-Säule zu (13,6 g/mL 752 mm):
(1,20 g/mL) = 8,52 m.

10.5

(a) Die Röhre kann jede Querschnittsfläche haben.

(b) Im Gleichgewicht ist die Erdanziehungskraft pro Flächeneinheit, die auf die Quecksilbersäule auf dem Niveau des äußeren Quecksilbers wirkt, nicht gleich der Erdanziehungskraft pro Flächeneinheit, die auf die Atmosphäre wirkt.

(c) Die Quecksilbersäule wird durch den Atmosphärendruck, der auf den äußeren Quecksilbervorrat wirkt, aufrechterhalten.

10.6

(a) 0,349 atm;

(b) 265 mm Hg;

(c) $3{,}53 \times 10^4$ Pa;

(d) 0,353 bar.

10.7

(a) 0,850 atm (760 Torr/1 atm) = 646 Torr

(b) 785 Torr (101,325 kPa/760 Torr) = 105 kPa

(c) 655 mm Hg (1 atm/760 mm Hg) = 0,862 atm

(d) $1{,}323\ 10^5$ Pa (1 atm/$1{,}01325 \times 10^5$ Pa) = 1,3057 atm

(e) 2,50 atm ($1{,}01325 \times 10^5$ Pa/1 atm) × (1 bar/10^5 Pa) = 2,53 bar

10.8

(a) p = 773,4 Torr;

(b) Der Druck in Chicago ist größer als der Standardatmosphärendruck, und somit macht es Sinn, dieses Wettersystem als „Hochdruckgebiet" zu bezeichnen.

10.9

(i) 0,30 atm; (ii) 1,073 atm; (iii) 0,136 atm.

10.10

(a) Wenn V um den Faktor 4 abnimmt, nimmt p um den Faktor 4 zu.

(b) Wenn T um den Faktor 2 abnimmt, nimmt p um den Faktor 2 ab.

(c) Wenn n um den Faktor 2 abnimmt, nimmt p um den Faktor 2 ab.

10.11

(a) Es gilt $p_1 \times V_1 = p_2 \times V_2$; p_1 = 735 Torr, V_1 = 5,22 L, p_2 = 1,88 atm
$V_2 = p_1 \times V_1/V_2$ = (735 Torr × 5,22 L)/ 1,88 atm × (1 atm/760 Torr) = 2,69 L

(b) $V_1/T_1 = V_2/T_2$; die Temperatur muss in Kelvin eingesetzt werden (absolute Temperatur).
V_1 = 5,22 L, T_1 = 23 °C (296 K), T_2 = 165 °C (438 K)
$V_2 = V_1 \times T_2/T_1$ = (5,22 L × 438 K)/296 K = 7,72 L

10.12

(a) Wenn gleiche Volumina von Gasen bei gleicher Temperatur und gleichem Druck die gleiche Anzahl von Molekülen enthalten, und die Moleküle im Verhältnis kleiner ganzer Zahlen reagieren, folgt, dass die Volumina der reagierenden Gase im Verhältnis kleiner ganzer Zahlen zueinander stehen.

(b) Da die beiden Gase sich bei gleicher Temperatur und gleichem Druck befinden, ist das Verhältnis der Atomanzahl gleich dem Verhältnis der Volumina. Es sind 1,5 mal mehr Xe-Atome als Ne-Atome vorhanden.

10.13

(a) $pV = nRT$; p in Atmosphären, V in Litern, n in Mol, T in Kelvin.

(b) Ein ideales Gas zeigt Druck-, Volumen- und Temperaturbeziehungen, die durch die Gleichung $pV = nRT$ beschrieben werden.

10.14

Kolben A enthält das Gas mit $M = 30$ g/mol, und Kolben B enthält das Gas mit $M = 60$ g/mol.

10.15

p	*V*	*n*	*T*
2,00 atm	1,00 L	0,500 mol	48,7 K
0,300 atm	0,250 L	$3{,}05 \times 10^{-3}$ mol	27 °C
650 torr	11,2 L	0,333 mol	350 K
10,3 atm	585 mL	0,250 mol	295 K

10.16

$1{,}7 \times 10^4$ kg H_2.

10.17

$5{,}72 \times 10^{22}$ Moleküle.

10.18

p = $3{,}0 \times 10^{-3}$ atm, T = 250 K, V = 1 L, es gilt pV = nRT mit R = 0,08206 L × atm/(K × mol)
Anzahl Ozon-Moleküle = n × $6{,}022 \times 10^{23}$ Moleküle/mol = ($6{,}022 \times 10^{23}$ Moleküle/mol) pV/RT = ($3{,}0 \times 10^{-3}$ atm 1 L/250 K) × (1 K × mol/0,08206 (L × atm)) × $6{,}022 \times 10^{23}$ Moleküle/mol = $8{,}8 \times 10^{19}$ Moleküle

10.19

(a) 91 atm;

(b) $2{,}3 \times 10^2$ L.

10.20

(a) 29,8 g Cl_2;

(b) 9,42 L;

(c) 501 K; (d) 1,90 atm.

10.21

(a) $n = 2 \times 10^{-4}$ mol O_2;

(b) Die Kakerlake braucht 8×10^{-3} mol O_2 in 48 h, mehr als 100 % des O_2 in dem Glas.

10.22

Für Gasproben bei gleichen Bedingungen bestimmt die Molmasse die Dichte. Von den drei aufgeführten Gasen hat (c) Cl_2 die größte Molmasse.

10.23

(c) Da die Heliumatome von geringerer Masse sind als die durchschnittlichen Luftmoleküle, ist Heliumgas weniger dicht als Luft. Der Ballon wiegt daher weniger als die von seinem Volumen verdrängte Luft.

10.24

(a) $d = 1{,}77$ g/L;

(b) $M = 80{,}1$ g/mol.

10.25

$M = 89{,}4$ g/mol.

10.26

$3{,}5 \times 10^{-9}$ g Mg.

10.27

21,4 L CO_2.

10.28

0,402 g Zn.

10.29

(a) Wenn der Absperrhahn geöffnet ist, nimmt das von N_2 (*g*) eingenommene Volumen von 2,0 L auf 5,0 L zu. $p_{N_2} = 0{,}40$ atm.

(b) Wenn sich die Gase mischen, nimmt das Volumen von O_2 (*g*) von 3,0 L auf 5,0 L zu. $p_{O_2} = 1{,}2$ atm.

(c) $p_t = 1{,}6$ atm.

10.30

(a) $p_{He} = 1{,}88$ atm, $p_{Ne} = 1{,}10$ atm, $p_{Ar} = 0{,}360$ atm;

(b) $p_t = 3{,}34$ atm.

10.31

$p_{CO_2} = 0{,}305$ atm, $p_t = 1{,}232$ atm.

10.32

$p_{N_2} = 0{,}98$ atm, $p_{O_2} = 0{,}39$ atm, $p_{CO_2} = 0{,}20$ atm.

Lösungen

10.33
2,5 mol-% O_2.

10.34
$p_t = 3{,}04$ atm.

10.35
(a) Temperaturzunahme bei konstantem Volumen oder Volumenabnahme oder Druckzunahme;
(b) Temperaturabnahme;
(c) Volumenzunahme, Druckabnahme;
(d) Temperaturzunahme.

10.36
Die Tatsache, dass Gase leicht komprimierbar sind, unterstützt die Annahme, dass der größte Teil des Volumens eines Gases leerer Raum ist.

10.37
(a) Behälter A enthält mehr Moleküle.
(b) Die Dichte von CO ist 1,25 g/L und die Dichte von SO_2 ist 1,33 g/L. Behälter B hat die größere Masse.
(c) Die durchschnittliche kinetische Energie der Moleküle in Behälter B ist höher.
(d) $u_A/u_B = 1{,}46$. Die Moleküle in Behälter A haben die größere r-Geschwindigkeit.

10.38
(a) In der Reihenfolge zunehmender Geschwindigkeit und abnehmender Molmasse: $HBr < NF_3 < SO_2 < CO < Ne$; (b) $u_{NF_3} = 324$ m/s.

10.39
Die Reihenfolge der zunehmenden Effusionsgeschwindigkeit ist $^2H^{37}Cl < {}^1H^{37}Cl < {}^2H^{35}Cl < {}^1H^{35}Cl$.

10.40
As_4S_6.

10.41
(a) Nichtideales Gasverhalten wird bei sehr hohen Drücken und niedrigen Temperaturen beobachtet.
(b) Die realen Volumina der Gasmoleküle und anziehende intermolekulare Kräfte zwischen den Molekülen führen dazu, dass Gase sich nichtideal verhalten.
(c) Gemäß dem idealen Gasgesetz sollte das Verhältnis pV/RT für eine gegebene Gasprobe bei allen Kombinationen von Druck, Volumen und Temperatur konstant sein. Wenn sich dieses Verhältnis mit zunehmendem Druck ändert, verhält sich die Gasprobe nicht ideal.

10.42
Gase verhalten sich am ehesten ideal bei hohen Temperaturen und geringen Drücken. Daher werden Gase auf dem Mars (hohe Temperatur 600–700 K, geringer Druck), verglichen mit den Bedingungen in der Erdatmosphäre und auf dem Jupiter, die geringsten Abweichungen von dem Verhalten idealer Gase zeigen.

10.43
Ar ($a = 1{,}34$, $b = 0{,}0322$) wird sich bei hohen Drücken eher wie ein ideales Gas verhalten als CO_2 ($a = 3{,}59$, $b = 0{,}427$).

10.44
Die Größe a ist ein Maß für die Stärke der intermolekularen Anziehungskräfte im realen Gas, die Größe b hängt von der Größe der Gasteilchen ab.

10.45
(a) $p = 0{,}917$ atm;
(b) $p = 0{,}896$ atm.

10.46
Ein Quecksilberbarometer, bei dem Wasser in der Spitze eingeschlossen ist, wird nicht den korrekten Druck anzeigen. Wasser an der Spitze der Hg-Säule bildet einen Dampfdruck aus, der einen abwärts gerichteten Druck, zusätzlich zur Gravitation, ausübt, und teilweise den Atmosphärendruck kompensiert.

10.47
742 Ballons können vollständig gefüllt werden und es bleibt ein wenig He übrig.

10.48
$5{,}4 \times 10^3$ g O_2.

10.49
(a) $3{,}78 \times 10^{-3}$ mol O_2;
(b) 0,0345 g C_8H_{18} .

10.50

Sauerstoff macht 70,1 Mol-% der Mischung aus.

10.51

(a) Wenn ein Gas bei konstanter Temperatur komprimiert wird, nimmt die Zahl der intermolekularen Kollisionen zu. Die intermolekulare Anziehung führt dazu, dass einige dieser Kollisionen inelastisch sind, was die Abweichung vom idealen Verhalten verstärkt.

(b) Wenn die Temperatur eines Gases bei konstantem Volumen erhöht wird, hat ein größerer Teil der Moleküle ausreichende kinetische Energie, um die intermolekularen Anziehungen zu überwinden, und der Effekt der intermolekularen Anziehung wird weniger signifikant.

10.52

(a) Die Molekülformel ist C_3H_6.

(b) Ar und C_3H_6 sind unpolar, haben ähnliche Molmassen und erfahren Londonsche Dispersionskräfte. Wir erwarten, dass der Effekt von sowohl Volumen als auch intermolekularer Anziehungen signifikanter für das strukturell komplexere C_3H_6 sein werden. Cyclopropan wird bei den spezifizierten Bedingungen mehr vom idealen Verhalten abweichen.

10.53

$\Delta H = -1{,}1 \times 10^{14}$ kJ [unter der Annahme, dass $H_2O(l)$ ein Produkt ist]

10.54

(a) Der Partialdruck von IF_5 ist 0,515 atm.

(b) Der Molenbruch von IF_5 ist 0,544.

Lösungen

Kapitel 11

11.1

(a) Festkörper < Flüssigkeit < Gas;

(b) Gas < Flüssigkeit < Festkörper.

11.2

(a) Gase sind komprimierbarer als Flüssigkeiten, weil viel leerer Raum zwischen den Gasteilchen ist.

(b) Die festen und flüssigen Formen eines Stoffs werden *kondensierte Phasen* genannt, weil in beiden Zuständen sehr wenig Raum zwischen den Teilchen ist.

(c) Flüssigkeiten haben eine größere Fließfähigkeit als Festkörper, weil ihre durchschnittliche kinetische Energie in der gleichen Größenordnung wie die durchschnittliche Anziehungsenergie unter Teilchen liegt.

11.3

(a) Londonsche Dispersionskräfte;

(b) Dipol-Dipol-Wechselwirkungen und Londonsche Dispersionskräfte;

(c) Dipol-Dipol-Wechselwirkungen und in bestimmten Fällen Wasserstoffbrückenbindung.

11.4

(a) Londonsche Dispersionskräfte

(b) Londonsche Dispersionskräfte und Dipol-Dipol-Wechselwirkungen.

(c) Londonsche Dispersionskräfte (von geringerer Bedeutung) und Wasserstoffbrückenbindungen (dominierend)

11.5

(a) Unpolares, kovalentes Molekül; nur Londonsche Dispersionskräfte;

(b) polares kovalentes Molekül mit O — H-Bindungen, Wasserstoffbrückenbindung, Dipol-Dipol-Wechselwirkungen und Londonsche Dispersionskräfte;

(c) polares kovalentes Molekül; Dipol-Dipol-Wechselwirkungen und Londonsche Dispersionskräfte (aber keine Wasserstoffbrückenbindung).

11.6

(a) Polarisierbarkeit zeigt, wie einfach es ist, die Ladungsverteilung in einem Molekül zu verformen, um einen vorübergehenden Dipol zu induzieren.

(b) Te ist am besten polarisierbar, weil seine Valenzelektronen am weitesten vom Kern entfernt sind und am wenigsten festgehalten werden.

(c) Nach steigender Polarisierbarkeit geordnet: $CH_4 < SiH_4 < SiCl_4 < GeCl_4 < GeBr_4$;

(d) Die Größen der Londonschen Dispersionskräfte und damit die Siedepunkte von Molekülen steigen mit steigender Polarisierbarkeit. Die Reihenfolge der steigenden Siedepunkte ist die Reihenfolge steigender Polarisierbarkeit aus (c).

11.7

(a) H_2S; (b) CO_2; (c) SiH_4 .

11.8

Sowohl stabartige Butanmoleküle als auch sphärische 2-Methylpropan-Moleküle erfahren Dispersionskräfte. Die größere Kontaktfläche zwischen Butanmolekülen ermöglicht stärkere Kräfte und ruft einen höheren Siedepunkt hervor.

11.9

(a) Moleküle mit N — H-, O — H- und F — H-Bindungen bilden Wasserstoffbrückenbindungen mit ähnlichen Molekülen.

(b) CH_3NH_2 und CH_3OH.

11.10

(a) HF hat den höheren Siedepunkt, weil Wasserstoffbrückenbindung stärker als Dipol-Dipol-Wechselwirkungen ist.

(b) $CHBr_3$ hat den höheren Siedepunkt, weil es die höhere Molmasse hat, was größere Polarisierbarkeit und stärkere Dispersionskräfte anzeigt.

(c) ICl hat den höheren Siedepunkt, weil die Moleküle ähnliche Molmassen (und damit ähnliche Dispersionskräfte) haben, aber ICl ist polar, was

Lösungen

ihm Dipol-Dipol-Wechselwirkungen verleiht, die beim unpolaren Br_2 fehlen.

11.11

(a) In beiden Fällen Dispersionskräfte. C_8H_{18} hat den höheren Siedepunkt wegen der größeren Molekülmasse.

(b) C_3H_8 Dispersionskräfte; CH_3OCH_3 Dispersionskräfte und Dipol-Dipol-Wechselwirkung, es hat den höheren Siedepunkt (stärkere intermolekulare Wechselwirkung bei fast gleicher Molekülmasse).

(c) HOOH Wasserstoffbrückenbindungen, Dipol-Dipol-Wechselwirkung und Dispersionskräfte. HSSH Dipol-Dipol-Wechselwirkung, Dispersionskräfte und schwache Wasserstoffbrückenbindungen, daher niedrigerer Siedepunkt.

(d) H_2NNH_2 Wasserstoffbrückenbindungen, Dipol-Dipol-Wechselwirkung und Dispersionskräfte. H_3CCH_3 nur Dispersionskräfte, daher niedrigerer Siedepunkt.

11.12

(a) Wasserstoffbrückenbindung tritt in Wasser und Eis auf. In Wasser sind Moleküle nah beieinander und bewegen sich. Wasserstoffbrückenbindungen werden ständig gelöst und neue gebildet. In Eis nehmen Moleküle eine geordnete Struktur mit vier Wasserstoffbrückenbindungen pro Molekül an. Diese Wechselwirkungen erzeugen eine Netzstruktur mit mehr offenem Raum zwischen Molekülen als im flüssigen Zustand und einer entsprechend niedrigeren Dichte für den Festkörper als für die Flüssigkeit.

(b) Erhöhen der Temperatur eines Stoffes bedeutet, die durchschnittliche kinetische Energie seiner Moleküle zu erhöhen. Eine große Menge Wärme muss zum Wasser hinzugefügt werden, um seine starken Wasserstoffbrückenbindungen zu lösen und seine durchschnittliche kinetische Energie und Temperatur zu erhöhen.

11.13

(a) Mit zunehmender Temperatur steigt die Zahl von Molekülen mit ausreichender kinetischer Energie, um intermolekulare Anziehungskräfte zu überwinden und Viskosität und Oberflächenspannung sinken.

(b) Die Anziehungskräfte, durch die Oberflächenmoleküle schwierig zu trennen sind (hohe Oberflächenspannung), veranlassen Moleküle an anderer Stelle in der Probe, der Bewegung zueinander zu widerstehen (hohe Viskosität).

11.14

(a) $CHBr_3$ hat eine höhere Molmasse, ist polarisierbarer und hat stärkere Dispersionskräfte, daher ist die Oberflächenspannung größer.

(b) Mit steigender Temperatur nimmt die Viskosität des Öls ab, weil die durchschnittliche kinetische Energie seiner Moleküle steigt.

(c) Adhäsionskräfte zwischen polarem Wasser und unpolarem Polierwachs sind schwach, so dass die große Oberflächenspannung des Wassers die Flüssigkeit in die Form mit der kleinsten Oberfläche zieht, einer Kugel.

11.15

(a) Gefrieren, exotherm;

(b) Verdampfung, endotherm;

(c) Resublimation, exotherm.

11.16

(a) Kondensation, exotherm;

(b) Sublimation, endotherm;

(c) Verdampfen, endotherm;

(d) Erstarren (gefrieren), exotherm.

11.17

Schmelzen erfordert keine Trennung von Molekülen, daher ist der Energiebedarf kleiner als für die Verdampfung, bei der Moleküle voneinander getrennt werden müssen.

11.18

$2{,}2 \times 10^3$ g H_2O.

11.19

105 kJ.

11.20

(a) Der kritische Druck ist der erforderliche Druck, um die Verflüssigung bei der kritischen Temperatur hervorzurufen.

(b) Wenn die Anziehungskraft zwischen Molekülen zunimmt, steigt die kritische Temperatur der Verbindung.

11.21

(a) Keine Wirkung
(b) keine Wirkung
(c) Der Dampfdruck nimmt mit steigenden intermolekularen Anziehungskräften ab, weil weniger Moleküle ausreichend kinetische Energie haben, um Anziehungskräfte zu überwinden und in die Dampfphase zu entweichen.
(d) Der Dampfdruck steigt mit steigender Temperatur, weil die durchschnittlichen kinetischen Energien der Moleküle zunehmen.

11.22

(a) $CBr_4 < CHBr_3 < CH_2Br_2 < CH_2Cl_2 < CH_3Cl < CH_4$. Der Trend wird von Dispersionskräften dominiert, obwohl vier der Moleküle polar sind. Die Reihenfolge steigender Flüchtigkeit ist die Reihenfolge steigenden Dampfdrucks, abnehmender Molmasse und abnehmender Stärke der Dispersionskräfte.
(b) Der Siedepunkt steigt mit zunehmender Stärke der intermolekularen Kräfte. Dies ist die Reihenfolge abnehmender Flüchtigkeit und das Umgekehrte der Reihenfolge in Teil (a). $CH_4 < CH_3Cl < CH_2Cl_2 < CH_2Br_2 < CHBr_3 < CBr_4$.

11.23

Beide Moleküle sind pyramidal gebaut mit einem freien Elektronenpaar am Zentralatom. Die Bindungsart ist polar kovalent.
(a) PCl_3
(b) $AsCl_3$
(c) Bei gleicher Temperatur ist die durchschnittliche kinetische Energie der Moleküle gleich.
(d) $AsCl_3$ hat die größeren intermolekularen Kräfte. Stärker polare Bindung (größerer Elektronegativitätsunterschied zwischen As und Chlor als bei P und Cl).

11.24

(a) Die Temperatur des Wassers in den zwei Töpfen ist gleich.
(b) Der Dampfdruck hängt nicht vom Volumen oder der Oberfläche der Flüssigkeit ab. Bei der gleichen Temperatur sind die Dampfdrücke des Wassers in den zwei Behältern gleich.

11.25

(a) Ca. 17 °C;
(b) ca. 510 Torr;
(c) ca. 26 °C;
(d) ca. 105 °C.

11.26

(a) Der kritische Punkt sind die Temperatur und der Druck, über oder unter dem die gasförmigen und flüssigen Phasen voneinander nicht unterscheidbar sind.
(b) Die Linie, die die gasförmigen und flüssigen Phasen trennt, endet am kritischen Punkt, weil bei Bedingungen über oder unter dem kritischen Druck und der kritischen Temperatur keine Unterscheidung zwischen Gas und Flüssigkeit möglich ist. Experimentell gesehen kann ein Gas bei Temperaturen über der kritischen Temperatur unabhängig vom Druck nicht verflüssigt werden.

11.27

(a) Der Tripelpunkt gibt im Phasendiagramm die Temperatur und den Druck an, bei denen Gas, Flüssigkeit und feste Phase miteinander im Gleichgewicht stehen.
(b) Nein. Im Phasendiagramm von Wasser kommt als einziger Stoff Wasser vor, aber nicht Luft. Außerdem zeigt das Phasendiagramm von Wasser, dass der Tripelpunkt bei 1 atm Druck nicht erreichbar ist.

11.28

(a) H_2O (*g*) kondensiert bei ungefähr 4 Torr zu H_2O (*s*); bei höherem Druck, um 5 atm, schmilzt H_2O (*s*), um H_2O (*l*) zu bilden.
(b) Bei 100 °C und 0,50 atm befindet sich Wasser in der Dampfphase. Wenn es abkühlt, kondensiert Wasserdampf bei etwa 82 °C zur Flüssigkeit, der Temperatur, bei der der Dampfdruck von flüssigem Wasser 0,50 atm ist. Weitere Abkühlung

Lösungen

führt zu Gefrieren bei ungefähr 0 °C. Der Gefrierpunkt von Wasser steigt mit abnehmendem Druck, daher liegt die Gefriertemperatur bei 0,50 atm etwas über 0 °C.

11.29

(a)

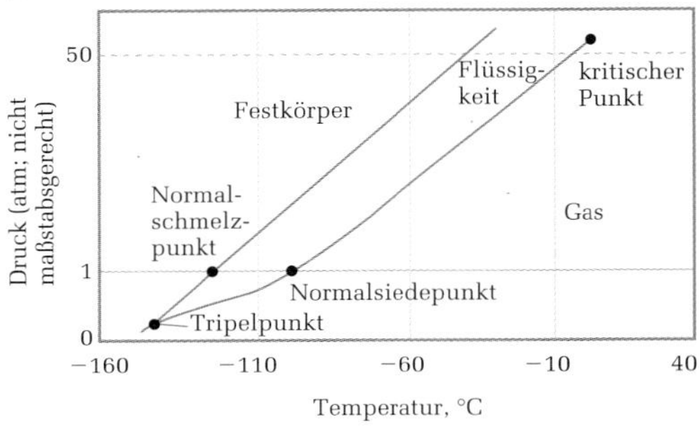

(b) Xe (*s*) ist dichter als Xe (*l*), weil die Linie Festkörper-Flüssigkeit im Phasendiagramm normal ist.

(c) Abkühlung von Xe (*g*) bei 100 Torr ruft Resublimation hervor, weil 100 Torr unter dem Druck des Tripelpunkts liegt.

11.30

Sowohl eine gewöhnliche flüssige und eine nematisch flüssigkristalline Phase sind Flüssigkeiten. Sie werden bei Abkühlung direkt in die feste Phase umgewandelt. Die nematische Phase ist trüber und viskoser als eine gewöhnliche Flüssigkeit. Bei Erwärmung wird die nematische Phase in eine gewöhnliche Flüssigkeit umgewandelt.

11.31

Im festen Aggregatzustand ist die Orientierung der Moleküle fest und wiederholt sich in allen drei Dimensionen. Wenn eine Substanz in die nematisch flüssigkristalline Phase übergeht, bleiben die Moleküle in einer Dimension ausgerichtet. Translationsbewegung ist möglich, aber die Rotationsbewegung ist eingeschränkt. Überführung in die isotrope flüssige Phase zerstört die eindimensionale Ordnung, was zu freier Translations- und Rotationsbewegung führt.

11.32

Das Vorhandensein von polaren Gruppen oder freien Elektronenpaaren führt zu relativ starken Dipol-Dipol-Wechselwirkungen zwischen den Molekülen. Diese sind ein bedeutender Teil der ausrichtenden Kräfte, die für Flüssigkristallbildung notwendig sind.

11.33

Da Flüssigkristalle zumindest in einer Raumrichtung kristalline Ordnung aufweisen, können die Moleküle eines Flüssigkristalls sich nicht so frei bewegen wie die Moleküle einer (gewöhnlichen) Flüssigkeit mit isotropen Eigenschaften. Somit sind Flüssigkristalle stärker viskos.

11.34

In der nematischen Phase besteht eine eindimensionale Ordnung, während es in einer smektischen Phase eine zweidimensionale Ordnung gibt. In einer smektischen Phase sind die Längsachsen der Moleküle und die Enden der Moleküle ausgerichtet.

11.35

Eine nematische Phase besteht aus geschichteten Molekülen, die parallel zu ihren Längsachsen ausgerichtet sind, ohne zusätzliche Ordnung innerhalb der Schicht oder zwischen den Schichten. Eine cholesterische Phase enthält ebenfalls diese Art von Schicht, aber mit einer gewissen Ordnung zwischen den Schichten.

11.36

(a) Abnahme;
(b) Anstieg;
(c) Anstieg;
(d) Anstieg;
(e) Anstieg;
(f) Anstieg;
(g) Anstieg.

11.37

(a) In CH_2Br_2 hat die Dispersionskraft größeren Einfluss als die Dipol-Dipol-Kraft. Verhältnismäßig zu CH_2Cl_2 ist Br polarisierbarer als Cl und das Dipolmoment von CH_2Br_2 ist kleiner.

(b) Dipol-Dipol-Kräfte spielen eine größere Rolle für CH_2F_2 als für CH_2Cl_2, weil CH_2F_2 ein größeres Dipolmoment hat und F weniger polarisierbar als Cl ist.

11.38

Die zwei O — H-Gruppen in Ethylenglykol sind an vielen Wasserstoffbrückenbindungen beteiligt, was zu seinem hohen Siedepunkt und seiner hohen Viskosität im Verhältnis zu Pentan führt, das nur Dispersionskräfte erfährt.

11.39

(a) Verdunstung ist daher ein endothermer Vorgang. Die erforderliche Wärme, um Schweiß zu verdunsten, wird von Ihrem Körper absorbiert und hilft damit, ihn kühl zu halten.

(b) Die Vakuumpumpe senkt den Druck der Atmosphäre über dem Wasser, bis der Atmosphärendruck gleich dem Dampfdruck von Wasser ist und das Wasser siedet. Sieden ist ein endothermer Vorgang und die Temperatur sinkt, wenn das System die Wärme aus der Umgebung nicht schnell genug absorbieren kann. Wenn die Temperatur des Wassers abnimmt, gefriert das Wasser.

11.40

Durch ein Dipolmoment, das ungefähr parallel zur Längsachse des Moleküls ausgerichtet ist, würden sich die Moleküle neu orientieren, wenn ein elektrisches Feld senkrecht zur bisherigen Richtung der molekularen Orientierung angelegt wird.

11.41

Bei der Temperatur, bei der eine Substanz von der festen in die flüssigkristalline Phase übergeht, wurde kinetische Energie zugeführt, die ausreichend ist, um den Großteil der Ordnung langer Reichweite im Festkörper zu überwinden. Ein relativ kleiner Anstieg der Temperatur ist erforderlich, um die restlichen ausrichtenden Kräfte zu überwinden und eine isotrope Flüssigkeit zu erzeugen.

11.42

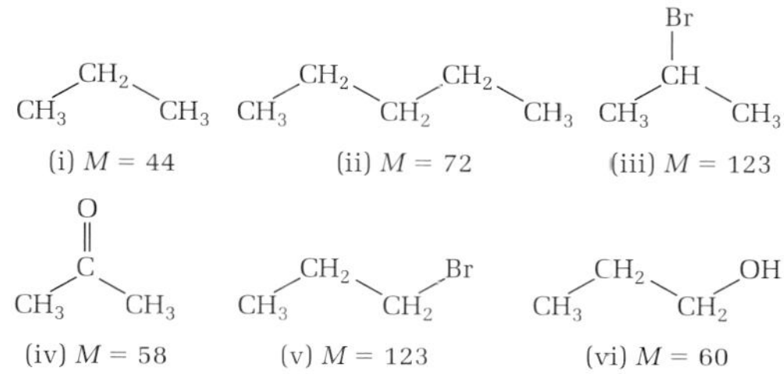

(a) Molmasse: Verbindungen (i) und (ii) haben ähnliche stabartige Strukturen. Die längere Kette bei (ii) führt zu einer größeren Molmasse, stärkeren Londonschen Dispersionskräften und höherer Verdampfungswärme.

(b) Molekülgestalt: Verbindungen (iii) und (v) haben die gleiche chemische Formel und Molmasse, aber unterschiedliche Molekülgestalten. Die stabförmigere Gestalt von (v) führt zu mehr Kontakt zwischen Molekülen, stärkeren Dispersionskräften und höherer Verdampfungswärme.

(c) Molekulare Polarität: Verbindung (iv) hat eine kleinere Molmasse als (ii), aber eine größere Verdampfungswärme, was auf das Vorhandensein von Dipol-Dipol-Wechselwirkungen hinweist.

(d) Wasserstoffbrückenbindungen: Moleküle (v) und (vi) haben ähnliche Strukturen. Obwohl (v) eine größere Molmasse und größere Dispersionskräfte hat, hat (vi) durch Wasserstoffbrückenbindung die höhere Verdampfungswärme.

11.43

p (Benzoldampf) = 98,6 Torr.

Kapitel 12

12.1
In einem kristallinen Festkörper sind Teilchen in einem geordneten, sich wiederholenden Muster angeordnet. In einem amorphen Festkörper liegt Fernordnung vor.

12.2
$CaTiO_3$.

12.3
(a) r = 1,355 Å;
(b) Dichte = 22,67 g/cm^3.

12.4
Atommasse = 55,8 g/mol.

12.5
(a) 12; (b) 6; (c) 8.

12.6
a = 6,13 Å.

12.7
(a) Die U^{4+}-Ionen in UO_2 werden von den kleineren Kugeln dargestellt. Das Verhältnis von großen Kugeln zu kleinen Kugeln entspricht dem Verhältnis von O^{2-} zu U^{4+} in der chemischen Formel, daher müssen die kleinen U^{4+} darstellen.
(b) Dichte = 10,97 g/cm^3.

12.8
(a) Wasserstoffbrückenbindung, Dipol-Dipol-Wechselwirkungen, Londonsche Dispersionskräfte;
(b) kovalente chemische Bindungen;
(c) ionische Bindungen;
(d) metallische Bindungen.

12.9
In molekularen Festkörpern binden relativ schwache intermolekulare Kräfte die Moleküle im Gitter, daher ist relativ wenig Energie erforderlich, um diese Kräfte zu überwinden. In kovalenten Festkörpern verbinden kovalente Bindungen Atome zu einem ausgedehnten Netz. Schmelzen oder Verformen eines kovalenten Festkörpers bedeutet das Aufbrechen kovalenter Bindungen, wozu eine große Menge Energie benötigt wird.

12.10
Aufgrund seines relativ hohen Schmelzpunkts und seiner Eigenschaften als elektrisch leitende wässrige Lösung muss der Festkörper ionisch sein.

12.11
(a) Xe, größere Atommasse, stärkere Dispersionskräfte;
(b) SiO_2, kovalentes Gefüge gegenüber schwachen Dispersionskräften;
(c) KBr, stärkere ionische Kräfte gegenüber schwachen Dispersionskräften;
(d) C_6Cl_6, beide werden von Dispersionskräften beeinflusst, C_6Cl_6 hat die höhere Molmasse.

12.12
(a) Halbleiter;
(b) Isolator;
(c) Halbleiter;
(d) Metall.

12.13
Ge oder Si (Ge ist Ga im Kovalenzradius ähnlicher).

12.14
Wenn das Dotierungselement, um einen P-Halbleiter zu erhalten, As ersetzen soll, so muss es weniger Valenzelektronen als As haben. Also kommen Si oder Ge in Frage.

12.15
(a) Falsch. Halbleiter haben eine schmalere Bandlücke. Sie leiten ein gewisses Maß an Strom, Isolatoren jedoch nicht.
(b) Richtig. Dotierungsmittel schaffen entweder mehr Elektronen oder mehr „Löcher“. Beides erhöht die Leitfähigkeit des Halbleiters.
(c) Richtig. Metalle leiten Strom, weil delokalisierte Elektronen im Gitter den Ladungstransport bewerkstelligen.

Lösungen

(d) Richtig. Metalloxide sind ionische Substanzen mit im Wesentlichen lokalisierten Elektronen. Diese Schwelle für die Ladungsmobilität macht sie zu Isolatoren.

12.16

(a) Richtig. 400 kJ/mol reichen aus, um viele chemische Bindungen zu brechen. Die Energiebarriere ist groß genug, um Ladungsträgermobilität zu verhindern.

(b) Richtig. Das Leitungsband liegt energetisch höher. Wäre das nicht so, müssten alle Stoffe elektrische Leiter sein.

(c) Falsch. Elektronen können sich nur in teilweise gefüllten Bändern bewegen. Wäre das nicht so, gäbe es keine Isolatoren.

(d) Falsch. „Löcher" bedeuten leere Elektronenplätze.

12.17

Ein supraleitender Werkstoff bietet dem Fließen des elektrischen Stroms keinen Widerstand. Supraleitende Werkstoffe könnten Elektrizität mit viel größerem Wirkungsgrad als herkömmliche Stromleiter übertragen.

12.18

Ein metallischer Leiter wie Ag leitet elektrischen Strom mit einem gewissen Widerstand gemäß dem Ohm'schen Gesetz. Ein Stoff wie Nb_3Sn leitet im supraleitenden Zustand (unterhalb der Sprungtemperatur) elektrischen Strom ohne messbaren Widerstand.

12.19

Der scharfe Abfall des elektrischen Widerstands von MgB_2 nahe 39 K gibt die Temperatur T_c für den Übergang in den supraleitenden Zustand an.

12.20

Supraleitfähigkeit wirkt auf Elektronen, die Leitungselektronen sind. Isolatoren haben im Leitungsband keine Elektronen, die für die elektrische Leitung verfügbar sind.

12.21

n-Decan hat keine ausreichend große Kettenlänge oder Molekülmasse, um als Polymer betrachtet zu werden.

12.22

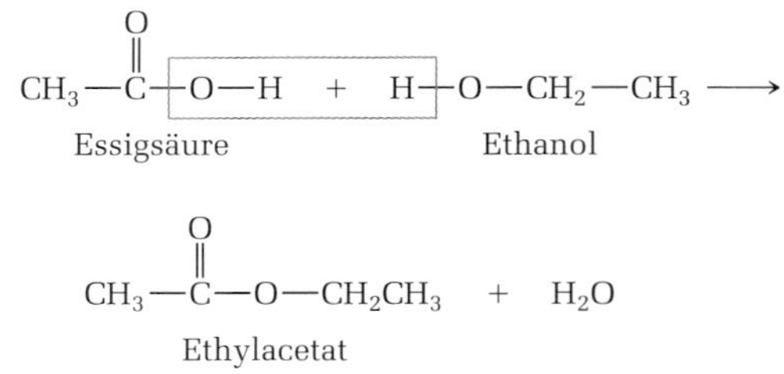

Wenn eine Dicarbonsäure und ein Dialkohol miteinander reagieren, kann sich die Polymerkette an beiden Enden beider Monomere fortsetzen.

12.23

(a)

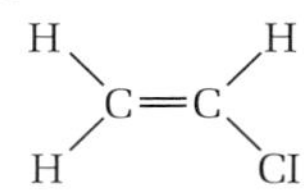

(b)

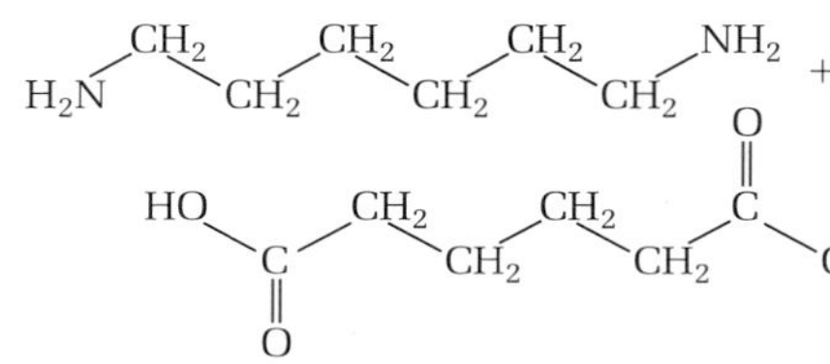

(c)

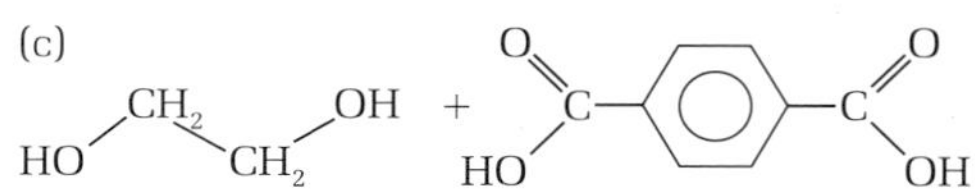

12.24

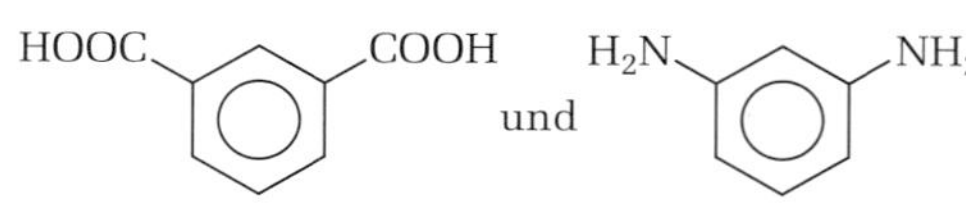

12.25

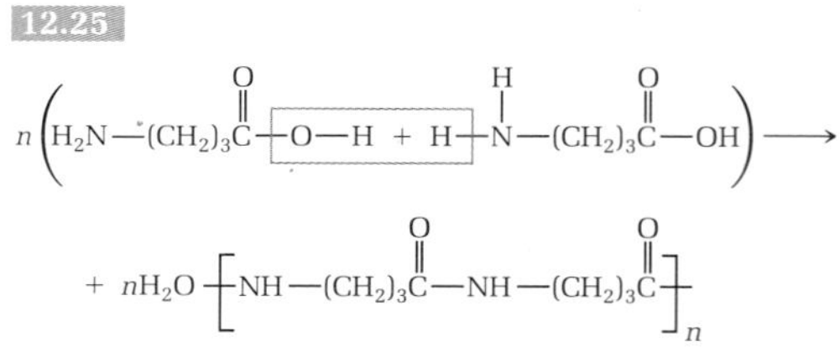

12.26

Die Funktion des Polymers bestimmt, ob hohe Molekülmassen und ein hohes Maß an Kristallinität wünschenswerte Eigenschaften sind. Wird das

Polymer als flexible Umhüllung oder Faser verwendet, ist Steifigkeit aufgrund einer hohen Molekülmasse eine nicht wünschenswerte Eigenschaft.

12.27
Keramiken lassen sich nicht einfach wiederverwenden, weil sie sehr hohe Schmelzpunkte und feste ionische oder kovalente Strukturen besitzen.

12.28
Sehr kleine Teilchen einheitlicher Größe und Form sind für die Erzeugung eines festen keramischen Gegenstands durch Sintern erforderlich. Beim Erwärmen, um Kondensationsreaktionen zu starten, gilt: Je einheitlicher die Teilchengröße und je größer die gesamte Oberfläche des Festkörpers, desto mehr chemische Bindungen werden gebildet und desto fester ist der keramische Gegenstand.

12.29
Die Keramiken sind MgO, Natron-Kalk-Glas, ZrB_2, Al_2O_3 und TaC. Die Kriterien sind eine Kombination aus chemischer Zusammensetzung (mit entsprechenden Bindungsmerkmalen) und Knoop-Werten. Keramiken sind ionische oder kovalente Festkörper mit relativ großen Härtewerten. Härte allein ist kein ausreichendes Kriterium für die Einstufung als eine Keramik. Ein Metall, Cr, liegt in der Mitte des Härtebereichs für Keramiken. Bindungsmerkmale sowie Härte müssen bei der Einstufung von Werkstoffen als Keramiken berücksichtigt werden.

12.30
Keramiken sind ionische Festkörper mit starrer dreidimensionaler Ordnung, die sich aus starken elektrostatischen Anziehungskräften zwischen den Ionen ergeben. Sie sind hart, weil es schwierig ist, ein Ion in diesem Netzwerk zu bewegen. Sie haben hohe Schmelzpunkte, weil große Mengen an Wärmeenergie zugeführt werden müssen, bevor die Ionen ausreichend kinetische Energie haben, um sich aus dem Netzwerk zu lösen und sich gegeneinander zu bewegen.

12.31
Ist das Neopren biokompatibel? Ruft es Entzündungsreaktionen hervor? Erfüllt Neopren die physikalischen Anforderungen einer flexiblen Leitung? Bleibt es verschleißfest und behält es seine Elastizität bei? Kann Neopren in ausreichend reiner Form hergestellt werden, so dass es als medizinische Qualität eingestuft werden kann?

12.32
Gegenwärtige Werkstoffe für Gefäßprothesen können nicht mit Zellen ausgekleidet werden, die denen in der menscheneigenen Arterie ähnlich sind. Der Körper erkennt, dass die Prothese ein Fremdkörper ist und Blutplättchen setzen sich an den Innenflächen an und verursachen Blutgerinnsel. Die Innenflächen zukünftiger Gefäßprothesen müssen eine Auskleidung mit Zellen enthalten, die keine Blutplättchen anziehen oder an denen sich diese nicht ansetzen können.

12.33
Damit sich Hautzellen in einem Nährmedium in künstliche Haut entwickeln, muss ein mechanisches Gefüge vorliegen, das die Zellen miteinander in Kontakt hält. Das Gefüge muss fest, biokompatibel und biologisch abbaubar sein. Es hat wahrscheinlich polare funktionelle Gruppen, die Wasserstoffbrückenbindungen mit Biomolekülen in den Gewebezellen bilden.

12.34
Silicium ist der am meisten verwendete Halbleiter, weil es häufig vorkommt, billig und ungiftig ist. Es kann sehr gut gereinigt werden und wächst zu fast perfekten großen Kristallen.

12.35
Verunreinigungen wirken wie Dotierungselemente und verändern die elektrische Leitfähigkeit von Si ganz erheblich, selbst in sehr kleinen Mengen. Darum muss Halbleitersilicium sehr hohe Reinheitsanforderungen erfüllen.

12.36
Der Durchmesser eines Si-Atoms ist 2,22 Å; 60 nm = $2{,}7 \times 10^2$ Si-Atome.

12.37
Ein Photon mit 1,1 eV entspricht einer Wellenlänge von $1{,}1 \times 10^{-6}$ m. Laut der Abbildung kann Si etwa

Lösungen

32 % der Wellenlängen im Sonnenspektrum und weit mehr als 32 % des Energieflusses aborbieren.

12.38

$\lambda = 560$ nm.

12.39

Wenn ein Festkörper Nanodimensionen von 1–10 nm hat, liegen ggf. nicht genügend Atome vor, um kontinuierliche Energiebänder von Molekülorbitalen zu erzeugen.

12.40

(a) Falsch. Mit abnehmender Teilchengröße nimmt die Bandlücke zu.
(b) Falsch. Mit abnehmender Teilchengröße nimmt die Wellenlänge ab.

12.41

Richtig. Blaues Licht hat eine kurze Wellenlänge, dies entspricht einer hohen Energie. Mit geringer werdender Teilchengröße wächst die Bandlücke. Daher wäre auch ein Halbleiter mit geringerer Bandlücke, aber kleiner Teilchengröße, geeignet. Die Beeinflussung der Teilchengröße ist also eine Möglichkeit, die Eigenschaften eines Halbleiters zu verändern.

12.42

$2{,}47 \times 10^5$ Au-Atome.

12.43

Der Grund des großen Unterschieds in den Schmelzpunkten sind die sehr unterschiedlichen Kräfte, die atomare Ordnung im festen Aggregatzustand auferlegen. Es wird weitaus mehr kinetische Energie benötigt, um die delokalisierte metallische Bindung in Gold zu unterbrechen, als die relativ schwachen Londonschen Dispersionskräfte in Xe zu überwinden.

12.44

Beugung tritt auf, wenn die Abstände zwischen den Atomlagen im Kristall ähnlich der Wellenlänge des gebeugten Lichts sind. Die Wellenlänge der Molybdän-Kα-Röntgenstrahlung von 0,71 Å liegt in der gleichen Größenordnung wie Abstände in Kristallen und die Strahlen werden gebeugt. Sichtbares Licht, 400–700 nm oder 4000–7000 Å, ist zu lang, um gebeugt zu werden.

12.45

16 Al-Atome, 8 Mg-Atome, 32 O-Atome.

12.46

$TiCl_4\,(g) + 2\,SiH_4\,(g) \longrightarrow TiSi_2\,(s) + 4\,HCl\,(g) + 2\,H_2\,(g)$.
Als eine Keramik hat $TiSi_2$ eine dreidimensionale Struktur ähnlich der von Si. An der Oberfläche der Dünnschicht befinden sich Ti- und Si-Atome mit freien Valenzen, die sich chemisch mit Si-Atomen an der Oberfläche des Substrats verbinden. Diese Art von Bindung wird mit einer Cu-Dünnschicht nicht möglich sein.

12.47

(a) $\Delta H = -82$ kJ/mol C_2H_4 ;
(b) $\Delta H = -14$ kJ/mol (beider Reaktanten);
(c) $\Delta H = 0$ kJ.

12.48

(a) $x = 0{,}22$;
(b) Hg und Cu haben beide mehr als eine stabile Oxidationsstufe. Wenn Ionen des gleichen Elements im Festkörpergitter unterschiedliche Ladungen haben, ist die durchschnittliche Ladung ein nicht ganzzahliger Wert. Ca und Ba sind nur in der + 2-Oxidationsstufe stabil und haben daher keine nicht ganzzahlige, durchschnittliche Ladung.
(c) Ba^{2+} ist am größten; Cu^{2+} ist am kleinsten.

Lösungen

Kapitel 13

13.1
Wenn die Größenordnung von ΔH_3 im Verhältnis zur Größenordnung von ΔH_1 kleiner ist, wird $\Delta H_{\text{Lösung}}$ groß und endotherm (energetisch ungünstig) sein und es wird sich nicht viel auflösen.

13.2
(a) Dispersion;
(b) Wasserstoffbrückenbindung;
(c) Ion-Dipol;
(d) Dipol-Dipol.

13.3
Nach ansteigender Wechselwirkungsstärke:
(b) Dispersionskräfte < (c) Wasserstoffbrückenbindungen < (a) Ionen-Dipol-Wechselwirkung.

13.4
(a) ΔH_1 ; (b) ΔH_3 .

13.5
(a) Da der zu lösende Stoff und das Lösungsmittel sehr ähnliche Londonsche Dispersionskräfte erfahren, ist der Energiebedarf zum Trennen der beiden und die freigesetzte Energie, wenn sie gemischt werden, ungefähr gleich. $\Delta H_1 + \Delta H_2 \approx -\Delta H_3$. Damit ist $\Delta H_{\text{Lösung}}$ fast null.
(b) Da keine starken intermolekularen Kräfte das Mischen der Moleküle verhindern, tun sie dies spontan aufgrund der Zunahme der Entropie.

13.6
Die Entropiezunahme bei der Auflösung von KBr in Wasser überspielt den Enthalpieaufwand.

13.7
(a) Übersättigt;
(b) Einen Impfkristall dazugeben. Ein Impfkristall stellt einen Keim vorausgerichteter Moleküle bereit, so dass die geordnete Abscheidung der gelösten Teilchen (Kristallisation) einfacher ist.

13.8
(a) Ungesättigt;
(b) gesättigt;
(c) gesättigt;
(d) ungesättigt.

13.9
Die Flüssigkeiten Wasser und Glycerin bilden homogene Gemische (Lösungen), unabhängig von den Mengen der zwei Bestandteile. Die —OH-Gruppen von Glycerin erleichtern starke Wasserstoffbrückenbindung ähnlich der in Wasser. „Gleiches löst sich gut in Gleichem."

13.10
(a) Dispersionswechselwirkungen unter unpolaren $CH_3(CH_2)_{16}$-Ketten dominieren die Eigenschaften von Stearinsäure, so dass sie in unpolarem CCl_4 löslicher ist.
(b) Dioxan kann als Akzeptor in Wasserstoffbrückenbindungen wirken, daher wird es in Wasser löslicher als Cyclohexan sein.

13.11
Bei kleinem n dominieren die Wasserstoffbrückenbindungen. Mit zunehmendem n werden die Wechselwirkungen zwischen den Alkylketten stärker. Somit nimmt bei längeren Alkylketten die Wasserlöslichkeit ab und die Löslichkeit in Hexan zu.

13.12
(a) CCl_4 ist löslicher, weil Dispersionskräfte unter unpolaren CCl_4-Molekülen ähnlich zu Dispersionskräften in Hexan sind.
(b) C_6H_6 ist ein unpolarer Kohlenwasserstoff und löslicher im ähnlich unpolaren Hexan.
(c) Die langen, gestreckten Kohlenwasserstoffketten von Oktansäure üben starke Dispersionswechselwirkungen aus und führen dazu, dass sie löslicher in Hexan ist.

13.13
(a) Ein verschlossener Behälter muss einen Partialdruck von CO_2 (g) größer als 1 atm über dem Getränk aufrecht erhalten.

(b) Da die Löslichkeit von Gasen mit sinkender Temperatur steigt, bleibt ein wenig CO_2 (*g*) im Getränk gelöst, wenn es kühl gehalten wird.

13.14

Nach dem Prinzip des kleinsten Zwanges verhält sich ein System so, dass dem ausgeübten Zwang entgegengewirkt wird. Wird der Druck erhöht, so werden die O_2-Moleküle auf kleinerem Raum zusammengepresst. Dem wird entgegengewirkt, indem O_2-Moleküle in der Lösung „verschwinden". Bei der Auflösung von NaCl in Wasser wird das beanspruchte Volumen praktisch nicht verändert, somit ergibt sich auch kein Druckeinfluss.

13.15

$S_{He} = 5{,}6 \times 10^{-4}\ M$; $S_{N_2} = 9{,}0 \times 10^{-4}\ M$.

13.16

(a) 2,15 Massenprozent Na_2SO_4;
(b) 3,15 ppm Ag.

13.17

(a) $X_{CH_3OH} = 0{,}0427$;
(b) 7,35 Massenprozent CH_3OH;
(c) 2,48 *m* CH_3OH.

13.18

(a) $1{,}46 \times 10^{-2}\ M\ Mg(NO_3)_2$;
(b) 1,12 *M* $LiClO_4 \cdot 3\ H_2O$;
(c) 0,350 *M* HNO_3.

13.19

(a) 4,70 *m* C_6H_6 ;
(b) 0,235 *m* NaCl.

13.20

(a) 43,01 Massenprozent H_2SO_4;
(b) $X_{H_2SO_4} = 0{,}122$;
(c) 7,69 *m* H_2SO_4;
(d) 5,827 *M* H_2SO_4.

13.21

(a) $X_{CH_3OH} = 0{,}227$;
(b) 7,16 *m* CH_3OH;
(c) 4,58 *M* CH_3OH.

13.22

(a) 0,150 mol $SrBr_2$;
(b) $1{,}56 \times 10^{-2}$ mol KCl;
(c) $4{,}44 \times 10^{-2}$ mol $C_6H_{12}O_6$.

13.23

(a) Wiegen Sie 1,3 g KBr ab, lösen Sie es in Wasser, verdünnen Sie es durch Umrühren auf 0,75 l.
(b) Wiegen Sie 2,62 g KBr ab, lösen Sie es in 122,38 g H_2O, um genau 125 g einer 0,180 *m* Lösung herzustellen.
(c) Wiegen Sie 244 g KBr ab und lösen Sie es in genügend H_2O, um eine 1,85-l-Lösung herzustellen.
(d) Wiegen Sie 10,1 g KBr ab, lösen Sie es in einer kleinen Menge Wasser und verdünnen sie es auf 0,568 l.

13.24

71 Massenprozent HNO_3.

13.25

(a) 3,82 *m* Zn;
(b) 26,8 *M* Zn.

13.26

$1{,}8 \times 10^{-3}\ M\ CO_2$.

13.27

Gefrierpunktserniedrigung, $\Delta T_f = K_f\ (m)$;
Siedepunktserhöhung, $\Delta T_b = K_b\ (m)$;
osmotischer Druck, $\pi = MRT$;
Dampfdruckerniedrigung, $p_A = X_A p°_A$.

13.28

(a) Dampfdruck sinkt;
(b) Gefrierpunkt sinkt;
(c) Siedepunkt steigt;
(d) osmotischer Druck steigt.

13.29

(a) Saccharose hat eine größere Molmasse als Glukose, daher enthält die Saccharoselösung weniger Teilchen und hat einen höheren Dampfdruck.

13.30

(a) Eine ideale Lösung erfüllt das Raoult'sche Gesetz.
(b) Wir berechnen den Dampfdruck unter Anwendung des Raoult'schen Gesetzes und vergleichen diesen Wert mit dem experimentell ermittelten Dampf-

Lösungen

druck. $\chi_{(Wasser)} = 0{,}5$; $p_{(Wasser)} = \chi \times p^0_{(Wasser)} =$ $0{,}5 \cdot 149$ (mm Hg) = 74,5 (mm Hg)

Der experimentell gemessene Wert (67 (mm Hg)) ist geringer als der nach dem Raoult'schen Gesetz zu erwartende, also verhält sich die Lösung nicht ideal. Dies war auch zu erwarten, da in der Ethylenglykol-Wasser-Lösung starke Wasserstoffbrückenbindungen wirken.

13.31

(a) $p_{H_2O} = 186{,}4$ Torr;
(b) 78,9 g $C_3H_8O_2$.

13.32

(a) $X_{Eth} = 0{,}2812$;
(b) $p_{Lösung} = 238$ Torr;
(c) X_{Eth} bei Dampf = 0,472.

13.33

(a) Weil NaCl ein starker Elektrolyt ist, erzeugt ein Mol NaCl doppelt so viele gelöste Teilchen wie ein Mol des molekularen gelösten Stoffs $C_6H_{12}O_6$. Die Siedepunktserhöhung steht in direktem Zusammenhang mit der Gesamtzahl von gelösten Teilchen, daher hat 0,10 *m* NaCl den höheren Siedepunkt.
(b) 0,10 *m* NaCl: $\Delta T_b = 0{,}101$ °C, $T_b = 100{,}1$ °C; 0,10 *m* $C_6H_{12}O_6$: $\Delta T_b = 0{,}051$ °C, $T_b = 100{,}1$ °C.
(c) Wechselwirkungen zwischen Ionen in Lösung führen zu nicht idealem Verhalten.

13.34

0,050 *M* LiBr < 0,120 *M* Glukose < 0,050 *M* Zn $(NO_3)_2$

13.35

(a) $T_f = -115{,}0$ °C, $T_b = 78{,}7$ °C;
(b) $T_f = -3{,}84$ °C, $T_b = 64{,}2$ °C;
(c) $T_f = -0{,}604$ °C, $T_b = 100{,}2$ °C.

13.36

$\pi = 0{,}0168$ atm = 12,7 Torr.

13.37

T = 293 K; es gilt π = MRT

Molarität der Lösung bezogen auf die Ionen: M = 3,4 g(NaCl)/1 L(Lösung) × 2 mol (Ionen)/ 58,4 g(NaCl) = 0,116 mol/L (bezogen auf Ionen)

π = 0,116 mol/L × 0,08206 L × atm/(K × mol) × 293 K = 2,8 atm.

13.38

Molmasse von Adrenalin = $1{,}8 \times 10^2$ g

13.39

Molmasse von Lysozym = $1{,}39 \times 10^4$ g.

13.40

(a) i = 2,76;
(b) Je konzentrierter die Lösung, desto größer die Ionenpaarung und desto kleiner der gemessene Wert von i.

13.41

(a) Im gasförmigen Zustand haben die Teilchen großen Abstand zueinander und die intermolekularen Anziehungskräfte sind gering. Wenn sich zwei Gase mischen, sind alle Glieder in Gleichung 13.1 im Wesentlichen null und das Gemisch ist immer homogen.
(b) Um zu bestimmen, ob Faradays Dispersion eine echte Lösung oder ein Kolloid ist, teilen Sie einen Lichtstrahl in sie hinein. Wird Licht gestreut, ist die Dispersion ein Kolloid.

13.42

(a) Hydrophob;
(b) hydrophil;
(c) hydrophob;
(d) hydrophob (aber durch adsorbierte Ladungen stabilisiert).

13.43

Wenn Elektrolyte zu einer Suspension von Proteinen dazugegeben werden, bilden gelöste Ionen mit den Ladungen an der Proteinoberfläche Ionenpaare und neutralisieren sie damit. Die Fähigkeit des Proteins zu Ion-Dipol-Wechselwirkungen mit Wasser wird verringert und das Kolloid trennt sich in eine Proteinschicht und eine Wasserschicht.

13.44

Die Peripherie des BHT-Moleküls enthält hauptsächlich kohlenwasserstoffartige Gruppen wie —CH_3. Die eine —OH-Gruppe ist in ihm relativ versteckt und verbessert seine Löslichkeit in Wasser wahr-

Lösungen

scheinlich nur wenig. Damit ist es wahrscheinlicher, dass BHT besser im unpolaren Kohlenwasserstoff Hexan, C_6H_{14}, als in polarem Wasser löslich ist.

13.45

(a) $1 \times 10^{-4}\ M\ O_2$;

(b) $p_{O_2} = 0{,}07$ atm = 60 Torr.

13.46

136 ppm K^+.

13.47

(a) 0,16 *m* Na;

(b) 2,0 *M* Na;

(c) Ganz klar sind Molalität und Molarität für dieses Amalgam nicht gleich. Nur in dem Fall, dass ein kg Lösungsmittel und die Masse von einem Liter Lösung fast gleich sind, haben die zwei Konzentrationseinheiten ähnliche Werte.

13.48

$Hg(NO_3)_2$, $i = 2{,}83$, ist fast vollständig in Ionen dissoziiert; $HgCl_2$, $i = 1{,}00$, verhält sich im Wesentlichen wie ein Nichtelektrolyt. $Hg(NO_3)_2$ ist der stärkere Elektrolyt.

13.49

$n \approx 14$. Die Formel des Salzes ist $LiC_{14}H_{29}O_2$.

13.50

(a) CF_4, $1{,}7 \times 10^{-4}\ m$; $CClF_3$, $9 \times 10^{-4}\ m$; CCl_2F_2, $2{,}3 \times 10^{-2}\ m$; $CHClF_2$, $3{,}5 \times 10^{-2}\ m$.

(b) Molalität und Molarität sind numerisch ähnlich, wenn Kilogramm Lösungsmittel und Liter Lösung fast gleich sind. Dies trifft zu, wenn Lösungen verdünnt sind und die Dichte des Lösungsmittels fast 1 g/mL ist, wie in diesem Problem.

(c) Wasser ist ein polares Lösungsmittel. Die Löslichkeit der gelösten Stoffe nimmt mit steigender Polarität zu. Unpolares CF_4 hat die niedrigste Löslichkeit und der am stärksten polare Fluorkohlenwasserstoff $CHClF_2$ hat die größte Löslichkeit in H_2O.

(d) Die Konstante nach dem Henry'schen Gesetz für $CHClF_2$ ist $3{,}5 \times 10^{-2}$ mol/L × atm. Dieser Wert ist größer als die Konstante des Henry'schen Gesetzes für N_2 (*g*), weil N_2 (*g*) unpolar ist und eine niedrigere Molekülmasse als $CHClF_2$ hat.

13.51

(a) Kation (*g*) + Anion (*g*) + Lösungsmittel

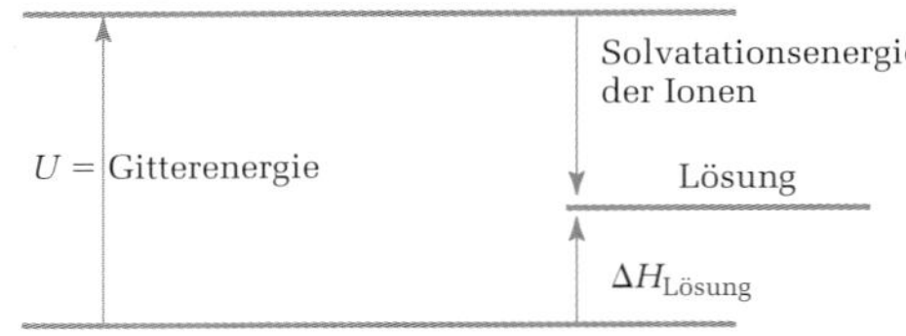

ionischer Festkörper + Lösungsmittel

(b) Die Gitterenergie (*U*) steht in inversem Zusammenhang zum Abstand zwischen den Ionen, daher haben Salze mit großen Kationen wie $(CH_3)_4N^+$ kleinere Gitterenergien als Salze mit einfachen Kationen wie Na^+. Außerdem sind die $-CH_3$-Gruppen im großen Kation zu Dispersionswechselwirkungen mit unpolaren Gruppen der Lösungsmittelmoleküle fähig, wodurch sich eine negativere Lösungsenergie der Ionen ergibt. Insgesamt ist die Gitterenergie für Salze mit größeren Kationen kleiner (weniger positiv), die Lösungsenergie der Ionen negativer und $\Delta H_{Lösung}$ ist weniger endotherm. Diese Salze sind in polaren, nicht wässrigen Lösungsmitteln löslicher.

13.52

Der Prozess ist spontan ohne bedeutende Enthalpieänderung, daher vermuten wir, dass ein Anstieg der Entropie vorliegt. In der Regel haben verdünnte Lösungen des gleichen gelösten Stoffs eine größere Entropie als konzentrierte Lösungen, weil die gelösten Teilchen sich freier in der Lösung bewegen können. Im Grenzfall, dass die verdünntere Lösung ein reines Lösungsmittel ist, gibt es einen definitiven Entropieanstieg, wenn die konzentrierte Lösung verdünnt wird. Es könnte eine gewisse Entropiesenkung vorliegen, wenn die verdünnte Lösung Lösungsmittel verliert, dies wird jedoch durch den Entropieanstieg, der die Verdünnung begleitet, mehr als wettgemacht. Es gibt einen Nettoanstieg der Entropie.

Kapitel 14

14.1

(a) Die *Reaktionsgeschwindigkeit* ist die Änderung der Menge von Produkten oder Reaktanten in einer bestimmten Zeitdauer.

(b) Die Reaktionsgeschwindigkeiten hängen von der Konzentration von Reaktanten, Oberfläche von Reaktanten, Temperatur und der Anwesenheit eines Katalysators ab.

(c) Die stöchiometrischen Verhältnisse der Reaktion (Molverhältnisse von Reaktanten und Produkten) müssen bekannt sein, um die Geschwindigkeit des Verbrauchs der Reaktanten mit der Geschwindigkeit der Bildung von Produkten in Beziehung setzen zu können.

14.2

(a) *mol/(Ls)*

(b) Je heißer ein Ofen ist, desto schneller wird ein Kuchen gebacken. Milch wird an heißen Tagen schneller sauer, als bei kühleren Temperaturen.

(c) Unter der durchschnittlichen Geschwindigkeit versteht man die Geschwindigkeit während eines bestimmten Zeitabschnitts, wohingegen die Geschwindigkeit zu einem bestimmten Zeitpunkt als Momentangeschwindigkeit bezeichnet wird.

14.3

Zeit (Min.)	Mol A	(a) Mol B	[A] (mol/L)	Δ[A] (mol/L)	(b) Reaktionsgeschwindigkeit (*M*/s)
0	0,065	0,000	0,65		
10	0,051	0,014	0,51	–0,14	$2,3 \times 10^{-4}$
20	0,042	0,023	0,42	–0,09	$1,5 \times 10^{-4}$
30	0,036	0,029	0,36	–0,06	$1,0 \times 10^{-4}$
40	0,031	0,034	0,31	–0,05	$0,8 \times 10^{-4}$

(c) $\Delta[B]_{mittel}/\Delta t = 1,3 \times 10^{-4}\ M/s$

14.4

(a)

Zeit (s)	Zeitintervall (s)	Konzentration (*M*)	Δ*M*	Reaktionsgeschwindigkeit (*M*/s)
0		0,0165		
2.000	2.000	0,0110	–0,0055	28×10^{-7}
5.000	3.000	0,00591	–0,0051	17×10^{-7}
8.000	3.000	0,00314	–0,00277	$9,23 \times 10^{-7}$
12.000	4.000	0,00137	–0,00177	$4,43 \times 10^{-7}$
15.000	3.000	0,00074	–0,00063	$2,1 \times 10^{-7}$

(b) Aus den Steigungen der Tangenten an die Kurve ergibt sich, dass die Reaktionsgeschwindigkeiten $12 \times 10^{-7}\ M/s$ bei 5000 s, $5,8 \times 10^{-7}\ M/s$ bei 8000 s sind.

14.5

(a) $-\Delta[H_2O_2]/\Delta t = \Delta[H_2]/\Delta t = \Delta[O_2]/\Delta t;$

(b) $-\frac{1}{2}\Delta[N_2O]/\Delta t = \frac{1}{2}\Delta[N_2]/\Delta t = \Delta[O_2]/\Delta t;$

(c) $-\Delta[N_2]/\Delta t = -\frac{1}{3}\Delta[H_2]/\Delta t = \frac{1}{2}\Delta[NH_3]\Delta t.$

14.6

(a) $-\Delta[O_2]/\Delta t = 0,43$ mol/s; $\Delta[H_2O]/\Delta t = 0,85$ mol/s;

(b) p_{gesamt} nimmt um 12 Torr/min ab.

14.7

(a) Wenn sich [A] verdoppelt, gibt es keine Änderung der Reaktionsgeschwindigkeit oder der Geschwindigkeitskonstanten. Die Gesamtgeschwindigkeit ist unverändert, weil [A] im Geschwindigkeitsgesetz nicht erscheint. Die Geschwindigkeitskonstante ändert sich nur bei Änderung der Temperatur.

(b) Die Reaktion ist nullter Ordnung bezüglich A, zweiter Ordnung bezüglich B und zweiter Ordnung insgesamt.

(c) Einheit von $k = M^{-1}s^{-1}$

Lösungen

14.8

(a) Geschwindigkeit = $k[H_2][NO]^2$

(b) Geschwindigkeit = $(6{,}0 \times 10^4\ M^{-2}s^{-1})(0{,}025\ M)^2$ $(0{,}015\ M) = 0{,}56\ mol/(Ls)$

(c) Geschwindigkeit = $(6{,}0 \times 10^4\ M^{-2}s^{-1})(0{,}10\ M)^2$ $(0{,}010\ M) = 6{,}0\ mol/(Ls)$.

14.9

(a, b) $k = 1{,}7 \times 10^2\ M^{-1}/s^{-1}$;

(c) Wird $[OH]^-$ verdreifacht, verdreifacht sich die Reaktionsgeschwindigkeit.

14.10

(a) Reaktionsgeschwindigkeit = $k\,[OCl^-][I^-]$;

(b) $k = 60\ M^{-1}/s^{-1}$;

(c) Reaktionsgeschwindigkeit = $6{,}0 \times 10^{-5}\ M/s$.

14.11

(a) Reaktionsgeschwindigkeit = $k\,[BF_3][NH_3]$;

(b) Die Reaktion ist insgesamt zweiter Ordnung.

(c) $k_{mittel} = 3{,}41\ M^{-1}/\ s^{-1}$; (d) $0{,}170\ M/s$.

14.12

(a) Reaktionsgeschwindigkeit = $k\,[NO]^2[Br_2]$;

(b) $k_{mittel} = 1{,}2 \times 10^4\ M^{-2}/s^{-1}$;

(c) $\frac{1}{2}\ \Delta[NOBr]/\Delta t = -\Delta[Br_2]/\Delta t$;

(d) $-\Delta\,[Br_2]\ /\Delta t = 8{,}4\ M/s$.

14.13

(a) $[A]_0$ ist die molare Konzentration von Reaktant A zur Zeit 0. $[A]_t$ ist die molare Konzentration von Reaktant A zur t. $t_{1/2}$ ist die erforderliche Zeit, um $[A]_0$ zu halbieren. k ist die Geschwindigkeitskonstante für eine bestimmte Reaktion.

(b) Eine Auftragung von ln[A] in Abhängigkeit von der Zeit ergibt eine Gerade für eine Reaktion der ersten Ordnung.

14.14

(a) Ein Graph von 1/[A] aufgetragen gegen die Zeit ergibt eine Gerade für eine Reaktion zweiter Ordnung.

(b) Die Halbwertszeiten einer Reaktion erster Ordnung sind unabhängig von $[A]_0$, $t_{1/2} = 0{,}693/k$. Die Halbwertszeiten einer Reaktion zweiter Ordnung sind von $[A]_0$ abhängig, $t_{1/2} = 0{,}693/k[A]_0$

14.15

(a) $k = 3{,}0 \times 10^{-6}\ s^{-1}$;

(b) $t_{1/2} = 3{,}2 \times 10^4\ s$.

14.16

(a) $p = 20$ Torr;

(b) $t = 51$ s.

14.17

Auftragung von ln $p_{SO_2Cl_2}$ in Abhängigkeit von der Zeit, $k = -$ Steigung $= 2{,}19 \times 10^{-5}\ s^{-1}$.

14.18

(a) Die Kurve von 1/[A] in Abhängigkeit von der Zeit ist linear, daher ist die Reaktion zweiter Ordnung in [A].

(b) $k = 0{,}040\ M^{-1}min^{-1}$;

(c) $t_{1/2} = 38$ Min.

14.19

(a) Die Kurve von $1/[NO_2]$ in Abhängigkeit von der Zeit ist eine Gerade, daher ist die Reaktion zweiter Ordnung in NO_2.

(b) k = Steigung = $10\ M^{-1}s^{-1}$.

14.20

(a) Die Stoßenergie und die Orientierung der Moleküle, wenn sie zusammenstoßen, bestimmen, ob eine Reaktion auftreten wird.

(b) Bei einer höheren Temperatur gibt es mehr Gesamtstöße und jeder Stoß ist energiereicher.

14.21

$f = 4{,}94 \times 10^{-2}$. Bei 400 K hat ungefähr 1 von 20 Molekülen diese kinetische Energie.

14.22

(a)

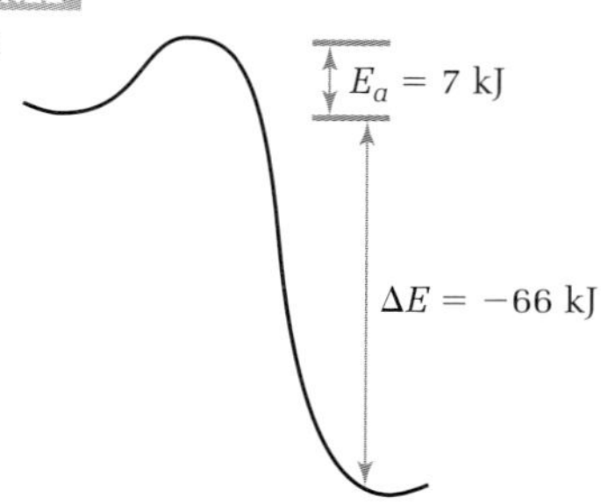

(b) E_a (rück) = 73 kJ.

14.23

Reaktion (b) ist am schnellsten und Reaktion (c) ist am langsamsten.

14.24

(a) $k = 1{,}1\ s^{-1}$;
(b) $k = 4{,}9\ s^{-1}$.

14.25

Die Kurve von $\ln k$ in Abhängigkeit von $1/T$ hat eine Steigung von $-5{,}71 \times 10^3$; $E_a = -R$ (Steigung) = 47,5 kJ/mol.

14.26

Die Reaktion läuft bei 50 °C 88-mal schneller ab, wenn man von gleichen Anfangskonzentrationen ausgeht.

14.27

(a) Eine *Elementarreaktion* ist ein Vorgang, der in einem einzigen Schritt abläuft. Die Ordnung ist durch die Koeffizienten in der ausgeglichenen Gleichung für die Reaktion gegeben.
(b) An einer *unimolekularen* Elementarreaktion ist nur ein Reaktantenmolekül beteiligt, bei einer *bimolekularen* Elementarreaktion sind zwei Reaktantenmoleküle beteiligt.
(c) Ein *Reaktionsmechanismus* ist eine Reihe von Elementarreaktionen, die beschreiben, wie eine Gesamtreaktion abläuft und das experimentell bestimmte Geschwindigkeitsgesetz erklären.

14.28

(a) Die Molekularität eines Prozesses gibt die Zahl von Molekülen an, die als Reaktanden am Prozess beteiligt sind. Bei einem unimolekularer Prozess ist ein einziges Molekül beteiligt, bei einem bimolekularen Prozess sind zwei Teilchen beteiligt.
(b) Trimolekulare Elementarreaktionen sind deshalb so selten, da die Wahrscheinlichkeit, dass regelmäßig drei Moleküle gegeneinander stoßen, sehr gering ist.
(c) Ein Zwischenprodukt wird während einer Reaktion gebildet und dann verbraucht. Es erscheint nicht in der Gesamtreaktionsgleichung.

14.29

(a) Unimolekular, Reaktionsgeschwindigkeit = $k\,[Cl_2]$;
(b) bimolekular, Reaktionsgeschwindigkeit = $k\,[OCl^-][H_2O]$;
(c) bimolekular, Reaktionsgeschwindigkeit = $k\,[NO][Cl_2]$.

14.30

(a) bimolekulare Reaktion; Geschwindigkeit = $k[NO]^2$
(b) unimolekulare Reaktion; Geschwindigkeit = $k[C_3H_6]$
(c) unimolekulare Reaktion; Geschwindigkeit = $k[SO_3]$

14.31

(a) Zwei Zwischenprodukte, B und C.
(b) Drei Übergangszustände.
(c) $C \longrightarrow D$ ist am schnellsten.
(d) endotherm.

14.32

(a) $H_2(g) + 2\ ICl\ (g) \longrightarrow I_2\ (g) + 2\ HCl\ (g)$;
(b) HI ist das Zwischenprodukt.
(c) erster Schritt: Reaktionsgeschwindigkeit = $k_1\ [H_2][ICl]$, zweiter Schritt: Reaktionsgeschwindigkeit = $k_2\ [HI][ICl]$;
(d) Ist der erste Schritt langsam, ist das beobachtete Reaktionsgeschwindigkeitsgesetz $k\ [H_2][ICl]$.

14.33

(a) Erster Reaktionsschritt: Geschwindigkeit = $k_1[H_2O_2][I^-]$; zweiter Reaktionsschritt: Geschwindigkeit = $k_2[IO^-][\ H_2O_2]$
(b) $2\ H_2O_2(aq) \longrightarrow 2\ H_2O(l) + O_2(g)$
(c) $IO^-(aq)$ ist das Zwischenprodukt
(d) Geschwindigkeit = $k_1[H_2O_2][I^-]$

14.34

(a) Reaktionsgeschwindigkeit = $k\,[NO][Cl_2]$;
(b) Der zweite Schritt muss im Verhältnis zum ersten Schritt langsam sein.

14.35

(a) Ein Katalysator erhöht die Reaktionsgeschwindigkeit, indem er die Aktivierungsenergie E_a senkt oder den Frequenzfaktor A erhöht.

(b) Ein homogener Katalysator ist in der gleichen Phase wie die Reaktanten, während ein heterogener Katalysator einen anderen Aggregatzustand hat.

14.36

(a) Je kleiner die Partikelgröße des Katalysators, desto größer ist seine Oberfläche. Je größer die Oberfläche, desto größer ist die Anzahl reaktiver Zentren auf der Oberfläche und desto höher die Reaktionsgeschwindigkeit.

(b) Unter Adsorption versteht man die Bindung der Reaktanden auf der Oberfläche des Katalysators. Dies ist gewöhnlich der erste Schritt bei einer heterogenkatalysierten Reaktion.

14.37

(a) Multiplizieren Sie die Koeffizienten in der ersten Reaktion mit 2 und bilden Sie die Summe.

(b) NO_2 (*g*) ist ein Katalysator, weil es im Reaktionsablauf verbraucht und dann wieder produziert wird.

(c) Dies ist eine homogene Katalyse.

14.38

Die Verwendung chemisch stabiler Träger ermöglicht es, sehr große Oberflächen bezogen auf die Masse des Edelmetallkatalysators zu erhalten, weil das Metall in einer sehr dünnen, sogar monomolekularen Schicht auf der Oberfläche des Trägers abgeschieden werden kann.

14.39

Um zwei D-Atome an ein einzelnes Kohlenstoffatom zu binden, muss eine der bereits existierenden C—H-Bindungen in Ethylen gelöst werden, während das Molekül adsorbiert wird, so dass sich das H-Atom als ein adsorbiertes Atom wegbewegt und durch ein D-Atom ersetzt wird. Dies erfordert eine größere Aktivierungsenergie als nur die Adsorption von C_2H_4 und Zugabe eines D-Atoms zu jedem Kohlenstoffatom.

14.40

(a) Lebende Organismen arbeiten effizient in einem sehr schmalen Temperaturbereich. Die Rolle von Enzymen als homogene Katalysatoren, welche wünschenswerte Reaktionen ohne Erwärmung oder unerwünschte Nebenwirkungen beschleunigen, ist für biologische Systeme unerlässlich.

(b) Katalase: $2\ H_2O_2 \longrightarrow 2\ H_2O + O_2$; Nitrogenase: $N_2 \longrightarrow 2\ NH_3$ (Stickstofffixierung).

14.41

(a) Die katalysierte Reaktion ist bei 25 °C ungefähr 10.000.000 Mal schneller.

(b) Die katalysierte Reaktion ist bei 125 °C 180.000 Mal schneller.

14.42

$\Delta[Cl^-]/\Delta t = 7{,}0 \times 10^{-7}\ M/s$

14.43

(a) Reaktionsgeschwindigkeit $= k\,[HgCl_2][C_2O_4{}^{2-}]^2$;

(b) $k = 8{,}7 \times 10^{-3}\ M^{-2}s^{-1}$;

(c) Reaktionsgeschwindigkeit $= 4{,}3 \times 10^{-6}\ M/s$.

14.44

(a) $k = 4{,}28 \times 10^{-4}\ s^{-1}$;

(b) [Harnstoff] $= 0{,}090\ M$;

(c) $t_{1/2} = 1{,}62 \times 10^3$ s.

14.45

Die Kurve von ln k in Abhängigkeit von $1/T$ ist eine Gerade mit der Steigung $= -1{,}751 \times 10^4$.

14.46

(a) $Cl_2(g) + CHCl_3(g) \longrightarrow HCl(g) + CCl_4(g)$;

(b) $Cl(g)$, $CCl_3(g)$;

(c) Reaktion 1, unimolekular; Reaktion 2, bimolekular; Reaktion 3, bimolekular;

(d) Reaktion 2, der langsame Schritt, ist geschwindigkeitsbestimmend.

(e) Reaktionsgeschwindigkeit $= k\,[CHCl_3][Cl_2]^{1/2}$.

14.47

Enzym: Carboanhydrase; *Substrat*: Kohlensäure (H_2CO_3); *Wechselzahl*: 1×10^7 Moleküle/s.

14.48

Partialdruck von $O_2 = 0{,}402$ atm.

14.49

(a) Verwenden Sie ein Manometer mit offenem Ende, eine Uhr, ein Lineal und ein Bad konstanter Temperatur. Füllen Sie den Kolben mit HCl(*aq*) und

Lösungen

lesen Sie die Höhe von Hg in beiden Armen des Manometers ab. Geben Sie schnell Zn (*s*) zum Kolben hinzu und notieren Sie Zeit = 0, wenn das Zn (*s*) die Säure berührt. Notieren Sie die Höhe von Hg in einem Arm des Manometers in praktischen Zeitintervallen wie 5 s. Berechnen Sie den Druck von H_2 (*g*) zu jeder Zeit. Da $p = (n/V)\,RT$, $\Delta p/\Delta t$ bei konstanter Temperatur ein akzeptables Maß der Reaktionsgeschwindigkeit ist.

(b) Halten Sie die Menge von Zn (*s*) konstant und variieren Sie die Konzentration von HCl (*aq*), um die Reaktionsordnung für H^+ und Cl^- zu bestimmen. Halten Sie die Menge von HCl (*aq*) konstant und variieren Sie die Konzentration von Zn (*s*), um die Reaktionsordnung für Zn (*s*) zu bestimmen. Kombinieren Sie diese Informationen, um das Geschwindigkeitsgesetz zu schreiben.

(c) $-\Delta[H^+]/\Delta t = 2\,\Delta[H_2]/\Delta t$; die Geschwindigkeit des Verbrauchs von H^+ ist das Doppelte der Geschwindigkeit der Bildung von H_2 (*g*). $[H_2] = p/RT$.

(d) Messen Sie, indem Sie die Temperatur des Bads konstanter Temperatur ändern, die Geschwindigkeitsdaten bei mehreren Temperaturen und berechnen Sie die Geschwindigkeitskonstante k bei diesen Temperaturen. Zeichnen Sie $\ln k$ in Abhängigkeit von $1/T$; die Steigung der Kurve ist $-E_a/R$.

(e) Messen Sie die Geschwindigkeitsdaten bei konstanter Temperatur, HCl-Konzentration und Masse von Zn (*s*), und variieren Sie dabei nur die Form des Zn (*s*). Vergleichen Sie die Reaktionsgeschwindigkeit für Metallstreifen und Körnchen.

14.50

Temperaturänderungen ändern die kinetische Energie der verschiedenen Gruppen am Enzym und ihre Neigung, intermolekulare Zuordnungen zu bilden oder sich aus ihnen zu lösen. Bei Temperaturen über der Temperatur der maximalen Aktivität wurde ausreichende kinetische Energie eingebracht, um die dreidimensionale Struktur des Enzyms zu zerstören. Dies ist der Prozess der Denaturierung. Im Schlüssel-Schloss-Modell der Enzymwirkung ist das aktive Zentrum der konkrete Ort in dem Enzym, an dem die Reaktion stattfindet. Die präzise Struktur des aktiven Zentrums nimmt das Substrat auf und aktiviert es. Wenn ein Enzym denaturiert ist, ist seine Aktivität zerstört, weil das aktive Zentrum kollabiert ist.

Kapitel 15

15.1

(a) $K_p = K_c = 2{,}8 \times 10^{-2}$;

(b) Da $k_h < k_r$, muss [A] größer als [B] sein und der Partialdruck von A ist größer als der Partialdruck von B.

15.2

(a) Das *Massenwirkungsgesetz* drückt die Beziehung zwischen den Konzentrationen von Reaktanten und Produkten im Gleichgewicht für jede Reaktion aus. $K_c = [NOBr_2]/[NO][Br_2]$.

(b) Der *Gleichgewichtsausdruck* ist eine algebraische Gleichung, in der die Variablen die Gleichgewichtskonzentrationen der Reaktanten und Produkte für eine bestimmte chemische Reaktion sind. Die *Gleichgewichtskonstante* ist eine Zahl. Sie ist das Verhältnis, das aus dem Gleichgewichtsausdruck für eine bestimmte chemische Reaktion berechnet wird.

(c) Führen Sie eine bekannte Menge von $NOBr_2$ (*g*) in ein Gefäß mit bekanntem Volumen bei konstanter (bekannter) Temperatur ein. Messen Sie den Gesamtdruck im Kolben, wenn sich das Gleichgewicht eingestellt hat. Berechnen Sie anhand einer Gleichgewichtstabelle Gleichgewichtsdrücke, Konzentrationen und den Wert von K_c.

15.3

(a) Ja. Die algebraische Form des Massenwirkungsgesetzes hängt nur von den Koeffizienten der chemischen Gleichung ab und nicht vom Mechanismus.

(b) $N_2(g) + 3\ H_2(g) \rightleftharpoons 2\ NH_3(g)$. Das Haber-Bosch-Verfahren ist der wichtigste industrielle Prozess, der das reaktionsträge N_2 in das sehr viel reaktivere Ammoniak (NH_3) überführt. Dieses wird hauptsächlich für Düngemittel verwendet.

(c) $K_c = [NH_3]^2/[N_2][H_2]^3$.

15.4

(a) $K_c = [N_2O][NO_2]/[NO]^3$, homogen;

(b) $K_c = [CS_2][H_2]^4/[CH_4][H_2S]^2$, homogen;

(c) $K_c = [CO]^4/[Ni/(CO)_4]$, heterogen;

(d) $K_c = [H^+][F^-]/[HF]$, homogen;

(e) $K_c = [Ag^+]^2/[Zn^{2+}]$, heterogen.

15.5

(a) Hauptsächlich Reaktanten;

(b) hauptsächlich Produkte.

15.6

$K_p = 1{,}0 \times 10^{-3}$.

15.7

$K_p = 34{,}5$. $\Delta n = 1 - 2 = -1$;

$K_p = K_c(RT)^{\Delta n}$; $34{,}5 = K_c(RT)^{-1} = K_c/RT$;

$K_c = 34{,}5\ RT = 34{,}5 \times 0{,}08206 \times 303 = 857{,}81 = 858$.

15.8

(a) $K_c = 77$;

(b) Das Gleichgewicht begünstigt bei dieser Temperatur NO und Br_2.

15.9

(a) $K_p = 0{,}541$;

(b) $K_p = 3{,}42$;

(c) $K_c = 128$.

15.10

$K_c = 0{,}16$.

15.11

(a) $K_p = p_{O_2}$;

(b) Die molare Konzentration, das Verhältnis von Mol einer Substanz zum Volumen, das von der Substanz eingenommen wird, ist für reine Festkörper und Flüssigkeiten konstant.

15.12

$K_c = 0{,}0204$.

15.13

$K_p = 51$.

15.14

(a) $K_p = p_{PCl5}/p_{PCl3} \times p_{Cl2} = 1{,}30\ atm/(0{,}124\ atm \times 0{,}157\ atm) = 66{,}8\ atm^{-1}$.

Lösungen

(b) Da $K_p > 1$ ist, werden die Produkte gegenüber den Reaktanden begünstigt.

15.15

(a) $[H_2] = 0{,}012\ M$,
$[N_2] = 0{,}019\ M$, $[H_2O] = 0{,}138\ M$;

(b) $K_c = 653{,}7 = 7 \times 10^2$.

15.16

(a) $p_{CO_2} = 4{,}10$ atm, $p_{H_2} = 2{,}05$ atm,
$p_{H_2O} = 3{,}28$ atm;

(b) $p_{CO_2} = 3{,}87$ atm, $p_{H_2} = 1{,}82$ atm,
$p_{H_2O} = 3{,}51$ atm;

(c) $K_p = 0{,}11$.

15.17

(a) Ein Reaktionsquotient ist das Ergebnis einer allgemeinen Reihe von Konzentrationen, während die Gleichgewichtskonstante Gleichgewichtskonzentrationen erfordert.

(b) nach rechts

(c) Die zur Berechnung von Q verwendeten Konzentrationen müssen Gleichgewichtskonzentrationen sein.

15.18

(a) Ist der Wert von Q_c mit dem von K_c identisch, dann befindet sich das System im Gleichgewicht.

(b) Die Reaktion muss in Richtung der Reaktanden (nach links) verlaufen.

(c) $Q_c = 0$, wenn die Konzentration eines der Produkte Null ist.

15.19

(a) $Q = 1{,}1 \times 10^{-8}$, die Reaktion läuft nach links ab.

(b) $Q = 5{,}5 \times 10^{-12}$, die Reaktion läuft nach rechts ab.

(c) $Q = 2{,}2 \times 10^{-10}$, das Gemisch befindet sich im Gleichgewicht.

15.20

$p_{Cl_2} = 4{,}96$ atm

15.21

(a) $[Br_2] = 0{,}00767\ M$; $[Br] = 0{,}00282\ M$; 0,0451 g Br (g);

(b) $[H_2] = 0{,}014\ M$; $[I_2] = 0{,}00859\ M$; $[HI] = 0{,}081\ M$; 21 g HI.

15.22

$[NO] = 0{,}002\ M$; $[N_2] = [O_2] = 0{,}099\ M$.

15.23

Der Gleichgewichtsdruck von Br_2 (g) ist 0,416 atm.

15.24

$K_c = [NH_3][H_2S] = 1{,}2 \times 10^{-4}$. Entsprechend der Stöchiometrie ist die Gleichgewichtskonzentration von H_2S und NH_3 gleich. Wenn $x = [NH_3] = [H_2S]$, dann $x^2 = 1{,}2 \times 10^{-4}$, $x = 0{,}011$ mol/L.

15.25

(a) $[Ca^{2+}] = [SO_4^{2-}] = 4{,}9 \times 10^{-3}\ M$;

(b) Ein wenig mehr als 2,0 g $CaSO_4$ wird benötigt, um ein wenig ungelöstes $CaSO_4$ (s) im Gleichgewicht mit 3,0 L gesättigter Lösung zu haben.

15.26

$[IBr] = 0{,}447\ M$, $[I_2] = [Br_2] = 0{,}0267\ M$.

15.27

$K_c = [Ca^{2+}][CrO_4^{2-}] = 7{,}1 \times 10^{-4}$

Im Gleichgewicht: $x = [Ca^{2+}] = [CrO_4^{2-}]$

$K_c = 7{,}1 \times 10^{-4} = x^2$, $x = 0{,}027\ M$,

$[Ca^{2+}] = [CrO_4^{2-}] = 0{,}027$ mol/L.

15.28

(a) Das Gleichgewicht reagiert nach rechts.

(b) K wird kleiner.

(c) Das Gleichgewicht reagiert nach links.

(d) keine Wirkung;

(e) keine Wirkung;

(f) Das Gleichgewicht reagiert nach rechts.

15.29

(a) steigt an;

(b) steigt an;

(c) nimmt ab;

(d) kein Einfluss;

(e) kein Einfluss;

(f) kein Einfluss.

15.30

(a) Keine Wirkung;

(b) keine Wirkung;

(c) die Gleichgewichtskonstante wird größer;

(d) keine Wirkung.

Lösungen

15.31

(a) $\Delta H^\circ = -155{,}7$ kJ;

(b) Die Reaktion ist exotherm, daher wird die Gleichgewichtskonstante mit steigender Temperatur größer.

(c) Δn ist nicht gleich null, daher beeinflusst eine Änderung des Volumens bei konstanter Temperatur den Anteil von Produkten im Gleichgewichtsgemisch.

15.32

(a) $K_c = K_p = 1{,}5 \times 10^{-39}$;

(b) Im Gleichgewicht liegen viel mehr Reaktanten als Produkte vor.

15.33

$K_c = 0{,}71$.

15.34

(a) $p_t = 0{,}74$ atm;

(b) $K_p = 0{,}40$.

15.35

(a) $K_c = 7{,}0 \times 10^{-5}$;

(b) $[PH_3] = 2{,}5 \times 10^{-3}\,M$.

15.36

(a) $Q = 1{,}7$; $Q > K_p$; die Reaktion verschiebt sich nach links.

(b) $Q = 1{,}7$; $Q > K_p$; die Reaktion verschiebt sich nach links.

(c) $Q = 5{,}8 \times 10^{-3}$; $Q < K_p$; die Reaktion verschiebt sich nach rechts.

15.37

Der maximale Wert von Q ist 4,1, was kleiner als K_p ist; es findet eine Reduktion statt.

15.38

$p_{H_2} = p_{I_2} = 1{,}48$ atm; $p_{HI} = 10{,}22$ atm.

15.39

Der Patentanspruch ist unbegründet. Ein Katalysator ändert die Gleichgewichtsposition in einem System nicht, sondern nur die Geschwindigkeit, mit der man sich dem Gleichgewichtszustand annähert.

15.40

(a) (i) $K_c = [Na^+]/[Ag^+]$; (ii) $K_c = [Hg^{2-}]^3/[Ag^{3+}]^2$; (iii) $K_c = [Zn^{2+}]\, p_{H_2} /[H^+]^2$;

(b) In der Spannungsreihe:

(i) Ag^+ steht weit unter Na, daher läuft die Reaktion nach rechts ab und K_c ist groß.

(ii) Al^{3+} steht über Hg, daher läuft die Reaktion nach rechts ab und K_c ist klein.

(iii) H^+ steht unter Zn, daher läuft die Reaktion nach rechts ab und K_c ist groß.

(c) $K_c < 1$ für diese Reaktion, daher steht Cd unter Fe.

15.41

(a) Im Gleichgewicht findet die Hin- und Rückreaktion mit der gleichen Geschwindigkeit statt.

(b) Im Gleichgewicht werden Reaktanten begünstigt.

(c) Ein Katalysator senkt die Aktivierungsenergie für die Hin- und Rückreaktion.

(d) Das Verhältnis der Geschwindigkeitskonstanten bleibt unverändert.

(e) Der Wert von K wird mit steigender Temperatur größer.

15.42

Bei 850 °C, $K_p = 14{,}1$; bei 950 °C, $K_p = 73{,}8$; bei 1050 °C, $K_p = 2{,}7 \times 10^2$, bei 1200 °C, $K_p = 1{,}7 \times 10^3$. Weil K mit steigender Temperatur größer wird, ist die Reaktion endotherm.

Lösungen

Kapitel 16

16.1

HCl- und H_2SO_4-Lösungen leiten den elektrischen Strom, schmecken sauer, färben Lackmuspapier rot (denn sie sind sauer), neutralisieren basische Lösungen und reagieren mit unedlen Metallen unter Bildung von $H_2(g)$. Die beiden Lösungen, HCl und H_2SO_4 , haben diese gemeinsamen Eigenschaften, denn in beiden Fällen handelt es sich um starke Säuren. Das bedeutet, beide Moleküle dissoziieren in H_2O praktisch vollständig und es bilden sich H^+ (*aq*) und ein Anion (HSO_4^- dissoziiert nicht gänzlich, aber der erste Dissoziationsschritt von H_2SO_4 verläuft fast vollständig). In der Gegenwart von Ionen leiten Lösungen den elektrischen Strom; die weiteren Eigenschaften gehen auf die H^+ (*aq*)-Ionen zurück, wenn ihre Konzentration höher als 1×10^{-7} *M* ist.

16.2

(a) Die Definition einer Säure nach Arrhenius ist auf wässrige Lösungen beschränkt, aber die Definition nach Brønsted–Lowry lässt sich auf jeden physikalischen Zustand anwenden.
(b) HCl ist die Brønsted– Lowry-Säure und NH_3 ist die Brønsted–Lowry-Base.

16.3

(a) IO_3^-;
(b) NH_3;
(c) HPO_4^{2-};
(d) $C_6H_5COO^-$.

16.4

(a) HCN; (b) OH^-;
(c) $H_2PO_4^-$; (d) $C_2H_5NH_3^+$.

16.5

Säure +	Base $\rightleftharpoons$	konjugierte Säure +	konjugierte Base
(a) $NH_4^+(aq)$	$CN^-(aq)$	HCN (*aq*)	NH_3 (*aq*)
(b) $H_2O(l)$	$(CH_3)_3N$ (*aq*)	$(CH_3)_3NH^+(aq)$	$OH^-(aq)$
(c) HCOOH (*aq*)	$PO_4^{3-}(aq)$	$HPO_4^{2-}(aq)$	$HCOO^-(aq)$

16.6

(a) Säure: $HC_2O_4^-(aq) + H_2O\,(l) \rightleftharpoons C_2O_4^{2-}\,(aq) + H_3O^+\,(aq)$;
Base: $HC_2O_4^-\,(aq) + H_2O\,(l) \rightleftharpoons H_2C_2O_4\,(aq) - OH^-\,(aq)$;
(b) $H_2C_2O_4$ ist die konjugierte Säure von $HC_2O_4^-$ und $C_2O_4^{2-}$ ist die konjugierte Base von $HC_2O_4^-$.

16.7

(a) HNO_2: schwache Säure; NO_2^-: schwache Base;
(b) H_2SO_4: starke Säure; HSO_4^-: verschwindende Basenstärke;
(c) HPO_4^{2-}: schwache Säure; PO_4^{3-}: schwache Base;
(d) CH_4: verschwindende Säurestärke; CH_3^-: sehr starke Base;
(e) $CH_3NH_3^+$: schwache Säure; CH_3NH_2: schwache Base.

16.8

(a) HBr ist die stärkere Säure.
(b) F^-. HCl ist eine stärkere Säure als HF; daher ist F^- die stärkere konjugierte Base.

16.9

(a) OH^- (*aq*) + OH^- (*aq*), das Gleichgewicht liegt auf der rechten Seite.
(b) H_2S (*aq*) + CH_3COO^- (*aq*), das Gleichgewicht liegt auf der rechten Seite.
(c) HNO_3 (*aq*) + OH^- (*aq*), das Gleichgewicht liegt auf der linken Seite.

16.10

(a) *Autodissoziation* ist die *Dissoziation* eines neutralen Moleküls zu einem Anion und einem Kation. Der Gleichgewichtsausdruck für die Autodissoziation des Wassers lautet $H_2O\,(l) \rightleftharpoons H^+\,(aq) + OH^-\,(aq)$.
(b) Reines Wasser ist ein schlechter elektrischer Leiter, denn es enthält nur sehr wenige Ionen.
(c) Eine saure Lösung enthält mehr H^+- als OH^- -Ionen.

16.11

(a) $2\ H_2O(l) \rightleftharpoons H_3O^+(aq) + OH^-(aq)$

(b) $K_W = [H_3O^+][OH^-]$. Der Term $[H_2O]$ wird weggelassen, da Wasser eine reine Flüssigkeit darstellt. Die Molarität (mol/L) reiner Stoffe ändert sich nicht, sobald sich das Gleichgewicht eingestellt hat.

(c) Wenn die Beziehung $[H_3O^+] < [OH^-]$ gilt, dann ist eine Lösung basisch.

16.12

(a) $[H^+] = 2,2 \times 10^{-11}\ M$, basisch;

(b) $[H^+] = 1,1 \times 10^{-6}\ M$, sauer;

(c) $[H^+] = 1,0 \times 10^{-8}\ M$, basisch.

16.13

$[H^+] = [OH^-] = 3,5 \times 10^{-8}\ M.$

16.14

(a) $[H^+]$ verändert sich um den Faktor 100.

(b) $[H^+]$ verändert sich um den Faktor 3,2.

16.15

(a) $[H^+]$ nimmt ab, der pH nimmt zu.

(b) Der pH liegt zwischen 3 und 4. Durch Berechnung ergibt sich pH = 3,2; die Lösung ist sauer.

(c) pH = 5,2 liegt zwischen 5 und 6, näher bei pH = 5. H^+- und OH^--Konzentrationen von $7 \times 10^{-6}\ M$ und $3 \times 10^{-9}\ M$ sind eine gute Schätzung. Durch Berechnung ergibt sich $[H^+] = 6 \times 10^{-6}\ M$ und $[OH^-] = 2 \times 10^{-9}\ M$.

16.16

$[H^+]$	$[OH^-]$	pH	pOH	sauer oder basisch
$7,5 \times 10^{-3}\ M$	$1,3 \times 10^{-12}\ M$	2,12	11,88	sauer
$2,8 \times 10^{-5}\ M$	$3,6 \times 10^{-10}\ M$	4,56	9,44	sauer
$5,6 \times 10^{-9}\ M$	$1,8 \times 10^{-6}\ M$	8,25	5,75	basisch
$5,0 \times 10^{-9}\ M$	$2,0 \times 10^{-6}\ M$	8,30	5,70	basisch

16.17

$[H^+] = 4,0 \times 10^{-8}\ M$, $[OH^-] = 6,0 \times 10^{-7}\ M$, pOH = 6,22.

16.18

(a) Eine starke Säure dissoziiert in wässriger Lösung praktisch vollständig in Ionen.

(b) $[H^+] = 0,500\ M$;

(c) HCl, HBr, HI.

16.19

(a) $[H^+] = 8,5 \times 10^{-3}\ M$, pH = 2,07;

(b) $[H^+] = 0,0419\ M$, pH = 1,377;

(c) $[H^+] = 0,0250\ M$, pH = 1,602;

(d) $[H^+] = 0,167\ M$, pH = 0,778.

16.20

(a) $[OH^-] = 3,0 \times 10^{-3}\ M$, pH = 11,48;

(b) $[OH^-] = 0,3758\ M$, pH = 13,5750;

(c) $[OH^-] = 8,75 \times 10^{-5}\ M$, pH = 9,942;

(d) $[OH^-] = 0,17\ M$, pH = 13,23.

16.21

$3,2 \times 10^{-3}\ M$ NaOH.

16.22

pOH = 14 – pH = 14 – 12,05 = 1,95

pOH = 1,95 = $-\lg[OH^-]$; $[OH^-] = 10^{-1,95} = 0,01122 = 1,1 \times 10^{-2}$ mol/L,

$[OH^-] = 2[Ca(OH)_2]$; $[Ca(OH)_2] = [OH^-]/2 = 0,01122/2 = 5,6 \times 10^{-3}$ mol/L.

16.23

pH = 13,400.

16.24

(a) $HBrO_2\ (aq) \rightleftharpoons H^+\ (aq) + BrO_2^-(aq)$,

$K_S = [H^+][BrO_2^-]/[HBrO_2]$;

$HBrO_2\ (aq) + H_2O\ (l) \rightleftharpoons H_3O^+\ (aq) + BrO_2^-(aq)$,

$K_S = [H_3O^+][BrO_2^-]/[HBrO_2]$;

(b) $C_3H_6O_2\ (aq) \rightleftharpoons H^+\ (aq) + C_3H_5O_2^-\ (aq)$,

$K_S = [H^+][C_3H_5O_2^-]/[C_3H_6O_2]$;

$C_3H_6O_2\ (aq) + H_2O\ (l) \rightleftharpoons H_3O^+\ (aq) + C_3H_5O_2^-\ (aq)$,

$K_S = [H_3O^+][C_3H_5O_2^-]/[C_3H_6O_2]$.

16.25

$K_S = 1,4 \times 10^{-4}$ mol/L.

16.26

$K_S = [H^+][C_8H_7O_2^-]/[C_8H_7OOH]$
$[H^+] = [C_8H_7O_2^-] = 10^{-2,68} = 2,09 \times 10^{-3} \approx 2,1 \times 10^{-3}$ mol/L,
$[C_8H_7OOH] = 0,085 - 2,09 \times 10^{-3} = 0,0829 = 0,083$ mol/L,
$K_S = (2,09 \times 10^{-3})2/0,0829 = 5,3 \times 10^{-5}$.

16.27

$[H^+] = [ClCH_2COO^-] = 0,0110$ M,
$[ClCH_2COOH] = 0,089$ M,
$K_S = 1,4 \times 10^{-3}$ mol/L.

16.28

0,089 M CH_3COOH.

16.29

$[H^+] = [C_7H_5O_2^-] = 1,8 \times 10^{-3}$ M,
$[C_7H_6O_2] = 0,048$ M.

16.30

(a) $[H^+] = 1,1 \times 10^{-3}$ M, pH = 2,95;
(b) $[H^+] = 1,7 \times 10^{-4}$ M, pH = 3,76;
(c) $[OH^-] = 1,4 \times 10^{-5}$ M, pH = 9,15.

16.31

$[H^+] = 2,0 \times 10^{-2}$ M, pH = 1,71.

16.32

(a) $[H^+] = 2,8 \times 10^{-3}$ M, 0,69 % Dissoziation;
(b) $[H^+] = 1,4 \times 10^{-3}$ M, 1,4 % Dissoziation;
(c) $[H^+] = 8,7 \times 10^{-4}$ M, 2,2 % Dissoziation.

16.33

(a) 0,721 %
(b) 1,27 %
(c) 2,55 %

16.34

HX $(aq) \rightleftharpoons H^+ (aq) + X^- (aq)$; $K_S = [H^+][X^-]/[HX]$. Nehmen Sie an, dass der dissoziierte Anteil (Prozentsatz) der Säure klein ist. Es sei $[H^+] = [X^-] = y$; $K_S = y^2/[HX]$; $y = K_S^{1/2}[HX]^{1/2}$. Prozentualer Dissoziationsgrad = y/[HX] × 100. Wir setzen für y ein und erhalten den prozentualen Dissoziationsgrad als $100\ K_S^{1/2}[HX]^{1/2}/[HX]$ oder $100\ K_S^{1/2}[HX]^{1/2}$. Der prozentuale Dissoziationsgrad hängt vom Kehrwert der Quadratwurzel der HX-Konzentration ab.

16.35

$[H^+] = 5,72 \times 10^{-3}$ M, pH = 2,24, $[C_6H_6O_7^{3-}] = 1,2 \times 10^{-9}$ M. Hier ist die Näherung, nach der die erste Dissoziation weniger als 5 % der gesamten Säurekonzentration ausmacht, nicht gültig und wir müssen die quadratische Gleichung lösen. Die H^+-Konzentrationen aus der zweiten und der dritten Dissoziation sind im Vergleich zur ersten Dissoziation klein. Daher können wir bei der Berechnung von $[H^+]$ und pH die zweite und die dritte Dissoziation vernachlässigen.

16.36

Jede Brønsted–Lowry-Base verfügt über mindestens ein freies Elektronenpaar, das H^+-Ionen anzieht.

16.37

Organische Amine (neutrale Moleküle mit nichtbindenden Elektronenpaar am N-Atom) und Anionen, die konjugierte Basen von schwachen Säuren sind, reagieren als schwache Basen.

16.38

Aus der quadratischen Formel ergibt sich $[OH^-] = 6,6 \times 10^{-3}$ M, pH = 11,82.

16.39

(a) $[C_{10}H_{15}ON] = 0,033$ M, $[C_{10}H_{15}ONH^+] = [OH^-] = 2,1 \times 10^{-3}$ M;
(b) $K_B = 1,4 \times 10^{-4}$ mol/L.

16.40

(a) Wenn es sich um ein konjugiertes Säure-Base-Paar wie C_6H_5OH / $C_6H_5O^-$ handelt, kann man die Konstante K_B der konjugierten Base stets aus K_S der konjugierten Säure berechnen. Daher ist eine separate Liste der K_B-Werte nicht erforderlich.
(b) $K_B = 7,7 \times 10^{-5}$ mol/L; (c) Phenolat ist eine stärkere Base als NH_3.

16.41

(a) Essigsäure ist die stärkere Säure.
(b) Das Hypochloritíon ist die stärkere Base.
(c) K_B von $CH_3COO^- = 5,6 \times 10^{-10}$ mol/L, K_B von $ClO^- = 3,3 \times 10^{-7}$ mol/L.

16.42

(a) $[OH^-] = 1{,}4 \times 10^{-3}\ M$, pH = 11,15;

(b) $[OH^-] = 3{,}8 \times 10^{-3}\ M$, pH = 11,58;

(c) $[NO_2^-] = 0{,}50\ M$, $[OH^-] = 3{,}3 \times 10^{-6}\ M$, pH = 8,52.

16.43

(a) Sauer;

(b) sauer;

(c) basisch;

(d) neutral;

(e) sauer.

16.44

Das unbekannte Salz ist NaF.

16.45

$[OH^-] = 5{,}0 \times 10^{-6}\ M$, pH = 8,70.

16.46

(a) Wenn die Elektronegativität des Zentralatoms (X) zunimmt, steigt die Säurestärke einer Sauerstoffsäure an.

(b) Die Säurestärke einer Sauerstoffsäure nimmt mit der Anzahl der nicht an Wasserstoffatome gebundenen Sauerstoffatome des Moleküls zu.

16.47

(a) HNO_3 ist die stärkere Säure, da sie mehr nicht an Wasserstoffatome gebundene Sauerstoffatome besitzt und die Oxidationszahl des N-Atoms höher ist.

(b) Die Säurestärke von Elementwasserstoffverbindungen nimmt innerhalb einer Gruppe nach unten hin zu. Daher ist H_2S eine stärkere Säure als H_2O.

(c) H_2SO_4 ist die stärkere Säure, da das H^+ wesentlich fester an das HSO_4^--Ion gebunden ist.

(d) Die Säurestärke einer Sauerstoffsäure nimmt mit steigender Elektronegativität des Zentralatoms zu. Daher ist H_2SO_4 die stärkere Säure.

(e) CCl_3COOH ist stärker, denn die elektronegativen Cl-Atome ziehen die Elektronendichte von den anderen Teilen des Moleküls weg. Das lockert die O — H-Bindung und stabilisiert die anionische konjugierte Base. Beide Effekte begünstigen die Dissoziation und somit die Säurestärke.

16.48

(a) BrO^-;

(b) BrO^-;

(c) HPO_4^{2-}.

16.49

(a) Richtig;

(b) Falsch. In einer Reihe von Säuren mit dem gleichen Zentralatom nimmt die Säurestärke mit der Zahl der nicht an Wasserstoffatome gebundenen Sauerstoffatome zu, die an das Zentralatom gebunden sind.

(c) Falsch. H_2Te ist eine stärkere Säure als H_2S, da die H — Te-Bindung länger, schwächer und leichter dissoziierbar ist als die H — S-Bindung.

16.50

(a) richtig;

(b) Falsch; für Sauerstoffsäuren mit der gleicher Struktur aber unterschiedlichem Zentralatom nimmt die Säurestärke entsprechend der Zunahme der Elektronegativität des Zentralatoms zu;

(c) Falsch; HF ist die schwächste Säure in der Reihe HX (X = Halogenid), da die H-F Bindungsstärke am höchsten ist.

16.51

Ja. Die Definition einer Base nach Arrhenius als OH^- (*aq*)-Donor ist am stärksten eingeschränkt, die Definition nach Brønsted als H^+-Akzeptor ist allgemeiner und die Definition nach Lewis als Elektronenpaardonor ist die allgemeinste.

16.52

(a) Säure: Fe $(ClO_4)_3$ oder Fe^{3+}; Base: H_2O;

(b) Säure: H_2O; Base: CN^-;

(c) Säure: BF_3; Base: $(CH_3)_3N$;

(d) Säure: HIO; Base: NH_2^-.

16.53

(a) Cu^{2+}, höhere Kationenladung;

(b) Fe^{3+}, höhere Kationenladung;

(c) Al^{3+}, kleinerer Kationenradius, gleiche Ladung.

16.54

(a) $ZnBr_2$, kleinerer Ionenradius, gleiche Ladung;

(b) $NiBr_2$, kleinerer Ionenradius, gleiche Ladung.

Lösungen

16.55

(a) K_W ist das Produkt aus den Konzentrationen der Hydronium- und Hydroxidionen.

(b) K_S ist die Gleichgewichtskonstante der Reaktion einer Säure mit Wasser zu einem Hydroniumion und der konjugierten Base der Säure.

(c) Der pOH-Wert ist der negative dekadische Logarithmus der Hydroxidionen-Konzentration und nimmt bei steigender Hydroxidionen-Konzentration ab.

16.56

(a) Bei zunehmender O_2-Konzentration lösen sich Protonen vom HbH^+-Ion ab und es entsteht eine stärker saure Lösung; der pH in der Lunge fällt unter den Wert des Gewebes.

(b) basisch;

(c) Eine hohe $[H^+]$-Konzentration verschiebt das Gleichgewicht in Richtung des HbH^+ mit gebundenem Proton. Daraus folgt eine Absenkung der HbO_2-Konzentration im Blut, was die Fähigkeit des Hämoglobins zum Sauerstofftransport blockiert.

16.57

$K_S = 1{,}4 \times 10^{-5}$ mol/L.

16.58

$[H^+] = 0{,}010\ M$, $[H_2PO_4^-] = 0{,}010\ M$, $[HPO_4^{2-}] = 6{,}2 \times 10^{-8}\ M$, $[PO_4^{3-}] = 2{,}6 \times 10^{-13}\ M$.

16.59

$6{,}0 \times 10^{13}$ H^+-Ionen.

16.60

(a) Im Rahmen der Genauigkeit der angegebenen Daten betrug der pH des Regenwassers vor 40 Jahren 5,4; es besteht kein Unterschied zum heutigen pH. Mit weiteren signifikanten Stellen ergibt sich $[H^+] = 3{,}63 \times 10^{-6}\ M$ und pH $= 5{,}440$.

(b) Ein 20,0-L-Eimer heutigen Regenwassers enthält 0,02 L gelöstes CO_2 (mit weiteren signifikanten Stellen: 0,0200 L).

16.61

[Kokain] $= 2{,}93 \times 10^{-3}\ M$, $[OH^-] = 3{,}4 \times 10^{-6}\ M$, $K_B = 3{,}9 \times 10^{-9}$ mol/L.

16.62

(a) $K(\text{i}) = 5{,}6 \times 10^3\ (\text{mol/L})^{-1}$; $K(\text{ii}) = 10$;

(b) Sowohl für (i) als auch für (ii) ist $K > 1$. Daher kann man beide Gleichungen mit einem einfachen Pfeil schreiben.

Lösungen

Kapitel 17

17.1

(a) Der Dissoziationsgrad eines schwachen Elektrolyten nimmt ab, wenn ein starker Elektrolyt, der mit dem schwachen Elektrolyt ein gleiches Ion hat, hinzugegeben wird.

(b) $NaNO_2$.

17.2

(a) pH-Wert nimmt zu;
(b) pH-Wert nimmt ab;
(c) pH-Wert nimmt zu;
(d) keine Änderung;
(e) pH-Wert nimmt ab.

17.3

(a) pH-Wert nimmt zu;
(b) pH-Wert nimmt ab;
(c) pH-Wert nimmt zu;
(d) pH-Wert nimmt zu;
(e) keine Änderung.

17.4

(a) $[H^+] = 1{,}8 \times 10^{-5}$ *M*, pH = 4,73;
(b) $[OH^-] = 4{,}8 \times 10^{-5}$ *M*, pH = 9,68;
(c) $[H^+] = 1{,}4 \times 10^{-5}$ *M*, pH = 4,87.

17.5

(a) 4,5 % Dissoziation;
(b) 0,018 % Dissoziation.

17.6

In einem Gemisch aus CH_3COOH und $NaCH_3COO$ reagiert CH_3COOH mit hinzugefügter Base und CH_3COO^- mit hinzugefügter Säure, so dass $[H^+]$ sich nur wenig ändert. Obwohl es sich bei HCl und Cl^- um ein konjugiertes Säure-Base-Paar handelt, neigt Cl^- nicht dazu, mit hinzugefügter Säure zu undissoziiertem HCl zu reagieren. Hinzugefügte Säure führt in einem Gemisch aus HCl und NaCl lediglich zu einer Erhöhung von $[H^+]$.

17.7

(a) pH = 3,82;
(b) pH = 3,96.

17.8

(a) pH = 4,60;

(b) $Na^+ (aq) + CH_3COO^- (aq) + H^+ (aq) + Cl^- (aq) \longrightarrow CH_3COOH (aq) + Na^+ (aq) + Cl^- (aq)$;

(c) $CH_3COOH (aq) + Na^+ (aq) + OH^- (aq) \longrightarrow CH_3COO^- (aq) + H_2O (l) + Na^+ (aq)$.

17.9

0,18 mol NaBrO.

17.10

(a) pH = 4,86;
(b) pH = 5,0;
(c) pH = 4,71.

17.11

(a) $[HCO_3^-]/[H_2CO_3] = 11$;
(b) $[HCO_3^-]/[H_2CO_3] = 5{,}4$.

17.12

360 mL 0,10 *M* NaHCOO-Lösung, 640 mL 0,10 *M* HCOOH-Lösung.

17.13

(a) Kurve B;

(b) pH-Wert nahe am Äquivalenzpunkt der Kurve A = 8,0; pH-Wert nahe am Äquivalenzpunkt der Kurve B = 7,0;

(c) Bei gleichen Volumina von A und B ist die Konzentration der Säure B größer, weil bei dieser Säure zum Erreichen des Äquivalenzpunkts eine größere Menge an Base erforderlich ist.

17.14

(a) Kein Unterschied. In beiden Fällen ist die gleiche Menge an Base erforderlich, um den Äquivalenzpunkt zu erreichen.

(b) Bei der Titration der schwachen Säure ist der anfängliche pH-Wert höher als im Falle der starken Säure.

(c) Der pH-Wert ist beim Äquivalenzpunkt der Titration der schwachen Säure höher.

(d) Der pH-Wert ist in beiden Fällen etwa identisch.

Lösungen

(e) Bei der Titration einer schwachen Säure ist ein Indikator nötig, der seinen Umschlagbereich bei höherem pH-Wert aufweist als der, welcher bei der Titration der starken Säure eingesetzt werden muss. Im Übrigen ist der Farbumschlag bei der Titration der schwachen Säure schwerer zu erkennen, als bei der starken Säure.

17.15

(a) oberhalb von pH 7;
(b) unterhalb von pH 7;
(c) bei pH 7.

17.16

(a) HX ist schwächer. Je höher der pH-Wert am Äquivalenzpunkt ist, desto stärker ist die konjugierte Base (X^-) und desto schwächer ist die konjugierte Säure HX.
(b) Phenolphthalein ist aufgrund seines Farbumschlags im pH-Wert-Bereich 8–10 optimal für HX und wahrscheinlich auch für HY geeignet.

17.17

(a) Am Äquivalenzpunkt wurden 0,10 mol/L^{-1} × 0,0300 L = 0,0030 mol HX hinzugefügt.
(b) $BH^+(aq)$.
(c) Sowohl K_s von BH^+ als auch $[BH^+]$ bestimmen den pH-Wert am Äquivalenzpunkt.
(d) Da der pH-Wert am Äquivalenzpunkt kleiner als 7 ist, bietet sich Methylrot als Indikator an.

17.18

(a) 42,4 mL NaOH-Lösung;
(b) 35,0 mL NaOH-Lösung;
(c) 29,8 mL NaOH-Lösung.

17.19

(a) pH = 1,54;
(b) pH = 3,30;
(c) pH = 7,00;
(d) pH = 10,69;
(e) pH = 12,74.

17.20

(a) pH = 2,78;
(b) pH = 4,74;
(c) pH = 6,58;
(d) pH = 8,81;
(e) pH = 11,03;
(f) pH = 12,42.

17.21

(a) pH = 7,00;
(b) $[HONH_3^+]$ = 0,100 *M*, pH = 3,52;
(c) $[C_6H_5NH_3^+]$ = 0,100 *M*, pH = 2,82.

17.22

(a) Die Konzentration des ungelösten Festkörpers fließt nicht in das Löslichkeitsprodukt ein, weil es sich um eine Konstante handelt.
(b) $K_L = [Ag^+][I^-]$; $K_L = [Sr^{2+}][SO_4^{2-}]$; $K_L = [Fe^{2+}][OH^-]^2$; $K_L = [Hg_2^{2+}][Br^-]^2$.

17.23

(a) $K_L = 7{,}63 \times 10^{-9}\ mol^3/L^3$;
(b) $K_L = 2{,}7 \times 10^{-9}\ mol^3/L^3$;
(c) $5{,}3 \times 10^{-4}$ mol Ba $(IO_3)_2$ /L.

17.24

$K_L = 2{,}3 \times 10^{-9}\ mol^2/L^2$.

17.25

$PbI_2(s) \rightleftharpoons Pb^{2+}(aq) + 2\ I^-(aq)$; $K_L = [Pb^{2+}][I^-]^2$
$[Pb^{2+}] = (0{,}54\ g\ PbI_2/1{,}00\ L) \times (1\ mol\ PbI_2/461{,}0\ PbI_2) = 1{,}17 \times 10^{-3} \approx 1{,}2 \times 10^{-3}\ mol/L$
$[I^-] = 2[Pb^{2+}]$; $K_L = [Pb^{2+}] \times (2[Pb^{2+}])^2 = 4[Pb^{2+}]^3 = 4(1{,}17 \times 10^{-3})^3 = 6{,}4 \times 10^{-9}$.

17.26

(a) $7{,}1 \times 10^{-7}$ mol AgBr /L;
(b) $1{,}7 \times 10^{-11}$ mol AgBr /L;
(c) $5{,}0 \times 10^{-12}$ mol AgBr /L.

17.27

(a) $1{,}4 \times 10^3$ g Mn $(OH)_2$ /L;
(b) 0,014 g/L;
(c) $3{,}6 \times 10^{-7}$ g/L.

17.28

Bei den folgenden Stoffen ist die Löslichkeit in Säure höher:
(a) $ZnCO_3$; (b) ZnS; (d) AgCN; (e) $Ba_3(PO_4)_2$.

17.29

$[Cu^{2+}] = 2 \times 10^{-12}$ *M*.

17.30

$K = K_L \times K_f = 8 \times 10^4$.

Lösungen

17.31

(a) $Q < K_L$; es fällt kein Ca $(OH)_2$ aus;
(b) $Q < K_L$; es fällt kein Ag_2SO_4 aus.

17.32

pH = 11,5.

17.33

Zuerst fällt bei $[I^-] = 4{,}2 \times 10^{-13}$ M AgI aus.

17.34

In den ersten beiden Experimenten fallen die Elemente der Gruppen 1 und 2 aus. Aufgrund des Ausbleibens von unlöslichen Carbonatniederschlägen im Filtrat des dritten Experiments kann die Anwesenheit von Elementen der Gruppe 4 ausgeschlossen werden. Es können sich also Elemente der Gruppen 3 (Al^{3+}, Fe^{3+}, Zn^{2+}, Cr^{3+}, Ni^{2+}, Co^{2+} und Mn^{2+}) und 5 (NH_4^+, Na^+oder K^+) in der Lösung befinden.

17.35

(a) Säuern Sie die Lösung mit 0,5 M HCl an und sättigen Sie sie anschließend mit H_2S. Dabei fällt CdS aus, ZnS dagegen nicht.
(b) Fügen Sie überschüssige Base hinzu. Dabei fällt Fe $(OH)_3(s)$ aus, Cr^{3+} bildet dagegen den löslichen Komplex Cr $(OH)_4^-$.
(c) Fügen Sie $(NH_4)_2HPO_4$ zur Lösung hinzu. Dabei fällt Mg^{2+} als $MgNH_4PO_4$ aus, K^+ verbleibt dagegen in Lösung.
(d) Fügen Sie 6 M HCl zur Lösung hinzu. Dabei fällt Ag^+ als AgCl (s) aus, Mn^{2+} verbleibt dagegen in Lösung.

17.36

(a) Die Lösung wird leicht angesäuert und mit H_2S-Gas gesättigt. Dabei fällt CdS aus, Na^+ bleibt in Lösung.
(b) Die Lösung wird angesäuert und mit H_2S-Gas gesättigt. Dabei fällt CuS aus, Mg^{2+} bleibt in Lösung.
(c) Man gibt zur eisgekühlten Lösung HCl, wobei $PdCl_2$ ausfällt; $Al^{3+}(aq)$ bleibt in Lösung.
(d) Man gibt eine verdünnte HCl-Lösung hinzu, wobei AgCl ausfällt; Hg^{2+} bleibt in Lösung.

17.37

(a) Die Zugabe einer Base führt zu einer Erhöhung von $[PO_4^{3-}]$. Auf diese Weise wird das Löslichkeitsprodukt der gewünschten Metallphosphate überschritten, so dass die Metalle als Phosphatsalze ausfallen.
(b) Die Werte von K_L der Kationen der Gruppe 3 sind wesentlich größer, so dass zur Überschreitung von K_L ein höherer Wert von $[S^{2-}]$ benötigt wird.
(c) Alle Kationen sollten sich in stark saurer Lösung wieder auflösen.

17.38

(a) pH = 3,025;
(b) pH = 2,938;
(c) pH = 12,862.

17.39

$K_s = [H^+][In^-]/[HIn]$; bei pH = 4,68, $[HIn] = [In^-]$; $[H^+] = K_s$; pH = pK_s = 4,68.

17.40

(a) pH-Wert von Puffer A = pH-Wert von Puffer B = 3,74. Bei Puffern mit gleichem Säure-Base-Paar berechnet sich der pH-Wert aus dem Verhältnis der Konzentrationen der Säure und der konjugierten Base. Bei beiden Puffern, A und B, ist das Verhältnis dieser Konzentrationen gleich, so dass ihre pH-Werte ebenfalls gleich sind.
(b) Die Pufferkapazität hängt von der absoluten Menge der Pufferkomponenten ab, die zur Neutralisation einer starken Säure oder einer starken Base zur Verfügung stehen. Puffer A verfügt über die höhere Kapazität, weil bei diesem Puffer die absoluten Konzentrationen von HCOOH und $HCOO^-$ größer sind.
(c) Puffer A: pH-Wert = 3,74, ΔpH = 0,00; Puffer B: pH-Wert = 3,66, ΔpH = –0,12;
(d) Puffer A: pH-Wert = 3,74, ΔpH = 0,00; Puffer B: pH-Wert = 2,74, ΔpH = –1,00;
(e) Die Ergebnisse der Aufgabenteile c und d sind die quantitative Bestätigung dafür, dass Puffer A eine erheblich größere Kapazität hat als Puffer B.

17.41

(a) molare Masse = 82,2 g/mol;
(b) $K_S = 3{,}8 \times 10^{-7}$ mol/L.

17.42

(a) $[OH^-] = 4{,}23 \times 10^{-3}\ M$; pH = 11,63;

(b) Zum Erreichen des ersten Äquivalenzpunkts werden 40,00 mL 0,100 *M* HCl benötigt. Zu diesem Zeitpunkt liegt in der Lösung hauptsächlich HCO_3^- vor.

(c) Zur Bildung von H_2CO_3, dem am zweiten Äquivalenzpunkt vorherrschenden Stoff, werden weitere 40,00 mL Säure benötigt.

(d) $[H^+] = 1{,}2 \times 10^{-4}\ M$; pH = 3,92.

17.43

Es werden 1,6 L der 1,0 *M* NaOH-Lösung benötigt.

17.44

(a) CdS;

(b) $BaCrO_4$;

(c) $NiCO_3$;

(d) Ag_2SO_4.

17.45

pH = 10,38; pOH = 14,00 − 10,38 = 3,62;

$[OH^-] = 10^{-3{,}62} = 2{,}40 \times 10^{-4}$ mol/L;

$[Mg^{2+}] = 0{,}5[OH^-] = 1{,}20 \times 10^{-4}$ mol/L;

$K_L \approx [Mg^{2+}][OH^-]2 \approx (1{,}20 \times 10^{-4})(2{,}40 \times 10^{-4})^2$

$\approx 6{,}9 \times 10^{-12}$.

17.46

$[KMnO_4] = [MnO_4^-] = 0{,}11\ M$.

17.47

$[OH^-] = 1{,}7 \times 10^{-11}\ M$; pH-Wert des Puffers = 3,22.

17.48

(a) $H^+\ (aq) + HCOO^-\ (aq) \rightleftharpoons HCOOH\ (aq)$;

(b) $K = 5{,}6 \times 10^3\ (mol/L)^{-1}$;

(c) $[Na^+] = [Cl^-] = 0{,}075\ M$; $[H^+] = [HCOOH^-] = 3{,}7 \times 10^{-3}\ M$; $[HCOOH] = 0{,}071\ M$.

17.49

$[NH_4^+] = 0{,}40\ M$, $[NH_3] = 0{,}20\ M$, pH = 8,95.

17.50

$[Sr^{2+}] = [SO_4^{2-}] = 5{,}7 \times 10^{-4}\ M$;

$K_L = 3{,}2 \times 10^{-7}\ mol^2/L^2$.

Lösungen

Kapitel 18

18.1

(a) Ihr Temperaturprofil;

(b) Troposphäre, 0 bis 12 km; Stratosphäre, 12 bis 50 km; Mesosphäre, 50 bis 85 km; Thermosphäre, 85 bis 110 km.

18.2

Der Partialdruck von O_3 ist $3{,}0 \times 10^{-7}$ atm ($2{,}2 \times 10^{-4}$ Torr).

18.3

$8{,}4 \times 10^{16}$ CO-Moleküle.

18.4

570 nm.

18.5

(a) *Photodissoziation* ist die Spaltung einer Bindung, so dass zwei neutrale Teilchen erzeugt werden. *Photoionisierung* ist die Absorption eines Photons mit ausreichender Energie, um ein Elektron unter Bildung eines Ions zu entfernen.

(b) Die Photoionisierung von O_2 erfordert 1205 kJ/mol. Die Photodissoziation erfordert nur 495 kJ/mol. In niedrigeren Höhen ist die hochenergetische kurzwellige Sonnenstrahlung bereits absorbiert worden. Unterhalb 90 km führt die erhöhte Konzentration von O_2 und die Verfügbarkeit von langwelligerer Strahlung dazu, dass der Vorgang der Photodissoziation dominiert.

18.6

Die Dissoziationsenergie von N_2 (941 kJ/mol) ist viel größer als die von O_2 (495 kJ/mol). Photonen mit einer Energie, die ausreicht, um N_2 zu spalten, kommen nicht so häufig vor, wie Photonen des ultravioletten Lichts, die O_2 spalten können.

18.7

Ein Fluorkohlenwasserstoff ist eine Verbindung, die Wasserstoff, Fluor und Kohlenstoff enthält; sie enthält Wasserstoff anstelle von Chlor. FKWs sind potenziell weniger schädlich als FCKWs, da die Photodissoziation keine Cl-Atome erzeugt, die die Zerstörung von Ozon katalysieren.

18.8

(a) Die C — F-Bindung erfordert mehr Energie für die Dissoziation als die C — Cl-Bindung und wird nicht einfach durch das zur Verfügung stehende UV- Licht gespalten.

(b) Chlor ist in Form von Chloratomen und Chloroxidmolekülen, Cl und ClO, vorhanden.

18.9

(a) Methan, CH_4, entsteht bei der Zersetzung von organischem Material durch bestimmte Mikroorganismen; es entweicht auch aus unterirdischen Gasvorkommen.

(b) SO_2 wird in vulkanischen Gasen freigesetzt und es wird auch durch Bakterien bei der Zersetzung von pflanzlichem und tierischem Material erzeugt.

(c) Stickstoffmonoxid, NO, entsteht durch Oxidation von sich zersetzendem organischem Material und wird in Blitzen gebildet.

(d) CO ist ein mögliches Produkt der Zersetzung von einigen pflanzlichen Materialien.

18.10

(a) $H_2SO_4\,(aq) + CaCO_3\,(s) \longrightarrow CaSO_4\,(s) + H_2O\,(l) + CO_2\,(g)$;

(b) Das $CaSO_4$ (s) würde viel weniger reaktiv gegen saure Lösungen sein, da es eine stark saure Lösung erfordern würde, um das relevante Gleichgewicht nach rechts reagieren zu lassen.

$$CaSO_4\,(s) + 2\,H^+(aq) \rightleftharpoons Ca^{2+}\,(aq) + 2\,HSO_4^-\,(aq).$$

18.11

(a) Ultraviolett;

(b) 357 kJ/mol;

(c) Die durchschnittliche C — H-Bindungsenthalpie ist 413 kJ/mol. Die C — H-Bindungsenthalpie in CH_2O (357 kJ/mol) ist geringer als die „durchschnittliche" C — H-Bindungsenthalpie.

Lösungen

(d)

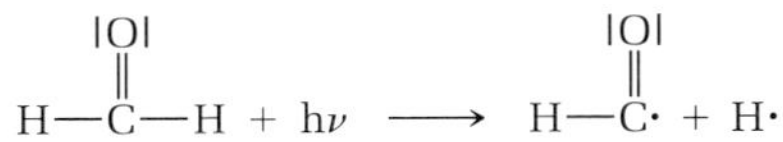

18.12
Die eingestrahlte und abgestrahlte Energie liegt in verschiedenen Bereichen des elektromagnetischen Spektrums. CO_2 ist für die eingestrahlte Energie durchlässig, absorbiert jedoch abgestrahlte Infrarotstrahlung.

18.13
(a) Ein „Treibhausgas“ absorbiert von der Erdoberfläche ausgesandte Strahlung und reflektiert sie als Wärmestrahlung.
(b) Ar ist ein einatomiges Gas. CH_4 hat vier C — H Bindungen, deren Schwingungen durch Infrarotstrahlung angeregt werden können.

18.14
0,099 M Na^+.

18.15
$4{,}361 \times 10^5$ g CaO.

18.16
Der minimal erforderliche Druck, um die Umkehrosmose zu initiieren, ist größer als 5,1 atm.

18.17
(a) CO_2 (*g*), HCO_3^-, H_2O (*l*), SO_4^{2-}, NO_3^-, HPO_4^{2-}, $H_2PO_4^-$;
(b) CH_4 (*g*), H_2S (*g*), NH_3 (*g*), PH_3 (*g*).

18.18
(a) Die Zersetzung organischer Stoffe durch Bakterien verbraucht O_2. Ein geringer Sauerstoffgehalt weist auf Verunreinigung durch organische Stoffe hin.
(b) Die Löslichkeit von Gasen in Wasser sinkt mit steigender Temperatur.

18.19
2,5 g O_2.

18.20
$Mg^{2+}(aq) + Ca(OH)_2(s) \longrightarrow Mg(OH)_2(s) + Ca^{2+}(aq)$

18.21
(a) Ca^{2+}, Mg^{2+}, Fe^{2+};
(b) Mehrwertige Kationen tragen zur Wasserhärte bei. Sie können mit Seife schwerlösliche Verbindungen bilden und dadurch die Waschwirkung beeinträchtigen.

18.22
0,42 mol $Ca(OH)_2$; 0,18 mol Na_2CO_3.

18.23
$4\,FeSO_4(aq) + O_2(aq) + 2\,H_2O(l) \longrightarrow 4\,Fe^{3+}(aq) + 4\,OH^- + 4\,SO_4^{2-}(aq)$;
$Fe^{3+}(aq) + 3\,HCO_3^-\,(aq) \longrightarrow Fe(OH)_3(s) + 3\,CO_2(g)$.

18.24
Je weniger Schritte ein Prozess enthält, desto weniger Abfall wird produziert. Prozesse mit weniger Schritten erfordern weniger Energie am Ort des Prozesses und für das nachfolgende Reinigen und die Entsorgung der Abfälle.

18.25
Katalysatoren erhöhen die Reaktionsgeschwindigkeit, da sie die Aktivierungsenergie verringern. Für eine Reaktion ohne Katalysator sind oft hohe Temperaturen erforderlich, um eine brauchbare Reaktionsgeschwindigkeit zu erzielen.

18.26
(a) H_2O;
(b) Es ist besser, Abfälle zu vermeiden als sie zu beseitigen. Erzeugen Sie so wenig nichttoxische Abfälle wie möglich. Chemische Prozesse sollten effizient sein. Rohstoffe sollten erneuerbar sein.

18.27
(a) Saurer Regen ist Regen mit größerem $[H^+]$ und niedrigerem pH als erwartet. Das zusätzliche H^+ wird durch die Auflösung von Schwefel- und Stickstoffoxiden in Regentröpfchen, unter Bildung von Schwefel- und Salpetersäure, gebildet.
(b) Ein Treibhausgas, wie z. B. CO_2 oder H_2O, absorbiert Infrarot- oder „Wärme“-Strahlung, die von der Erdoberfläche ausgestrahlt wird und hilft, eine relativ konstante Temperatur auf der Oberfläche aufrecht zu erhalten. Eine signifikante Zunahme der Treibhausgase in der Atmosphäre könnte ein

entsprechendes Ansteigen der durchschnittlichen Oberflächentemperatur bewirken und eine globale Klimaveränderung fördern.

(c) Photochemischer Smog ist eine unangenehme Ansammlung von atmosphärischen Schadstoffen, die durch die photochemische Dissoziation von NO_2 zu NO und O-Atomen ausgelöst wurde. Die hauptsächlichen Verbindungen sind NO (*g*), NO_2 (*g*), CO (*g*), O_3 (*g*) und unverbrannte Kohlenwasserstoffe aus Treibstoffen.

(d) Ozonabreicherung ist der Verlust von stratosphärischem Ozon aufgrund von Reaktionen zwischen O_3 und Cl. Zu wenig stratosphärisches Ozon erlaubt es schädlicher ultravioletter Strahlung, unser Ökosystem zu erreichen.

18.28

(a) Die Photodissoziation von $CBrF_3$ zu Br-Atomen erfordert weniger Energie als die Produktion von Cl-Atomen und sollte bereitwillig in der Stratosphäre stattfinden.

(b) $CBrF_3(g) \xrightarrow{h\nu} CF_3(g) + Br(g)$; $Br\ (g) + O_3\ (g) \longrightarrow BrO\ (g) + O_2\ (g)$.

18.29

Die Bildung von NO (*g*) ist endotherm, somit steigt K mit steigender Temperatur. Die Oxidation von NO (*g*) zu NO_2 (*g*) ist exotherm, somit fällt der Wert von *K* mit steigender Temperatur.

18.30

(a) $CH_4\ (g) + 2\ O_2\ (g) \longrightarrow CO_2\ (g) + 2\ H_2O\ (g)$;

(b) $2\ CH_4\ (g) + 3\ O_2\ (g) \longrightarrow 2\ CO\ (g) + 4\ H_2O\ (g)$;

(c) 9,5 L trockene Luft.

18.31

(a) Die Löslichkeit von Gasen in Wasser sinkt mit steigender Temperatur. Somit können die Ozeane bei höherer Temperatur weniger CO_2 lösen.

(b) Wenn weniger CO_2 im Meerwasser gelöst ist, erhöht sich der CO_2 Gehalt in der Atmosphäre.

18.32

Der größte Teil der 390 Watt/m^2, die von der Erdoberfläche abgestrahlt werden, liegt im infraroten Bereich des Spektrums. Treibhausgase absorbieren viel dieser Strahlung, die die Atmosphäre in der Nähe der Erdoberfläche erwärmt und den Planeten bewohnbar macht.

18.33

Gegeben: 169 W/m^2, 10 % Effektivität, Stadtfläche von New York 831 km^2, Verbrauch 55 W/m^2.
Elektrische Leistung pro Quadratmeter bei 10 % Ausbeute: 16,9 W/m^2. 55 : 16,9 = 3,3
Es wird also die 3,3 fache Stadtfläche benötigt, um den Verbrauch zu decken: $3{,}3 \times 831\ km^2 = 2742\ km^2$.

18.34

(a) $NO\ (g) + h\nu \longrightarrow N\ (g) + O\ (g)$;

(b) $NO\ (g) + h\nu \longrightarrow NO^+\ (g) + e^-$;

(c) $NO\ (g) + O_3\ (g) \longrightarrow NO_2\ (g) + O_2\ (g)$;

(d) $3\ NO_2\ (g) + H_2O\ (l) \longrightarrow 2\ HNO_3\ (aq) + NO\ (g)$.

18.35

Da NO ein ungepaartes Elektron, wie Cl (*g*), hat, könnte es als Katalysator für die Zersetzung von stratosphärischem Ozon dienen. Dies würde zu einem Anstieg der Menge an schädlicher ultravioletter Strahlung führen, die die Troposphäre erreicht. In der Troposphäre wird NO durch O_2 zu NO_2 oxidiert. Bei der Auflösung in Wasser disproportioniert NO_2 in NO_3^- (*aq*) und NO (*g*). Mit der Zeit wird das NO in der Troposphäre zu NO_3^- umgewandelt werden, das wiederum von Böden aufgenommen wird.

18.36

(a) $p_{NO_2} = 1{,}4 \times 10^{-5}$ Torr;

(b) 2×10^{19} NO_2-Moleküle.

18.37

13,3 Tage. Der Wert der Geschwindigkeitskonstanten begrenzt das Ergebnis auf 1 signifikante Nachkommastelle. Dies impliziert eine Unsicherheit von ± 1 in der Zehntelstelle unserer Antwort. Realistischerweise könnte die Sanierung irgendwo zwischen 1 bis 30 Tagen dauern.

18.38

(a) Die benötigte Energie ist $9{,}8 \times 10^3$ kJ/Gallonen H_2O.

(b) Die Energiekosten betragen $ 0,23/Gallonen H_2O.

(c) 18 % der Gesamtkosten sind für Energie.

Lösungen

18.39

(a) 17e⁻, 8,5e⁻ $\overline{O}=\dot{N}-\overline{\underline{O}}| \longleftrightarrow |\overline{\underline{O}}-\dot{N}=\overline{O}$

(b) Die Tatsache, dass NO_2 ein Radikal ist, zeigt, dass es hochreaktiv sein wird. Dimerisierung resultiert in der Bildung einer N — N-Einfachbindung, die das Oktett an beiden N-Atomen vervollständigt. In einem geschlossenen System existieren NO_2 und N_2O_4 im Gleichgewicht. In einer urbanen Umgebung wird NO_2 durch heiße Verbrennung in Automobilen erzeugt. Bei diesen Temperaturen bevorzugt das Gleichgewicht das Monomer, da die Reaktion exotherm ist.

(c) NO_2 ist ein Oxidationsmittel und CO ist ein Reduktionsmittel, folglich erwarten wir, dass die Produkte N in einer stärker reduzierten Form, NO oder N_2, und Kohlenstoff in einer stärker oxidierten Form, CO_2, enthalten.

(d) Nein. Da NO_2 ein sehr reaktives Radikal ist, erwarten wir, dass es, bevor es in die Stratosphäre migrieren kann, reagiert oder photodissoziiert.

18.40

(a) $1{,}2 \times 10^{-5}\,M$;

(b) durch Lösen der quadratischen Formel, $[H^+] = 2{,}03 \times 10^{-6}\,M$, pH = 5,69.

Kapitel 19

19.1

Spontan: b, c, d; nicht spontan: a, e.

19.2

(a) Spontan. Ein Gas expandiert, bis das Volumen des Behälters ausgefüllt ist.
(b) Nicht spontan. Ein Gasgemisch kann nicht ohne äußere Einwirkung getrennt werden.
(c) Nicht spontan. Der Luftballon platzt nicht ohne äußere Einwirkung.
(d) Spontan. NaCl hat eine geringere freie Enthalpie als Na und Cl_2.
(e) Spontan.

19.3

(a) NH_4NO_3 (*s*) löst sich in Wasser, wie z. B. in einem chemischen Kühlpäckchen. Naphthalin (Mottenkugeln) sublimiert bei Zimmertemperatur.
(b) Das Schmelzen eines Feststoffs ist oberhalb seines Schmelzpunkts spontan, aber unterhalb seines Schmelzpunkts nicht spontan.

19.4

(a) Endotherm;
(b) bei oder oberhalb 100 °C;
(c) unterhalb 100 °C;
(d) bei 100 °C.

19.5

(a) Exotherm. Es wird Erstarrungswärme frei.
(b) Bei Standarddruck gefriert 1-Propanol spontan bei Temperaturen unter –127 °C.
(c) Bei Standarddruck und Temperaturen über –127 °C kann 1-Propanol nicht spontan gefrieren.
(d) Bei Standarddruck und –127 °C liegt ein dynamisches Gleichgewicht zwischen festem und flüssigem 1-Propanol vor.

19.6

(a) Für den *reversiblen* Prozess treten die vorwärts und rückwärts gerichteten Änderungen entlang des gleichen Wegs auf. Bei einem reversiblen Prozess werden sowohl das System als auch die Umgebung, durch genaue Umkehr der Änderung, in ihren Ausgangszustand zurückversetzt. Eine reversible Änderung erzeugt die maximale Arbeitsmenge.
(b) Es gibt keine Nettoänderung in der Umgebung.
(c) Die Verdampfung von Wasser zu Dampf ist reversibel, wenn sie bei der Siedetemperatur bezüglich eines spezifizierten externen (Atmosphären-) Drucks stattfindet, und nur wenn die benötigte Wärme unendlich langsam zugeführt wird.

19.7

Nein. ΔU ist eine Zustandsfunktion. $\Delta U = Q + W$; Q und W sind keine Zustandsfunktionen. Ihre Werte hängen vom Weg ab, aber nicht ihre Summe ΔU.

19.8

(a) Ein Eiswürfel kann, bei den Temperatur- und Druckbedingungen, bei denen Feststoff und Flüssigkeit im Gleichgewicht stehen, reversibel schmelzen.
(b) Wir wissen, dass Schmelzen ein Prozess ist, der die Energie eines Systems erhöht, obwohl keine Temperaturänderung stattfindet. ΔU ist ungleich null für den Prozess.

19.9

(a) Bei konstanter Temperatur ist $\Delta S = Q_{rev}/T$, wobei Q_{rev} die Wärme ist, die übertragen würde, wenn der Prozess reversibel wäre.
(b) Nein. ΔS ist eine Zustandsfunktion, und somit ist sie unabhängig vom Weg.

19.10

(a) Wenn eine Flüssigkeit erstarrt, verringert sich die Entropie des Systems.
(b) Das Vorzeichen von ΔS ist negativ.
(c) Da die Entropie eine Zustandsfunktion ist, hängt ihr Wert nur vom Zustand ab, aber nicht von dem Weg, auf dem der Zustand erreicht wird.

19.11

(a) Die Entropie nimmt zu. (b) 213 J/K.

19.12

(a) Bei einem spontanen Prozess nimmt die Entropie des Universums zu; bei einem reversiblen Prozess ändert sich die Entropie des Universums nicht.

(b) Wenn bei einem reversiblen Prozess die Entropie des Systems zunimmt, muss die Entropie der Umgebung um den gleichen Betrag abnehmen.

(c) Bei einem spontanen Prozess muss die Entropie des Universums zunehmen, folglich muss die Entropie der Umgebung um weniger als 42 J/K abnehmen.

19.13

$\Delta S = 0{,}762$ J/K.

19.14

(a) Je höher die Temperatur, desto mehr Mikrozustände stehen einem System zur Verfügung.

(b) Je größer das Volumen, desto mehr Mikrozustände stehen einem System zur Verfügung.

(c) Geht man vom Feststoff über die Flüssigkeit zum Gas, nimmt die Anzahl der zur Verfügung stehenden Mikrozustände zu.

19.15

(a) ΔS ist positiv.

(b) ΔS ist positiv für Aufgabe 19.2 (a) und (c).

19.16

S nimmt in (a) und (c) zu; S nimmt in (b) ab.

19.17

(a) Die Anzahl der möglichen Mikrozustände und damit die Entropie steigt.

(b) Wenn das Volumen eines Gases zunimmt, gibt es mehr Raum für die Bewegung der Gasteilchen und damit mehr Mikrozustände, also höhere Entropie.

(c) Wenn ein Feststoff in Wasser aufgelöst wird, haben die Teilchen mehr Raum zur Bewegung zur Verfügung. Die Entropie nimmt zu.

19.18

(a) Die Entropie einer reinen kristallinen Substanz ist am absoluten Nullpunkt gleich Null.

(b) Bei der Translationsbewegung bewegt sich das gesamte Molekül in eine einzige Richtung; bei einer Rotationsbewegung dreht sich das Molekül um eine feste Achse. Bei der Schwingungsbewegung strecken und biegen sich die Bindungen in einem Molekül, aber die durchschnittliche Position der Atome ändert sich nicht.

(c)

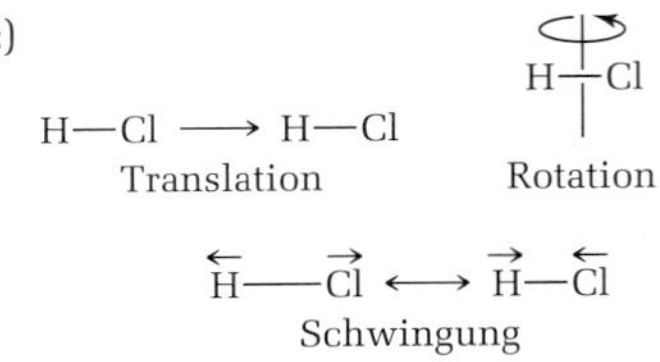

19.19

(a) Phasenumwandlung: 1 = Schmelzen, 2 = Verdampfung.

(b) ΔS für die Verdampfung ist aufgrund der großen Volumenzunahme des Systems immer größer als ΔS für das Schmelzen.

19.20

(a) Ar (g);

(b) He (g) bei 1,5 atm;

(c) 1 mol Ne (g) in 15,0 L;

(d) CO_2 (g).

19.21

(a) $\Delta S < 0$;

(b) $\Delta S > 0$;

(c) $\Delta S < 0$;

(d) $\Delta S < 0$.

19.22

(a) C_2H_6 (g);

(b) CO_2 (g).

19.23

Propylen hat bei 25 °C die höhere molare Standardentropie. Beide Verbindungen sind bei dieser Temperatur gasförmig. Sie haben die gleiche Summenformel, aber unterschiedlichen Molekülbau. In Propylen ist eine freie Rotation um die C — C-Bindung möglich. Die Ringstruktur des Cyclopropans schränkt die Rotation um die Bindungsachse erheblich ein. Die Standardentropie ist hier geringer.

19.24

(a) Sc (s), 34,6 J/mol · K; Sc (g), 174,7 J/mol · K. Im Allgemeinen hat die Gasphase einer Substanz aufgrund des größeren Volumens und der Bewegungsfreiheit der Moleküle ein größeres S° als die feste Phase.

(b) NH_3 (*g*), 192,5 J/mol · K; NH_3 (*aq*), 111,3 J/mol · K. Moleküle in der Gasphase haben eine größere Bewegungsfreiheit als Moleküle in Lösung.

(c) 1 mol P_4 (*g*), 280 J/K; 2 mol P_2 (*g*), 2 (218,1) = 436,2 J/K. Mehr Teilchen haben eine größere Bewegungsenergie (mehr verfügbare Mikrozustände).

(d) C (Diamant), 2,43 J/mol · K; C (Graphit), 5,69 J/mol · K. Die Entropie von Graphit ist größer, weil es Translationsfreiheit zwischen Schichten aus ebenen Kohlenstoffatomen gibt, während es nur sehr wenig Bewegungsfreiheit im Netzwerk des Diamantgitters gibt.

19.25

Für Elemente mit ähnlichen Strukturen gilt, je schwerer die Atome, umso niedriger sind die Schwingungsfrequenzen bei einer gegebenen Temperatur. Dies bedeutet, dass mehr Schwingungen bei einer bestimmten Temperatur möglich sind, was in einer größeren absoluten Entropie für die schwereren Elemente resultiert.

19.26

(a) $\Delta S^\circ = -120{,}5$ J/K. ΔS° ist negativ, weil die Stoffmenge an Gas bei den Produkten geringer ist.

(b) $\Delta S^\circ = +176{,}6$ J/K. ΔS° ist positiv, weil die Stoffmenge an Gas bei den Produkten höher ist.

(c) $\Delta S^\circ = +152{,}39$ J/K. ΔS° ist positiv, weil das Produkt mehr Teilchen und eine höhere Stoffmenge Gas enthält.

(d) $\Delta S^\circ = +92{,}3$ J/K. ΔS° ist positiv, weil die Stoffmenge an Gas bei den Produkten höher ist.

19.27

(a) $\Delta G = \Delta H - T\Delta S$;

(b) Wenn ΔG positiv ist, ist der Prozess nicht spontan, aber der umgekehrte Prozess ist spontan.

(c) Es gibt keine Beziehung zwischen ΔG und der Reaktionsgeschwindigkeit.

19.28

(a) Exotherm;

(b) ΔS° ist negativ; die Reaktion führt zu einer Abnahme der Unordnung.

(c) $\Delta G^\circ = -9{,}9$ kJ;

(d) Wenn alle Reaktanten und Produkte in ihren Standardzuständen vorliegen, ist die Reaktion bei dieser Temperatur in ihrer Vorwärtsrichtung spontan.

19.29

(a) $\Delta H^\circ = -537{,}22$ kJ; $\Delta S^\circ = 13{,}7$ J/K; $\Delta G^\circ = -541{,}40$ kJ; $\Delta G^\circ = \Delta H^\circ - T\Delta S^\circ = -541{,}31$ kJ;

(b) $\Delta H^\circ = -106{,}7$ kJ; $\Delta S^\circ = -142{,}2$ J/K; $\Delta G^\circ = -64{,}0$ kJ; $\Delta G^\circ = \Delta H^\circ - T\Delta S^\circ = -64{,}3$ kJ;

(c) $\Delta H^\circ = -508{,}3$ kJ; $\Delta S^\circ = -178$ J/K; $\Delta G^\circ = -465{,}8$ kJ; $\Delta G^\circ = \Delta H^\circ - T\Delta S^\circ = -455{,}1$ kJ. Die Diskrepanz der ΔG°-Werte beruht auf den experimentellen Unsicherheiten bei den tabellierten thermodynamischen Daten.

(d) $\Delta H^\circ = -165{,}9$ kJ; $\Delta S^\circ = 1{,}4$ J/K; $\Delta G^\circ = -166{,}2$ kJ; $\Delta G^\circ = \Delta H^\circ - T\Delta S^\circ = -166{,}3$ kJ.

19.30

(a) $\Delta G^\circ = -140{,}0$ kJ, spontan;

(b) $\Delta G^\circ = +104{,}70$ kJ, nicht spontan;

(c) $\Delta G^\circ = +146$ kJ, nicht spontan;

(d) $\Delta G^\circ = -156{,}7$ kJ, spontan.

19.31

(a) C_6H_{12} (*l*) + 9 O_2 (*g*) $\longrightarrow$ 6 CO_2 (*g*) + 6 H_2O (*l*);

(b) Weil ΔS° negativ ist, ist ΔG° weniger negativ als ΔH°.

19.32

(a) Die Hinreaktion ist bei niedrigen Temperaturen spontan, wird aber bei höheren Temperaturen nicht spontan.

(b) Die Hinreaktion ist bei allen Temperaturen nicht spontan.

(c) Die Hinreaktion ist bei niedrigen Temperaturen nicht spontan, wird aber bei höheren Temperaturen spontan.

19.33

$\Delta S > +76{,}7$ J /K.

19.34

Bei −25 °C (248 K) ist $\Delta G > 0$. $\Delta G = \Delta H - T\Delta S > 0$ $\Delta H - (248\text{ K} \times 95\text{ J/K}) > 0$; $\Delta H > +24$ kJ

19.35

(a) $T = 330$ K;

(b) nicht spontan.

19.36

(a) $\Delta H^\circ = 155{,}7$ kJ; $\Delta S^\circ = 171{,}4$ J/K. Da ΔS° positiv ist, wird ΔG° mit steigender Temperatur negativer.

(b) $\Delta G^\circ = 19$ kJ. Die Reaktion ist bei 800 K.

(c) $\Delta G^\circ = -15{,}7$ kJ unter Standardbedingungen nicht spontan. Die Reaktion ist unter Standardbedingungen bei 1000 K spontan.

19.37

(a) $T_b = 79$ °C;

(b) Aus dem *Handbook of Chemistry and Physics, 74th Edition*, $T_b = 80{,}1$ °C. Die Werte liegen bemerkenswert nahe beieinander; der kleine Unterschied beruht auf der Abweichung vom idealen Verhalten von C_6H_6 (g) und experimenteller Unsicherheit bei der Messung des Siedepunkts und den thermodynamischen Daten.

19.38

(a) $C_2H_2\ (g) + \frac{5}{2} O_2(g) \longrightarrow 2\ CO_2\ (g) + H_2O\ (l)$;

(b) $-1299{,}5$ kJ erzeugter Wärme/mol verbranntem C_2H_2;

(c) $W_{max} = -1235{,}1$ kJ/mol C_2H_2.

19.39

(a) ΔG wird negativer.

(b) ΔG wird positiver.

(c) ΔG wird positiver.

19.40

(a) $\Delta G^\circ = -5{,}40$ kJ;

(b) $\Delta G = 0{,}30$ kJ.

19.41

(a) $\Delta G^\circ = -16{,}77$ kJ, $K = 870$;

(b) $\Delta G^\circ = 8{,}0$ kJ, $K = 0{,}04$;

(c) $\Delta G^\circ = -497{,}9$ kJ, $K = 2 \times 10^{87}$.

19.42

$\Delta H^\circ = 269{,}3$ kJ, $\Delta S^\circ = 0{,}1719$ kJ/K;

(a) $p_{CO_2} = 6{,}0 \times 10^{-39}$ atm;

(b) $p_{CO_2} = 1{,}6 \times 10^{-4}$ atm.

19.43

(a) $HNO_2\ (aq) \rightleftharpoons H^+\ (aq) + NO_2^-\ (aq)$;

(b) $\Delta G^\circ = 19{,}1$ kJ;

(c) $G = 0$, im Gleichgewicht;

(d) $\Delta G = -2{,}72$ kJ.

19.44

(a) Falsch. Die Lage eines Gleichgewichts hängt von der freien Standardreaktionsenthalpie ΔG°ab.

(b) Richtig.

(c) Richtig.

(d) Falsch. Nichtspontane Vorgänge erfordern das Verrichten von Arbeit.

(e) Falsch. Ob ein Vorgang spontan ablaufen kann, hängt von ΔG ab. Dabei kann ΔH positiv oder ΔS negativ sein.

19.45

(a) $\Delta H > 0$, $\Delta S > 0$;

(b) $\Delta H < 0$, $\Delta S < 0$;

(c) $\Delta H > 0$, $\Delta S > 0$;

(d) $\Delta H > 0$, $\Delta S > 0$;

(e) $\Delta H < 0$, $\Delta S > 0$.

19.46

(a) Für alle drei aufgeführten Verbindungen ist bei der Bildungsreaktion die Molzahl gasförmiger Produkte geringer als die der Reaktanten, also erwarten wir, dass ΔS_f° negativ ist. Wenn $\Delta G_f^\circ = \Delta H_f^\circ - T\Delta S_f^\circ$ und ΔS_f° negativ ist, ist $-T\Delta S_f^\circ$ positiv und ΔG_f° ist positiver als ΔH_f°.

19.47

(a) $K = 4 \times 10^{15}$;

(b) Ein Temperaturanstieg wird den Molenbruch von CH_3COOH im Gleichgewicht verringern. Erhöhte Temperaturen müssen zur Steigerung der Reaktionsgeschwindigkeit eingesetzt werden.

(c) $K = 1$ bei 836 K oder 563 °C.

19.48

(a) $\Delta G = 8{,}77$ kJ;

(b) $W_{min} = 8{,}77$ kJ. In der Praxis wird ein größerer Betrag an Arbeit als der minimale Betrag benötigt.

19.49

(a) Aceton, $\Delta S^\circ_{Verdampfung} = 88{,}4$ J/mol · K; Dimethylether, $\Delta S^\circ_{Verdampfung} = 86{,}6$ J/mol · K; Ethanol, $\Delta S^\circ_{Verdampfung} = 110$ J/mol · K; Oktan, $\Delta S^\circ_{Verdampfung} = 86{,}3$ J/mol · K; Pyridin, $\Delta S^\circ_{Verdampfung} = 90{,}4$ J/mol · K.

Lösungen

Ethanol gehorcht nicht der Trouton'schen Regel.

(b) Wasserstoffbrückenbindungen (in Ethanol oder anderen Flüssigkeiten) führen zu einer größeren Ordnung im flüssigen Zustand und einer größeren als üblichen Zunahme der Entropie beim Verdampfen. Flüssigkeiten, die Wasserstoffbrückenbindungen bilden, sind Ausnahmen von der Trouton'schen Regel.

(c) Infolge starker Wasserstoffbrückenbindungen gehorcht Wasser nicht der Trouton'schen Regel. $\Delta S^\circ_{\text{Verdampfung}} = 109{,}0\ \text{J/mol} \cdot \text{K}$.

(d) $\Delta H_{\text{Verdampfung}}$ für $C_6H_5Cl \approx 36\ \text{kJ/mol}$.

19.50

(a) *S* nimmt zu;

(b) *S* nimmt ab;

(c) *S* nimmt zu;

(d) *S* nimmt ab.

19.51

(a) Für jeden gegebenen Gesamtdruck kann die Bedingung gleicher Molzahl der zwei Gase bei einer Temperatur erreicht werden. Für einen einzelnen Gasdruck von 1 atm und einem Gesamtdruck von 2 atm ist die Mischung bei 328,5 K oder 55,5 °C im Gleichgewicht.

(b) 333,0 K oder 60 °C;

(c) 374,2 K oder 101,2 °C;

(d) Die Reaktion ist endotherm, also sollte eine Zunahme des Wertes von *K*, wie in Teil (a) – (c) berechnet, von einer Zunahme von *T* begleitet sein.

Lösungen

Kapitel 20

20.1

(a) *Oxidation* ist Elektronenabgabe.

(b) Elektronen gehen zur Seite der Reaktionsprodukte (zur rechten Seite) über.

(c) Das *Oxidationsmittel* ist der Ausgangsstoff, der reduziert wird.

20.2

(a) Reduktion ist Aufnahme von Elektronen.

(b) Die Elektronen stehen auf der Seite der oxidierten Form.

(c) Ein Reduktionsmittel gibt Elektronen an den Reaktionspartner ab.

20.3

(a) Richtig;

(b) falsch;

(c) richtig.

20.4

(a) Falsch. Was reduziert wird, nimmt Elektronen auf.

(b) Richtig.

(c) Richtig. Die Oxidationsstufe von C erhöht sich.

20.5

(a) I, + 5 zu 0; C, + 2 zu + 4;

(b) Hg, + 2 zu 0; N, –2 zu 0;

(c) N, + 5 zu + 2; S, –2 zu 0;

(d) Cl, + 4 zu + 3; O, –1 zu 0.

20.6

(a) Keine Redox-Reaktion.

(b) I wird von –1 auf + 5 oxidiert. Cl wird von + 1 auf –1 reduziert.

(c) S wird von + 4 auf + 6 oxidiert. N wird von + 5 auf + 2 reduziert.

(d) S wird von + 6 auf + 4 reduziert. Br wird von –1 auf 0 oxidiert.

20.7

(a) $TiCl_4\,(g) + 2\,Mg\,(l) \longrightarrow Ti\,(s) + 2\,MgCl_2\,(l)$;

(b) Mg (*l*) wird oxidiert; $TiCl_4$ (*g*) wird reduziert.

(c) Mg (*l*) ist das Reduktionsmittel; $TiCl_4$ (*g*) ist das Oxidationsmittel.

20.8

(a) $Sn^{2+}\,(aq) \longrightarrow Sn^{4+}\,(aq) + 2e^-$, Oxidation;

(b) $TiO_2\,(s) + 4\,H^+\,(aq) + 2e^- \longrightarrow Ti^{2+}\,(aq) + 2\,H_2O\,(l)$, Reduktion;

(c) $ClO_3^-\,(aq) + 6\,H^+\,(aq) + 6e^- \longrightarrow Cl^-(aq) + 3\,H_2O\,(l)$, Reduktion;

(d) $4\,OH^-\,(aq) \longrightarrow O_2\,(g) + 2\,H_2O\,(l) + 4e^-$, Oxidation;

(e) $SO_3^{2-}\,(aq) + 2\,OH^-\,(aq) \longrightarrow SO_4^{2-}\,(aq) + H_2O\,(l) + 2e^-$, Oxidation;

(f) $N_2\,(g) + 8\,H^+\,(aq) + 6e^- \longrightarrow 2\,NH_4^+\,(aq)$, Reduktion;

(g) $N_2\,(g) + 6\,H_2O\,(l) + 6e^- \longrightarrow 2\,NH_3\,(g) + 6\,OH^-\,(aq)$, Reduktion.

20.9

(a) $8\,H^+ + Cr_2O_7^{2-}\,(aq) + I^-\,(aq) \longrightarrow 2\,Cr^{3+}\,(aq) + IO_3^-\,(aq) + 4\,H_2O\,(l)$;
Oxidationsmittel $Cr_2O_7^{2-}$; Reduktionsmittel I^-;

(b) $4\,MnO_4^-\,(aq) + 5\,CH_3OH\,(aq) + 12\,H^+\,(aq) \longrightarrow 4\,Mn^{2+}\,(aq) + 5\,HCO_2H\,(aq) + 11\,H_2O\,(l)$;
Oxidationsmittel MnO_4^-; Reduktionsmittel CH_3OH;

(c) $I_2\,(s) + 5\,OCl^-\,(aq) + H_2O\,(l) \longrightarrow 2\,IO_3^-\,(aq) + 5\,Cl^-\,(aq) + 2\,H^+\,(aq)$;
Oxidationsmittel OCl^-; Reduktionsmittel I_2;

(d) $As_2O_3\,(s) + 2\,NO_3^-\,(aq) + 2\,H_2O\,(l) + 2\,H^+\,(aq) \longrightarrow 2\,H_3AsO_4\,(aq) + N_2O_3\,(aq)$;
Oxidationsmittel NO_3^-; Reduktionsmittel As_2O_3;

(e) $2\,MnO_4^-\,(aq) + Br^-\,(aq) + H_2O\,(l) \longrightarrow 2\,MnO_2\,(s) + BrO_3^-\,(aq) + 2\,OH^-\,(aq)$;
Oxidationsmittel MnO_4^-, Reduktionsmittel Br^-;

(f) $Pb\,(OH)_4^{2-}(aq) + ClO^-\,(aq) \longrightarrow PbO_2\,(s) + Cl^-\,(aq) + 2\,OH^-\,(aq) + H_2O\,(l)$;
Oxidationsmittel ClO^-; Reduktionsmittel $Pb\,(OH)_4^{2-}$.

20.10

(a) Fe (*s*) wird oxidiert und $Ag^+(aq)$ wird reduziert.

(b) $Ag^+\,(aq) + 1e^- \longrightarrow Ag\,(s)$;
$Fe\,(s) \longrightarrow Fe^{2+}\,(aq) + 2e^-$;

Lösungen

(c) Fe (*s*) ist die Anode, Ag (*s*) ist die Kathode.

(d) Fe (*s*) ist negativ; Ag (*s*) ist positiv.

(e) Die Elektronen fließen von der Fe-Elektrode (–) zur Ag-Elektrode (+).

(f) Die Kationen bewegen sich zur Ag (*s*)-Kathode und die Anionen bewegen sich zur Fe (*s*)-Anode.

20.11

(a) Al(*s*) wird oxidiert, Ni^{2+}(*aq*) wird reduziert.

(b) $Al(s) \longrightarrow Al^{3+}(aq) + 3e^-$

(c) Al(*s*) ist die Anode, Ni(*s*) ist die Kathode.

(d) Al(*s*) negativ, Ni(*s*) positiv.

(e) Die Elektronen fließen von der Al-Elektrode zur Ni-Elektrode.

(f) Kationen (Ni^{2+}) wandern zur Ni-Elektrode. Anionen wandern zur Al-Elektrode.

20.12

(a) *Die elektromotorische Kraft* (EMK) ist die potenzielle Energiedifferenz zwischen einem Elektron an der Anode und einem Elektron an der Kathode einer galvanischen Zelle.

(b) Ein Volt (V) ist die Potenzialdifferenz, die einer Ladung von 1 Coulomb (1 C) eine Energie von 1 J erteilt.

(c) Die *Zellspannung* ΔE_{Zelle} ist die EMK einer elektrochemischen Zelle.

20.13

(a) $2\,H^+ (aq) + 2e^- \longrightarrow H_2 (g)$;

(b) Die Komponenten einer *Standard*-Wasserstoffelektrode unterliegen Standardbedingungen, 1 *M* H^+ (*aq*) und H_2 (*g*) bei 1 atm.

(c) Die Platinfolie einer SHE dient als Elektronenleiter, der nicht in die Reaktion eingreift, und als feste Reaktionsfläche.

20.14

(a) Das *Normalpotenzial* ist das relative Potenzial einer Halbreaktion unter Standardbedingungen.

(b) $E° = 0$;

(c) Die Reduktion von Ag^+ (*aq*) zu Ag (*s*) ist energetisch deutlich begünstigt.

20.15

(a) $Cr^{2+}(aq) \longrightarrow Cr^{3+} (aq) + e^-$;
$Tl^{3+} (aq) + 2e^- \longrightarrow Tl^+ (aq)$;

(b) $E° = 0{,}78$ V;

(c)

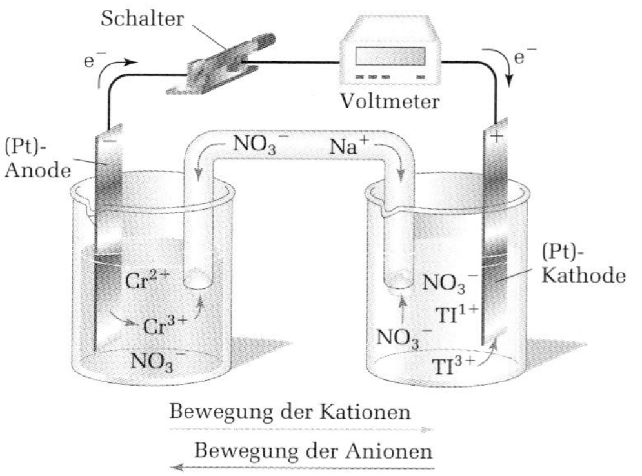

20.16

(a) $\Delta E° = 0{,}823$ V;

(b) $\Delta E° = 1{,}89$ V;

(c) $\Delta E° = 1{,}211$ V;

(d) $\Delta E° = 1{,}21$ V.

20.17

(a) $3\,Ag^+ (aq) + Cr(s) \longrightarrow 3\,Ag (s) + Cr^{3+} (aq)$, $E° = 1{,}54$ V.

(b) Zwei dieser Kombinationen haben im Wesentlichen gleiche $\Delta E°$-Werte:
$2\,Ag^+ (aq) + Cu (s) \longrightarrow 2\,Ag (s) + Cu^{2+} (aq)$, $\Delta E° = 0{,}462$ V;
$3\,Ni^{2+} (aq) + 2\,Cr (s) \longrightarrow 3\,Ni (s) + 2\,Cr^{3+} (aq)$, $\Delta E° = 0{,}46$ V;

20.18

(a) Anode, Sn (*s*); Kathode, Cu (*s*).

(b) Die Masse der Kupferelektrode nimmt zu, während sich Cu absetzt, und die Zinnelektrode verliert bei der Oxidation von Zinn an Masse.

(c) $Cu^{2+} (aq) + Sn (s) \longrightarrow Cu (s) + Sn^{2+} (aq)$;

(d) $\Delta E° = 0{,}473$ V.

20.19

(a) Cl_2 (*g*);

(b) Ni^{2+} (*aq*);

(c) BrO_3^- (*aq*);

(d) O_3 (*g*).

Lösungen

20.20

Wir beziehen uns auf wässerige Lösungen und die Standardelektrodenpotentiale entsprechend der Spannungsreihe.
(a) Mg (–2,37 V);
(b) Ca (–2,87 V);
(c) H_2 (0 V);
(d) $H_2C_2O_4$ (–0,49 V).

20.21

(a) Cl_2 (*aq*), starkes Oxidationsmittel;
(b) MnO_4^- (*aq*), sauer, starkes Oxidationsmittel;
(c) Ba (*s*), starkes Reduktionsmittel;
(d) Zn (*s*), Reduktionsmittel.

20.22

Wir beziehen uns auf wässerige Lösungen und die Standardelektrodenpotentiale entsprechend der Spannungsreihe.
(a) Na (–2,71 V) stark reduzierend.
(b) O_3 (+ 2,07 V) stark oxidierend.
(c) Ce^{3+} (+ 1,61 V) je nach Reaktionspartner reduzierend oder oxidierend.
(d) Sn^{2+} (+ 0,15 V) reduzierend.

20.23

(a) Cu^{2+} (*aq*) < O_2 (*g*) < $Cr_2O_7^{2-}$ (*aq*) < Cl_2 (*g*) < H_2O_2 (*aq*);
(b) H_2O_2 (*aq*) < I^- (*aq*) < Sn^{2+} (*aq*) < Zn (*s*) < Al (*s*).

20.24

Al und $H_2C_2O_4$.

20.25

(a) $2\,Fe^{2+}(aq) + S_2O_6^{2-}(aq) + 4\,H^+(aq) \longrightarrow 2\,Fe^{3+}(aq) + 2\,H_2SO_3(aq)$;
$2\,Fe^{2+}(aq) + N_2O(aq) + 2\,H^+(aq) \longrightarrow 2\,Fe^{3+}(aq) + N_2(g) + H_2O(l)$;
$Fe^{2+}(aq) + VO_2^+(aq) + 2\,H^+(aq) \longrightarrow Fe^{3+}(aq) + VO^{2+}(aq) + H_2O(l)$.
(b) $\Delta E^\circ = -0{,}17$ V, $\Delta G^\circ = 33$ kJ; $\Delta E^\circ = -2{,}54$ V, $\Delta G^\circ = 4{,}90 \times 10^2$ kJ; $\Delta E^\circ = 0{,}23$ V, $\Delta G^\circ = -22$ kJ.
(c) $K = 1{,}8 \times 10^{-6} = 10^{-6}$; $K = 1{,}2 \times 10^{-86} = 10^{-86}$; $K = 7{,}8 \times 10^3 = 8 \times 10^3$.

20.26

$\Delta G^\circ = 21{,}8$ kJ, $\Delta E^\circ_{Zelle} = -0{,}113$ V.

20.27

(a) $\Delta E^\circ = -0{,}16$ V, $K = 2{,}54 \times 10^5 = 3 \times 10^5$;
(b) $\Delta E^\circ = 0{,}277$ V, $K = 2{,}3 \times 10^9$; (c) $\Delta E^\circ = 0{,}45$ V, $K = 1{,}5 \times 10^{75} = 10^{75}$.

20.28

(a) $K = 9{,}8 \times 10^2$;
(b) $K = 9{,}5 \times 10^5$;
(c) $K = 9{,}3 \times 10^8$.

20.29

(a) Die Nernstgleichung ist anzuwenden, wenn die Komponenten einer elektrochemischen Zelle Nichtstandardbedingungen unterliegen.
(b) $Q = 1$;
(c) Q nimmt ab und ΔE nimmt zu.

20.30

(a) ΔE nimmt ab;
(b) ΔE nimmt ab;
(c) ΔE nimmt ab;
(d) kein Effekt.

20.31

(a) $\Delta E^\circ = 0{,}48$ V;
(b) $\Delta E = 0{,}53$ V;
(c) $\Delta E = 0{,}46$ V.

20.32

(a) $\Delta E^\circ = 0{,}46$ V;
(b) $\Delta E = 0{,}37$ V.

20.33

(a) Die Abteilung mit $[Zn^{2+}] = 1{,}00 \times 10^{-2}\,M$ ist die Anode.
(b) $\Delta E^\circ = 0$; (c) $\Delta E^\circ = 0{,}668$ V; (d) $[Zn^{2+}]$ nimmt in der Anodenabteilung zu und in der Kathodenabteilung ab.

20.34

(a) Die EMK einer Batterie fällt bei ihrem Gebrauch ab. Die Produktkonzentrationen nehmen zu und die Konzentrationen der Ausgangsstoffe nehmen ab; daher steigt Q und ΔE_{Zelle} fällt.
(b) Eine Batterie vom D-Typ gibt über längere Zeit elektrische Leistung ab als eine AA-Batterie, da sie eine größere Menge Ausgangsstoffe enthält.

20.35

464 g PbO_2.

20.36

(a) Die Anode;

(b) $\Delta E° = 3{,}50$ V;

(c) Die EMK der Batterie, 3,5 V, entspricht exakt der in Teil b) berechneten Standard-Zellspannung.

(d) Unter Umgebungsbedingungen gilt $\Delta E \approx \Delta E°$ und daher log $Q \approx 1$. Unter der Annahme eines annähernd konstanten $\Delta E°$-Wertes mit der Temperatur ist der zweite Term der Nernstgleichung bei 37 °C näherungsweise Null und es ist $\Delta E \approx 3{,}5$ V.

20.37

(a) Die EMK der Zelle nimmt einen kleineren Wert an.

(b) In NiMH-Akkus verwendet man Legierungen wie $ZrNi_2$ als Anodenmaterial und vermeidet damit beim Gebrauch die Entsorgungsprobleme, die sich beim Gebrauch des giftigen Schwermetalls Cd ergeben.

20.38

Der Hauptvorteil einer Brennstoffzelle ist ihre kontinuierliche Brennstoffzufuhr. Daher ist die Versorgung mit elektrischem Strom nur durch den verfügbaren Brennstoff eingeschränkt. Für die Wasserstoff–Sauerstoff-Brennstoffzelle ist das gleichzeitig ein Nachteil, denn man muss das flüchtige und explosive Wasserstoffgas gewinnen, bereitstellen und lagern. Alkalibatterien sind bequem in der Verwendung, aber ihre Lebensdauer ist kurz und die festen Zink- und Manganrückstände sind problematischer als das entstehende Wasser in einer Wasserstoff–Sauerstoff-Brennstoffzelle.

20.39

(a) Anode: $Fe\,(s) \longrightarrow Fe^{2+}(aq) + 2e^-$;

Kathode: $O_2\,(g) + 4\,H^+\,(aq) + 4e^- \longrightarrow 2\,H_2O\,(l)$;

(b) $2\,Fe^{2+}\,(aq) + 3\,H_2O\,(l) + 3\,H_2O\,(l) \longrightarrow$

$Fe_2O_3 \cdot 3\,H_2O\,(s) + 6\,H^+\,(aq) + 2e^-$;

$O_2\,(g) + 4\,H^+\,(aq) + 4e^- \longrightarrow 2\,H_2O\,(l)$.

20.40

(a) Man bezeichnet das Mg auch als „Opferanode", da ihr $E°$ negativer ist als der entsprechende Wert des Metallrohrs und damit vorzugsweise oxidiert, wenn man beide Metalle verbindet. Das Magnesiummetall wird zum Schutz des Rohrs „geopfert".

(b) $E°$ von Mg^{2+} beträgt –2,37 V und ist damit negativer als die Werte der meisten Metalle, die man in Rohrleitungen verwendet, einschließlich Fe und Zn.

20.41

Unter sauren Bedingungen und in Luft (O_2) laufen die Oxidationen von Zn (s), 1,99 V, Fe (s), 1,67 V und Cu (s), 0,893 V, spontan ab. Stellt man Kontakt zwischen diesen drei Metallen her, so wirkt Zn als Opferanode für Fe und Cu, aber sobald das Zn aufgebraucht ist, beginnt die Oxidation (Korrosion) von Fe.

20.42

(a) Die *Elektrolyse* ist ein elektrochemischer Prozess, der von einer externen Energiequelle angetrieben wird.

(b) Per Definition laufen Elektrolysereaktionen nicht spontan ab. (c) $2\,Cl^-\,(l) \longrightarrow Cl_2\,(g) + 2e^-$.

20.43

(a) 236 g Cr (s);

(b) 2,51 A.

20.44

$W_{max} = -8{,}19 \times 10^4$ J.

20.45

(a) $4{,}0 \times 10^5$ g Li;

(b) 0,24 kWh/mol Li.

20.46

(a) $2\,Ni^{2+}\,(aq) \longrightarrow Ni\,(s) + Ni^{2+}\,(aq)$;

(b) $3\,MnO_4^{2-}\,(aq) + 4\,H^+\,(aq) \longrightarrow$

$2\,MnO_4^-(aq) + MnO_2(s) + 3\,H_2O(l)$

(c) $3\,H_2SO_3\,(aq) \longrightarrow$

$S\,(s) + 2\,HSO_4^-\,(aq) + 2\,H^+\,(aq) + H_2O\,(l)$;

(d $Cl_2\,(aq) + 2\,OH^-\,(aq) \longrightarrow$

$Cl^-\,(aq) + ClO^-\,(aq) + H_2O\,(l)$.

20.47

(a) $Fe\,(s) \longrightarrow Fe^{2+}\,(aq) + 2e^-$;

$2\,Ag^+\,(aq) + 2e^- \longrightarrow Ag\,(s)$;

$Fe\,(s) + 2\,Ag^+\,(aq) \longrightarrow Fe^{2+}\,(aq) + Ag\,(s)$

Lösungen

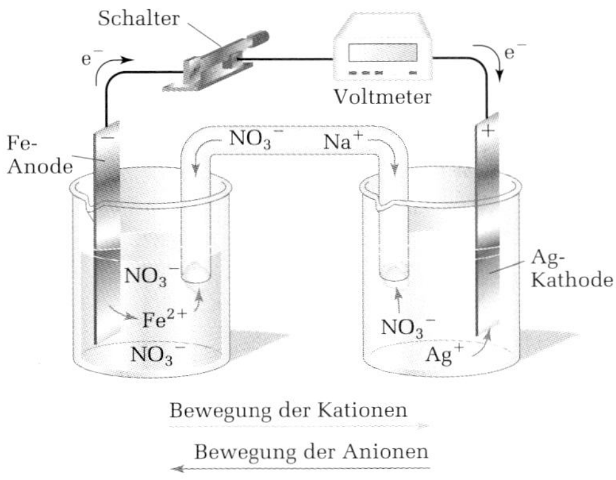

(b) $Zn\ (s) \longrightarrow Zn^{2+}\ (aq) + 2e^-$;
$2\ H^+\ (aq) + 2e^- \longrightarrow H_2\ (g)$;
$Zn\ (s) + 2\ H^+\ (aq) \longrightarrow Zn^{2+}\ (aq) + H_2\ (g)$

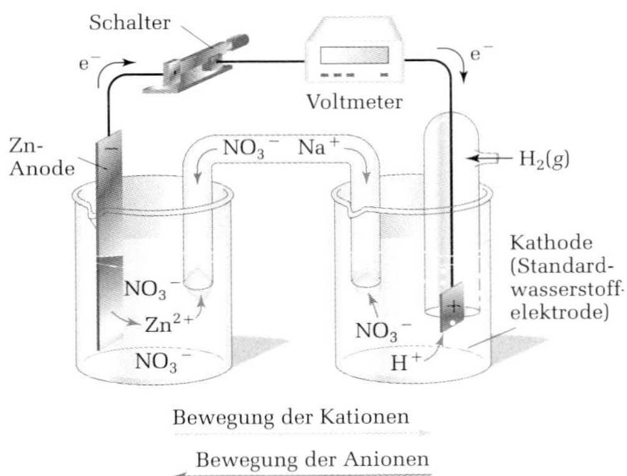

(c) $Cu\,|\,Cu^{2+}\,||\,ClO_3^-, Cl^-\,|\,Pt$

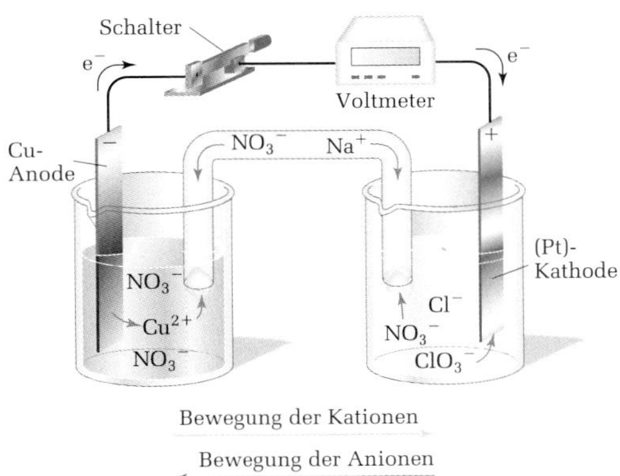

20.48

(a) Das Normalpotenzial von $O_2\ (g)$ in saurem Milieu beträgt 1,23 V. $O_2\ (g)$ oxidiert auch in saurer Umgebung Au (s) nicht zu $Au^+\ (aq)$.

(b) Definitiv: $Co^{3+}\ (aq)$, $F_2\ (g)$, $H_2O_2\ (aq)$, $O_3\ (g)$; sekundär: $BrO_3^-\ (aq)$, $Ce^{4+}\ (aq)$, HClO (aq), $MnO_4^-\ (aq)$, $PbO_2\ (s)$.

(c) Au (s) wird oxidiert und $O_2\ (g)$ wird reduziert.

(d) $2\ Na[Au(CN)_2](aq) + Zn(s) \longrightarrow 2\ Au\ (s) + Zn^{2+}(aq) + 2\ Na^+\ (aq) + 4\ CN^-\ (aq)$. Zn (s) wird oxidiert und $[Au(CN)_2]^-\ (aq)$ wird reduziert.

20.49

(a) $\Delta E = -0{,}041$ V;

(b) die edlere Elektrode;

(c) Nein; unter Standardbedingungen bildet Cu (s) die Anode.

(d) 1,3 $M\ I^-$.

20.50

(a) Bei der Entladung ist $Cd\ (s) + 2\ NiO(OH)(s) + 2\ H_2O\ (l) \longrightarrow Cd(OH)_2\ (s) + 2\ Ni\ (OH)_2\ (s)$. Beim Aufladen läuft die Umkehrreaktion ab.

(b) $\Delta E° = 1{,}25$ V; (c) 1,25 V ist die Standard-Zellspannung $\Delta E°$. Die Konzentrationen der Ausgangsstoffe und Reaktionsprodukte der Batterie werden so eingestellt, dass die Ausgangsspannung der Zelle größer ist als $\Delta E°$. (d) $K = 2 \times 10^{42}$.

20.51

Der Schiffsrumpf sollte ein negatives Potential haben. Durch diesen „Elektronenüberschuss" wird verhindert, dass ein Oxidationsmittel dem Eisen Elektronen entziehen kann und dieses dadurch in Lösung geht.

20.52

(a) $6{,}4 \times 10^6$ C;

(b) $6{,}4 \times 10^5$ A;

(c) 16 kWh.

20.53

(a) $H_2\ (g)$ wird oxidiert und $N_2\ (g)$ wird reduziert.

(b) $K = 6{,}9 \times 10^5$;

(c) $\Delta E° = 0{,}05755$ V.

20.54

(a) $\Delta E^\circ = 0{,}028$ V;

(b) Anode: Fe^{2+} $(aq) \longrightarrow Fe^{3+}$ $(aq) + 1e^-$;

Kathode: Ag^+ $(aq) + e^- \longrightarrow Ag$ (s); (c) $\Delta S^\circ = 148{,}5$ J. Da ΔS° positiv ist, nimmt ΔG° bei steigender Temperatur negativere und ΔE° positivere Werte an.

20.55

$\Delta E^\circ = -0{,}928$ V.

Kapitel 21

21.1
Metalle: (b) Sr, (c) Mn, (e) Rh;
Nichtmetalle: (a) P, (d) Se, (f) Kr;
Metalloide: keine.

21.2
Metalle: Re, Zr, Ga;
Nichtmetall: Ar;
Halbmetalle: As, Te

21.3
(a) O;
(b) Br;
(c) Ba;
(d) O;
(e) Co.

21.4
(a) N ist als Zentralatom zu klein, um fünf Fluoratome aufzunehmen, und es besitzt keine *d*-Orbitale, die zur Aufnahme von mehr als acht Elektronen beitragen könnten.
(b) Si bildet keine Pπ — Pπ-Bindungen; die Oktettregel muss für beide Atome des Moleküls erfüllt sein.
(c) As hat eine niedrigere Elektronegativität als N; das bedeutet, es gibt leichter Elektronen an einen Akzeptor ab und ist somit einfacher zu oxidieren.

21.5
(a) $Mg_3N_2\ (s) + 6\ H_2O\ (l) \longrightarrow 2\ NH_3\ (aq) + 3\ Mg(OH)_2\ (s)$;
(b) $2\ C_3H_7OH\ (l) + 9\ O_2\ (g) \longrightarrow 6\ CO_2\ (g) + 8\ H_2O\ (l)$;
(c) $MnO_2\ (s) + C\ (s) \xrightarrow{\Delta} CO\ (g) + MnO\ (s)$
oder $MnO_2\ (s) + 2\ C\ (s) \xrightarrow{\Delta} 2\ CO\ (g) + Mn\ (s)$
oder $MnO_2\ (s) + C\ (s) \xrightarrow{\Delta} CO_2\ (g) + Mn\ (s)$;
(d) $AlP(s) + 3\ H_2O\ (l) \longrightarrow PH_3\ (g) + Al(OH)_3\ (s)$;
(e) $Na_2S\ (s) + 2\ HCl\ (aq) \longrightarrow H_2S\ (g) + 2\ NaCl\ (aq)$.

21.6
(a) ^1_1H, Wasserstoff („Protium"); ^2_1H, Deuterium; ^3_1H, Tritium;
(b) In der Reihenfolge abnehmender natürlicher Häufigkeit: Wasserstoff > Deuterium > Tritium.

21.7
Tritium ist radioaktiv, es ist ein Betastrahler.
$^3H \longrightarrow {}^3He + e^-$

21.8
Wie die Elemente der Gruppe 1A, besitzt der Wasserstoff nur ein Valenzelektron und seine häufigste Oxidationszahl ist + 1.

21.9
(a) $Mg\ (s) + 2\ H^+\ (aq) \longrightarrow Mg^{2+}\ (aq) + H_2\ (g)$;
(b) $C\ (s) + H_2O\ (g) \xrightarrow{1000\ °C} CO\ (g) + H_2\ (g)$;
(c) $CH_4\ (g) + H_2O\ (g) \xrightarrow{1100\ °C} CO\ (g) + 3\ H_2\ (g)$.

21.10
(a) Reaktion von Kohle mit Wasserdampf, Reaktion von Methan mit Wasserdampf, Nebenprodukt bei petrochemischen Prozessen;
(b) Ammoniaksynthese, Methanolsynthese, Fetthärtung.

21.11
(a) $NaH\ (s) + H_2O\ (l) \longrightarrow NaOH\ (aq) + H_2\ (g)$;
(b) $Fe\ (s) + H_2SO_4\ (aq) \longrightarrow Fe^{2+}\ (aq) + H_2\ (g) + SO_4^{2-}\ (aq)$;
(c) $H_2\ (g) + Br_2\ (g) \longrightarrow 2\ HBr\ (g)$;
(d) $2\ Na\ (l) + H_2\ (g) \longrightarrow 2\ NaH\ (s)$;
(e) $PbO\ (s) + H_2\ (g) \xrightarrow{\Delta} Pb\ (s) + H_2O\ (g)$.

21.12
(a) Ionisch;
(b) molekular;
(c) metallisch.

21.13
Xenon hat eine niedrigere Ionisierungsenergie als Argon, da seine Valenzelektronen weniger stark an den Kern gebunden sind. Somit können sie leichter in einen Zustand übergehen, der Bindungen mit Fluor zulässt. Das Xenonatom ist außerdem größer und besser für ein erweitertes Elektronenoktett geeignet.

21.14
(a) ClO_3^-, + 5;
(b) HI, –1;

Lösungen

(c) ICl_3; I, + 3, Cl, –1;
(d) NaOCl, + 1;
(e) $HClO_4$, + 7;
(f) XeF_4; Xe, + 4, F, –1.

21.15
(a) Eisen(III)chlorat;
(b) chlorige Säure;
(c) Xenonhexafluorid;
(d) Brompentafluorid;
(e) Xenonoxid-Tetrafluorid;
(f) Iodsäure.

21.16
(a) Kaliumchlorat;
(b) Calciumiodat;
(c) Aluminiumchlorid;
(d) Bromsäure;
(e) ortho-Periodsäure;
(f) Xenontetrafluorid.

21.17
(a) Die anziehenden intermolekularen Van-der-Waals-Kräfte nehmen mit steigender Elektronenzahl eines Atoms zu.
(b) F_2 reagiert mit Wasser. $F_2(g) + H_2O(l) \longrightarrow 2\,HF(g) + O_2(g)$. Fluor ist als Oxidationsmittel zu stark, um in Wasser zu bestehen.
(c) HF bildet intensive Wasserstoffbrückenbindungen.
(d) Die Stärke als Oxidationsmittel hängt mit der Elektronegativität zusammen. Die Elektronegativität und die Stärke als Oxidationsmittel nehmen in der angegebenen Reihenfolge ab.

21.18
Die Treibstoffe von Fahrzeugen erzeugen über Verbrennungsreaktionen Energie. Die Verbrennung von Wasserstoff ist stark exotherm und ihr einziges Produkt, H_2O, verschmutzt und kontaminiert nicht.

21.19
Das Perchlorat-Anion ClO_4^- ist in wässrigen Lösungen und in aeroben Umgebungen extrem reaktionsträge. Obwohl die Oxidationszahl des Chloratoms sehr hoch ist, tritt die Reduktion nicht leicht ein, denn das Ion besitzt eine stabile symmetrische Struktur, die seine Neigung zu Reaktionen vermindert.

21.20
(a) Als Oxidationsmittel in der Stahlherstellung; zum Bleichen von Papierbrei und Papier; für Sauerstoff-Acetylen-Fackeln; zur Unterstützung der Atmung in der Medizin
(b) Zur Synthese von Arzneimitteln, Schmierstoffen und anderen organischen Verbindungen, wenn C=C-Bindungen gelöst werden; bei der Wasserbehandlung.

21.21
(a) $2\,HgO(s) \xrightarrow{\Delta} 2\,Hg(l) + O_2(g)$;
(b) $2\,Cu(NO_3)_2(s) \xrightarrow{\Delta} 2\,CuO(s) + 4\,NO_2(g) + O_2(g)$;
(c) $PbS(s) + 4\,O_3(g) \longrightarrow PbSO_4(s) + 4\,O_2(g)$;
(d) $2\,ZnS(s) + 3\,O_2(g) \longrightarrow 2\,ZnO(s) + 2\,SO_2(g)$;
(e) $2\,K_2O_2(s) + 2\,CO_2(g) \longrightarrow 2\,K_2CO_3(s) + O_2(g)$.

21.22
(a) Sauer;
(b) sauer;
(c) basisch;
(d) amphoter.

21.23
Stärker sauer (weniger basisch) ist:
(a) Mn_2O_7, höhere Oxidationszahl von Mn;
(b) SnO_2, höhere Oxidationszahl von Sn;
(c) SO_3, höhere Oxidationszahl von S;
(d) SO_2, S ist wesentlich stärker nichtmetallisch als Si;
(e) Ga_2O_3, In ist stärker metallisch;
(f) SO_2, S ist stärker nichtmetallisch.

21.24
(a) H_2SeO_3, + 4;
(b) $KHSO_3$, + 4;
(c) H_2Te, –2;
(d) CS_2, –2;
(e) $CaSO_4$, + 6.

21.25
(a) $2\,Fe^{3+}(aq) + H_2S(aq) \longrightarrow 2\,Fe^{2+}(aq) + S(s) + 2\,H^+(aq)$;

(b) $Br_2\,(l) + H_2S\,(aq) \longrightarrow$
$2\,Br^-\,(aq) + S\,(s) + 2\,H^+\,(aq)$;

(c) $2\,MnO_4^-\,(aq) + 6\,H^+\,(aq) + 5\,H_2S\,(aq) \longrightarrow$
$2\,Mn^{2+}\,(aq) + 5\,S\,(s) + 8\,H_2O\,(l)$;

(d) $2\,NO_3^-\,(aq) + H_2S\,(aq) + 2\,H^+\,(aq) \longrightarrow$
$2\,NO_2\,(aq) + S\,(s) + 2\,H_2O\,(l)$.

21.26

(a)
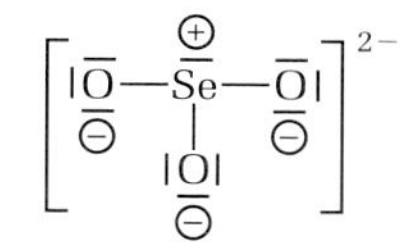
Trigonal-pyramidal

(b)
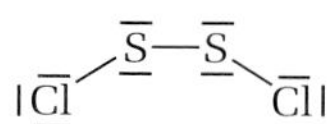
gebogen (freie Rotation um die S—S-Bindung)

(c)
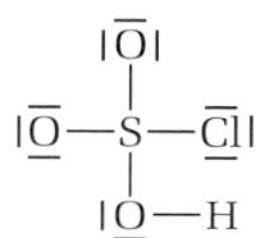
Tetraedrisch

21.27

(a) $SO_2\,(s) + H_2O\,(l) \rightleftharpoons H_2SO_3\,(aq) \rightleftharpoons$
$H^+\,(aq) + HSO_3^-\,(aq)$;

(b) $ZnS\,(s) + 2\,HCl\,(aq) \longrightarrow ZnCl_2\,(aq) + H_2S\,(g)$;

(c) $8\,SO_3^{2-}\,(aq) + S_8\,(s) \longrightarrow 8\,S_2O_3^{2-}\,(aq)$;

(d) $SO_3\,(aq) + H_2SO_4\,(l) \longrightarrow H_2S_2O_7\,(l)$.

21.28

(a) $NaNO_2$, + 3;
(b) NH_3, –3;
(c) N_2O, + 1;
(d) NaCN, –3;
(e) HNO_3, + 5;
(f) NO_2, + 4.

21.29

(a) HNO_3 +5;
(b) N_2H_4 –2;
(c) KCN –3;
(d) $NaNO_3$ +5;
(e) NH_4Cl –3;
(f) Li_3N –3.

21.30

(a)
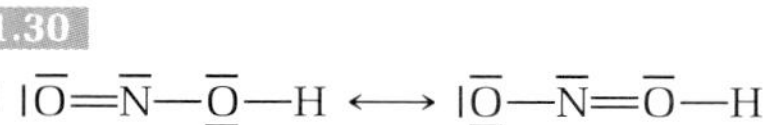

Das Molekül ist um die zentralen Sauerstoff- und Stickstoffbindung verdreht; die vier Atome müssen nicht in der gleichen Ebene liegen. In der ganz rechts abgebildeten Struktur ist die Formalladung nicht minimal; diese Struktur ist für den elektronischen Grundzustand weniger wichtig.

(b)

Das Anion ist linear aufgebaut.

(c)
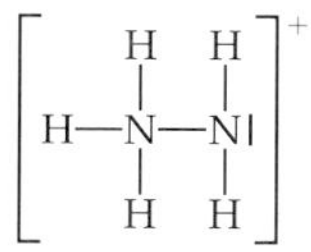

Die Struktur ist tetraedrisch um das linke Stickstoffatom und trigonal-pyramidal um das rechte Stickstoffatom gebaut.

(d)
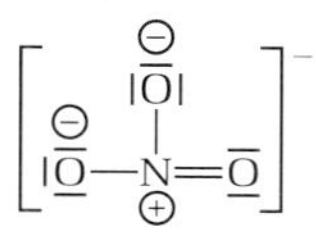

Das Ion ist trigonal-planar und besitzt drei äquivalente Resonanzformeln.

21.31

(a) $Mg_3N_2\,(s) + 6\,H_2O\,(l) \longrightarrow$
$3\,Mg\,(OH)_2\,(s) + 2\,NH_3\,(aq)$;

(b) $2\,NO\,(g) + O_2\,(g) \longrightarrow 2\,NO_2\,(g)$;

(c) $N_2O_5\,(g) + H_2O\,(l) \longrightarrow 2\,H^+\,(aq) + 2\,NO_3^-\,(aq)$;

(d) $NH_3\,(aq) + H^+\,(aq) \longrightarrow NH_4^+\,(aq)$;

(e) $N_2H_4\,(l) + O_2\,(g) \longrightarrow N_2\,(g) + 2\,H_2O\,(g)$.

21.32

(a) $HNO_2\,(aq) + H_2O\,(l) \longrightarrow$
$NO_3^-(aq) + 3\,H^+\,(aq) + 2e^-$; $E° = 0{,}96$ V.

(b) $N_2\,(g) + H_2O\,(l) \longrightarrow$
$N_2O\,(aq) + 2\,H^+\,(aq) + 2e^-$; $E° = 1{,}77$ V.

21.33

(a) H_3PO_3, + 3;
(b) $H_4P_2O_7$, + 5;
(c) $SbCl_3$, + 3;
(d) Mg_3As_2, + 3;
(e) P_2O_5, + 5.

21.34

(a) Das Phosphoratom ist größer als das Stickstoffatom und P besitzt, im Gegensatz zu N, energetisch verfügbare $3d$-Orbitale, die sich an den Bindungen beteiligen.

Lösungen

(b) Nur eines der drei Wasserstoffatome in H_3PO_2 ist an ein Sauerstoffatom gebunden; die anderen beiden Wasserstoffatome sind direkt an das Phosphoratom gebunden und sind nicht acid.

(c) PH_3 ist eine schwächere Base als H_2O. Daher führt jeder Versuch, in Gegenwart von H_2O ein H^+ an das PH_3-Molekül anzufügen, zur Protonierung von H_2O.

(d) Aufgrund der stark verengten Bindungswinkel in den P_4-Molekülen ist weißer Phosphor hochgradig reaktiv.

21.35

(a) Zwei Wasserstoffatome sind in H_3PO_3 an Sauerstoffatome gebunden. Das dritte Wasserstoffatom ist an das Phosphoratom gebunden. Da die P — H-Bindung wenig polar ist, wird in Wasser nur sehr schwer ein Proton abgegeben.

(b) Stickstoff ist stärker elektronegativ als Phosphor. Somit wird die negative Ladung der konjugierten Base bei HNO_3 (das Nitration) besser stabilisiert.

(c) Im Wesentlichen handelt es sich um $Ca_3(PO_4)_2$, das in Wasser sehr schwer löslich ist.

(d) Da die Phosphoratome größer als die Stickstoffatome sind, kann sich zwischen zwei Phosphoratomen keine stabile p_π-p_π-Bindung bilden. Daher bevorzugt Phosphor in seinen Elementmodifikationen die Bildung von Einfachbindungen.

(e) Das PO_4^{3-}-Anion ist eine einigermaßen starke Base, daher nimmt es in Wasser Protonen auf, wodurch die Konzentration von OH^- erhöht wird und somit die Lösung basisch reagiert.

21.36

(a) $2\,Ca_3(PO_4)_2\,(s) + 6\,SiO_2\,(s) + 10\,C\,(s) \longrightarrow P_4\,(g) + 6\,CaSiO_3\,(l) + 10\,CO\,(g)$;

(b) $PBr_3\,(l) + 3\,H_2O\,(l) \longrightarrow H_3PO_3\,(aq) + 3\,HBr\,(aq)$;

(c) $4\,PBr_3\,(g) + 6\,H_2\,(g) \longrightarrow P_4\,(g) + 12\,HBr\,(g)$.

21.37

(a) HCN;

(b) $Ni\,(CO)_4$;

(c) $Ba\,(HCO_3)_2$;

(d) CaC_2 .

21.38

(a) $ZnCO_3\,(s) \xrightarrow{\Delta} ZnO\,(s) + CO_2\,(g)$;

(b) $BaC_2\,(s) + 2\,H_2O\,(l) \longrightarrow Ba^{2+}\,(aq) + 2\,OH^-\,(aq) + C_2H_2\,(g)$;

(c) $2\,C_2H_2\,(g) + 5\,O_2\,(g) \longrightarrow 4\,CO_2\,(g) + 2\,H_2O\,(g)$;

(d) $CS_2\,(g) + 3\,O_2\,(g) \longrightarrow CO_2\,(g) + 2\,SO_2\,(g)$;

(e) $Ca\,(CN)_2\,(s) + 2\,HBr\,(aq) \longrightarrow CaBr_2\,(aq) + 2\,HCN\,(aq)$.

21.39

(a) $2\,CH_4\,(g) + 2\,NH_3\,(g) + 3\,O_2\,(g) \xrightarrow[\text{Kat}]{800\,°C} 2\,HCN(g) + 6\,H_2O(g)$;

(b) $NaHCO_3\,(s) + H^+\,(aq) \longrightarrow CO_2\,(aq) + H_2O\,(l) + Na^+\,(aq)$;

(c) $2\,BaCO_3\,(s) + O_2\,(g) + 2\,SO_2\,(g) \longrightarrow 2\,BaSO_4\,(s) + 2\,CO_2(g)$

21.40

(a) H_3BO_3 , + 3;

(b) $SiBr_4$, + 4;

(c) $PbCl_2$, + 2;

(d) $Na_2B_4O_7 \times 10\,H_2O$, + 3;

(e) B_2O_3 , + 3.

21.41

(a) Blei;

(b) Kohlenstoff, Silicium und Germanium;

(c) Silicium.

21.42

(a) Tetraedrisch;

(b) Metakieselsäure nimmt wahrscheinlich eine einstrangige Silikat-Kettenstruktur an. Das Verhältnis von Si zu O ist richtig und pro Siliciumatom gibt es zwei Sauerstoffatome an den Enden, die zwei H-Atome aufnehmen; die Säure nimmt demnach pro Siliciumatom zwei H-Atome auf.

21.43

(a) Im Diboran verbinden H-Brückenatome die beiden B-Atome. Im Ethan sind die C-Atome durch C — C-Einfachbindungen verbunden.

(b) Dem B_2H_6-Molekül mangelt es an Elektronen. Daher lässt sich die Oktettregel für das B-Atom nur mit Hilfe von H-Brückenatomen und Zwei-Elektronen-Drei-Zentren-Bindungen erfüllen.

(c) Der Begriff „hydridisch" meint, dass die Elektronendichte der H-Atome im B_2H_6-Molekül höher ist als in anderen kovalenten Bindungen von H-Atomen.

21.44

(a) 88,2 g H_2;
(b) 980 L.

21.45

SiH_4, CO, Mg.

21.46

(a) SO_3;
(b) Cl_2O_5;
(c) N_2O_3;
(d) CO_2;
(e) P_2O_5.

21.47

$GeO_2\,(s) + C\,(s) \xrightarrow{\Delta} Ge\,(l) + CO_2\,(g)$;
$Ge\,(l) + 2\,Cl_2\,(g) \longrightarrow GeCl_4\,(l)$;
$GeCl_4\,(l) + 2\,H_2O\,(l) \longrightarrow GeO_2\,(s) + 4\,HCl\,(g)$;
$GeO_2\,(s) + 2\,H_2\,(g) \longrightarrow Ge\,(s) + 2\,H_2O\,(l)$.

21.48

(a) $N_2H_4\,(aq) + 2\,H_2O_2\,(aq) \longrightarrow N_2\,(g) + 4\,H_2O\,(l)$;
(b) $SO_2\,(g) + 2\,OH^-\,(aq) + 2\,H_2O_2\,(aq) \longrightarrow SO_4{}^{2-}\,(aq) + 2\,H_2O\,(l)$;
(c) $NO_2{}^-\,(aq) + H_2O_2\,(aq) \longrightarrow NO_3{}^-\,(aq) + H_2O\,(l)$;
(d) $H_2S\,(g) + H_2O_2\,(aq) \longrightarrow S\,(s) + 2\,H_2O\,(l)$;
(e) $2\,Fe^{2+}\,(aq) + H_2O_2\,(aq) + 2\,H^+\,(aq) \longrightarrow 2\,Fe^{3+}\,(aq) + 2\,H_2O\,(l)$.

21.49

Die durchschnittliche Xe — F-Bindungsenthalpie beträgt 134 kJ in XeF_2 und XeF_4, aber 130 kJ in XeF_6. Diese Werte sind in den Reihen bemerkenswert konstant.

21.50

[HClO] = 0,036 *M*.

21.51

(a) $SO_2\,(g) + 2\,H_2S\,(aq) \longrightarrow 3\,S\,(s) + 2\,H_2O\,(l)$
oder
$8\,SO_2\,(g) + 16\,H_2S\,(aq) \longrightarrow 3\,S_8\,(s) + 16\,H_2O\,(l)$;
(b) $2{,}0 \times 10^3$ mol = $5{,}01 \times 10^4$ L $H_2S\,(g)$;
(c) $9{,}5 \times 10^4$ g S = 95 kg S pro Tonne verbrannter Kohle.

21.52

D (H — O) = 463 kJ, *D* (H — S) = 367 kJ, *D* (H — Se) = 316 kJ, *D* (H — Te) = 266 kJ. Die H — X-Bindungsenthalpie nimmt in dieser Serie kontinuierlich ab, und zwar aufgrund der zunehmenden Größe des Orbitals von X, das mit dem 1*s*-Orbital des Wasserstoffs überlappt.

21.53

12 Tonnen N_2O_4.

21.54

BN ist isovalenzelektronisch zu Kohlenstoff. Darum nimmt BN Strukturen ein, die auch vom Element Kohlenstoff her bekannt sind. Im Unterschied zu Grafit ist allerdings die entsprechende Modifikation von BN elektrisch nichtleitend, da die freien Elektronenpaare an den Stickstoffatomen lokalisiert sind.

Lösungen

Kapitel 22

22.1

(a) Ein *Metallkomplex* besteht aus einem zentralen Metallion, das gebunden ist an eine Anzahl es umgebender Moleküle oder Ionen. Die umgebenden Moleküle oder Ionen sind die *Liganden*. Die Anzahl der vom Metallion gebundenen Liganden ist die *Koordinationszahl* des Metallions.

(b) Metallionen wirken aufgrund ihrer positiven Ladungen und unbesetzten *d*-, *s*- oder *p*-Orbitale als Elektronenpaarakzeptoren bzw. als Lewis-Säuren. Liganden, die über mindestens ein freies Elektronenpaar verfügen, wirken als Elektronenpaardonoren bzw. als Lewis-Basen.

22.2

(a) + 2;

(b) 6;

(c) pro Mol des Komplexes fallen 2 mol AgBr (*s*) aus.

22.3

(a) Koordinationszahl = 4, Oxidationszahl = + 2;

(b) 5, + 4;

(c) 6, + 3;

(d) 5, + 2;

(e) 6, + 3;

(f) 4, + 2.

22.4

(a) Koordinationszahl 6, Oxidationszahl +2

(b) 4, +2;

(c) 6, +1;

(d) 6, +3;

(e) 6, +3;

(f) 5, +2.

22.5

(a) 4 Cl^-;

(b) 4 Cl^-, 1 O^{2-};

(c) 4 N, 2 Cl^-;

(d) 5 C;

(e) 6 O;

(f) 4 N.

22.6

(a) Ein einzähniger Ligand bindet sich über ein Atom an ein Metall, ein zweizähniger Ligand bindet sich über zwei Atome an ein Metall.

(b) Die Koordinationssphäre eines Komplexes mit der Koordinationszahl sechs wird von drei zweizähnigen Liganden vollständig besetzt.

(c) Ein dreizähniger Ligand verfügt über mindestens drei Atome mit freien Elektronenpaaren, die eine geeignete Orientierung aufweisen, um gleichzeitig an ein oder mehrere Metallionen zu binden.

22.7

(a) *Ortho*-Phenanthrolin (*o*-Phen) ist zweizähnig.

(b) Oxalat ($C_2O_4^{2-}$) ist zweizähnig.

(c) Ethylendiamintetraacetat (EDTA) ist sechszähnig.

(d) Ethylendiamin (en) ist zweizähnig.

22.8

(a) Der Ausdruck *Chelateffekt* bezieht sich auf die besondere Stabilität, die mit der Bildung eines Metallkomplexes mit einem mehrzähnigen (Chelat-)Liganden im Vergleich zu einem Komplex mit nur einzähnigen Liganden einhergeht.

(b) Der *Chelateffekt* ist eine Folge des Anstiegs der Entropie $+\Delta S$, der sich aus der Substitution von zwei oder mehr einzähnigen Liganden durch einen Chelatliganden ergibt. Chemische Reaktionen mit $+\Delta S$ neigen dazu, spontan zu verlaufen, ein negatives ΔG sowie große Werte von K aufzuweisen.

(c) Mehrzähnige Liganden werden als *Maskierungsreagenzien* eingesetzt, um Metalle zu binden und damit nicht gewünschte chemische Reaktionen zu verhindern, ohne dass die Metallionen aus der Lösung entfernt werden müssen.

22.9

(a) $[Cr(NH_3)_6](NO_3)_3$;

(b) $[Co(NH_3)_4CO_3]_2SO_4$;

(c) $[Pt(en)_2Cl_2]Br_2$;

(d) $K[V(H_2O)_2Br_4]$;

(e) $[Zn(en)_2][HgI_4]$.

22.10

(a) $[Mn(H_2O)_5I](ClO_4)_2$;

(b) $[Ru(bipy)_3](NO_3)_2$;

(c) $[Rh(o\text{-}phen)_2Cl_2]_2SO_4$;

(d) $Na[Cr(NH_3)_2Br_4]$;

(e) $[Co(en)_3]_4[Fe(ox)_3]_3$.

22.11

(a) Tetraammindichlororhodium(III)chlorid;

(b) Kaliumhexachlorotitanat (IV);

(c) Tetrachlorooxomolybdän (VI);

(d) Tetraaqua(oxalato)platin (IV)bromid.

22.12

(a) 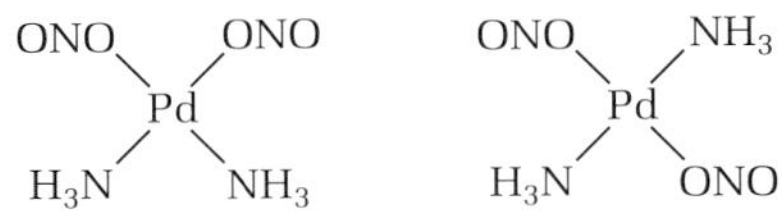

cis trans

(b) $[Pd(NH_3)_2(ONO)_2]$, $[Pd(NH_3)_2(NO_2)_2]$.

(c) 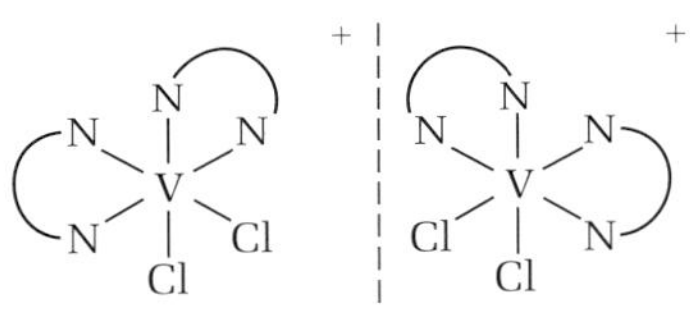

(d) $[Co(NH_3)_4Br_2]Cl$, $[Co(NH_3)_4BrCl]Br$.

22.13

Ja. Bei einem tetraedrischen Komplex der Form MA_2B_2 sind keine geometrischen oder Stereoisomere möglich. Der Komplex muss quadratisch-planar mit geometrischen cis- und trans-Isomeren aufgebaut sein.

22.14

Im trans-Isomer ist der Cl — Co — NH_3-Bindungswinkel gleich 180°, im cis-Isomer ist dieser Bindungswinkel gleich 90°. Das cis-Isomer ist chiral.

22.15

(a) ein Isomer;

(b) trans- und cis-Isomere mit Cl — Ir — Cl-Winkeln von 180° und 90°; (c) trans- und cis-Isomere mit Cl — Fe — Cl-Winkeln von 180° und 90°. Das cis-Isomer ist optisch aktiv.

22.16

(a) Sichtbares Licht hat Wellenlängen zwischen 400 und 700 nm.

(b) *Komplementärfarben* stehen sich auf dem Farbkreis gegenüber.

(c) Ein farbiger Metallkomplex absorbiert das sichtbare Licht seiner Komplementärfarbe.

(d) 196 kJ/mol.

22.17

Die Wechselwirkung zwischen einem Metallion und einem Liganden ist größtenteils elektrostatischer Natur. Unabhängig davon, ob es sich um eine Ion-Ion- oder eine Ion-Dipol-Wechselwirkung handelt, wird der Ligand stark vom Metallzentrum angezogen und kann in Modellen als negative Punktladung betrachtet werden.

22.18

Die sechs Liganden in der oktaedrischen Koordinationssphäre sind entlang der *x*-, *y*- und *z*-Achse orientiert. Die $d_{x^2-y^2}$-und d_{z^2}-Orbitale erstrecken sich entlang der *x*-, *y*- bzw. *z*-Achse. Daher treten diese Orbitale mit den Elektronenhüllen der Liganden stärker in Wechselwirkung als die d_{xy}-, d_{xz}- und d_{yz}-Orbitale. Diese sind deshalb energetisch begünstigt.

22.19

(a) 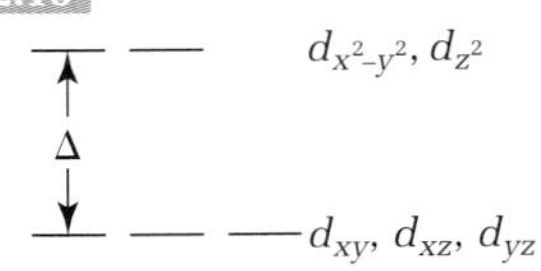

(b) Der Betrag von Δ und die Energie des *d*-*d*-Übergangs sind bei einem d^1-Komplex gleich groß.

(c) Δ = 203 kJ/mol.

22.20

Eine gelbe Farbe entsteht bei einer Absorption von Licht im Bereich von 400 bis 430 nm, eine blaue Farbe dagegen durch eine Absorption bei etwa 620 nm. Die kürzere Wellenlänge entspricht einem energiereicheren Elektronenübergang und einem größeren Wert von Δ. Bei Cyanid handelt es sich um einen starken Liganden, dessen Komplexe größere Werte von Δ aufweisen sollten als Aqua-Komplexe.

22.21

Die Ionen absorbieren ihre Komplementärfarbe. Das grüne Ion absorbiert rotes Licht (650–800 nm), das violette Ion gelbes Licht (560–580 nm). Somit absorbiert $[Ni(NH_3)_6]^{2+}$ Licht mit geringerer Wellenlänge und damit höherer Energie. Das ist im Einklang mit der spektrochemischen Reihe, derzufolge H_2O eine geringere Ligandenfeldaufspaltung verursacht als NH_3.

22.22

(a) Ti^{3+}, d^1;
(b) Co^{3+}, d^6;
(c) Ru^{3+}, d^5;
(d) Mo^{5+}, d^1;
(e) Re^{3+}, d^4.

22.23

(a) Mn, $[Ar]4s^23d^5$; Mn^{2+}, $[Ar]3d^5$; 1 ungepaartes Elektron.
(b) Ru, $[Kr]5s^14d^7$; Ru^{2+}, $[Kr]4d^6$; 0 ungepaarte Elektronen.
(c) Rh, $[Kr]5s^14d^8$; Ru^{2+}, $[Kr]4d^7$; 1 ungepaartes Elektron.

22.24

Sämtliche Komplexe dieser Aufgabe sind oktaedrisch aufgebaut und haben die Koordinationszahl sechs.

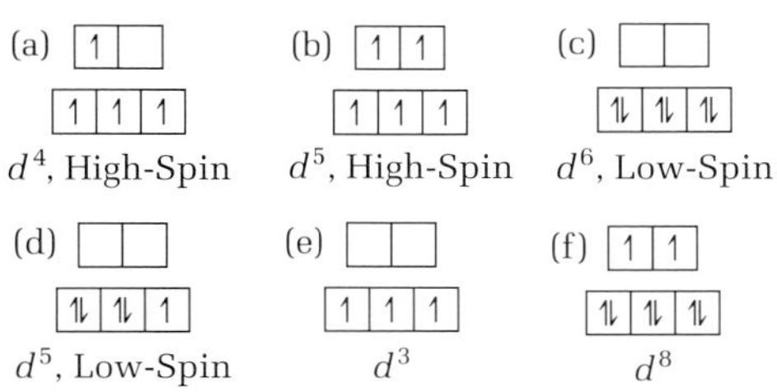

22.25

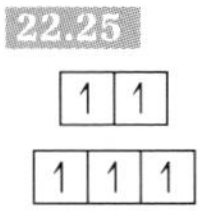

High-Spin

22.26

Beide Komplexe enthalten Fe^{3+} mit fünf d Elektronen. CN^- verursacht eine sehr starke Ligandenfeldaufspaltung, NCS^- eine schwächere. Daher ist es im Fall des CN-Komplexes für die Elektronen energetisch günstiger, nur die d_{xy}-, d_{xz}- und d_{yz}-Orbitale zu besetzen, ohne die Hund'sche Regel (Anstreben maximaler Spinmultiplizität zu befolgen). Im NCS-Komplex mit der geringeren Ligandenfeldaufspaltung ist es energetisch günstiger, der Hund'schen Regel zu folgen und alle fünf d-Orbitale nur mit einem Elektron zu besetzen.

22.27

$[Pt(NH_3)_6]Cl_4$; $[Pt(NH_3)_4Cl_2]Cl_2$; $[Pt(NH_3)_3Cl_3]Cl$; $[Pt(NH_3)_2Cl_4]$; $K[Pt(NH_3)Cl_5]$.

22.28

(a) cis-Tetraammindiaquakobalt(II)nitrat;
(b) Natriumaquapentachlororuthenat(III);
(c) Ammonium-*trans*-diaquabisoxalatokobaltat(III);
(d) *cis*-Dichlorobisethylendiamminruthenium(II).

Nur der Komplex (d) ist optisch aktiv. Die Spiegelbilder von (a)–(c) lassen sich auf die ursprüngliche Struktur abbilden. Die Chelatliganden in (d) haben dagegen zur Folge, dass sich die Enantiomere nicht aufeinander abbilden lassen.

22.29

(a) In einem quadratisch-planaren Komplex müssen sich, wenn ein Ligandenpaar *trans* zueinander steht, die beiden anderen Koordinationsstellen ebenfalls in *trans*-Positionen zueinander befinden. Der zweizähnige Ethylendiamin-Ligand ist zu klein, um zwei *trans* zueinander stehende Koordinationsstellen zu besetzen, so dass das trans-Isomer von $[Pt(en)Cl_2]$ nicht bekannt ist.
(b) Zweizähnige Liganden, die *trans*-Positionen besetzen, müssen als minimale sterische Voraussetzung über eine mittlere Kettenlänge zwischen den beiden Koordinationsatomen verfügen. Ein mehrzähniger Ligand wie EDTA kann trans-Positionen erheblich einfacher besetzen, weil es das Metallion durch die Besetzung von mehreren Koordinationsstellen in einer festen Position hält und von anderen in der Lösung vorhandenen Konkurrenzliganden abschirmt.

22.30

(a) Hämoglobin ist ein eisenhaltiges Protein, das für den Sauerstofftransport im menschlichen Blut verantwortlich ist.
(b) Chlorophyll ist ein magnesiumhaltiges Porphyrin in Pflanzen. Es wird für die Umwandlung

Lösungen

von Lichtenergie in chemische Energie in der Pflanze benötigt.

(c) Siderophore sind Eisen bindende Verbindungen, die von Mikroorganismen gebildet werden. Damit nehmen diese Mikroorganismen Eisen aus ihrer Umgebung auf.

22.31

(a) $AgCl\ (s) + 2\ NH_3\ (aq) \longrightarrow [Ag\ (NH_3)_2]^+\ (aq) + Cl^-\ (aq)$;

(b) $[Cr\ (en)_2Cl_2]Cl\ (aq) + 2\ H_2O\ (l) \longrightarrow [Cr\ (en)_2(H_2O)_2]^{3+}\ (aq) + 3\ Cl^-\ (aq)$;
$3\ Ag^+\ (aq) + 3\ Cl^-\ (aq) \longrightarrow 3\ AgCl\ (s)$;

(c) $Zn\ (NO_3)_2\ (aq) + 2\ NaOH\ (aq) \longrightarrow Zn\ (OH)_2\ (s) + 2\ NaNO_3\ (aq)$;
$Zn\ (OH)_2\ (s) + 2\ NaOH\ (aq) \longrightarrow [Zn\ (OH)_4]^{2-}\ (aq) + 2\ Na^+\ (aq)$;

(d) $Co^{2+}\ (aq) + 4\ Cl^-\ (aq) \longrightarrow [CoCl_4]^{2-}\ (aq)$.

22.32

(a) linker Schuh;

(b) Holzschraube;

(c) ein typischer Golfschläger.

22.33

(a)

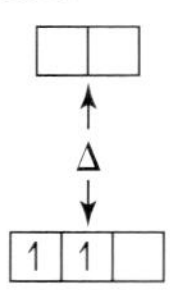

d^2

(b) Der Komplex absorbiert sichtbares Licht mit $\lambda = hc/\Delta$, wobei ein d-Elektron in ein energiereicheres d-Orbital angeregt wird. Die sichtbare Farbe ist eine Kombination der verbleibenden Wellenlängen, die reflektiert bzw. transmittiert werden.

(c) $[V(H_2O_6)]^{3+}$ absorbiert Licht mit der höheren Energie, weil es über einen höheren Wert von Δ verfügt als $[VF_6]^{3-}$. H_2O befindet sich in der spektrochemischen Reihe in einer mittleren Position und führt zu höheren Werten von Δ als der schwache Ligand F^-.

22.34

$[Co\ (NH_3)_6]^{3+}$, gelb; $[Co\ (H_2O)_6]^{2+}$, violett; $[CoCl_4]^{2-}$, blau.

22.35

(a) $[FeF_6]^{4-}$. F^- ist ein schwacher Ligand, der zu einem kleineren Δ und größeren λ des Komplexions führt.

(b) $[V(H_2O)_6]^{2+}$. V^{2+} hat eine niedrigere Ladung. Die Wechselwirkung mit dem Liganden sollte also zu einem schwächeren Feld, einem kleineren Wert von Δ und einer höheren Absorptionswellenlänge führen.

(c) $[CoCl_4]^{2-}$. Cl^- ist ein schwacher Ligand, der zu einem kleineren Δ und größeren λ des Komplexions führt.

22.36

(a)

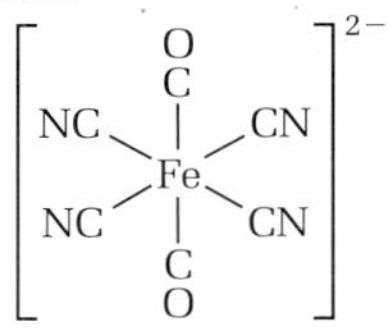

(b) Natriumdicarbonyltetracyanoferrat (II);

(c) + 2, 6d-Elektronen;

(d) Es sollte sich um einen Low-Spin-Komplex handeln. Cyanid (und Carbonyl) befinden sich in der spektrochemischen Reihe weit oben, der Komplex hat also eine große Δ-Aufspaltung, eine für Low-Spin-Komplexe charakteristische Eigenschaft.

22.37

In Carboanhydrase wirkt Zn^{2+} als Lewis-Säure, die Elektronendichte von der Lewis-Base H_2O abzieht. Die O—H-Bindung wird polarisiert, so dass H abspaltbar und somit acid wird.

22.38

$K_4[Mn\ (ox)_2Br_2]$.

22.39

47,3 mg Mg^{2+}/L; 53,4 mg Ca^{2+}/L.

22.40

$\Delta E = 3{,}02 \times 10^{-19}$ J/Photon, $\lambda = 657$ nm. Der Komplex absorbiert im sichtbaren Bereich bei etwa 660 nm und erscheint blaugrün.

che
chemie

CHEMIE

Paula Y. Bruice

Organische Chemie
5., aktualisierte Auflage
ISBN 978-3-86894-102-9
89.95 EUR [D], 92.50 EUR [A], 104.30 sFr*
1200 Seiten

*unverbindliche Preisempfehlung

Organische Chemie

BESONDERHEITEN

Dieses Buch eröffnet einen modernen und einfachen Zugang zum Studium der Organischen Chemie. Das Lehrbuch führt mit zahlreichen Bezügen zum Alltagsleben durch den Prüfungsstoff der Organischen Chemie. Es deckt von der Struktur und Bindung organischer Moleküle über die ausführliche Behandlung der wichtigsten Verbindungsklassen bis hin zur Bioorganik und Wirkstoffchemie alle wesentlichen Bereiche des Fachs ab und eignet sich auch für Studenten der Biochemie, Medizin und Pharmazie. Besonders ausführlich werden die Verbindungen von Organischer Chemie zu Biochemie und Biologie herausgearbeitet - den physikalischen und chemischen Eigenschaften bioorganischer Verbindungen sind sieben Kapitel des Buches gewidmet.

Pearson

http://www.pearson-studium.de/4102

CHEMIE

che
chemie

Carsten Schmuck

Basisbuch Organische Chemie
2., aktualisierte und erweiterte Auflage
ISBN 978-3-86894-333-7
29.95 EUR [D], 30.80 EUR [A], 35.60 sFr*
432 Seiten

*unverbindliche Preisempfehlung

Basisbuch Organische Chemie

BESONDERHEITEN

Der komplette Stoff der ersten beiden Bachelor-Semester in knapper, übersichtlicher Form.

Die Basis der Organischen Chemie für Anfänger: Fokus liegt auf dem Verständnis der grundlegenden Konzepte anstatt auf dem Auswendiglernen von Detailreaktionen.

Klare Kapitelstruktur: kurze Einführung in die Reaktionsklassen, Vorstellung der wichtigsten Reaktionspartner und -mechanismen, übersichtliche Zusammenfassungen der Take-Home-Messages zur Prüfungsvorbereitung.

NEU: Jetzt mit pericyclischen Reaktionen

Pearson

http://www.pearson-studium.de/4333